经济学名著译丛

U0303504

Nature's Economy:

A History Of Ecological Ideas

自然的经济体系

生态思想史

〔美〕唐纳德·沃斯特 著

侯文蕙 译

侯 沉 校

Nature's Economy:

A History of Ecological Ideas

商务印书馆
The Commercial Press
创于1897

Donald Worster

Nature's Economy

A History of Ecological Ideas

Cambridge University Press, 1994

本书根据剑桥大学出版社 1994 年版译出

经作者许可出版

中译本再版序

20 世纪 60 年代后期，我向研究院的学位论文委员会提交了本书的选题。委员会的大多数成员都对我说，这个题目还需要慎重考虑：它既不符合专著的规范，也于我毕业后的求职无补，而且它论述的也不是一个"重要"的事物。这是大家一致的意见，除了这个委员会的主席，一位亲切的折衷派宗教史学家悉尼·阿尔斯托姆。对他，我永远心存感激。另外三位都是享有高度声誉的学者，其中一位是科学和医学史学家，一位是性别"科学"的解构主义批评家，还有一位是美国哲学史学家。虽然我的论文委员会成员的专业各自不同，但他们在学界规范的评价上都是很"精明"的。不过，在什么样的作品可能具有最持久的公众价值和个人意义的问题上，他们未必完全正确。最终，我的选题获得了他们的批准，完成后的论文在毕业典礼上还得到了学校的一项小奖。不过在我眼中，最重要的是，较之一般情况下博士论文对其作者的影响，这本书对我日后学术生涯的形成更具奠基性影响。它证实了我对自己的时间和才能的恰当利用，因为它指向一种研究历史的全新视角——一种我和一些人后来称作生态的或环境的历史。虽然当初我为之付出了无法以此题目找到一份显赫教职的短期代价，其最终的结果却是不可等闲觑之的。

自那时起，让我和其他人一样惊异的是，那篇不循陈规的论文竟然在以后的 40 多年中一直不断印行，并且有许多版本，既有美国的，也有别国的，其中就有这一新的汉语译本。在此，我要感谢侯文蕙教授，感谢她熟练而精美的译文。正是她，首先将我的名字和著作，实际上是整个环境史学科，呈现在具有广阔复杂性的中国读者的面前。同时，侯文蕙本身就是一位重要的学者，她为推动国际的思想流通和跨越语言的障碍做出了无私的贡献。

这本书是第一部关于生态科学的通史。与其说它是对生态学逐渐产生过程所做的细致分析，毋宁说它对这门学科的知识和文化根源进行了探索。在这种探索的深层，无疑是关于科学在现代思想中的地位问题，是科学向真理和权威发出诉求的合理性的问题。几百年来，自哥伦布和哥白尼的时代起，科学在西方一直处于上升状态，发现了越来越多的知识，革新了我们对自然界的了解，拥有越来越重要的地位与影响。然而，第二次世界大战之后，这条上升的途径似乎已到了尽头。在大学里，尤其是在人文学科中，对科学的批评在不断增长。甚至在美国政治中，左右两派的人都开始攻击科学界，将其看作邪恶、异化甚至是健康危险的根源。美国文化战争的所有瞄准器都将科学当成了靶子。生态学与进化论一起（两个"e 词"），在保守派的圈子内变得声名狼藉；而在与其对立的激进派中，科学则被看作一个帝国的、非正义的、大政府的和西方霸权的有力工具。

作为 20 世纪 60 年代反主流文化运动的同路人，我承认的确有反对科学的理由，是它，给我们带来了凝固汽油弹、原子射线、污染和杀虫剂。但是，一个毫无疑问的事实是，某些最有学识和影响的，对暴力、偏见、帝国主义和民族主义及环境破坏的批评者，正是科学家。我敬佩科学，同时又相信它的原罪。如何在此困局中为自己定位？如何取得平衡？我的书成为一种自我教育的训练，一种对自然性质的个体探究，也是一种在自身的疑问与困惑中寻求出路的探索。

不可避免地，在最为宏大的问题上，我做出了某些错误的判断，或至少没有对它们作出清晰的、决断性的结论。但是，我的有关生态学的事实仍然是真实可靠的，对其过程的组织安排也仍然是有效的。不过，现在回头来看我的书，我应该在声言"科学的各种思想，是可以和其他思想一样对待的"（见中译本序。——译者注）时候更谨慎一些。科学思想，我现在承认，或许可以以那样的方式对待，然而，它们是有区别的——历史学家和人文学者们有必要特别强调这一点。科学思想与观察、试验和确认的过程有关，与以神学、虚构和空想为基础的思想不同。科学，和所有那些人类表达一样，建立于"信仰"之上，但是科学家的信仰，与那些常去教堂的信徒甚至文学教授们的信仰是不一样的。一位基督徒可以说他或她"相信"上帝确实用六天时间创造了世界或人类而并未导致气候变化，但是这种信仰并非来自任何认真收集的证据、证词、事实或发现。它们来自信念或先入为主的道德认同。相反，科学则发展出一个特殊的、缜密的验证信念的过程，显著区别于非科学。

西方受过教育的人曾遵循古代思想家托勒密之说，即地球是宇宙的中心，有千百年之久。没有人真正检验过那种说法，只把它当作一种既定的看法，但是，现代性所包含的学识认为，托勒密的宇宙学完全是不真实的。这是一种建立在缺乏疑问、观察和检验基础上的信念，它出自我们这一物种的不加检验的人类中心主义。同我写作此书时相比，我越来越深刻地领悟到科学和非科学之间的这种区别。这正是我们都必须领悟的区别，因为解决世界各种问题的关键是依赖于它——远非我们的德行、信念或对传统的忠诚。科学地验证信念必须成为所有思想的基础。同样，它也必定成为通向智慧的一扇大门。

科学，包括生态学，应当是智慧的关键部分，这可能是一种新的思想。它不是古代世界的思维方式，那时候，智慧被认为来自预言家和先知，这些人因为超凡的个人魅力而赢得权威。在现代世界，智慧通过比较非人格化的发现和了解而获取。但这并不意味着个体的科学家们就应该受到崇拜，以替代过去的伟大先知和导师。我们应该致以崇高敬意并寻求智慧的对象，不是个体科学家，而是约定俗成的科学规范。作为个人，科学家们可能会跌撞犯错，令其智能屈从服务于权力、金钱、声望，或者自负。但是，从科学规范的角度，现代科学可以纠正这样的扭曲和挫败。规范在惩戒与纠偏，学识在改进，它所赋予的智慧也一样。

我会将历史学（虽然并非所有的历史学者）归入科学的序列，强调历史学者能够帮助生态学者以及其他科学家学会更加审慎地运用其方法，提供其建议。向科学家们说明过去他们曾走过各种不同的、偏差的道路，其中很多并不明智；指出他们对地球成为今日模样——不论好坏——的责任；展示过去的局限和他们在理解上的偏见；这些全都是历史学家可以改进学识和增进智慧的方式。

不过我必须补充的是，在此合作中，科学史的研究似乎经常性地甚至彻底地失败。它往往无意扮演一个有所助益的角色，同时越来越急于毁掉对科学的任何尊重。某些历史学家对任何科学工作都变得自以为是，充满敌意，吹毛求疵。他们太过经常地教诲科学家们要谦卑，却从不检视自己。某些人，在将他们的价值观强加于事实之上的错误努力中，要让科学家们以预判的价值观和预设的目标去开启其工作，此举将会把我们带回信念、专断、迷信和臆想的黑暗时代。

我希望此书不会把任何人带往那个方向，也不会鼓励任何为意识形态或者原本甚至是善意的理想主义所歪曲的错误判断。撰写生态科学的历史，筛选证据，观察工作中的科学家，使我坚信科学方法肯定是我们知识的渊源和智慧的支柱。这一结论，如果一定要说的话，伴随着时间的迁移而变得更加坚定。这本书，不仅使我对生态学有了更好的了解，而且使我接受了它和其他环境科学。在我作为一个学者将人类社会放还自然之中的终生事业当中，它们是我无价的盟友。自然，因其自身的原因，对科学家非常重要；而出于对我们自身在世界所处地位的更好理解，它对历史学家也同样重要。自然，作为人类生活的至关重要的环境，作为最为深刻的社会和经济变迁的根源，作为人类健康和幸福的需要，在今日，应当成为历史学者研究的既有事实与工作前提。

所有的历史著作今后都必然是生态的。

我们时代的巨大需求，就是在相互的尊重和共同的事业中，将科学和历史联系到一起。

唐纳德·沃斯特

2018 年 2 月 20 日

中 译 本 序

这本书始于 60 年代，正值美国历史上的一个动荡时期，此间诞生了现代环境保护运动。我和其他许多人一样，从蕾切尔·卡森的《寂静的春天》（1962 年）一书中，读到了她发自肺腑的控诉，控诉的对象是人类要控制和管理自然的毁灭性的倾向。同时，令我非常激动的是，从她和其他人的著作中，我知道了生态学这门新的学科，它揭示了植物与动物之间相互关联以及与自然环境之间相互关联的各种复杂方式。生态学似乎在警告：控制自然既不容易也不明智。我们轻率地干预了我们几乎不了解的事务，并且是在拿我们自己的性命和别的生物的生命去冒险。与此同时，我们还再次在缺乏充分思考和了解的情况下，涉足东南亚的复杂环境及其政治斗争。但是，如果说美国在海外是一个傻瓜，那么整个工业文明对待自然的所做所为也像是一个傻瓜，却难说是无害的傻瓜。卡森和别的环境保护主义作家都强调，我们需要以更加谦恭的态度对待地球，而对技术则要持更多的怀疑态度。生态学科则为谦恭和怀疑这两者都提供了合理的基础。

我们不能轻易地区分生态学科的兴起和环境保护主义的兴起。某些科学家做过尝试，但他们遇到了很多困难。生态学和环境保护事业在历史上是交织在一起的。然而，这门学科和政治运动的关系并非只有一种。例如，人们可以认为，环境保护主义是对现实的客观状况——一种从污染或生物多样性减少的角度察觉到的状况——的反应，而生态科学则是作为一种不可缺少的分析工具应运而生。这是许多科学家、新闻杂志以及通俗读物所鼓吹的一种观点。生态学这门新学科突然被看作是有助于彻底清理混乱的最后一着。这门学科独立于这种混乱之外，而科学家则是一种独立的无可指责的权威的代言者。忠诚的环境保护主义者力求从中获得最好的科学忠告，以便能够了解和改善我们同自然的关系。

但是，生态学与环境保护主义的关系比这些要深刻得多。生态学的声名鹊起，一直是与内涵更为丰富的文化变革相联系的，这种联系使我们得以从新的视角来观察自然。很多人都感到，生态学并不仅仅是一门学问，除了向科学、哲学、艺术以及经济学的传统观点挑战之外，它还提出了一个新观点。生态学所描绘的是一个相互依存的以及有着错综复杂联系的世界。它提出了一种新的道德观：人类是其周围世界的一部分，既不优越于其他物种，也不能不受自然的制约。我想，蕾切尔·卡森在写她那本名著时，心里就已经是这样理解生态学的了；美国环境保护主义的先知，奥尔多·利奥波德也是如此。他早就说过，需要有"一种生态学意识"。在40年代后期，他曾写道，人"只是一个生物共同体中的一员"。按照这种观点，生态学就已经不仅仅是一种客观的科学；它使我们有理由把协作的伦理观扩大到整个生态系统。

关于生态学的阐述以及它在社会中的作用，都突出了真实和希望。这两个特点为这门学科树立了一个强有力的形象，一个不仅在美国，而且在全世界都乐于被接受的形象。生态学被广泛看作是一门极有希望去解决各种环境问题的学科，一个宝贵的分析武器和一种新的哲学概念或世界观。不过，我在60年代就想知道，今天仍然想知道：

真理是否就是如此简明或如此真实。生态学真是一种独立的客观真理？或许，这一新的学科也有可能像它所挑战的旧学科一样，在某些方面只是我们所创造出来的环境危机的一部分？生态学是否只是另一种已经严重损害了自然及社会的进步准则的表现形态？是否环境保护主义者该对这个科学盟友有更多的批评？

本书对这些问题没做肯定的回答。实际上，这些问题也不可能用绝对的"是"或"不是"来回答。因此，我的计划是去追溯生态学的过去，根据它在尚未成名前的很长一段时间里留下的记载，提出一种历史学家的看法。我认为，生态学并不是一大堆单个的事实或通过时间积累或形成的单一观点。它是一个在变换中展示自然的橱窗。导致这些变换的原因有些是由于有了新的资料，有些是由于文明的文化史发生了变化。我在这儿所探索的仅仅是美国和英国正在进行的变化，这两个国家的语言和传统联系在一起。科学和别的思想一样，也反映了英美两国在价值观和目的上的重大分歧。英美社会，尤其是在过去的200年里，始终打算驾驭自然，以增加它们的财富和权力；生态学则反映了这种意图。但从另方面看，同样是这两个社会，对进步、工业化以及资本主义也存在着极大的怀疑。在这两个社会中，一而再、再而三地听到表达这些怀疑的呼声。生态学同样也反映了这一文化史。

因此，我献出这部生态学历史，是试图激发一种对科学和环境保护主义两者都少点天真的观点。历史并未教导我们必须拒绝这两种现象中的一种，而是要把它们理解为复杂的、多方面的、常常是互相矛盾的思想运动——如今这些运动在每个国家里都已对我们的生活变得非常重要。

　　这个新的中译本是一个使我能接触到世界上最大国家的读者的令人激动的机会。我知道，中国在科学和哲学上拥有她自己的丰富遗产，她的遗产有很多可以提供给其他国家，去建立与自然的新关系。我所希望的是，本书能给中国读者介绍某些一直在英语国家中所进行的有关生态学和环境保护主义的辩论，并激励他们也加入这场辩论。这场辩论需要向所有的国家表明观点，尤其是像中国这样一个没有比她更广阔和更古老的国家，在那里环境问题已经不是新事物，而是不断地急待解决的严重问题。对于下个世纪的世界来说，没有比人类同自然界的其他部分的关系更为重要的了。没有什么事比改善这种关系更能影响人类幸福的了。科学对于这种改善将仍然是至关重要的，尽管科学在未来将再也不能像过去那样可以独自进行这种改善了。因此，从最深远的角度上说，我们全都得去重新思考和重新检验我们的文化传统。

唐纳德·沃斯特

1997 年 10 月

译　者　序

摆在我们面前的这本《自然的经济体系》是根据作者唐纳德·沃斯特1994年的修订版译出的，原书的第一版是1977年出版的。为了写这篇序，我不久前曾要求在美国的朋友为我查找一下新版出版后的书评或其他反映。朋友来信说，据图书馆的管理人员讲，在美国，修订版通常是不会有人再写书评的。但为了稳妥起见，这位先生还是为我的朋友查阅了索引，结果竟然发现了两篇评论。那位管理员先生大为惊奇，以致说道："这大概是一本了不起的书！"

此言不差。20年来，这本关于生态思想史的书不仅一印再印，而且还陆续被译成了其他文字（法文、意大利文、日文，现在又有了中文版）。英国著名政治学家安娜·布拉姆韦尔（Anna Bramwell）1989年在她的《20世纪的生态学》一书中曾对这本书做了高度评价，认为它是"同类著作中最富有见地的作品"；《美国历史评论》则认为沃斯特的书"为生态学历史的研究做了良好的开端"。

关于这本书的内容，作者在他的两篇序（原序和中文版序）中都做了说明，我不再赘述。这里，我只想谈谈这本书的特点。

这是第一部比较系统地探讨生态学的渊源和变迁的著作。生态学是在20世纪60年代勃然兴起的一门新兴科学。作者曾在该书1985年剑桥版（塞拉俱乐部版为初版）的序言中谈到过他15年前开始对这门科学发生兴趣的起因：那是一个冬天，在康涅狄格州的一个树林里，他看到了一些以前从未见过的野生动物："一只正在啄取坚硬树脂的长羽啄木鸟，一只红尾巴的飞得很低的，使那只啄木鸟恐惧地紧贴在树干上的秃鹰，一只正奔向灌木丛的狐狸和一只伏在石崖下冬眠的花鼠。"他被它们迷住了。不仅因为它们就住在他旁边，而且还因为它们是"一种无可比拟的美丽的综合的典范！"对于他这个在现代大平原——那是被他称之为"一个野生动物几乎被农业消灭殆尽的'生态沙漠'"——上长大的人来说，他所寄居的这个尽管已经砍伐过了和郊区化了的康涅狄格树林，仍然是一种奇观。这使他从自己所从事的历史和人文科学的"那个狭小的发着霉味的壁橱世界里"得到了一个喘息的机会。由此，沃斯特发现了一个充满生命的活生生的世界，一个召唤他去进行探讨的无比广阔的空间。

从科学思想史的角度看，沃斯特的这本书可谓开风气之先。他认为，任何科学思想都是一种文化传统的产物。因此，他摆脱了科学史中仅就人物的思想和概念论思想的惯例，在说明生态学历史的每个阶段时，都只选取有代表性的人物，并把他们置于特定的历史画面之中。在探讨他们的思想和活动时，也联系曾经影响或与其有关联的人物的思想和活动，来说明一种概念或观点的形成。在他看来，一种科学思想的产生绝对不是孤立的，它需要一定的文化氛围。从这个意义上讲，他确信达尔文的进化论只能产生在维多利亚时代的英国，而不可能是在法国或美国；同样，克莱门茨的顶极理论也只能产生于美国中部的大平原，而不可能是南美或其他地方。

但是，作者并不因此而否定一种科学思想的连续性；相反，他尤其强调科学思想的传统对一门科学的形成和发展的影响。生态学是一门关于人和自然的关系的科学，因此，沃斯特认为，就英美国家而言，生态学思想自18世纪以来，就一直贯穿着两种对立的自然观：一种是阿卡狄亚式的，一种是帝国式的*；前者以生命为中心，后者以人类为中心。因此，从实质上看，两者的分歧在于如何看待人类在自然中的位置。这样，这两种对立的传统在现代环境保护运动中便很自然地延伸到伦理学之中，成为人们在不同的价值观念指导下对待自然的两种不同态度和两条不同的道德标准：前者把自然看作是需要尊重和热爱的伙伴；后者则把自然看成是供人类索取和利用的资源。

　　如此一来，环境保护的政策也就不能不是一定道德观念下的产物；而60—70年代兴起的群众性的环境保护运动，也就逐渐变成了一项政治运动。生态学不仅从生物学中完全脱离出来，而且还演变为生态经济学、生态政治学，甚至可以冠以各种前缀的学科，如文化生态学、城市生态学、人类生态学、艺术生态学等。不同学科和不同价值观的学者从不同角度探讨着生态学，结果不仅使生态学本身变成了一门有着许多分支的学科，而且使它在观点上成为一种极不和谐的混合体。生态学和其他学科一样，总是在不断发展和变化之中，它不可能总是停留在一个固定的位置上，这正是历史的辩证法。纵然，这种变化以及由此而产生的不同理论，使一向把生态学当作理论工具的环境保护主义者们感到困惑，但沃斯特仍然坚信："通过对不断变化的过去的认识，即对一个人类和自然总是相互联系为一个整体的历史的认识，我们能够在并不十全十美的人类理性的帮助下，发现我们珍惜和

---

　　* 请见书后的专业术语词汇。——译者

正在保卫的一切。"

我想，沃斯特的这本书最终想要告诉读者的正是这点；而我作为译者，把这本书译成中文的目的也不外如此。我希望，当我们回顾生态学的历史时，我们会更清醒地认识我们和自然的关系，从而能够以一种平等而温和的态度来对待大自然，对待那些在地球上与我们同呼吸共命运的生命和伙伴。

*　　　　*　　　　*

唐纳德·沃斯特是美国当代著名的学者和历史学家。1941 年，他出生在堪萨斯州的一个小农场主家庭，并在堪萨斯大学完成了他的本科和研究生教育，分别于 1963 年和 1964 年获得了文学学士和文学硕士学位。嗣后，他于 1970 年和 1971 年分别取得了耶鲁大学的哲学硕士和博士学位，现为堪萨斯大学历史系和赫尔人文中心的教授，并享有赫尔荣誉教授称号。

沃斯特教授在美国学术界以多产著称，几乎每隔一年便有一部新书问世，同时还在许多有影响的学术刊物，如《美国历史评论》、《太平洋历史评论》、《环境历史》上发表文章。1977 年，他的第一部专著《自然的经济体系》出版，使他在学术界崭露头角；而 1979 年出版的《尘暴》，则不仅获得了 1980 年的美国历史学最高奖——班克罗夫特美国历史奖，而且从此奠定了他在美国环境史和西部史领域的学术地位。第二年，即 1981 年，沃斯特当选为美国环境史学会主席（1981—1983），1988 年被选入美国历史学家协会。

环境史是 60—70 年代美国环境保护运动的产物，也是学术在那个动荡时期从单一走向多元化的一个结果。它突破了美国传统史学的囹圄，在原来只有政治经济的美国史中，赋予自然以应有的地位。在这一史学革命中，沃斯特首当其冲，率先提出了环境史是"研究自然在人类生活中的地位和作用"的观点。他特别强调，除了自然环境，这种研究还包括人类在以自然为前提的条件下所创造出来第二自然（Second Nature），即"技术环境"，它是人类文化的产物。因此，他认为，在环境史研究中，人类的生产模式和人类的意识价值观对自然所产生的影响，也是一个不可忽视的重点。

沃斯特在他的《尘暴》一书中，正是从这个角度上，令人信服地说明了资本主义大农场的生产模式和美国人滥用土地的文化传统对大平原生态环境的影响，从而为环境史这一新生的学科研究提供了一个杰出的范例。

作为大平原的儿子，沃斯特对西部史一直情有独钟。但是，和环境史这个新生的学科相反，西部史却是美国史学中的传统学科，并且自19世纪末以来一直是特纳边疆学派占主导地位的研究领域。在传统的西部史中，充斥着白人英雄征服自然和印第安人的故事，以及白人在西部产生了美国民主的神话。尽管随着战后学术的多元化，这种西部史的研究开始出现危机，特纳的边疆学说也不断受到抨击，但在研究内容和方法上却未有多大的改观。80年代后期，随着环境史、社会史、少数民族史研究的活跃，西部史的研究再也不能循着原来的轨道向前发展了。于是，在这个传统的学科中，出现了一个新的学派——"新西部史"（New West History），沃斯特也是其核心人物之一。

关于新西部史，沃斯特在他的《在西部的天空下》一书中，曾经作过这样的解释："这个新的历史力求把西部搬回到世界共同体中去，不带有精神独具的幻影；并且，它还寻求重新唤起所有那些特纳想要忽略掉的严肃问题。"因此，这是一部"超越白人征服者传统意识，超越那种小说中男女主人公的原始感情需求，超越任何已有的并被用以证明是确有其事和认为是合法的公共人物的历史。"显然，这是对传统西部史的理论基础的反叛。沃斯特是从一个环境史学家的角度，力图以生态学作为理论根据来探讨西部史的。他所注重的是西部地区种族和文化上的多元性及其之间的关系，以及西部环境的特点及人与自然的关系。他尤其强调历史的延续性以及各种事物之间的联系。他在自己的著作中，如《帝国的河流》（1985年）和《在西部的天空下》（1992年）中，都竭力通过这样一种研究方法来展示一个"新的西部，真正的西部"。沃斯特的新西部史为人们提供了一个新的视野。

沃斯特在国际上有很高的知名度，曾多次应邀去英国、澳大利亚、意大利、南非及法国等地进行讲学和参加会议等学术活动。今年5月，他又访问了中国，除在青岛大学讲学外，还游览了长城、三峡及西安、泰安、曲阜。美丽的山川和博大精深的中国古代文化给他留下了深刻的印象，改革后的中国社会的巨大变化更使他感叹不已。他衷心希望这个古老的国家不断地焕发青春，并为人类共同的事业发挥她应有的作用。

＊　　　　　＊　　　　　＊

本书的第十四、十五、十六、十七章由谭毅翻译；崔健协助译制了部分注释、参考书目及索引；全书由我修改定稿并请庄国泰同志对生态专业的内容做了审订。限于水平，尤其是涉及许多非本专业知识范围的问题，定会有疏漏甚至错误。如有发现敬请热心的读者和专家指正。

在此，我谨向商务印书馆的方生、张伯幼先生以及侯玲女士表示

诚挚的谢意，没有他们的支持和帮助，此书是难以问世的。另外，我
还要感谢我的那些青年朋友，青岛大学国际关系系 93 级的尹文博等
同学。他们一向是我的忠实读者，这次又为誊写书稿而付出了大量时
间和精力。

　　最后，我愿借此机会向去年已经病逝的周汉林教授表示我真诚的
怀念和感激。他曾以其渊博的学识，不厌其烦地解答了我在译文中的
许多疑难和问题。

侯文蕙

1998 年 11 月 20 日于青岛大学

目　　录

前　　言

　　在最近一些年里，要谈论人与自然的关系而不涉及"生态学"，ix
已经是不可能的了。这个特殊的研究领域，突然以一种即使在我们这
个已被打上科学印记的时代也是极不寻常的方式应邀登场，来扮演
一个核心的理智的角色。蕾切尔·卡森、巴里·唐芒纳、尤金·奥
德姆、保尔·埃利希以及其他一些在这一领域居领先位置的科学家
们，成了新神明的代言人，写着畅销书，在传媒中露面，为政府出谋
划策，甚至被当作了道德上的试金石。他们的学科所形成的影响力之
大，简直可以把我们的时代称之为"生态学时代"了。

　　这个称呼出现在 20 世纪后半期，尽管它理应是一件受到严肃注
意的事情，尤其是从历史学家们所熟悉的流行的社会运动的角度来
看。这本书的目的也并非完全是为了阐述生态学对我们这个时代的呼
吁，而是要了解这一研究领域在达到它目前所具有的预言般的力量这
种声望之前的历史。

　　从历史发展的角度看问题，可以获得令人信服的理由。生态学
就如同一个刚闯进城里的陌生人，似乎没有过去的身世可供查考。但
是，在我们非常坚定地接受它的指导之前，我们可以先来探究它的过
去——并非期望揭示出可怕的行为。理由很简单，我们只是想更好地　x
了解我们的老师。在探索中，我们可以更多地了解这种科学生态学的

情况，还有这个学科为我们揭示的更多的有关自然方面的情况。我们或许还可以认识到一些生态学并没有告诉我们的关于自然的东西。借助生态学来认识这个现实的世界，便是思想史上的这门学科的主题。我始终坚持：在过去，这种认识已经在人与自然秩序的关系中获得了意义深远的结果，将来的收获会更丰厚。

本书要把生态学的来龙去脉搞清楚，甚至要追溯到生态学命名和有历史记载之前。"生态学"这个词直到 1866 年才出现，而且几乎在 100 年后才被广泛运用。然而，生态学的思想形成于它有名字之前。它的近代历史始于 18 世纪，当时它是以一种更为复杂的观察地球的生命结构的方式出现的：是探求一种把所有地球上活着的生物描述为一个有着内在联系的整体的观点，这个观点通常被归类于"自然的经济体系"。这个短语产生了一整套思想，尔后又形成了今天这门学科，所以我用它来作为这本书的一条主线。

但是，从严密的角度看，根据"自然的经济体系"所产生的普遍性的观点会造成许多不同的看法，有时会导向完全相反的方向。"自然的经济体系"是由不同的人根据不同的理由，按照不同的方式赋予定义的，我们必须对它们进行彻底的筛选，因为我们开始越来越靠生态学做我们时代的向导了。对地球生命家族的研究打开的不是一扇门，而是许多扇门。在这儿我想要问的是：谁打开了这些门？为什么打开这些门？看见了什么？寻求对这些问题的答案，可能有助于我们去挑选在将来希望去打开的那些门。

读者不要期望在这些章节中有一篇传统的关于科学史的论文。从意愿同时也是从尝试的角度，我把我的课题当作一部知识史，渴望了解现代生态学思想的起源、内容以及它们在过去的实际作用。从这种

有利的角度，我相信，科学的各种思想，是可以像其他思想如神学的　xi
或政治学的思想一样来对待的。像一切人的知识生活一样，科学思想
是在特殊的文化条件下产生的，是按照个人的同时也是社会的需要来
确认的。简而言之，它们与总的思想构造更为紧密地交织在一起，其
程度超过了一般性的假设。因此，我和许多传统的科学历史学家不同，
他们对"真理"的向前和向上的发展是确信无疑的，而且要把这种编
年史干净利落地与其他文化史分别开来，而我却在很大程度上把这个
边界弄模糊。事实上，我的研究对象并不只是一种狭义上的科学领域的
发展，而是"生态学思想"的一个更大的结合（Penumbra*）：也就是说，
包括了生态学已经形成的同文学、经济学和哲学的连带关系。

　　因为这种方式最初就似乎是非传统的，所以它尤其适用于生态
学的历史。也许在说到数学或者热力学时，这种方法可能确实偏离
了流行的思想方式或经济力量的轨道；但是在生态学的研究中，这
种方式不应该被认作是一种偏离。大概因为生态学是一种面对活体
生物内在联系的"社会"科学吧，它永远不会与那个杂乱不定、骚
动粗鲁的人类价值观世界分离开来。在这种制约下的历史学家，必
然要比把任何零星的知识贡献给现有状态的科学的那些人机灵得多；
他必须广泛地涉猎过去的整个思想画面。同样地，我也一直想要标
明这门学科的主要成就，从而赋予科学历史学家某种他们自己所追
求的价值观。

　　如果我的关于科学思想是扎根在它的文化深层土壤之中的想法是
正确的，那么接踵而来的想法必然是认为不同的文化会产生不同的科

---

　　*　Penumbra，原意为天文学上的半影，或绘画上浓淡相交之处。——译者

学传统。虽然这一点大概并非人们想要普及的理论，在生态学看来却是正确的。在这个领域里一直有着一种独特的英美传统——既未全部与欧洲大陆思想隔裂开来，也未整个地取得一致，但却是用同一个声调进行一种独特的对话。在生态思想出现的过程中，最初的权威重心是在这个穿越大西洋的传统中的英国一边，而美国人则满足于从威廉·帕利和查尔斯·达尔文这样的自然学者那里吸取训谕。但是后来，这种模式开始有了改变，甚至在某些情况下倒转过来。结果，本书的最后一部分把侧重点放在了美国的领导地位上。

为了尽可能达到设想的目标，本书是按阶段来划分的。我尽量选择并把重点放在那些近代生态学生命史上的重大发展时刻。这本书的六个部分中的每一部分都是这些时刻中的一个，即生态思想遇到重大转折的时候。在每一部分出现的重要人物，并非是一个英雄的革命家或在每种情况下都有着重大影响的思想家，而只是一些参与了这些变化，并最好地向我们揭示了其内涵的人。

在第一部分，这样的代表人物包括自然博物学者、牧师吉尔伯特·怀特，伟大的瑞典"花圣"卡罗勒斯·林奈以及一些其思想有助于形成 18 世纪的一个新学科的人。第二部分的主人公是亨利·戴维·梭罗，一个我称之为"浪漫主义生态学"的主要代表人物——这种浪漫主义生态学是一簇至今仍在活跃的思想，尽管可能是活跃在大众理解的生态学中，而不是活跃在大多数科学家的模式中。查尔斯·达尔文在 19 世纪中期的著作，必然占据了生态学作为一门学科的成熟过程中最关键的位置。在第三部分中，我还注意详尽论述了达尔文生态理论中他自己的逻辑和哲学意义。第四部分的论述转入到 20 世纪美国的后期边疆地区，在那里生态学学科开始具有了广阔的公众意义。本书所分析的对象中有弗雷德里克·克莱门茨的研究——他的被称为植物学界"顶极"的理论——和那种新模式在 30 年代的尘暴灾难中的重要测验。在第五部分，我运用对立的思想方式检验了生态系统思想及其与能量物理学的关系，这在很大程度上得感谢艾尔弗雷德·诺思·怀特海和其他"有机论者"的理论；我还探讨了奥尔多·利奥波德以生态学为基础的土地道德的背景。最后，在第六部分，内容进展到第二次世界大战之后的时期，这时生态学已成为一种政治运动，同时又是一种复杂但卓越的多样性学科，被许多理论上的辩论摇撼着。 xiii

这六个部分可能各具特色，按科学史的术语说，是"范式转换"。在这个过程中，一种旧的自然模式被推翻，一种新的模式取而代之。但是，一定不要就此作出结论说，这种转换荡涤了所有旧的印迹；相反，现在的生态学思想的主体，是它所有过去的聚集，就像一个人，他曾有过多种生活，却不能忘记其中的任何一种。通过重新回顾这个思想的经历，我们对生态学如何成为它现在这个样子，这些发展阶段中的每一个阶段如何增添了它的内容，包括它的模棱两可和矛盾以及我们今天在这门学科中所发现的情况，将获得更充分的了解。因此，我在此希望，本书的主要贡献将在于对当代自然概念来源的一种更深刻的领悟。

在一部跨度如此之大的著作中，势必会有一些令许多读者感到遗憾的省略，包括这门学科的展望和思想史的展望两个方面。尽管我已敏感地意识到许多空白点，却只能做到把我长期思考的理性认识向前推进到现在这种研究程度。至于它在地理学和编年史上的取舍，它在考虑被讨论的具体人物上的包容和排斥，相信读者们最终将会明白我在设计上的适度分寸。

为了帮助读者了解这个思想史上某个时期的特殊语言，我在本书最后附了专业术语词汇。不过，哲学上的概念很少能够在一、两个段落中就真正概括出来；读者还应该留心它们特殊的前后联系，以便理解它们转换着的复杂含义。注释和参考书目可能会为那些希望进一步阅读有关题目或有关人物的读者提供指导。

第一部分

两条不同的道路：18世纪的生态学

18世纪——它常被称作"理性的时代"——现在依然以它那丰富

2　的想象使我们惊异。现代社会的很多东西都是从那时开始的：政治、艺术、工业装备、科学和哲学。在它的创新中一点不显逊色的是生态科学。在二百多年前，人们就已经把我们现在还不能忘却的那些生态学概念汇集到了一起，诸如"自然的丰饶"、"食物链"以及"平衡概念"，等等。在这一部分，我将试图捕捉某些对后代有着激励作用和暗含意义的东西。

　　生态学上的两大传统出现在这个早期阶段。第一种传统是以塞尔波恩的牧师、自然博物学者吉尔伯特·怀特为代表的对待自然的"阿卡狄亚式的态度"*。这种田园主义观点倡导人们过一种简单和谐的生活，目的在于使他们恢复到一种与其他生物和平共存的状态。第二种是"帝国"传统，人们一般都认为它在卡罗勒斯·林奈——当时最重要的生态学上的人物——以及林奈派的著作中最有代表性。他们的愿望是要通过理性的实践和艰苦的劳动建立人对自然的统治。然而，这样简单的辩证概括并不能完全精确地把握这个发展年代中的纷繁和奋发性质。像它创始的新时代一样，"理性的时代"把一套最不一致的思想交到了我们手中。

---

　　*　阿卡狄亚（Arcadia），古希腊的一个高原区，后人喻为有田园牧歌式的淳朴风尚的地方。——译者

第一章　阿卡狄亚中的科学

在伦敦西南不到 50 英里的地方，在汉普郡乡下的田野和小山中，3有一个宁静的村庄叫塞尔波恩。沿着狭窄、蔓延通幽的主街道，是一座座红瓦灰砖的小房舍，它们似乎安然地在不知邪恶的隐蔽之处蜷曲着，远离首都和机器时代的纷乱喧嚣。诚然，重型卡车时时都在轰轰隆隆地穿过这个村庄，电视天线也从长满茅草的屋顶上横七竖八地向四方伸展，高压电线则越过翠绿的草甸。但是，塞尔波恩依然令人惊异地保持着它在传统上的完好无损。每年春天，褐色的雨燕都要回到它们在这个村子的巢里，多少世纪里都是如此。白嘴鸦和野鸽在橡树林中歌唱和飞舞。在泛着白光的流经朗莱西——一个伸到村子东部的山谷——的小溪中，仍可看见一条正在被礁石溅起的涟漪中觅食的鳟鱼或一只正在逆流而上的青蛙。从牧场上吹来的微风带来了苜蓿和绣线菊的年代久远的香味。直到现在，塞尔波恩还是一个与众不同的不受干扰的世界。

它是那样坚定地保持着它的过去，以致今天的塞尔波恩仍然可以被看作是华盛顿·欧文[*]在 150 年前写到那种似乎遍布在农村英格兰景色中的"道德感情"时，出现在他脑海中的村庄。他说，那是一种

---

[*]　Washington Irving（1783—1859），美国作家。——译者

能"引起关于秩序、宁静、朴素、深入人心的原则、淳厚习俗和虔敬
民风等想法的感觉。（这儿）一切都似乎是要发展那种习惯和平的生
活"。人们还可以再添上一点：要发展共存关系，因为在人类和自然
之间的一种明显共有的宽容，大概是塞尔波恩的明显特征。[①]

　　圣·玛丽教堂，那是俯瞰着这个绿色质朴的尘世及其居民们——
人类的和非人类的一座亨利七世时代建立起来的灰色大型哥特式建
筑，而它的巨大石质圣水盆的历史要追溯到撒克逊时代。教堂的小院
子里挤满了朴素的、青苔斑驳的墓碑，墓碑上面刻着的许多如今在当
地人中还有代表性的名字。但是，一个更为神圣庄严的物体用它的阴
影笼罩着这个院子和教堂：一棵巨大的树围几乎有28英尺的1200多
年的杉树。树干支撑着它那沉甸甸下垂的依然青翠的树枝。这棵树和
教堂紧紧联合起来，共同把根扎到同一块土地里，它有力地说明了在
塞尔波恩自然和人所享有的那种永久的共生状态。而且，很多人一直
都奢望着，这就是一个人在任何地方——甚至是在面对着灭绝性技术
的情况下——也可以与自然界取得的最终的和谐。

　　在塞尔波恩悠久的历史上，最出名的市民就是18世纪时的副牧
师吉尔伯特·怀特。和这个村子本身一样，他是一个安静、谦虚、无
名利心、满足于他的宗教职务和他对当地植物和动物研究的人。他
1720年生于塞尔波恩，父亲是一个退休律师，祖父是本教堂的教区
牧师。10岁以后，怀特一家住进了沃克斯，这是主街上最大的房子之
一，就在教堂对面。后来这所房子成了吉尔伯特自己的家，直到1793
年他去世。只有他在牛津的奥瑞勒学院所度过的那些年，才使他离开
了塞尔波恩很长一个时期。1746年他取得了硕士学位，转年他担任了
教堂执事的职务，这一职务是他终身从事教会工作的起点。有一段很

短的时期，他是大学的学监和奥瑞勒学院院长；后来他就开始连续住在乡下做副牧师。1751 年，他回到塞尔波恩生活，并且最后在缺少常驻牧师的情况下，在圣·玛丽教堂主持教区的祭礼等活动。虽然不是一个富有的人，他却靠他在奥瑞勒的职务、副牧师职务以及农场财产和投资，过着舒服的单身汉生活。他的简朴的生活与奥立弗·戈德史　5
密斯在《荒芜的乡村》中描写的牧师极其相似："在远离城镇的地方，他进入了虔诚的轨道。这种状态一成不变，他也希望永不改变。"②

　　怀特的名气是在他 73 岁死了以后开始显赫的，而且完全靠他的一本书：《塞尔波恩的自然史》。这本书出版于 1789 年，从那时起，便成了人们最喜爱的英文书籍之一，到 20 世纪中期，已经印了一百多版。这部著作是有关怀特教区的野生动物、季节和古迹的书信集，笔调简洁明快。这种文体让人联想到艾萨克·沃尔顿或是霍勒斯·沃波尔*。在他的两位通信者的督促下，——一位是汤姆斯·彭南特，当时很著名的动物学家；另一位是丹尼斯·巴林顿，威尔士的律师和法官——怀特有点勉强地修改了这些信件以便出版。他在信中很少披露自己的内心世界，但读者还是可以勾勒出他拎着灰色麻六甲手杖，穿着齐膝短裤，随意走入山谷小道的形象。在二十多年里，他每天都从宗教事务中找到足够的闲暇时间在他的教区周围旅行，并将他在自然界的所见所闻写给他的朋友们。一年又一年，他漫步在同一个牧场上，以便发现新的蝴蝶，或者观察燕子在一个邻居的烟囱上筑巢，或者蹲在蕨类植物丛中窥视在本恩湖上觅食的野鸭和沙雉鸟。最后的结果就是这一部成为英美自然史学说奠基之作的书。它也为现代生态学研究提供

---

　　* Izaak Walton（1593—1683），Horace Walpole（1717—1797），两者都是英国作家。——译者

了最早的，如果不是创新的也是有代表性的一种观点。

怀特写道："我生活的教区是一个地势陡起不平的乡村，到处都是山丘和森林，因此到处都有鸟。"怀特狭小的活动范围界限是从汉杰尔——一个长满树木的大约 300 英尺高的陡坡，刚好位于沃克斯以西和村子的中心，到沃尔莫森林——事实上，这是一个大约有 15 到 20 平方英里的紧挨着村子东南的无树的沼泽。在明朗的下午，当他和朋友们在长满水青冈树的汉杰尔高岗上一块儿饮茶的时候，他能辨认出 10 英里以外地平线上的苏塞克斯草原。南边不远是海岸和海，调节着塞尔波恩的气候。当地充沛的降雨量慢慢孕育出一个丰富多彩的植物区系和多种类型的土壤——白色和黑色的混合垩土、沙土、白垩土、黏土和石灰石土——另外，还有自然博物学者研究所需要的多样性。大概正是这些特质才使一个具有相当经验和学问的人把他的一生都献给了那样小的一块地域。不论怎么说，和 18 世纪英国科学家们一般热衷于那种从世界最远的角落里搜集外来的物种并对其进行分类的热情不同，怀特的注意力突出地集中在这块小天地里，集中在他的教区中的自然规律上。

按后来的标准看，作为一个科学家，怀特的爱好是很广泛的，那包括从分类学到生物气候学、季节变化的研究以及动物行为学。他享有辨认出叫片鸣禽或柳鹟鹩的三个品种以及辨别田鼠和大型褐蝙蝠"第一人"的荣誉。不过，一般来说，他倾向于以一个"哲学家"的角度去考察自然——就是描述"生命以及动物间的交谈"。在他的整部著作中，候鸟是他最为关注的焦点之一。在他的书信中，同时也在他的日记中，他都极其精确地记录了燕子和短嘴燕的来来去去，它们的命运曾使当时的自然主义者大感困惑，甚至怀特自己也未能真正摆脱那种普遍的看法，即这些鸟在冬天栖息在水下或洞穴里，而不是越过大海到遥远的南方大陆去。他发现，燕子和许多昆虫一样，是在飞行中进行繁殖的，并在它们冲刺式的飞行当中吃食、饮水和洗浴。他还研究一种大麻籽食物对红腹灰雀的羽毛颜色的影响以及阉割对其第二性特征的影响。他密切注视动物天性中"那种神奇的有限天赋"，特别是鸟、青蛙和家猫施于它们子女的母性影响。最使他惊异的是他花园中的乌龟蒂莫西的行为。这是一只行动迟缓年事已高，带有"一种专制欲望"和一种在清晨漫步于花园四周的古怪习惯的小动物。它"对性爱的专注使它抛弃了通常的庄重，并诱使它在一段时间里忘记 7 了它平时的圣者风度"③。

但是，怀特超出了这种日常观察和娱乐的层次，他把塞尔波恩近郊视为一个复杂的处在变换中的统一生态整体。《自然史》的确是英国科学中对生态学领域的最重要的早期贡献之一。1768 年，怀特写信给彭南特："整个自然是那样丰富，以致那个地区产生着大部分现在仍在检验中的最丰富的多样性。"这是他精心制订的个人生活计划：注意塞尔波恩教区里包含着多少种生物，并了解它们怎样联合在一个相互关联的系统里。但怀特的研究常常掺杂着他的宗教信仰也不是偶然的。有两个原因使他形成了生态学的见解，一是对他自童年起就已了解的土地和动物的强烈感情，另一个是对设计了这个美好的活生生的统一体的上帝神明怀着同等深切的尊敬。科学和信仰对于怀特来说，在这个合二而一的观点上有着一个共同的结果。④

怀特向他的朋友评论道，为了使这样一个丰富多样的动物区系能够生活在那样狭小的区域内，就必须要有来自造物主方面的最伟大的创造力。例如，牛站在齐肚皮深的池塘里使自己凉快，它们被造出来是为了用它们的粪便给昆虫提供食物，从而也间接地为鱼提供了食物。根据这个极好的例证，怀特认为："自然是一个伟大的经济师"，因为她"把一种动物的消遣转化为另一种动物生存的依靠"。用同样的技巧，上帝使不同品种的燕子适于不同的食物、筑巢习惯、繁殖模式，并"在它们的脑子里"种下独特的进行迁徙的动机。这样仔细规划的所有结果就是使每一种存在都对塞尔波恩这个小天地的稳定运行具有重要意义。

> 最不起眼的昆虫和小爬行动物，在自然经济体系里的位置和影响要比人们能意识到的多得多，它们的作用是极其巨大的。它们的体形细小不被人们注意；可它们的数量和生育能力却影响巨大。蚯蚓，尽管从表面看是自然链条中一个卑微的环节，若失去了，也会造成可悲的缺憾。

8

怀特接着说，蚯蚓是多种鸟类的食物，鸟又反过来成为狐狸和人的佳肴。而且，通过松土，这种行动慢腾腾的虫子还在帮助农民为田地通气和施肥——这是又一个"自然的卓越安排"。而且，作为"上帝创造世界的智慧"的进一步证明，怀特注意到，这种重要的蚯蚓"对交配极感兴趣，因此繁殖力很强"。总之，"自然是这样一位经济师，它使大多数并不和谐一致的动物都可以相互利用"⑤。

这些对生态规律的衷心赞美之辞，显然并不妨碍怀特在漫游中同时获得另一种看法。他认为，自然的产物，如果不是全部，也是部分为了给人类提供一种良好而有益的环境而存在的。"造物主对我们如此慷慨"，怀特给彭南特写道，"以至于仅允许在这些领域里有一种凶

恶的蛇类爬虫，那就是蝮蛇"。作为另一个神明善心的证据，他可以再一次举出燕子，它

　　是一种最不让人讨厌的、无害的、使人愉快的、友善和有用的鸟类；它们不触动我们果园里的水果；所有的燕子，除了一个品种，都高兴让它们自己依附在我们的房子上；用它们的季节性迁徙、唧唧声以及它们的机智使我们惊喜；而且还清除我们由蚊虫和其他让人讨厌的昆虫所带来的烦恼。

　　但是，在一个其他方面都有益的自然系统中，害虫是一个让人讨厌的例外情况。怀特认为，如果人们领会了上帝的意图，他肯定需要人助一臂之力。因此，怀特向彭南特建议开展一种彻底的研究，它将明确公布那些无用而让人讨厌的昆虫的行为，和"一切已知的和有可能消灭它们的方法"。这将是来自自然博物学者的贡献，"将被公众承认是一种最有用的和最重要的工作"和一种对自然的仁爱宗旨的支援。⑥

　　伴随着基督教的虔诚意识，正是这种经济利用的精神使得怀特不局限于"单纯的系统分类"。尽管他赞赏分类学在为自然中"无路可行的荒野"带来了可了解的规律方面的价值，他仍坚持认为，这门科学应致力于更重要的目的，使野生动植物考察有可能为生活所需提供最大程度的舒适和精致。

　　不要去检验每个不同物种在每个容易搞混的类中的细微差别，植物学家们应努力让自己去探索那些有用的事务……能够改

良他所居住地区的草甸的植物学家，将是社会中的有用成员：能
在一片不毛之地上培育出一片厚厚的草甸，抵得上若干本系统分
类学知识的书。他将是联邦的最佳公民。是带来"在以前只有一
片草叶的地方长出两片草叶"这种发展的人。

使他对自然产生兴趣的东西，都是有可能引起好奇、惊喜和恭恭
敬敬学习的东西，所以怀特有时在他的科学上是极其功利主义的，就
像他认为造物主在创造世界上是功利主义的一样。当他声称在散步时
"从来不放过有用的东西"，而总是转向解释他了解到的关于霜冻或蚜
虫或蚯蚓的时候，他是绝对不夸张的。他认为，在详尽的生态研究的
基础上，塞尔波恩的环境能够管理得更为优越，在人的协助下更能证
实在为人类提供物质需求上，"自然是一个伟大的经济师"的结论。[⑦]

不过，在怀特的生态学概念上仍然有另一个重要成分，一个令
后来的几代人特别会报以热情和欣喜的成分，而且与他的有较强操
控性目的形成鲜明的对照。这个成分就是他在其农村生活中所发现的
自然间田园式的和谐。在那些书信中出现的塞尔波恩，是一个人对
那种古代田园梦想的领悟，这梦想能激起人们对地球及其蓬勃活力的
忠诚。和当时的其他作家一起，怀特在希腊和罗马的异教徒中，尤其
是在维吉尔的《牧歌》和《农事诗》中，发现了一支令人心醉的充满
适意宁静的牧歌。和考珀、格雷和汤姆森这些诗人一样，他认为他在
英格兰农村发现了一种和维吉尔的理想极其相似的情景。他的诗《自
然博物学者的夏夜散步》大概是怀特对塞尔波恩的田园理解的最好表
达。这位诗人兼自然博物学者在傍晚出发，他看见"燕子掠过昏暗的
平原"，注视着"胆怯的野兔"出来觅食，听见麻鹬在呼唤它的同伴。

白天所观察到的那个已深深铭刻在心中的世界，慢慢地隐退到夜晚朦胧的纱幕后面。这时，自然的经济体系以它那从来就神秘的运作方式"嘲弄着人类欲知其详的自尊"。就在诗人穿过田野和森林时，自然的力量在胸中翻搅，驱散了忧郁，生出了欢悦。无疑，他所遇到的和那样有力地影响着他的感觉的自然，在一个局外者看来，可能只是一个比原始自然较为驯化的自然；它毕竟是一幅几个世纪以来已是人类家园的景观。

> 所有的乡村的景色，声音，气味，
>
> 都结合到了一块；
>
> 不论叮咚的羊铃，或是奶牛的气喘，
>
> 不论是熏香了矜持微风的新割牧草，
>
> 或是弥漫在树林中的茅屋烟囱中飘出的炊烟。

但是，这篇田园作品给人最重要的印象，和在书信中一般所表达的一样，是一个人急于把整个自然与他的教区融汇为一处的心情。那种热望主要是 18 世纪异端文学的再发现：一种通过外部调节重建人与自然之间内在和谐的渴望意识。⑧

在另一首诗中，比前一首晚几年，怀特谈到村民们在普列斯特（教堂附近的村庄绿地）的牧场上跳舞，那是一种"把整个田园带到我们的眼前"的舞蹈。那种未被复杂化的乡村幸福景象以及生活在造物主和他的牧师的密切关照下的简朴而自然的人们的形象，贯穿在怀特的所有书信中，而且在现代读者来看几乎就是这本书最主要的宗旨。塞尔波恩的大自然非常接近于完全的良好状态：那是一幅很容易激发人们稳定、丰饶和合理情感的风景画。它的可怖部分一直被遮掩着，城市生活的威胁和困惑也被置于一个安全遥远的地方。然而，对怀特来说，它依然是一个杰出的自然的世界，人一直在使自己适应于它。而且，在这个田园环境里，生态研究是自然博物学者用以建立与自然的密切联系的手段：它成为人们渴望认识自己邻居的纯真的追求，成为这位副牧师虔诚生活的一个不可分的部分，绝无一点排斥恭敬、美丽或谦逊的感觉。⑨

当然，人们可能会坚持说，怀特所在村庄的社会和平和安定是一种错觉，它们掩盖了穷人的状况。这些人自始至终都在单调枯燥的艰苦劳作和缺乏回报的情形中生活着，他们没有时间像那些"有身份"的人那样到山顶上去喝茶，也没有间暇去欣赏布谷鸟掠过池塘。人们可能要强调，在塞尔波恩，人与自然之间的平衡要求无情地灭绝一切不守法的、无用的、不合常规的以及敌对的生物。人们也可能会发现，严谨的科学本质可以与这种田园牧场上的虔诚并列在一起，是令人难以置信的。在这每一种责难中都存在着真理。但要是钻进它们的牛角尖里，就会看不见塞尔波恩的实际而真正的优越性。无论怎么说，在怀特本人那里，似乎一直都不存在矛盾或怀疑。尊敬和科学，社会差别和人道同情心，功利主义和田园的欢乐，在这位牧师兼自然博物学者的日常事务中全都密切地结合在了一起。只有在一种更现代的意识中，这些调和才可能是表面的，错误的，或是不可能的。

＊　　　　＊　　　　＊

然而，在塞尔波恩这个小世界以外，有着几股兴风作浪的力量，它们很快使怀特的田园主义生态学中的和谐信念难以维持下去。他写那些信件的时期，从18世纪60年代到80年代，正被政治和经济上的大动荡所震撼着。美洲殖民地所进行的争取独立的战争，是对其母国重商政策的第一个重要挑战。然后在 1789 年，也就是怀特的书被送去出版的那一年，巴士底监狱被巴黎的革命者所占领。1793 年，法 12 国陷到恐怖统治达到顶点的政治暴力之中，怀特于这一年去世。与此同时——从人对自然的关系的角度上大概是比较重要的——英格兰成为世界进入技术时代的第一个社会。若说怀特一直不知道这些事件，那肯定是不可能的；但是，这些事件却似乎几乎一直未对他发生过影响。他在《自然史》中甚至从未提到过它们中的任何一件；在他的更为平淡的日记中，只有一两次轻描淡写、模模糊糊地提到了法国所爆发的事情。这位塞尔波恩的自然博物学者似乎完全能够辨别自然的经济体系的运转情况，但却几乎完全察觉不到在人类的政治和经济系统里正在进行的变革。

离塞尔波恩北部不到200英里的地方是曼彻斯特市，18世纪后期，从与东方和新大陆的贸易中积累的剩余资本，在这里为发展一种新的生产模式——工厂系统——提供了资金。在两个多世纪中，由英格兰商人所改进的组织技能以及合理地利用资本去刺激和满足需求，以一种突发的气势扩展到了对工厂生产设备的改革。1765 年，詹姆斯·哈格里夫斯发明了珍妮纺车。18 世纪 70 年代，理查德·阿克赖特采用了纺纱水力装置。接着，在 1785 年爱德蒙德·卡特赖特的动力纺织机完成了纺织工业向机器生产的变迁。与詹姆斯·瓦特的蒸汽机一起，这些发明标志着人类历史上一个漫长时代的结束和另一个时代的开始。在这种技术发展背后的推动力，是纯粹的直接增加生产和财富的欲望。

到吉尔伯特·怀特的书问世时，工厂体系已遍布于约克郡、兰开郡和斯坦福郡。随着工厂出现，需要一支听命于机器节拍的定居的工人大军。因此，在这个世纪后半期，兰开郡的人口已增长了300%。在18世纪70年代的十年当中，曼彻斯特的规模成倍增长，成了一个有着10万人口的城市，而世界上大多数人仍住在像塞尔波恩那样人口只有600人的小村子里。18世纪后期，在塞尔波恩之外的世界里，

13 运动似乎正在取代秩序。正如乔治·特里维廉所描述的这个阶段的那种情况一样，一度曾经慢慢流淌的小河，迅速地变成一条突越了水坝的咆哮着的洪流。在下一个世纪里，这个经济社会并未恢复它的平稳发展速度，相反，它的节奏更快了。每隔十年，北英格兰的紧张喧闹的城市便更富有和繁荣一些，即令同时也被烟熏得更黑和更狂热。每年都有农村的劳动者抛弃了他们的村庄和茅舍，希望在曼彻斯特寻求更诱人的前途，而事实上在那里他们发现的仅仅是最偶然的生存机遇。⑩

　　在吉尔伯特·怀特在世时，经济期望值不断膨胀，使得工厂体系冲击和改变了英国农业，特别是英国中部地区。为了不断增长的工业人口的食品需求，封建的村舍自给农业残余必须受到破坏。因此，土地被商业化了，农场主们学会了不为他们自己去生产，而是为城市市场生产。为了越来越有效地生产食品，农村的地貌被改变了。仰仗着18世纪50年代以来议会通过的一系列圈地法案，从中世纪以来的很多年里一直存在的公地系统被草草地废除了。广阔的石南丛生的地区，荒地和公地，被划成了小地块，种上了蔓青或放牧羊群。总之，在18世纪和19世纪早期，大约650万英亩的英格兰土地完全变成了合理规划了的类似棋盘的格子块田地，四周环绕着山楂和桉树的灌木丛。拥有土地的绅士们，按照他们的个人利益领导了这次革命，他们

在农业改革家阿瑟·扬的新口号下向前发展着："让两片草叶长在以前长着一片草叶的地方。"因此，到了1800年，资本家们通过进步有效和集中化的管理来增加个人财富的目标，已经在农业和工厂生产中普及开来，并从各个方面使英格兰劳工流离失所，把他们重新分布在新的工业城市里，并让他们服从新的工作模式。这一经济革命从不列颠传播到美国和更远的地方。把永恒或稳定视作当然的认识，将永远不可能存在了——即使在塞尔波恩大概也不会有了。⑪

14

＊　　　　＊　　　　＊

　　在这样的动荡之中，无怪乎一本像《塞尔波恩的自然史》这样的书会被忽视了几乎半个世纪。英格兰过分忙于巩固和调节现代化的进程——如果调节是一个正确的用词的话，因此不能去读一本关于田野蟋蟀的瑟瑟声和一只鸽鸟的啼叫的书。但是到了19世纪30年代左右，拉什利·霍尔特-怀特称之为"对吉尔伯特·怀特和塞尔波恩的崇拜"的概念开始出现了。自那以后，塞尔波恩逐渐以一个梦想和幻想的焦点出现在地图上，它是现世对一个已经失去的世界的怀念。怀特本人则突然被新一代人所发现，他们怀着羡慕之心去回顾那位牧师自然主义者的优雅而平静的生活。在接下来的几十年里，持续不断的真诚的朝拜者们来到塞尔波恩——包括来自大西洋两岸的著名的科学家、诗人和企业家，他们在探寻自己的精神源泉。据查尔斯·达尔文的儿子讲，达尔文曾在19世纪50年代"朝拜过吉尔伯特·怀特的圣地"。美国作家和驻英国公使詹姆斯·拉塞尔·洛厄尔也曾在1850年，后来又在1880年访问了沃克斯。他在首次访问时，曾把怀特的书比做"亚当在天国的日记"。在第二次逗留那里的时候，洛厄尔捕捉住了那种引致访问者如潮的情感：

　　我的眼见到了熟悉的景象，

　　还有家! 微风带来了飒飒声响。

　　在怀特的书出版后的一个世纪内，塞尔波恩成了英国人和美国人的无所适从思想的一个象征性的避风港。这两种人的连结不仅是由于有共同的语言和遗产，而且也由于他们同样有不知向何处去的困惑。[12]

　　在洛厄尔第二次旅行的几年之后，19 世纪后期著名的美国自然作家约翰·巴勒斯为了赞美"田园的宁静和英格兰景色中的安谧与和谐"来到了塞尔波恩。他写道："巨大喧闹的外部世界插不进怀特的村庄中来。"在他看来，似乎"这个巨大的世界是远离普列斯特*的"，它的喧闹就"像在田野中间听的货车轰隆声一样模糊不清"。在《自然史》1895 年版的"介绍"中，巴勒斯写道，这部著作给读者提供了"一种家庭气氛"，在旅行者看来，塞尔波恩"就像火炉旁边的角落一样舒适并与世隔绝"。由于其平和的家庭生活气氛，这个汉普郡的村庄被巴勒斯和其他有辨别力的美国作家当作了通常英格兰的代表，成为一个在它那种"安全岛似的安逸和统一"中一切都"是亲近的"地方，也是人们对"家庭般的亲切气氛和所挚爱的土地上的劳动果实"的渴望可以得到满足的典型。几十年之后，R. M. 洛克利响应了这种看法，他认为，"吉尔伯特的最根本之处"就是"每个人都有对家的普遍的爱和对家的安全感"[13]。

　　为了向怀特表示敬意和促进当地自然史的研究而建立的塞尔波恩学会，在 1893 年得到了迅速发展。英国的自然博物学者 W. 沃德·富勒

---

　　*　普列斯特，塞尔波恩的绿地，见前文。——译者

此时写了一篇纪念怀特生活的文章。他写道，在表面上，世界正"走过诗歌和传奇的时期，进入一个严厉的现实时期，进入对经济问题的研究将把对野外的大自然或狩猎的欢乐从我们的头脑中驱逐出去"的时代，怀特的书会那样强烈地被人们所需求，这似乎是一种嘲弄。但是，福勒认为，确实是由于这些变化，才使自然史成为一种有吸引力的消毒剂，从工业城市造成了道德紊乱的角度来看尤其如此。

确切说来，工厂体系的扩展以及随之而来的大城市的增长，正在被大大地强化，相比之下，对农村的爱却被弱化了。我们渴望纯净的空气，渴望看见生长着的青草，渴望穿越草地的小径，渴望在你走上榛树下幽深的小径前可供你歇息的台阶。但是，在上一个世纪，没有必要去渴望，那时还几乎不存在着一个人们要从中逃出来到田野中去的城市，那时人们也不用辛辛苦苦地穿越肮脏的郊区，那里的经济学问题时时困扰着人们。在那些日子里，人们爱乡村就如爱他们的家，并不是因为他们被关在了家外面…… 16

对很多人来说，仅仅是阅读吉尔伯特·怀特著作的体会，就成为减弱对在曼彻斯特、伯明翰和匹兹堡的破坏景观不满的抵触情绪的麻醉剂，同时也是与正在萎缩成模糊记忆中的乡村大自然重新恢复联系的切入点。⑭

19世纪后半期自然史随笔的兴起，是塞尔波恩崇拜的一个主要遗产。它不只是一种仿照怀特开创成果的科学文学写作的模式。这些自然作家们的持久不变的主题是去寻找一个失去了的田园式的天国，一

个在冷漠而充满威胁的世界里的家。一位观察家把这种新的写作模式
描绘成一种"休息和令人愉快的文学"，从中流出了"医治文明所造
成的各种不适的溪水"。现代化中最令人不快的方面就是工业景观，
诸如约翰·巴勒斯、约翰·缪尔、W. H. 赫德森和理查德·杰弗里斯
等作家都为此写出了多部著作。在这些作品中，自然的历史是一辆将
读者载入那种干草垛、果园和山谷的宁静和平中去的车。这些从事自
然写作的专家们都是当代最畅销作品的作家。还必须强调的是，这些
作家都部分转向了科学，把它当作返回自然的途径。⑮

　　但是，工业化，仅仅是"文明所造成的各种不适"之一。人们很
快就察觉到，科学也可能更会成为一种威胁，而不是一种消毒剂。很
多自然作家都懂得，他们那困惑不快的读者们所需要的不仅仅是暂时
的、由阅读有关自然的书产生的那种如同在令人心旷神怡的森林中漫
游所获得的解脱。一位无名美国作家认为，人们要求的是一种新的
"自然的福音"，它将强调恢复"一种每个人与他周围的世界，并通过
那个世界到达上帝那里的个人关系"的必要性。这样，深孚众望的自
然博物学者的意愿，就成为与科学同等重要的宗教和精神性质的了。
从这一观点来看，情况立刻就清楚了，现时代与自然和上帝的疏远正
是他们拥奉科学的结果。到了19世纪晚期，科学和经济学同样都经
历了一系列急剧的变革。因此，1889年，巴勒斯被迫承认，人类已经
17 被新型科学的多疑精神"实实在在地赶到了冷酷之中"，达尔文和其
他科学家们所揭示的那个无目的的、机械论世界的"广泛冷漠"早已
遗弃了人类精神这个孤儿。因而，对怀特的后继者来说，最终的任务
是要为这种冷酷的科学找到一个替代品——不是靠退回到不做调查的
教条主义，而是回归到科学的调查，那位去世的牧师自然主义者注入

了温情、广度和虔诚的调查。[16]

出于这种探索，约翰·巴勒斯后来在他的生活中（显然是带着某些不肯定的因素）采用了由法国新浪漫派亨利·伯格森所提出的生机论哲学。生机论是一种认为植物和动物都按照一种内在的神秘的物理学和化学不能分析的力量而行动的观点。伯勒斯从中发现了一种希望，即用在所有的生物里所固有的一种创造性的，不能预示的、有机的能量去替代那种流行的对"生命和意识的物理化学说明"，从而"改变科学并使其精神化"。于是，大自然将又一次变成富有朝气使人欢乐并且值得热爱的事物，而人类也将不会被看做仅仅是一个机器。伯勒斯还希望从一个更宏伟的规模上，把生机论的理论扩展到把自然当作一个唯一的实体——"一个巨大的和真正的、潜在的生命一起跳动的生物"的认识上去。其他的自然作家也试图设起一道生机论的防线来抵御物理学的威胁。W. H. 赫德森认为，所有自然中的生物，实际上是每一个分子和原子，不仅在某种意义上都拥有一种非物质的理性或精神，而且还是自然的综合生物的相联部分，并由一个统一的精神赋予生命。约翰·缪尔则在自然中洞察到一个由"基本的遮盖、支撑和遍及所有事物的爱"聚集在一起的有机整体。

生机论的概念及其泛生机的或泛灵论的扩展，正如那些自然作家们所指出的，是一种具有浪漫和宗教气质的学说，但又在某种程度上具有成为科学公式的倾向。它被用来作为把古老的田园主义的虔诚和爱好的某种东西提供给科学的途径。另外，这样一种哲学也会把吉尔伯特·怀特的那种包罗万象的、有机联系的眼光归还给科学领域，这个科学领域朝着把自然解剖成零散碎片的方向走得太远了。从自然作家的思考中不断出现一种强调诸如"整体性"和"有机性"这样一些词的情况看，这些作家的意图是双重的：第一，赋予一切生物抵制化学和物理学分析的意愿和行动的自由；第二，把整个自然当做一个单一的不可分割的整体来研究，它是由一种相当神秘的有机的力量聚集在一起的。⑰

这个运动是对新工业社会和新科学研究方法的一种抵制。狭窄的专业化，数学的抽象化，对各种精微测量仪器的广泛依赖，都被引证为世人所认识的科学家与自然疏远的原因。人们尤其喜欢用有机学说来反对冷漠的非人格的城市实验室。整体论的自然主义者们普遍提出要回到与在自然环境中活着的生物的直接联系中去。他们坚持不懈地要把"自然史"这个标签恢复到值得尊敬的地位上，使它与其原有的田野和森林的图像以及广泛的描述意图联系起来，而不要和浓缩了的科学的不恭敬的探查和解释相联系；他们的坚持表现了对过去的深刻怀恋。这个整体观的运动加上对城市技术社会的反对，也可以被看作对一种田园主义科学的探求。它的主要目的是要使科学更充分地与整个人类价值结构结合起来，并使科学家恢复其在人类社会和自然体系中的较为谦恭和一致的作用。

到了 20 世纪，"吉尔伯特·怀特和塞尔波恩崇拜"与整体论更为一致了。每当给读书界提供一个新版的《塞尔伯恩自然史》时，把怀特和现代的过分技术化的科学家做比较已经成了一个不变的主题。例如格兰特·艾伦，著名的英国自然作家，在怀特的著作中曾发现这个人非常醉心于科学在生物学的襁褓时代的作用。而且，艾伦与那些同类型的作家一样，并未借此来驳斥这种最早的科学精神。对他来说，那个失去了的黄金时代是在呼吁人们，在不放弃他们的其他角色——诸如牧师、公民、猎人或者乡村绅士的情况下，对知识做出重大贡献。反之，在这个时代，"在没有图书馆、仪器、搜集物、合作、长期的专业训练的各种各样的协助下"，自然科学家就无从发现重要的事实并得出结论。因此，部分早已变成了整体。艾伦认为，被汹涌澎湃的现代化浪潮淹没的，是一个曾经产生了"完整的和多方面的男人和女人"的世界，它允许他们使自己具有"充实的、平和均衡的、广博思想的人类天性"。现代自我的瓦解，人在其中除了一个断片外什么也不是，不再具备广泛的同情和兴趣，在很大程度上都要追溯到正在成熟的科学在文化上的影响。[18]

在吉尔伯特·怀特崇拜中出现的第二种对科学的批评集中在现代科学家与社会及其道德结构的隔绝上。塞西尔·埃姆登，研究传记《吉尔伯特·怀特在他的村子里》一书的作者，使这种观点尤其突出。和他第一章的标题所表明的一样，埃姆登发现怀特是一个"非常人道的自然主义者"，曾带着以强烈的同情心去参与他的邻居们的日常生活，对他们的事情像他对天气、燕子、棘鱼一样感兴趣。怀特的科学并未与他的社会情感分离，并未变为一种不偏不倚的抽象的对事实的探求，而不顾虑其结果和用途。"他完全感到是这个村庄共同体的一员，"埃姆登写道，"他轻易愉快地适应了它的社会结构。"这种对共同体的怀恋是对默默无闻的现代城市社会的抗议，当然也一直是田园主义梦想中较为恒久的观点之一。但是，埃姆登把他的读者的注意力引向了这位科学家的特殊方面，这位科学家似乎常常成为一个特殊人物，是从完全的社会约束中退到专业优越感和中立圈子内的最好的代表。[19]

另一位怀特著作的编者 H. J. 马辛汉姆，则把这种观点推得更远，塞尔波恩变成了一个"社会有机体"，怀特则成了一位有机论者，他把自然当作一个相互联系的整体而不是一系列独立的部分来研究。作为一个具有根深蒂固的同一性的自给社区，18 世纪的塞尔波恩要比现代社会的"仅仅是粒子"的聚集更为紧密。它是一个"有内部联系的整体"，远离着"喧闹的机动车辆"和"人们外在和变态的轻浮吵闹和不安宁"。尽管怀特的办公室是一个科学家的领地，他却仍属于他的社区。而且他与村子的那种密切的社会一致性有助于他理解"就整体而言的人与其所处环境的关系，就整个地区而言，是显而易见的人与地球之间的交往上"的意义。那就是说，在人类的秩序背后，怀特已注意到有一个更大的人和自然的共同体："一切都是一个有机整体的组成部分，任何一个他拥有的乡村只不过是宇宙的一部分。"按照怀特在理解内在联系性上的坦率态度，他会一直去反对那种"生物机械行为说"的机械论，那种认为有机物是遵照精确的物理规则计划行为的观点。[20]

　　显然，塞尔波恩崇拜现在已进入神话王国了。而且不论怀特实际上是有机论者还是生机论者，正如巴勒斯所说的，都已超出本题了。重要的是，这些自然作家已感到有必要去确定一个令人信服的可选择的世界和可选择的科学景象。无论如何，神话的主要作用在于：不是去认定事实，而是去创造各种象征和图案，用以解释人类经验的内在核心和提供靠其生活的梦想。现在应该很清楚了，对这些作家来说，关于田园景象的理解是不能离开整体论意识的理想的。如果塞尔波恩可以被用来与工业文明做象征性的比较，那它的牧师自然主义者就可以被看作是一个不同类型的科学家的先例。怀特的门徒们梦想用农村的社区取代城市的崩溃。他们呼唤的是田园主义的谦恭，而不是技术文明对待自然的傲慢。为了抵制实验室的物理化学分析的支配，他们回到了比较老的自然史中间。他们提倡的是一种有机合成，而不是科学上的机械浓缩。这些以吉尔伯特·怀特这位田园自然主义者为标志 21 的种种担心融合在一起，就是这种自然随笔在英国和美国的主要文化意义。

在整体论思想中，整个自然都被看做一个唯一的不可分割的统一体，正如作为它的一部分的那种更广阔的田园主义一样，这种思想在整个现代时期时起时落，但却惊人地坚持下来了。某些生物学家和哲学家们，可能从未读过或听到过吉尔伯特·怀特的著作，却很拥护这个整体性运动。结果，这个学说从其渊源扩展开来，提出了很多设想：在某些情况下，它仍然是生机论的；而在另外的一些情况下，它又与艾尔弗雷德·诺思·怀特海提出的有机论哲学很相似。而且，不论整体论有着怎样精确的定义，或者多么复杂，它总是提供了某种比科学评论更多的东西。它一直得到那些对工业文化的残破不全及其与自然界的隔绝感到非常厌恶的人的拥护。路德维希·冯·贝塔朗菲，一位在生物学上提倡系统理论的中心人物，曾暗示过某些这类的不满，他写道："技术时代正变得对自己也不耐烦了——让我们寄希望于一个继之而来的有机时代会为人类未来提供新前景吧。"整体论者一直认为，尽管一个单独的科学家很少可能直接对那种机械文化发生影响，但是，在科学所树立起来的各种论述自然的模式与技术社会的价值观和哲学之间，仍存在着一种非直接的却是根本的联系。[21]

最近一些年里，田园主义的复古思想作为对技术和占据统治地位的科学典范两方面的反抗，又一次被一种人所共知的现象——"生态学运动"引向了特别令人注目的地位。在这个运动中，出现了一种新的、对科学方法论简易倾向的攻击。生态学家们一直认为，今天的科学家存在着一些危险性，他们忽视自然的复杂性和整体性，他们忽视可以令物理学家和化学家们的分析相形见绌的有机内在联系的质量。尽管生态学家们急于否认在生物中或生态系统中存在着任何非物质
22 的或生机力量的看法，他们还是常常强调，把自然分解成它在原子论上的各个部分并不能达到对这个整体的真正理解。特殊的性质是由于相互影响和集体作用而表现出来的；自然的整体性质不同于它的各个部分的总和。生态学家们坚持认为，这些性质不能按照简单化了的实验室模式来研究。自然必须在田野中考察，在这里自然的东西应有尽有——都是有生命的东西。巴里·康芒纳脱颖而出，他把 18 世纪自然主义者的"古典生物学"作为一种理想，他们从自然的绝对完整性来看待自然。康芒纳对新分子生物学家们的看法也表示坚决的反对，分子生物学家们认为生命只能被理解为另一种化学形式。他强调说，这种科学的"盲目性"导致了世界范围内的生态危机。人类在自然中的侵凌行为，包括放射性和杀虫剂带来的损害一直未受到抑制，就是因为科学家们不理解他们在整体上同时也在各个分离的部分上所造成的影响。[22]

    技术上的进步成了生态运动更加普遍的攻击目标。加利福尼亚大学的威廉·默多克和詹姆斯·康内尔提出，生态学家最基本的工作是打消现代社会对技术的自信并消除现代社会对无限度的经济增长的信念，事实上很多生态学家都赞同这一观点。为了保护有限的生物圈，很多生态科学家坚定地反对那个不断扩张的已经发展了两个多世纪的人类经济体系。工业革命的现代化野心在以前并没有遇到这样猛烈而广泛的抵制。[23]

    在这一系列事件中，令人惊异的是，反对技术增长的运动并非

像过去那样一直是由诗人和艺术家们领导的，而是由来自科学界的人士所领导的。我们是那样习惯于认为科学家们一般都是整个进步意识的支持者，比所有其他人都更乐意去适应机器文化，致使生态运动引起了一股重新评价科学家们在社会上的地位的巨大浪潮。生态学家们现在发现，他们不仅行进在反技术大军的最前列，而且还担负着教育下一代恢复对待自然的神圣感觉的重任。难怪有一位生态学家，保罗·西尔斯，一直把他的专业称作"一门颠覆性的学科"。它异乎寻常地突然对社会、经济、宗教以及人文学科，同时还有其他学科已建立的假设及处理方式造成了威胁。㉔

然而，生态学在作为一门颠覆性的科学的同时，仍然是一门田园主义的学科。其革命的内涵无疑是与回归到一个较早的时代的兴趣混合在一起的。在那个时代，人类的经济体系与自然的经济体系曾经是和谐一致的。在康芒纳的"古典生物学家"的理想主义中有着人们在吉尔伯特·怀特崇拜中发现的那种同样深沉、微妙的怀旧情感。确实，从怀特对塞尔波恩乡村的研究，到巴勒斯和赫德森的自然史，再到当代生态学家的科学，有着一种明显的连续性。当然，并非每一个现代生态科学家都希望与田园梦想或流行的生态运动联系起来。然而，在我们自己的时代里，生态学已经呈现出那种田园主义情感，它会使人们回归到一种自然的和平和谦恭的美丽境界。

这种田园主义的连续性，在一位比任何其他个人都热心于最近的生态运动的自然主义作家，一位具有同情心的人物，蕾切尔·卡森身上表现得尤为突出。她早期的关于海洋和潮汐带的著作，很多都来自她在缅因州海滨住所的岸边漫游，直接因袭了约翰·巴勒斯和吉尔伯特·怀特传统的自然随笔。但是，在《寂静的春天》一书中（1962年出版），卡森接着创建了生态启示文学。这本书列举了真正科学的证据，说明不断使用杀虫剂造成的对生命的威胁。面对着一个似乎不顾一切地要毁灭自己和所有其他形式生物的社会——不论是靠原子弹，还是靠滴滴涕，她已不能维持塞尔波恩教区的平衡和自足了。她的声调逐渐变得绝望了。然而，就是在她反对在生物圈内倾倒毁灭性新毒药的斗争中，她仍然保留着某种田园主义的梦想和气质。例如，在自然界面前有同样恭敬的谦卑态度：1963 年，她说："我们还没有完全成熟到把我们自己看作一个广阔的难以置信的宇宙中的微小部分。"当某些原子物理学家仍然在夸耀他们对物质的征服和保证有更大的炸弹的时候，卡森却在敦促科学家和工程师们去接受一个谦卑的角色，从而可为他们自己以及与他们在一起的物种保证有一个比较安全的未来。事实上，她所代表的那种科学意识，已经成了生态运动的最重要的信条：一幅生命统一体的美景，就如科学所教导的一样，以及一种有道德的与自然界的所有成员协调地生活的理想。人们所说的这种道德，也是塞尔波恩田园主义理想的一个方面。㉕

　　不过，在我们过于确立在生态学发展过程中的田园主义概念以前，最好还是再向前探索一下：关于生态学的道德内涵还有什么可以说的？它总是站在技术社会的对立面，就像它今天经常看起来的那样，或者还有其他与历史相关联的成分否定和反对它的田园主义部分？有一种不反对工业化，而是对工业化有贡献的生态思想吗？自从 19 世纪以来，人类社会和经济体系中所发生的变化是否更朝着科学家们在研究自然上所遵从的方向，微妙地影响着今天的男男女女们对待其周围世界的方式？

　　我们不仅必须考虑在不同的时代里占有支配地位的科学模式和方

法的纯粹内在的发展，而且还必须考虑到在关于人和自然的关系上自然主义学者们非常明了地谈到的，已经确定是生态学上的问题，或者说是由他们的社会作用所联想到的问题，以及由这门科学所使用的多种自然模式所导致的环境后果。总之，这一探索必须留意生态科学的一切来源——那些与吉尔伯特·怀特的精神相悖的来源，以及那些可为其作证的来源。

　　为了回答某些这类问题，我们必须回到吉尔伯特·怀特的思想环境中去，回到 18 世纪去，回到现代生态科学及其更大意义上的尚未明朗的生态哲学开始形成的那个时期。这个时代的某些观点已经触及我们对怀特文献的讨论，但是仍存在着大量的更多需要谈论的有关这个极其重要的发展时代的观点。就生态学的更充分的来源而言，我们也必须把视野从塞尔波恩推到比较大的英美社会去，真正对自然史上的林奈时代作一概览式的了解，以便比较完全地了解在这门科学中所隐藏的尚未明了的趋势、混沌和复杂性质，以及由它所产生的当前正流行的运动。

第二章　理性的帝国

阿卡狄亚式的美景并不是我们文化中唯一的田园表现形式，还有一类非常重要的表现形式，我们称之为"基督教式的田园主义（Christiam Pastoralism）"，因为它一直是西方教会中一个反复出现的主题。它所理想化的不是人与自然的关系，而是牧师与他的虔诚信徒的关系。就其来源说，"pastoral（田园诗、牧歌）"描述的是牧羊人在喂养他的羊群并保护它们不受伤害时所表现的关爱。因此，它也等于意味着一个神父为他的教友所做的精神指导和培养。阿卡狄亚式的理想来自教区文化，并随着它的复归，带来了森林之神、山泉河海女神以及吹着短笛的牧羊神等那一套东西；相比之下，基督教式的田园主义则集中在那位好牧人的形象上*，是对耶稣基督精神的完美表达。《新约圣经》中的基督比起他的阿卡狄亚孪生兄弟来更少欲望，也更少世俗化。大概他的意思也是要更有人情味，至少要偏向于他的"羊群"中软弱的人类。在基督教式的田园梦想中，基督既没有通过他的信徒与自然混合起来，也没有使他的职业成为对都市脱离自然界的抗议，而这两点正是阿卡狄亚田园主义的重要主题。反之，在反对自然的整体力量——狼、狮、熊中，他是他的羊群的保卫者，他的职业是把他的羔羊们领出这个令人惋惜的世界而

---

　　*　好牧人，Good Shepherd，指耶稣基督。——译者

进入绿色的牧场。

这第二种田园主义是对评论家们长期以来对基督教（及犹太教的背景）所做观察的极好说明：在世界上的主要宗教当中，它是最倾 27 向于反对自然的。历史学家小林恩·怀特认为，在一般的基督徒心目中，自然的主要功能就是满足人类的需求。在极端的情况下，自然被看作是魔鬼威胁、肉欲以及必须被有力抑制的动物本能的来源。这位中世纪史的权威人士认为，（与基督教相比）没有一种宗教更以人类为中心。没有一种宗教在把人之外的一切都排斥在这个神圣的王国之外和否认对低级的物种具有道德上的义务方面更为严格。例如，人们会想起教皇派厄斯九世曾经拒绝批准在罗马组织一个反对宰杀公牛的体育和娱乐会。他声称，动物是没有灵魂的，从而也不具有要求人类道德上同情的权利。在基督教信仰中，这种对自然的总的敌意似乎在罗马天主教和新教中的清教派中最为明确；有趣的是，在其他那么多问题上，清教又是罗马天主教的反对者。最近一些年里，基督教的辩护者们有时也指明一个明显的例外：一个谦卑地向太阳唱过颂歌并把鸟类和野兽当作他的兄弟的人，即阿西西的圣·弗朗西斯*。但是，这种极少的例外并不能证明那种认为基督教对自然保持着一种有意的漠视——如果不是敌意的话——的看法从基本事实上是错误的。基督耶稣，人类伟大的拯救者，几乎从来就没考虑过要引导他的教徒们对生命表示谦恭。他对田园的职责一直是在面临自然的侵蚀和毁坏时，如何保护其被保护者人类的福祉。[①]

那么，怎么看吉尔伯特·怀特的塞尔波恩田园主义呢？肯定地

---

　　*　St. Francis（1181 或 1182—1226），意大利人，生于阿西西，天主教方济各会创始者之一，以"自重、清贫、谦和"著称。——译者

说，这就是两种传统——异端的和基督教的——能够友善地躺在同一个乡村牧场上的证据。这也可能完全是巧合。遗憾的是，我们没有任何关于怀特在圣·玛丽教堂里对他的教友们所做的星期天传道的资料，因此也就无从了解大自然在他正式的训谕中所占的位置。今天在这个教堂内有一个非常漂亮的描绘圣·弗朗西斯喂鸟的玻璃窗，是后人纪念怀特之作。这至少说明，在这个村子里，一些最近的基督徒们恐怕并不认为，一个人不该把他的时间既花在自然上又花在人身上。至于怀特本人，他从基督教那里继承来的气质尽管是难以磨灭的，但由于阅读维吉尔和其他异端的田园主义的作品已被大大削弱，恐怕也是极其真实的。事实上，他的大部分著作中几乎没有表现出基督教牧师的思想痕迹。

18世纪一再重复着这种对抗模式：面临着来自卷土重来的异端的强大竞争，基督教被迫使它长期以来对自然的概念变得圆滑起来。在没有放弃其整个传统特质的前提下，它还在探索一种生态和谐的新尺度，一种人类仅仅是芸芸众生中的一个物种的认识。在多少世纪的心理上的孤立之后，基督徒们开始表现出某种向那个广袤的现实的共同体靠近和再次与其混合的愿望。以吉尔伯特·怀特为象征的牧师自然博物学家就是这种调和情感的一个结果。

毋庸置疑，科学的进展肯定是迫使基督教的想象力改变的另一因素。例如，詹姆斯·汤姆逊和亚历山大教皇都把他们在其诗歌中表达出来的对自然的极大尊重和热情归结于这种发展的影响。基督教又一次奋力使自己去适应一个敌对势力的出现。但是在科学和基督教的道德思想之间的关系要比这个说明所提到的复杂得多。从另一个角度上看，这两个强大的思想领域的力量，无论如何也不是敌对的。相反，西方科学从其开始，就深刻地受到了传统基督教对待自然的态度的影响。例如，尼古拉斯·伯尔迪耶夫就认为，"唯有基督教使实证科学和技术成为可能"。他坚持说，基督教信仰恰到好处的贡献是它在感情上把人从自然中分离了出来。这就为那种成为现代科学特点的理性客观性的发展布下了种子，即承认观察者有必要严格压制对其研究对象的主观感情。基督教通过推翻异端的万灵论使人们有可能以这种超然的客观态度看待自然；而对于万灵论来说，人类的思想潜存于和自然界内部充满活力的精神交往之中。多亏有了这个对异端自然观的早期胜利，西方科学才能把地球作为一个完全世俗的和可分析的客观对象来研究。②

　　除了客观性这个赠予之外，基督教可能还向科学奉献了一幅技术性和机械化了的自然画面。因为否认非人类的统一体中存在着灵魂或内在的精神，基督教便有助于把人类关于自然的概念简化到一种机械的人工装置状态。这种情况最早可能表达在《创世记》关于天地创造的描述中：一个超然的神奇力量竟然在真空之外创造了一个完整的物质世界。一切都是按照完全理性的、明白易懂的施加在混沌世界中的设计形成的。当其停止为其造物主的目的服务时，一切便都被毁灭了。不论是我们的科学还是我们的技术，不以这种神秘的来源所提供的智力为前提，似乎就完全没有可能存在。这种机械的自然观为科学家们提供了一个保证可以被预言的世界，因为它是由一个理性的思想所设计的，必须遵循一套严格的法则；它赋予工程师们以信心：他自己的人工设计就是这个神圣计划的一部分，因此也是可以接受的虔敬的表示。

　　这样，就有了这种反阿卡狄亚的传统，它的渊源久远，而且在

18 世纪的著作中仍然有很大的影响，它从自然身上剥去了所有精神特质，并且严格地使它与人类的感情保持距离——提倡一种如同机械发明一样的创造观。这种传统在历史上是与基督耶稣关于田园思想的说法相联系的。基督教哺育了它好多世纪，教导西方人懂得自然是受他支配的，并且是按照他的愿望或多或少地被改变或安排的。

不过，这种反阿卡狄亚的传统可能最好被描述成一种"帝国"式的自然观，因为它比基督教还要明确地保证了对地球的支配权——经常是以纯粹的世俗利益的名义提出的——这是现代人类重要的目标之一。这种帝国式的传统必然要在这里引起我们的重视，因为在生态学思想的早期，它是特别激进和流行的，以致同时代的吉尔伯特·怀特常常变得不为人们所闻了。塞尔波恩的一切事情以往总有大量的文字加以表述，这时却被丢在一边；它们那种人与自然之间的均衡被一个更为大胆的人工的、人性化了的景观所替代——那是一个新世界；在这个世界里，科学将赋予人类超越土地及其生物的绝对权力。

如果吉尔伯特·怀特可以被当作一个阿卡狄亚生态学的典型，尽管从来不是纯粹的，那么这种帝国意识的最恰当的代表，就必然是他的同胞弗朗西斯·培根（1561—1626）。培根比怀特早生整整一个世纪，曾做过英国的司法大臣，是一个在科学方法论方面非常有影响的哲学家。培根对维吉尔的田园诗一点也不感兴趣，他给世界提出了一个可能的人造乐园，这个乐园通过科学和人类的管理而变得丰饶。他曾预言，在那个乌托邦乐园里，人类将恢复一种尊贵和崇高的地位，并且重新得到他一度在伊甸园中所享有的高于一切其他动物的权力。在阿卡狄亚式的自然主义者在自然界面前恭敬地奉为生命范例的地方，培根的英雄却是一个属于"能动科学"的人，忙着研究他如何改造自然和改善人类的地位。培根毫不谦卑，而是用一种完全自信的口气宣称："将人类帝国的界限，扩大到一切可能影响到的事物。"尽管培根并不是一个特别信仰宗教的人，他却为这种科学意识从他的基督教道德修养中借鉴了许多东西。他认为："世界为人服务，而不是人为世界服务。"因为严谨的客观态度，他才会有那种在实际的和世俗的以及精神上的感觉中所体会到的信念。在培根的意识中，经过一个令人惊异的却又是很清楚的过程，基督教传统中的耶稣基督变成了一个科学家和技师。科学为建造一个更好的羊圈和开辟一个更绿的牧场提供了工具。③

在恰巧是工业革命和一个较为成熟的科学兴起之前的那些年里，这两种对立的传统——阿卡狄亚的和帝国的——更为经常地而非稀奇地混合在一起。18世纪生态学的声音，将会变得清晰，压倒一切，有时很刺耳，它在培根的帝国论中引起回声。不过，阿卡狄亚的理想也并未完全沉寂和被忽视。事实上，某些自然科学家似乎还想使每个理想都具备真理的要素。通过对伟大的自然科学家林奈思想的探索，这种特有的矛盾心理可以得到最好的鉴别。这个世纪的生态思想在这位科学家的著作中找到了最有影响的表述。

*　　　　*　　　　*

按照18世纪普遍的看法，科学史上最杰出的天才是植物学家卡尔·冯·林奈，通常简称为林奈尤斯*（1707—1778）。他是个有条理的人，雄心勃勃，有事业心。对于一个既骄傲又理性、敬神的资产阶级的时代来说，他是一个在科学、宗教以及个人成就上都具有吸引力

---

* 本书将沿用我国惯用的译名林奈。——译者

的人物。通过他自己孜孜不倦的工作和其他人的赞助，他逐步拓平了自己的生活道路，作为瑞典南部一个沉闷乡村农舍中的本地人，取得了在本国的贵族阶层中和皇家的各种委员会中都受尊崇的地位。然而，在逐步取得世界性声誉的过程中，他却从未丧失过他在自然面前谦恭敬畏的态度，一种使人联想到在那位更谦恭的吉尔伯特·怀特的时代所有的虔敬。斯坦布劳豪尔特周围的地区是塞尔波恩田园风光在斯堪的纳维亚的再现：富饶平坦的农田点缀着松树、杉树和鲜花烂漫的草地。这里就是林奈出生后三个月时，他父亲出任教长的地方。林奈后来曾描写过他年轻时如何懒洋洋地躺在草地上，倾听着昆虫的叽叽和嗡嗡声时所度过的那段时光。他回忆起，在这种遐想的时刻，他对"造物主的伟大编排"真正感到"眼花缭乱"。④

　　林奈对编排的乐趣有不寻常的强烈爱好。他知道如何把自然界的每件东西放到它最恰当的位置上去，是一个以惊人的速度树立起令人可畏的科学名望的天才。1735年，当他还是20岁的时候，他就已经把陈旧的植物性别概念发展为一种令人信服的科学论点；他在拉鲁斯旅行了5000英里，为的是勘测北极圈的雪山；而最重要的是，他设计了自己的植物分类系统：自然分类法。在他晚年时，林奈曾夸口
32　说，他是植物研究学者中从未有过的"最伟大的改革者"——这话不假。他也许还应加上一点：他是同时代最多产的科学家之一，在他住在荷兰的两年半时间里，他出版了十多种著作。这许多著作所论述的植物分类学的"人工"分类法，对整个欧洲都产生了巨大影响，而且很快被传授给大学里的高级学者和他们花园里的年轻女士们。这个分类法是林奈分类学编排思想的精确反映：只要简单地计算一朵花上雄蕊和雌蕊的数目，并注意它们对确定一个植物属于神学规划中哪个部

位的作用。有了几个这样的计算结果，全部现实的自然都可以被组织到整齐的一排排架子和盒子中去。在经过了一个多世纪分类学的混乱状态之后，植物学终于打下了一个有效而广阔的基础。在这之前，每个科学家似乎都使用着他自己的分类法。⑤

　　200 年之后，某些历史学家不耐烦地在林奈的著作中探寻着，而且得出结论说，他并未做出独到的重要进展。有几个人还坚持说，甚至他的分类体系和双名命名法也不是真正新颖的，这两种方式在雷、鲍汉以及塞萨尔平诺的研究中早已使用了。然而，这种苛刻的评价过快地抹杀了林奈的成就。它低估了自然史上基本的秩序对一个无政府时代的价值。把各个物种编排到一个严谨规划中去的任务，尽管看起来没有诗意，而且其对物种性质的假定常常是错误的，但是对进化论来说是一个关键的铺垫和准备。毕竟，在对反常的情况提出解释之前，比如物种起源的问题，必须首先有人建造起一个使反常情况得以显现的框架来。而且，林奈的简单而轮廓分明的分类，使科学更有吸引力，也比以往任何时候都更易于为公众理解。他的社会是以感谢和尊重作回报的；光彩夺目的植物园被种植起来，诗人的、牧师的还有国王们的橱柜里都塞满了自然物种的各种标本。⑥

　　但是，使林奈成为他那个时代的精神象征的，并不单纯是整齐的目录和有条不紊的图表。从整个西方文化来看，他似乎以他的作为表现了一种在热爱自然和实现人类愿望之间，在宗教信仰和科学的理性之间的和谐一致，对此很多人都还在探索中。他的传记作者西奥多·弗赖斯写道："毋庸置疑，林奈性格中最最显著的特点就是他的强烈的虔敬。"威廉·贾丁爵士在《自然博物学者丛书》第一卷中同意这个观点，他注意到，林奈从未丢掉过关于"'第一伟大推动力'的看法，而且是真正地尊重'自然的上帝'，把它看作一切恩惠和好处的赠予者"。尽管林奈是瑞典的一位民族精英，但在英国和美国也有发现了他最伟大的一批拥护者，尤其是在牧师自然主义者中，如吉尔伯特·怀特和费城的贵格教植物学家约翰和威廉姆·巴特拉姆。这些人既把他们的爱献给了造物主的亲手制品，也把他们的科学兴趣投给了自然。英美国家对他的这种崇拜的最恰当的标志就是，到 1778 年林奈去世时，他的价值 1000 英镑的书和文章被购走，并运往伦敦。那里组织了林奈学会，目的在于以同一种由对基督教的虔诚、对自然的谦恭和务实交织起来的精神去进行植物学研究。⑦

在 18 世纪，林奈最受广泛欢迎的著作之一是他的随笔《自然的经济体系》。它是在 1749 年以专业题材写作的，后来由他在乌普萨拉的一个学生译成拉丁文并受到这位学生的极力捍卫。这部随笔很快就成为尚在襁褓期的生态观点的一种独特而最有意义的概括。而且，它也是在整个欧洲和美国被广泛阅读的一系列关于唯理论宗教的小册子之一。这一作品的潜在目的，与其他这类小册子一样，是要发现上帝在自然中的作用。无需感到惊异的是，这些看来最孜孜不倦的人们发现了他们正在寻求的东西。作为一篇神学论文，《自然的经济体系》并不承担与一个叫约瑟夫·巴特勒或者一个叫乔纳森·爱德华兹*的人的著作进行比较的责任。但是，作为在生态科学上的一个文献，它是由一位在组织和编排艺术上的大师所迈出的具有说服力和有意义的第一步，如果说它是最简单的一步话。在把这篇文章展示给讲英语的公

---

*　Joseph Butler（1692—1752），美国神学家；Jonathan Edwards（1703—1758），美国神学家。——译者

众时，译者本杰明·斯蒂林弗利特称赞它："就如同在一张有着自然的 34
几个组成部分的地图上，对它们的连接关系和依赖关系给了一个难得
一见的容易理解和准确的说明。"⑧

从根本上说，《自然的经济体系》展示了一幅完全静态的有关自
然中地球生物学上相互作用的画面。全部活动都发生在一个单独的有
限的球体之内，是地球范围以内。同传统的希腊自然主义者一样，林
奈只允许在自然的经济体系中有一种变化，即保持回到起点的循环模
式。这个自然顺序的真正基点，是一个水文上的循环，一个永恒的，
从海洋和河流的"蒸发"到以雨水和雪的形式又再次回到大海的水的
循环。在林奈看来，这一模式在整个自然中重复着；它是所有环境中
的现象得以在其中形成的样板或示范：季节的转换，一个人的出生和
老化，一天的过程，真正的岩石形成和磨损。在采用"化石"、植物
和动物不同的陆地活动领域的观点的同时，他还要证明，在每个领域
里，同一种模式是如何普遍存在着；在所有三个领域中，都存在着一
种他认为是"繁殖、保留和毁灭"的未有终结的联锁过程。例如，在
地壳形成时，一个植物的"永恒的演替"便开始了。沼泽干涸了，泥
炭藓有了立足之地；接着，灌木在由这些苔藓形成的有孔的松软土壤
上扎下了根。照此进行下去，直到最后"整个沼泽变成了一片美丽的
令人愉快的草甸"。然而，有一天，草甸必然要被淹没在水中，它的
成熟周期又一次开始了。相似的是，"苔类植物"必须要等到裸露的
岩石从退下去的海水中出现的时候，才能发现一个得以生长的地方，
以便为更先进的物种取代它们准备条件。在这个转动着的生存周期
中，一切都在进化着，但任何东西都不发生改变，因为上帝所设计的
更新和保存的方法，是用来"使已建立起来的持续不断地进行着的自

然过程永恒不变"。

在自然经济体系中循环着的，是五光十色极其丰富的物种，大家在一起，以交响乐般的准确性扮演着各自的角色。林奈解释道，为了达到合理的顺序和和谐的目的，造物主给每个动物都分配特有的食物，还确定了其地理分布的一定界限。马不吃短叶的水萝卜草，而山羊吃。相反，山羊把附子草留给马，奶牛则把"长叶水萝卜草留给绵羊"。因此没有一种植物是绝对有毒的，它们只是在不同的情况下有不同的性质。某些植物被造成是"不耐寒冷"，因而生在热带。同时，另一些植物则在西伯利亚的严寒气候里生长得很茂盛。英明的上帝赋予每个生物以"外衣"，种子、根或它需要能恰好地尽其职责迁徙的本能。从这些特殊的适应性的证据中，林奈得出了一个结论：每种动物都有其"被指派的位置"，这个位置既是它在空间的所在，也是它在总的经济体系中发挥功能或工作的地方。不能想象有地方是空无所有的；每个地方都有它的专家，以满足发挥其技巧和传送上的功能。例如，以腐尸为食物的动物保持地球的整洁和清新，而自然的宝库则供给它们生存的必需品做报酬。通过一种复杂的分类学上的编排，每个物种都通过帮助其他物种来换得自身的生存：

> 树虱靠植物生活。被叫做 *musca aphidovora* 的那种苍蝇靠树虱生活。大黄蜂和马蜂蝇靠 *musca aphidovora* 维持生命。龙蝇依靠大黄蜂和马蜂蝇生存。蜘蛛吃龙蝇。小鸟吃蜘蛛。隼类以这些小鸟为生。

整个有生命的大自然就这样在共同的利益上通过食物链而连接在

一起，这些食物链把生的和死的、吃肉的和被吃的、甲虫以及它当做食物的粪便联结了起来。

林奈认为，由于赐给所有的物种以独特的食品，并且"对其食欲做了限制，上帝便建立起了一个持久的和平共处的共同体"。一种动物不能去抢吃另外一种动物的食物，"一旦发生了这种情况，便会危及它们自己的生命或健康"。这个非凡的经济体系保证一切动物都有充分富足的食品，在大自然中是不存在匮乏的。这样幸福的状况之所以能够存在，只是由于造物主还对所有的植物和动物都规定了最小的和最大的繁殖率。显然，不允许鸟类削减分配给每种鸟卵的数字。许多物种的真正职责是努力增殖，以超越它们现有的数字，而非保持其现有数字的稳定。没有这样一种安排，食肉动物便很快会失业。因此，造物主安排了一个由不同的生殖率组成的体系，通过它，"那些无害而可食的动物"就会安全地、比那些食肉动物更多地繁殖起来，从而在为它们的邻居提供生计的同时，保持了自己的数目。这样，某些动物生来就是为了被别的动物残忍地杀掉，便成了上帝计划的基础，目的要使所有的物种彼此保持一定的比例，也同样是为了防止其中的任何一种增殖得过快，造成对人类和其他动物的伤害。

人及其在自然的经济体系中的野心是林奈模式的一个主要部分。尽管人类和其他现有的物种一样都处于这个神圣的系列中的次要地位，但同时却占据着一个负有使命和荣誉的特殊地位。

自然界的所有珍贵物种，是那样巧妙地被管理着，是那样完美的繁殖着。她的三个领域全部都是那样按照天意被维持着，似乎都是由造物主为人类而设计的。每件东西可能被送来为人所用；即使不是直接地，也会是间接地，而不是为其他动物服务的。借助于理性，人驯服凶猛的动物，追赶和捕捉那些最敏捷的动物，甚至也能够抓到那些藏在海底的动物。

按林奈的看法，人必须精神饱满地担负起交给他的任务：利用那些与他生活在一起的物种，从而与他本身的优越地位相称。这个责任必然要扩大到消灭那些讨厌而无用的物种，增加那些对他有用的物种，这是一项"大自然留给自己的无法很好完成"的工作。人生来就是要赞美和效法造物主的。他不是因为要成为逍遥自在的旁观者才来履行他们的义务的，而是要使大自然的产物增殖到使人类经济体系富足的目的。林奈以一种热诚的类似培根对人类事务的劝诫那样的态度坚信，"对大自然这个光荣圣殿的虔诚信仰"，应该联想到一种积极的至高无上的宗教热情。从他对那个错综复杂的人为的经济规律科学研究中，他得出的结论是："所有的东西生来都是为人服务的"，因而，在"赞美造物主的产品"的过程中，人们还能够期望去享受那些他所需要的使他的生活舒适愉快的一切东西。

*   *   *

早在1530年，"*oeconomy*"这个词，即林奈的那部作品题目所用的词，就被用到家政管理艺术上，它来自一个希腊词oikos，也就是住所，最后发展到说明为了生产有序而对一个社区或一个国家的所有资源的政治管理。沿着另一条路线的发展，神学家们早就使这个拉丁词与上帝的"dispensation"*成为可以互换的了。到了17世纪，

---

* dispensation，原意为分配、赐予、天命、处置宗教教规等。这里意为上帝的"安排"。——译者

"oeconomy"时常使用到神对自然界的统治上。在使各种有目的的手段相配合上，在使各个部分都能以惊人的效率进行各自的运转上，上帝对这个宇宙经济体系的管理是卓绝的。1658年，凯内尔姆·迪格比勋爵*——他在提倡自然科学的发展与宗教的一致上是非常积极的——第一个谈到了"自然的经济体系"。在整个18世纪，这个词组把所有说明这个巨大的组织和对地球上的生命的统治的定义的各个部分都结合了起来：合理地整顿了在一个有着相互联系的整体中的一切物质来源。可见，上帝既是设计了地球大家庭的超级经济师，又是使其运转有效的大管家。

　　这样，"生态学"——一个在19世纪出现的那个较老的词组的更为科学的代用词——的研究，在其开端之时就已浸透着一种政治和经济的，并且也是基督教的自然观；要把地球当作一个必须设法使其发挥最大能量的世界。这种很大程度上是从政治学和经济学上借鉴来的倾向——它们的价值观及其各种比喻——是生态学研究上的一个很重要的特点，正如我们在这里和在其他章节里将要看到的一样。⑨

　　"根据自然的经济体系，"林奈写道，"我们了解到造物主在天然的事务上最英明的安排，根据这个安排，它们才适宜去产生总的结果 38并相互利用。"在这个安排下，各种生物是相互联系着，被紧紧地束缚在一起，以致它们大家都瞄准了同一个目标，为了达到这个目标，大量的中间过渡目标便都是辅助性的。寻求"总的结果"，发现在自然中的一个最重要的意向和力量，曾经是这种"经济学的"或生态学的自然史研究方式的主要动机。

---

　　*　Sir Kenelm Digby（1603—1665），英国廷臣，海军军官和作家。——译者

除了林奈的重要著作，这个新学科中的重要著作还有约翰·雷的《上帝创造万物的智慧》（1691）、威廉·德勒姆的《物理神学》（1713）和威廉·佩利的《自然神学》（1802）以及《布里奇沃特论文集》（1833—1836）。所有这些著作都是现代生态学的重要来源，同时也都涉及宗教和科学方面。由于共同拒绝教义上的分裂和私人神秘启示的要求而联合起来的林奈学派，信心十足地仰仗着理性和大自然的现实，把他们的信念建立在一个坚定的、可广泛被接受的基础上。他们还相信，只有通过科学，才能毫不示弱地与无神论进行对抗。托马斯·摩根很好地总结了他们的理论：

> 这是个完美的联合体。每一个个体都要通过秩序、智慧和设计与其发生关系，而且生来就是这个整体的一部分。这个联合体必须先具有和采用一个博学的有计划的头脑，一个最强大的原动力。它设计、调节并把这个整体部署为这种秩序、一致、相协调的美丽和和谐，而且它还不断支持、给予和指导着这个整体。

而且，根据曾发表过自己的生态学著作的传教者约翰·韦斯利的看法："造物主的设计和意愿是世界总体系中唯一自然的事情。"[⑩]

*   *   *

林奈学派的生态学模式，如同在这些各种各样的著作中所反映的那样，是以三个关于自然的实际上相互制约的假定为基础的，而这些假定在18世纪的文化中已经有了坚实的根基。每种假定都曾经有其严重的内在压力和暧昧，在林奈本人的著作中表现得非常明显，而其余的只有部分是被掩盖起来的。只要科学家们和神学家们还要设法使这两个学科联姻，这些困难就总要被忽略掉。然而，这个联合在具有很多共同的吸引力的同时，还有许多不能相容的特点，自其开始之时，就存在着瓦解的危险。甚至在这种分裂已经出现之后，很多自然学者仍拒绝承认这个失败。事实上，直到1859年，也就是查尔斯·达尔文出版了他的《物种起源》时，英美两国有关生态学主题的著作中仍有很大一部分比例的著作在继续讲解着林奈所提出来的这些自然的经济体系的主要原则。

*　　　　*　　　　*

林奈学派生态学三个最主要公理中的第一个是，他们认为，造物主在大自然中早就设计好了一个有着内在联系的规则，这就像一部独特万能的润滑良好的机器在发挥功能。在17世纪，现代科学发现了比喻和分析法，它们有希望使自然完全服从理性。尤其是在伽利略、笛卡尔和牛顿的著作中，出现了一个极其美好的由一个无所不知的机械数学家所实行的宏大规划的图景。古老的摩西律法对创造这个新科学世界观的贡献早已有人论述过。但是，一个更为直接的影响却是，技术革新在这门现代科学发端时就有了蓬勃的发展。当时，技术革新已经可以预见到，科学家们应该开始把注意力集中到自然界中的那些极明显的、看起来和工厂里的机器产品非常相似的部分上来。在一方面试图说明各种自然现象，另一方面也试图说明人类生产的各种装置当中，科学家和工程师同样都被那种通过来自外部的工匠技巧，将各个分离的可替换的部分放在一起顺利运转的机械论的想象力所吸引了。而且，在17和18世纪，要科学权威们首先说明大自然只是另一架机器，并且接着从这个模式推论各种机械发明，说明人类可能借助于它改善自己的状况，一点也不是什么不寻常的事。不过在这两种职业之间的更重要的联系是理智上的：二者都对什么是自然和自然应该是什 40 么这个问题给予机械论的解释。此外，两者都认为有必要不去理会自 然中任何一种可能不符合这种机械论画面的现象。[11]

　　现代世界观的机械论化首先发生在物理学和天文学中。在艾萨克·牛 顿的支持下，英国的植物学家们也被鼓励去接受机械论哲学。同时， 与其相类似的一种对待自然的功利主义偏见，也紧随其后，出现了一 个急于把一切现有的有机物都看成是乔治·切恩称之为"一台完整巨 大的和复杂的宇宙机器"的各部分的热潮。什么都逃不出机器贪婪的 大口。例如，勒内·笛卡尔就宣称，动物并不比机器多什么，它们根 本感受不到痛苦或愉快——一种在法国的实验室中造成了许多令人毛 骨悚然的实验结果的观点。在生态学中，人们强调的是，如同一颗轨 道上的行星或一个齿轮箱中的齿轮，每个物种都在这个巨大的机器中 发挥着某种功能。然而，这种机械论观点暗含的意义很可能是恶兆。 由于把植物和动物贬为没有理性的物质，一种缺乏内在要求或智慧的 原子微粒的聚合物，自然学者便开始把残留的障碍转移到不加以限制 的经济开发上。与人类相关联的物种，大概人类也同样，以及由他们 所形成的生态规律都将被看作一个无生命、无个性的结构来研究，这 在其巧妙上大概是值得赞美的，但却不适合男人和女人们去做任何感 情上的投入。这样，基督教对自然的贬低便集中体现在18世纪机械 论的甚至更为异化的想法中了。

　　然而，也许他们被这部机器的精确所迷惑，林奈学派中几乎没有 人准备去采纳一种完全成熟了的机械论的实用主义，以便把整个活生 生的自然限定在物理学的各种规律上。他们接受不了笛卡尔和莱布尼 茨的危险的宇宙论。按这种看法，神的控制权被无理性事物的偶然运动所代替。另外，机械论哲学在一定的条件下也可能是迈向无神论的第一步，因为它否认造物主在自然界的积极影响。虔诚的林奈学派们则担心，没有一种永恒的管理力量把这部机器组合起来，各个组成部分会散落开来，整个装置都会崩溃掉。本杰明·斯蒂林弗利特在他给1749年林奈的著作所附加的几行诗里，表达了这种忧虑：

> 规律失去了思想，结果也无原因，
>
> 命运去向不定，但变化无误。
>
> 在那儿，无谓之事在向混沌沉沦，
>
> 或者，某些仍贬向更低，
>
> 因为没有你
>
> 它被跌得粉碎
>
> 成了空虚无力的原子，
>
> 无力抗拒——它使我们的思想远离。
>
> 在那里，面对变化着的利己的法律，
>
> 永恒的定律在减退，
>
> 正确，还有错误，
>
> 代之以利益、拥有和肆意……

　　笛卡尔的彻底的机械论有毁灭这个理性的道德规律和代之以一场原子对原子和个人对个人的混战的危险。因此对林奈学派来说，就必须要发现一种给无物质力量的影响留有余地的机械论模式。牛顿，这位正统的基督徒再次指出了方向：在他看来，上帝是这架宇宙机器后面的原动力，是需要使其秩序完美和正常的一种不可解释的力量源泉。同样，罗伯特·波义耳认定，自然中少数不完美的地方证明必须有上帝的存在。这个上帝现在和将来都必须进行干预并将事情理顺。林奈学派极力遵循这个比较温和的机械论哲学，而不是笛卡尔的哲学；也就是说，他们试图采用这种机械的比喻，而不必在其科学的每个方面都成为严格的机械论者。⑫

　　这是一个很棘手的战略，它企图战胜感情上与科学和机械论的对抗，而又要避免被后方的笛卡尔哲学的极端主义所压倒。某些哲学家们由于失望而放弃了这种战略，转而代之以将会成为机械论的主要替代方式的战略：一种有机生态学，它使大自然类似于人类的身体，而42 不是机器——一个注入了精神和欲念的物质的混合体。这个学说最重要的部分来自亨利·摩尔，剑桥大学的一位讲师，他受了柏拉图和柏罗丁*的异端万灵论的影响。和柏拉图与柏罗丁一样，摩尔也认为存在着"一个世界的灵魂，或者自然的精神"。他把这个力量描述成"一种非物质的存在，但是没有感觉和非难，它遍布于整个宇宙实体之中，在其中运用着一种可塑力……在世界上产生这类特殊现象……因为它不能仅仅分解为机械力量"。在小范围里，他指出，各个植物和动物中都有一种生机勃勃的有机力量，使这些生物不仅仅是一个行动的物体。这种内在的力量与"富有生命力的一致"相似。那种一致性使自然的各种因素紧密联系在一起而又没有"显著的机械性"的束缚。代替了"伟大的经济师"的概念的还有他称之为"*Anima Mundi*"**的每天都在自然中活动的力量。这种观点不仅将会成为机械科学对立

---

　　*　Plotinus（205？—270？），古罗马哲学家，新柏拉图学派的主要代表人物。——译者

　　**　*Anima Mundi*，意为生灵世界。——译者

面的基础，而且也是培根理论及其对待自然的帝国式道德观的对立面的基础。⑬对浪漫派来说尤其如此。

为了那些较正统的人能在这个生灵世界中看到一种上帝与自然超然关系的替代品，摩尔的泛灵论不得不穿上一件可被人接受的外衣。刚好适合做这件外衣的裁缝的人是约翰·雷，一位铁匠的儿子，毕业于牛津大学，后来成为亨利·摩尔的好朋友。有些人也称他为查尔斯·达尔文之前英国最重要的自然科学家。雷毕生都从事分类学研究；后来在1691年，他64岁的时候，却转而写作《上帝创造万物的智慧》一书，为了说明"上帝从各种人为事务中得出的伟大理论"。在这本著作中，他特别攻击的目标是笛卡尔及其"原子有神论"。他担心，在让千百万原子在太空的漩涡中漫无目的地互相碰撞时，上帝就成了一个无用的旁观者，从而削弱了人们对宗教的信仰。同时，"真正的无神论者却在暗笑，而且不无得意地看着有神论就这样被自称是它的朋友和拥护者的人们所出卖。同样，这个伟大的理论也因为他们和他们亲手干的事情，而被弄得面目全非了"。最初，雷试图把机械论哲学从那些人们的诬陷中解救出来；那些人都有用这种哲学去解释 43 "没有任何超然的直接的原动力的干预和协助的情况下"的自然。在把"广泛众多的不同种类的动物"与"钟表、水泵和水磨以及火药（granadoes）和火箭之类的机械装置"比较之后，他认为，自然界中的这些人工制品必然意味着一种有计划进行管理的神的存在。⑭

尔后，雷开始把摩尔的"有影响的力"引入到这架想象中已完成的生态机器中去。他认为，有生命的生物，并不仅仅是一个装置或没有生命的机器，而是由某种可以了解和调节它们成长和运动的、具有智力上可塑性质所操纵的力量。这种神秘的内在的力量——一种很显

然的对亨利·伯格森的有机力量的期望——作为一种服从造物主意愿
的力量发挥作用。这种力量来自造物主自身的巨大能量。但是雷不会
走到底，不会使这种内在的固定的因素与上帝完全一致；他也不会像
摩尔说的那样，让它独有的表现融入生灵世界。相反，生态学体系是
作为一个"英明的指挥者"的联合行为出现的；这位英明的指挥者做
总设计师，他在自然中那些天才的而又有目的性的代理人则从事细节
工作。这种在异端万灵论和机械论比喻之间的折中结论，正是使雷能
够继续赞美上帝的杰作，同时又能把自然中任何不完美的地方都当作
那种"有影响"的力量在单个生物内工作的结果的原因。同等重要的
是，这种折中能使自然保持一种稳定的、持久不变的秩序，而不否认
显然存在变化的现实。⑮

　　不论对雷的中间立场有着怎样的哲学争端，它还是能够使林奈
学派从单纯的机械论比喻的纠缠中得到某种解脱。由于意识到在生物
中有着选择错误和无目的的可能性，雷事实上已承认，要把牛顿机械
论的模式死板地套用到地球及其物种上是不可能的。但是18世纪的
大多数自然科学家仍只是天真执着地赞美着自然经济体系的精确，他
们沉醉在对机械论设计的赞美之中，但又对笛卡尔理论的混沌幽灵感
到恐惧。在林奈之后，在这个生态机械论学派中最著名的人物是毕晓
普·威廉·佩利，他的著作《自然的神学》即使在很大程度上是抄来
的，或就是机械论的简单翻板，却仍然是有说服力的。设计理论家们
祝贺他们自己——为时过早地，正如结果所示——他们中的一个所取
得的这个最终胜利。但是最后，在与机械论科学交往之后，他们终于
发现自己仍然无力从机械论中挣脱出来。在他们为所取得的对种种不
合理的、异教的异端学说以及迷信的力量的胜利而窃窃自喜时，各种

实施计划（并且是用他们自己的武器）却落到了新一代科学家的身上，这是一些绝无愧疚的不信上帝者。这些人将宣布，他们不再需要一个上帝的"假说"；物理学会解释这一切。这样，自然就作为一个人类自造的机械出现了，它需要的不是外来的工程师——或至少除了人以外。

*　　　　　*　　　　　*

除了其机械上的精确以外，在理性时代被广泛接受的自然经济体系的特点便是它的仁慈奉献。一般都认为，自然是表达上帝对其生物，尤其是人的善心的有序状态，天地万物主要是为人而存在的。一位皇家学会会员牧师威廉·德勒姆认为，没有这种神的慷慨，地球上的动物就会被不适宜于其气候和食物的器官所困扰。

> 结果，所有动物就会陷入一种混合着困惑、不便和无秩序的状态中。一种动物将需要食物，另一种需要住所，而大多数则要安全。它们将会全部蜂拥到一个或少数地方，只逗留在适宜的地带，贪恋着一种食物，那种最容易得到的和从表面上看是最好的食物；于是有了互相败坏、抢食和妨碍。但是，眼下的事实是一切都很有秩序，地球也被分布得很均匀。因此，没有一个地方缺少合适的居住者，也没有任何动物缺乏合适的安身之地，一切东西对它的生命健康以及欢快都是必要的。

环境对其居住者的适宜性的明确事例，通常都被拿来做科学家们坚信上帝善心的证据。[16]

但是这种乐观是一层薄冰，很容易破碎。担心它可能承受不了加给它的重量，在林奈的著作中常有所现。其中对自然的善心观点的最大威胁是 17 世纪的政治哲学家托马斯·霍布斯所描绘的可怖景象。霍布斯是很有名的，甚至可以说无人不晓，因为他把自然和人类的自然环境描述成一种充满恐惧、倾轧和暴力的状态："这样一种战争，每个人对每个人的战争。"霍布斯警告说，"没有一个共同的权力使大家处于敬畏之中"，人们就如同野兽一样生活，全无美德和道德，同样也无农业、艺术和文字。由于缺乏来自外部管理的制约，人类的生活会"孤独、可怜、讨厌和匮乏"。这些论点的结果是把自然再次说成是极度混沌的状态，一幅残忍、强夺的景象。于是林奈不得不再次来维护自然的名誉，反对这种诽谤。可是，颇有讽刺意味的是，他们接受了许多霍布斯的观点。他们说，自然并非是混乱的，因为它已经有了自己的规则，有一个以绝对权力进行控制的统治者规定了的原则。换言之，霍布斯所希望的人类地位，一个万能的巨人，已经在自然中占了绝对的优势。自然科学家们事实上已经承认，没有这样一位统治者，他们就一直没有真正严格地摆脱掉霍布斯学说的迷魂阵——因为他们和他一样，对环绕在其周围的动物都没有信心，如果这些动物不被控制和管理会怎么样。这样，林奈的生态系统就成了一种被严密控制的状态，同样是一台设计巧妙的机器和一个有条理的大家庭。⑰

造物主为了保证自然共同体里的和平而建立起来的最重要的规律中，有一个是索姆·詹宁斯描写为"广阔和美丽的附属体系"。在整个这个世纪里，人们一再重复，每个物种，都按照社会的阶层或者生物的等级被授予一个适宜的地位。林奈学派认为很少有完全平等的划分。1712 年，按《旁观者》的说法：

　　宇宙的造物主给每种东西都赋予了一定的用途和目的，并且

为它规定了一定的过程和行动范围。按照这个原则，如果每种东 46
西稍有偏差，它就变得不适于去完成它被期望达到的目标。它们
以相似的方式处于社会的种种安排之中。这个文明的经济体系形
成为一条链子，并且是自然的链子。在任何情况下，只要一个环
节上出现了断裂，就会使整个链条发生混乱。

生物链的概念被阿瑟·洛夫乔伊精彩地分析过，但这种分析仅仅
把生物链作为自然界有机发展的一个譬喻，一个后来在进化论中极有
影响的譬喻。无限的物种被排列在一个由低至高的高梯子上，已经不
只是一种分类学的体系了，它还是一种对生态关系的论述。生物链是
一个生态上的相互依存和共同协作的体系。甚至是最高贵的动物也必
须依靠那些比较低级的动物才能生存；男人和女人们同样也是为了维
持相互的生命而活着的。理查德·普尔特尼论述道："那种完美的秩序
和自然界几个部分的真正的相互制约，借助于此，它们才得以互为因
果，形成整体的保护。"自然的经济体系具有其相互依存的社会地位和
等级的这种观点吸引了这位自然科学家，因为这种观点坚定有力地反
对霍布斯式的暴力。而且，起码从理论上说，它还保证了自然界的一
切生物，不论其伟大或渺小，都被赋予了一定程度的安全和价值。每
个生物都被赋予了取其生存所需资源的权利。当然，在实现自我上，
人类的需求比豪猪多，就像地主和太太的需求比农民多一样。而且，
所有的动物都有在地球上和相互之间进行活动的合法要求。[18]

然而，就在这些等级已经被详细地论述过的时候，人们仍然还有
疑虑：在关于自然的问题上，不论怎样霍布斯大概还是对的。威廉·斯
梅利，《自然史哲学》的作者，曾非同寻常地谈到这个由自然建立起来

的普遍的残杀系统。在这个系统里，"弱者一律要被强者吃掉"。而林奈，在他的文章《自然的政治》中，则发现了一个关于动物的可怕景象：它们不仅大嚼那些最美丽的鲜花，而且还相互无情地厮杀，直至粉身碎骨；就像他承认的那样，地球上能够突然出现"大家对大家的战争"。早在艾尔弗莱德·坦尼森关于一个"在尖牙利爪中流着血"的自然哀歌之前，自然科学家们就不得不说明世界上的这种流血和痛苦了。事实上，这是对他们宣称的广大无边的善举和自然中的神圣的道德原则优越性的最严峻的挑战。威廉·柯尔比，在19世纪30年代的《布里奇沃特论文集》的一篇论文中，概括了自然中所出现的倾轧和痛苦的最标准的合理性："这种似乎是邪恶的混乱，遍布于整个动物界内。"显然，他认为，这肯定是上帝的意愿，让个体为整个共同体的利益而遭受痛苦。而且，幸运的是"有一只看不见的手指导着一切去达到这个伟大的目的，同时谨慎地对待在任何情况下都将绝对不超出必须范围的毁灭"。一切毁灭被矛盾地论述为，对一个生命的共同体具有重要意义，尽管其可怕的力量有使物种和个体的数量达到最大极限的可能性，而生物的这种富足或丰饶正是上帝慈悲的进一步说明。⑲

　　为自然中的暴力和残杀系统所作的更为精心的辩解，出自约翰·布鲁克纳的一本书《创造动物的哲学审视》（1768）。他是一位林奈学派的路德教牧师。他承担的任务是使物种里的那个"普遍的蹂躏和残杀制度"与应共同所有的"万物幸福"一致起来。他试图令人信服地解释上帝在自然中的各种意图。在这个过程中，布鲁克纳发展了两种截然不同的动物生态学模式。在第一种模式中，他做出了一个颇为自信的机械分类的重复说明，由此，动物们成了许多呆板的机器，由细小的弹簧转动着，全都"精确地摇摆着"，并且相互联系着。自然界的最大的规则也作为一个仔细地权衡过的并且在"永恒的运动"中旋转着的"各个部分的集合体"而出现。然而，在第二种模式中，自然被描述为一个"持续不断的生命网"——一个充实的、活生生的生命力的集合体，它全然不顾秩序和经济体系的理性观点。显然，静止的"牛顿论"思想不能够表达布鲁克纳那种庄严的沸沸扬扬的旺盛生命景象的起点，尤其是在热带地区所遇到的那种景象："在那儿，活的物质蠕动着，因为它借太阳的热量而成为生命，它进而从自己的母体中突然迸发出来，同时带着一种激愤散布在整个大地之上。"[48]在这儿，生命的汁液似乎正从土壤中渗透出来，当那只"蚊（*moschetos*）"在空中穿过那稠密的絮状云层时，人几乎难以看见和呼吸了。

> 在所有的物种中……生命都可以被看作一股汹涌澎湃的洪流，它滔滔不绝地倾泻着，冲击着阻挡它去路的堤坝。一旦它冲破了这个障碍，便伸延到浩瀚的海洋。

这个生命原则——"某种不可解释的东西，人是不可能理解的"——是一种不顾通常的钟表般精确的机械论模式的内在热流。它也不能在英国的井然有序的北方气候中得到重视，那里人们总是在设法驯服自然。但是在比较温暖的地带，这种极为猛烈的能量不仅威胁着人的霸权，而且大概也威胁着那个关于超级工程师的概念。[20]

布鲁克纳认为，生物的力量，按其性质必然是一种与其自身不一致的力量。"生命的一部分不断地与另一部分在战斗；这一活着物质的一半喂养着另一半。"就像一种企图靠食取它自己的成员而生长的动物，生命的原则作为一种混合的有机物，吞噬着被食者和食肉者、被寄生者和寄生者两个方面。这股独立不羁的洪流拒绝被失败，拒绝哪怕是暂时的削弱。甚至死亡也被这洪流扭转为有利的方面。布鲁克纳赞叹道"依靠这个了不起的经济体系"，死去动物的尸体喂养着食腐物的动物，于是，这强烈的火焰"当它在一类动物中熄灭之后，便立即在另一种动物中使自己重又发出了红光，并且以新的光彩和力量燃烧着"。这个真正自相残杀的体系并不是上帝设计上的失败或缺憾，它是生命本身不可避免的天性。一旦它被带入到实际存在，它自身所包含的能量便使它充满了每一个可想象出来的角落和缝隙。布鲁克纳不是一个进化论者，但是在考虑这个暴力问题时，他无意中发现了自然中的一种有机动力，这种动力将不大容易容纳在相应的物种中和林奈的生态系统的永恒的物质圈子里。贯穿在自然中的活的能量创造着一个极不稳定的混合体，它是

49　　　　一个有着稀奇构造的网络，是用柔软的，不牢固的，易碎的材料制成的，按照它的建造和意图把一切都结合成令人惊奇的一片，而正是因为这个道理，极易遇到千百个意外事故。

　　和约翰·雷一样，布鲁克纳被迫从根本上修改机械论的比喻，以便与一个活的、进取性质的、机会主义的，因而也是不完美的有机世界取得一致。它在明白的暴力上也是冷漠无情的，甚至常常是邪恶的。这不是一个易于使人热爱的自然。[21]

　　但是，对布鲁克纳来说，上帝把这个强暴的力量带到生物中的目的仍然是极为仁慈的。他确信，要发这样伟大的善心，就要赋予可能有的最大数量和种类的生物体以生命。而这只有在放弃对这个有机力

量的控制时才是有可能的。换句话说，这个最高的目标，也是死亡和痛苦的最终原因。只有在一个纯粹的、脱离了肉体的理性的世界里，无限量的各种各样的生物才能在互不残杀的情况下共同生活，也只有在这样一个世界里，才可能避免暴力。地球是根据另一个原则生存的："保证产生和保护最充分的尽可能富足的生命。"从上帝的善举和自然的丰饶中，可以确信生命为大家产生着欢乐。[22]

然而，有一个棘手的问题遗留了下来，未被这个富足原则所解决。人类的进步尤其常常严重地减少着其他物种的数量和品种。例如，布鲁克纳注意到，美国人砍伐森林以便在土地上种植，他们每促进了一个物种的同时却威胁了10个物种。那么人不是一个最强大的反对上帝所规定的秩序的罪犯么？如果一切生物都是由一种内在的生命力结合在一起的，那么一个单独的物种是不是有权利为了独享的利益去剥夺那种生命力呢？人类的强权和自私有能力摧毁这种富足的理想吗？布鲁克纳的论点将他引入了一种生态道德观，这种道德给予每种生物以完全的生存权利，从其在各自的生命之火的独特表现上向它们每一个表示尊重。根据这个在自然中的道德规律，地球不能只为了人而存在，它是所有物种的财产。否认"世界上的每种东西最终都证明是为了人"，否认"上帝只是为了人才运用他的有影响的权力"，布鲁克纳已经走得很远了，以致他提出了一种"无限多的生物"观点。这无限多的生物必定还存在于宇宙的其他星球上，远远超过了人类探索的范围。人显然不是作为这个神的全部计划的专有利益而被创造出来的。[23]

然而，布鲁克纳生态模式中的矛盾却使他克制住未去揭发人类这个引起分裂的因素。不论是他还是其他同时代的自然科学家们都不认为，一个慈善的上帝有可能会让人真正去削弱地球上富足的生命。

我要说，这种活着的物质同另一种活着的物质所进行的不断的战争，至少已经有五千年了。然而我们并没有发现，这个自然规律已经到了要让任何一个物种灭绝的这一天。不但如此，我们还可以再补充一下，正是这一点使它们保持着那种永远年轻和充满活力的状态，一种我们看到它们时的那种状态。

生命的网络显然能够抵挡住任何一种仅为人类所能为的行为，而且实际上，很可能，甚至从人类攻击的刺激中获益。因此，只要布鲁克纳还在把人类誉为"主人和统治者"，而人类的特殊的任务就是"监督所有其他物种，并且维持它们之间的平衡"，哪怕这个职责意味着要进行彻底的反对人类的天敌的战争，这种矛盾的说法便把布鲁克纳的批评转变成了喝彩。布鲁克纳承认，为了提高人类自身的利益，人类应当不断地把他的帝国扩展到其他动物身上，因为有上帝设计的自然的经济体系作保证，他所做的一切都将继续存在。自然中神所赋予的仁慈和远见的最终证据，就是它甚至能够忍受人类的暴力。[24]

$$*\qquad\qquad*\qquad\qquad*$$

在富足原则中所暗含的生态学的或生命的道德论，在很大程度上尚未被布鲁克纳和其他的林奈学派的生态学家们发展起来就停止了。他们相信，如果富有生气的自然界秩序的含义不仅仅是某种玩物，如果它还具有实际的价值，那它肯定是由上帝的手制造出来，并主要是

51 为人类——那个最高贵的物种的利益服务的。作为上帝任命的地球上的副摄政王，人类明确被许诺，可以为了其自身的利益而管理这个自然的经济体系。1852年，W. S. W. 鲁申博格博士概括出了一个在几乎两个世纪以来的自然史上占有突出地位的主题，而且实际上是完全回

归到《创世记》的故事那里去了。他当时说："一个基督教徒的愿做的事情之一，就是相信上帝是由于其慷慨的善心为人的利益创造了自然中有生命的和非生命的东西。"大家不会毫无保留地赞同这个性急的美国人，但是，同样的感情却有多种不同的表达。威廉·斯梅利曾以热情的赞许提到："人类发展范围内的共同点一直是要减少有害的动物，而增加有用的植物。"威廉·德勒姆发现，原始人无衣无房的情况是一种上帝安排的对人类发展的刺激，是一种要求人从高高在上的角度去改变其自身环境的永久性挑战。㉕

尽管英国和美国的林奈派学者们认为自然是由上帝亲手安排的，他们仍然急于参加培根爵士的帝国事业："扩大人类帝国的疆界，尽可能影响一切事物。"对他们来说，生态学的研究是征服生物世界的有力工具。在18世纪的欧洲大陆明显地感觉到培根的影响，例如，在法国，狄德罗、孔多塞*以及布丰**，全都争先鼓吹思想统治物质，人类统治自然的王国的到来。理性会是这个帝国用来赢得胜利的武器——理性不仅被看作是思想的批评能力，而且也是在"积极主动的科学"中所表现出来的一种进攻性的力量。㉖

与这种帝国道德论相反，约翰·雷从他的朋友亨利·摩尔那里认识到，相信整个自然的存在都应为人所用，正是人类绝对自我的"粗俗无知"。这种谦恭情感是由摩尔和维吉尔的田园主义复苏的异端哲学的主体部分。如果一切动物，包括人，都是由一种普遍的内在的有机精神赋予了生命，那就没有哪个物种能够只是为了它单独的利益而

---

* Marquis de Condorcet（1743—1794），法国哲学家、数学家。——译者

** Georges Louis Leclerc（1707—1788），法国博物学家，曾任法国植物园主任，皇家博物馆馆长。有人称之为 Come de Buffon。——译者

52 存在的。不过，即使约翰·雷和亨利·摩尔也常常感到这种观点不如其对立面的影响。和培根以及其他生态学上的帝国论者一样，雷也坚持认为上帝期望人们建立一个超越世俗住所的理性帝国。他认为，人类在自己的发展中用美丽的城市和城堡，用漂亮的村庄和农舍……以及任何一种有别于贫瘠和无人烟的荒野的文明和垦殖良好的地区来装扮地球，都是顺从天意的。尽管林奈学派对上帝有一种强烈的谦卑感，如同上帝创世时所揭示的那样，但他们对人在自然状态中的地位的普遍反应，几乎仍然是鄙视和厌恶的。按雷及其同事的看法，每个物种都被安置在它的位置上去劳作。对人类来说，勤勤恳恳地工作，也就是德勒姆愿意说成是人类"营生"的事情，肯定会带来（人的）高尚和物质条件上的提高。㉗

在理性时代，舆论气氛是不知羞耻的功利主义，而林奈学派的自然科学家们也同样遵循着英美文化中占支配地位的对待自然的态度。几乎每个人都确信，上帝要使其整个世界，最重要的是使人在地球上过得幸福；而幸福在这个阶段如果有什么涵义的话，那就是物质上的舒适。在科学家们使自己忙于对自然中的各种事实进行搜集和分类，并使他们的谦恭态度与他们的科学一致起来的时候，他们还设法去创造一种生态学的模式，以便准确地反映这种流行的中间态度。这种态度的基本假设是，自然的经济体系是由上帝设计出来使生产和效率最大化的。因此，富足的原则常常是一种对自然的有用的生产力谦恭的尊敬的表示，而不是对生命力观念的道德上的反应。因而，对于每个在这个体系中的生物来说，自然科学家都不得不去发现一个功利主义者的角色。例如，尼克拉斯·科林神父就曾问他在美国哲学学会中的教友，保护"那些被认为是无价值的鸟"是不是不明智——至少在它们在自然的经济体系中指定的位置被确定之前。当然，保护和利用都是上帝设计的一部分，而且因此必然也是人的意识的一部分。然而，保护这一使命通常都被推给了上帝。林奈学派的生态模式谈得更多的是人类进行开发的使命，而不是保护的使命。[28]

＊　　　　　＊　　　　　＊

在其功利主义上，生态学的林奈时代强烈地反映了同时代曼彻斯特和伯明翰的工业家们以及英国农业改革家的价值观。他们的自然观点也为人类政治经济学的新学者们所共有，这些新学者那时刚开始组织起来。例如，经济学家内赫米亚·格鲁就可以轻易地从植物学转到国家的经济制度上；不论冠以何名，他都能坚持不懈地强调要靠加速对森林、畜牧和渔业的开发来"增加国家的生产效率"。亚当·斯密，现代经济学的天才奠基者，一位林奈自然史的博学的门徒，把自然仅仅看做一个人类智慧的原料仓库；而且当神父托马斯·马尔萨斯比其他人都更担心这块土地能养活多少人的时候，他也完全同意自然的经济体系的唯一作用是帮助实现人类的野心。在如此环境之中，自然科学家加入这种流行的合唱，他们的作品反映了这种占据主要地位的经营上和开发上的偏见，也就不足为奇了。[29]

那时林奈学派的生态学，正好迎合了这个新工厂社会的需要。这一点由于托马斯·尤班克的《世界是个大工厂》在1855年的问世而变得完全明朗了。这时已经是林奈的《自然的经济体系》出版后一个世纪了。该书是长期以来使自然服从于人类需要和理性的帝国传统的一种登峰造极的表现。尤班克以前是工厂主，也作过美国专利局局长。在他看来，地球及其生产都是明确"为了发展和应用作为人类进步基础的化学和机械科学"而被装配起来的。他用来譬喻这个星球被

"设计成一个工厂"的例子是"世界总经济体系的协调性"。这种协调
54 是由"伟大的工程师"用一个完整的机械工厂的全部设备提供的，由
工厂核心中的一个庞大熔炉加热，并为它的总租赁者和经理进行工作
做好了准备。

> 为了满足人类在其整个命运周期中的需要，为了使人类能运
> 用他对世界的各种认识，为了与其正在扩大的控制和权力保持一
> 致，有必要为其提供合适的物质、目标和力量以及进行活动的场
> 所。这也就是说，不存在物质、质量及条件的问题，只有使人类
> 进一步作为工厂主的东西。所有这些都说明这个世界是个工厂，
> 人在管理这个工厂；所有这些也说明了造物主在筹备这座工厂并
> 将人置于其上时所体现出的伟大眼光和设计。

上帝肯定要积极地发挥他的"机械师"作用，而不要在"消极的
精神和陈旧的神秘主义色彩"中受人崇拜，后者会阻碍进步，并"让
地球变成令人迷惘的丛林"。人的宗教职责就是要把这些"自然工厂"
的产品转换成为供自己使用的新机器，"用牲口棚、工厂和住宅、道
路和水渠布满地球"。总之，他要"成为最广泛意义上的工厂主"[30]。

在这一点上，18 世纪生态理论的某些重要含义已经完全成为观
念了。尽管林奈不可能提前提出尤班克的所有论点，他却会赞同这位
工厂主的论点，即自然的主要特点是它的生产力，真正和潜在的生产
力；而且，用他的话说，人们绝不该再作这种有用的机械论的"消极
旁观者"。上帝亲手在自然的经济体系中发明出来的东西，必然会反
过来成为对人类发明天赋的一种刺激：这不仅是从林奈生态学的前提

中得出的一个公平的结论，而且也是它的不可避免的道德论。

在某种程度上，林奈和他的伙伴们是能够赞同吉尔伯特·怀特的，即认为造物主既不是根据"我们个人的经济体系原则"来安排自然的秩序，也不"总是准确地根据我们的计算方式去做计划"的。这一事实说明，生态学的林奈模式既能成为对环境开发的约束，也能成为对环境开发的激励刺激。上帝的亲手作品毕竟依然要作为一种完美的形式受到称赞。在林奈理论和培根理论"通过自然接近自然的上帝"的虔诚方法中，林奈理论受到了道德约束的困扰，而道德约束却没有给更为彻底的培根理论带来麻烦。大概摩西·伊里亚德是对的，55他说，对信教的人来说，不管他的教义是什么，自然总是充满着神秘的色彩。[31]

然而，削弱帝国式自然观的最有效的影响，大概并不来自基督教或其教义上的约束，而是来自异端的、阿卡狄亚的刺激，它重现在整个这一时期中。这种普遍的感情正是在塞尔波恩的神父自然科学家的生活中找到了表达方式，从那时起一直传到后代。在理性的时代，这种田园主义的情感，常常因为人们对自然统治的热潮而被置之一旁，但并不就意味着消失了，无论就科学或是在更大范围的英美文化角度上说都是如此。它在以后约翰·巴勒斯这样的自然科学家和蕾切尔·卡森这样的生态学家的著作中将会有很多表现，同时它在查尔斯·达尔文的著作中也是一个基本的因素。最重要的是，从生态价值观发展的角度上说，这种田园主义的立场在 19 世纪前半叶中，因为浪漫主义运动的兴起而获得影响。浪漫派紧跟着培根主义的胜利之后来到了，他们被怀特与自然的关系迷住了，把它带到了塞尔波恩教区以外，并在西方意识上打下了不可磨灭的烙印。

第 二 部 分

颠覆性的学科：梭罗的浪漫主义生态学

　　如果真像保罗·西尔斯说的那样，生态学是一门"具有颠覆性的学科"，那么，它要颠覆的是什么？能想到的可能有这样一些东西：由科学所形成的既定概念、不断膨胀的资本主义的价值和结构、西方宗教反自然的传统偏见。所有这些都是19世纪浪漫派作家攻击的目标，这些浪漫派作家是近代第一批伟大的颠覆者。了解他们的观点，将有助于我们认识今天的生态运动。

　　但是，在当代生态学和浪漫主义之间，还存在着比共同的攻击目标更直接的联系。浪漫派看待自然的方式基本上是生态学的，也就是说，它考虑的是关系、依赖和整体性质。这种观点上的相似性，在19世纪吉尔伯特·怀特田园思想的继承者亨利·戴维·梭罗（1817—1862）的作品中，表现得最为明显。梭罗既是一位活跃的野外生态学家，也是一位在思想上大大超越了我们这个时代的基调的自然哲学家。在他的生活和作品中，我们会发现一种最重要的浪漫派对待地球的立场和感情，同时也是一种日渐复杂和成熟的生态哲学。我们也会在梭罗那里发现一个卓越的、对现代生态运动的颠覆性实践主义具有精神和先导作用的来源。

第三章　康科德的一位自然博物学者

在 1852 年，最重要的新闻绝不仅仅是富兰克林·皮尔斯*和温菲
尔德·斯科特**的总统竞选，尽管报纸是那样宣扬的。事实上，在那
一年还有一些更有意义的事发生。例如，哈里特·比彻·斯托在那一
年出版了她的小说《汤姆叔叔的小屋》***，这本书成了废奴运动最重要
的武器之一。同年，乔治·桑德斯在《民主评论》上发表了一篇动
人的有关青年美国运动目的的文章，其中尤其强调积极的国家主义和
天定命运。比这些事件更有意义的是马萨诸塞州康科德地区春天的来
临，至少，亨利·梭罗是这样认为的。在冬季，他自称是"暴风雪的
观察员"，现在，他又准备为"一本杂志，一本发行并不很广泛的杂
志"报道春天的新生；实际上，阅读这种新闻的只有一个读者——他
自己。

根据梭罗 1852 年的"快讯"报导，沃尔登湖上的冰在 4 月 14 日
开始融化，尽管地面上还覆盖着 8 英寸厚的雪。在长达两星期的时间
里，雨蛙一直在湿地上窥测着形势，柳树和淡紫色的鼠曲草在飞絮扬

---

*　Franklin Pierce（1804—1869），美国第十四任总统。——译者

**　Winfield Scott（1786—1866），美国将领，曾在墨西哥战争（1846—1848）
中率美军攻下墨西哥城，从而结束战争。——译者

***　旧译《黑奴吁天录》。——译者

花，大雁鸣叫着向北方飞去。随着新一年的来临，在大多数美国人正在探讨着另一种生活方式的时候，梭罗却看到了世界万物进化的原始 60 次序。在三月中旬，当太阳逐渐向北方移去，冰开始融化之时，首先露面的是那些喜水的花草，然后是那些长在裸露的岩石上、贫瘠的土壤中和刚刚解冻的土地上的植物。紧接在这些植物之后出现了各种飞虫、蟑螂和蚯蚓，随后到来的是从冬季栖息地飞回来的各种候鸟，还有从蛰伏的洞穴里爬出来的啮齿动物，它们在寻找食物和配偶。在春天的各个节气井然有序地逐个来到的时候，被这个特别的私家记者称作是他的"观察之年"也开始了。①

梭罗在当地的果园和树林里曾经无拘无束地、愉快地游荡了几十年。现在，35 岁的他与自然打交道更讲究方法和精确性了。他成为一个自学的自然博物学者，一个有才干的野外生态学家。他总是把教科书放在手边，随时用来确认和对照那些在春天到来以后出现在康科德的每一棵绿芽和每一只候鸟。15 年前，他就已经精读了他得到的第一本植物教科书——比奇洛的《波士顿及邻近地区的植物》；在哈佛大学读书时，他又研究了 18 世纪威廉·斯梅利的自然神学经典作品《自然史哲学》。现在，他开始建设一个比较完备的生态学者的图书馆，并且经常出入波士顿自然史学会的各个展室。他用一顶褴褛不堪的帽子——他的独一无二的"植物标本箱"，把各种植物标本——虎耳草、苔藓、胡薄荷、杜鹃花、桔梗和黄色木酸模等，装回家去进行研究。仅仅是在标明它们的名称的过程中，他发现了"一种比较独特的辨别能力和有关这些东西的知识"——扩展了他的探索范围。他说："我想了解周围的事物，以便更接近它们。"他常常一天步行二三十英里路，可能只是为了到十来个不同的地方去看同一种植物的花，从而能够准确地知道这种植物开花的时间。他也很留心各种鸟、蛇、土拨鼠和随便一种可能出现的动物。他很惊讶地发现，以前，他竟一直未能充分注意到他周围环境的丰富多彩。他承认："我不知道在海伍德的草地上发生着那么多事情。"在这个地方，曾几何时，康科德的沼泽和山坡，在他眼中似乎还是一片为"千百个陌生物种"所有的荒野，而今却逐渐变成了一个好像很熟悉的住满了人的地区，一个对这个小镇非常重要的如同米尔丹或缅因大街上的店铺房屋一样的世界。[②] 61

　　19 世纪 50 年代徜徉在康科德山野里的梭罗，就在今天的名气而言，绝比不上 1845—1847 年住在沃尔登湖他自造的一所房子里的梭罗。在沃尔登的那段时间里，他摒弃社会的态度，如因反对美墨战争而拒绝纳税，并坐了一夜监狱的那类事件，无疑是对当时社会的安逸生活方式的挑战。然而，相对来看，他回到城里父母家中所度过的这十年就很少引起人们的注意。可实际上，在这期间，他与自然的关系要比在沃尔登时更密切。在湖畔过的那些日子，很可能正是把他从紧紧地禁锢着北方村庄的习惯中释放出来时所必需的催化剂。从这个意义上讲，在沃尔登湖畔所度过的年月仅仅是他最终发展变化的前奏；自那时起，他不论住在任何地方，总可以发现密切接触自然世界的方法。遗憾的是，在最后的十年里，或者说是在他短暂的一生中的最后十年里，他不曾写出一本像《沃尔登》那样的书来，从而使这种持续的不断深化的本质上的联系被大大地忽略了。但是，他那约200 万字的日记应能足以证明，梭罗自己是严肃而认真地度过了这十年的。可以这样说，这十年不仅是他的科学，而且也是他个人的生态哲学日臻成熟的时期。因此，这里解读其哲学时所使用的最基本的资料，正是他从 19 世纪 50 年代初期到 1861 年春天的日记中常常为人们所忽略的内容。1861 年，他得了严重的肺结核，从而完全放弃了写作。毫不夸张地说，梭罗在这些日记中所表达的对待自然的态度，可能是他为下一时代留下来的最宝贵的遗产。这部著作*的主要部分，大概也是我们在转向英国和美国的浪漫主义生态思想时所能有的最好的独一无二的表述。③

*   *   *

62　　和塞尔波恩的吉尔伯特·怀特一样，在研究当地村子里的生机勃勃的大自然的活动中，梭罗找到了一种充实而富有意义的职业。从康科德南面的萨德伯里低地，到位于西北部的卡莱尔桥，这一段直线距离至多只有 7 英里。阿萨伯特和萨德伯里的溪流弯弯曲曲地遍布在这个区域的沙原之中，在市中心以南的地方汇合，形成了康科德河；这条河向北流往梅里马克，注入海中。这不是一个广阔雄伟的世界，但却为研究自然科学提供了最好的条件。低矮的小山、冰丘以及由冰川形成的小湖（包括村庄绿地一英里外的沃尔登湖）鳞次栉比，这个小镇以其易于漫游的特点，提供了一个广阔的，让这位无所羁绊的自然学者欣喜无比的生存空间。虽然梭罗也制作和出售铅笔以添补家里的财务开支，同时也做临时的讲演和土地测量员，他却极少让自己在城里承担固定的有全日制工资的工作。这样，他就可以使自己在一天内至少有 4 小时，通常是一下午，从事他的基本职业——漫游者和季节记者。

在挑选职业和对待自己家乡的情感上，梭罗好像差不多是有意以吉尔伯特·怀特的生活为模式的。为此，他决心背离那种以清教徒道德为基础的新英格兰社会偏见，这个社会从不会去赞扬那位圣公会牧

---

　　* 指梭罗的日记。——译者

师和自然博物学者*的闲散生活方式，也不会把在绿色的牧场或松林的游荡看做一种美德。而梭罗实际上必须在很年轻的时候就找到他的职业，而且还是在大西洋的另一边。相宜的是，梭罗在自己阁楼的书架上就藏有一部怀特的著作，并在自己的日记里不断地提到它的内容。④

　　然而，这两位自然博物学者和他们的爱好情趣之间的差别仍然是非常明显的。和怀特不同的是，在邻居的心目中，亨利·梭罗并不是一位可敬的绅士，其部分原因是新英格兰不会容忍一个无业者散漫的生活方式，另一部分原因则是因为梭罗本人并未把富裕和受人敬重当成一回事。怀特在他的社区里是一个圣职牧师，梭罗却把自己同乡的宗教描述成一个"烂倭瓜"。在怀特尤其珍视古代风俗和塞尔波恩中世纪历史上的手工制品的地方，梭罗则在寻求一个已经消失了的土著的遗迹以及原始荒野的隐秘地区，这些地区由于某种原因还留在那儿，尚未被正在发展的社会接触到。怀特平静地度过了他的时光，全然不知由经济革命所造成的混乱和紧张；而在梭罗那里，这些变化已成为铁的事实，它要求你要么去适应，要么找出周全可行的替代办法。总之，19世纪50年代的美国可不是一个能找到田园美景和安逸闲暇的地方。梭罗生活在一个不顾廉耻的、新的、富于创造性的、瞬息即变的社会。康科德在表面上还是一个农业小镇，离波士顿港仅有20英里，到南部洛厄尔的工厂的距离也差不多。然而，在它的农业招牌下，已充满了发动经济攻势的气氛。1850年，菲奇堡铁路已进入这个地区，它将再也不是一个自给自足的世界，再也不能独立于国内的市场和影响。⑤

　　除了康科德和塞尔波恩这两个村庄之间的反差，在梭罗的时代，

---

　　*　指吉尔伯特·怀特。——译者

18 世纪林奈派的生态学者们的权威地位，也面临着一种正在兴起的意识形态的挑战。到 19 世纪 50 年代，由林奈、雷以及怀特所代表的那种把宗教的虔诚和科学放在一起并进行了人工合成的理论，已经逐渐蜕化为脆弱的、干枯的空壳，没有任何生命力残留在内了。梭罗仰慕怀特的作品，也仰慕林奈的作品，他甚至把这位瑞典自然博物学者列为与荷马*和乔叟**并列的他最喜爱的文学巨匠之中，认为他们表达了对大自然最纯洁、最深刻的爱。在梭罗的读书札记《常识笔记》中，有很多他从林奈的《自然的经济体系》和林奈的其他著作及其生活传记中所做的摘录。"立刻去读林奈的书，而且只要你愿意，就一直读下去。"这是 1852 年他在日记中对自己的劝告。但是，正如他流连于与这些老一代自然主义者们的交流一样，他也发现，他不得不与之"保持"一定的距离，因为由这些老自然博物学者们精心建筑起来的、将科学和宗教价值交织在一起的世界，已经再也站不住脚了。⑥

在梭罗时代，老式的静止不变的自然体系模式，正在迅速地被一种新的、强调生态变化和动荡的模式所代替。除了林奈和怀特，梭罗还阅读了查尔斯·莱尔***的著作和查尔斯·达尔文的早期著作，从他们那里吸取有关地球地质远古历史的新概念以及实际存在着的和显而易见的引起自然界巨大变迁的力量的概念。从这些人的著作中，以及杰弗罗伊·圣希莱尔那里，他还学到了——或者是接受了——物种的进化发展理论。和这些进化论者一样，他对被设计

---

*　Homer，约公元前 8—前 9 世纪的游吟盲诗人。——译者

**　Geoffrey Chaucer（1340？—1440），英国诗人。——译者

***　Sir Charles Lyell（1797—1875），英国地质学家。——译者

好的机械性的自然效率的印象，不如对那种不可压制的"生命的贪婪和坚韧性"来得深刻。梭罗在他的日记的最后几页中写道：每种生物"都在为拥有这个星球而奋斗着"，好像"决心要拥有整个世界，而不管气候和土壤是否允许"，它们只受到势均力敌的对手和竞争者的抑制。"植物生命力"的旺盛而急速增长的力量，总是不断地表现出要推翻人类的控制，并再一次用森林来覆盖地球的趋势。他早就得出了一个结论，这种铺张和浪费表明，与那种旧的认为自然的一切产品都是有着精确的经济比例的概念相反，大自然只有在其过程简化的情况下才是节俭的。

> 这个体系是多么富有和奢华！它足以使许多个月亮日夜放光，尽管没有人需要那么多的光！自然界还没有一种经济系统能够节俭使用其贮存的能量，但它却按照最节俭的方式提供着无穷尽的原料。

梭罗不仅怀疑自然是否就如林奈所描述的那样是一个仔细而有条不紊的经济师，他甚至还兴奋地期望着超越和对抗那种缺乏自然规律的思想。[⑦]

当然，林奈式的生态学模式总是对梭罗头脑中的另一面——新英格兰式的节俭思想，有着难以抛舍的吸引力。他一直认为，每一朵毒蕈或者一只淡水龟以及每一个有风的天气，都肯定"对自然的经济系统发挥着一种不可缺少"的作用。自然界中的每个缝隙似乎都被一种完全适得其所的居住者占据着。在一年周而复始的过程中，没有任何东西能被说成是无用的。"在我们的工厂里，"他写道：

65

我们为发现了某种原被认为是无用之物的用途而自豪，但是，与自然的经济体系比较起来，我们的经济体系是多么片面并带有偶然性。在自然界里，没有东西是无用的。每片腐烂的叶子、树枝或须根，最终都会在某个适当的其他地方做更好的用处，而且最后都会聚集在大自然的混合体之中。

但是，尽管有这样传统的观点，梭罗还是在植物和动物的系统中发现了一种不正常的浪费。例如，白橡树的果实在可以被樫鸟或松鼠食用之前就发霉了，这似乎是"自然界的一个明显缺陷，因为那棵橡树整年的劳动到了这个程度就算白费了"。但是如果他试用林奈的方法去解释这种异常现象，他可能就会相信，这种"看似浪费的事情"，其实无关宏旨。⑧

在整个 19 世纪 50 年代的这十年当中，生态学是推进梭罗科学研究的主要力量。一旦他知道了他的"邻居们"的名称，分类学的吸引力立即就让位给一种愿望——要了解植物、动物及其栖息物之间的内在联系。他注意到康科德小溪里梭鱼的保护色以及使每只田雀都有自己的领地，从而"一个生物不至于过分干扰另一种生物"的"极其完备的分布规则"。显然，他是从亚历山大·冯·洪堡——德国植物地理学家、生态学家和南美探险家那里，借用了根据植物的环境条件进行植物分类的思想，并由此开始根据当地树木和灌木生长所需的土壤水分程度对其加以分类。梭罗按照洪堡在安第斯山的做法，对新罕布什尔的莫纳德诺克山和华盛顿山的各类植被，从低处的云杉和冷杉林，到"云层带"的被地衣覆盖的岩石，都进行了鉴定。1853 年，他在婉言拒绝加入美国科学发展学会的信中写道：

只要我的观察是科学的，这种观察的特点可能就来自这样一个事实：我特别受到怀特的塞尔波恩以及洪堡的《自然的形态》这类科学书籍的吸引。

这两位作者*都是有远见和具有整体观念的科学家，他们为梭罗提供了一种他可以在自己的小天地里加以运用的生态观念。⑨

然而，与怀特或洪堡都不同，梭罗生态研究的最重要和最强烈的　66
目的是历史性的：重建"我们居住的这个地方在 300 年前〔曾经有过〕的那种真正面貌"，即白人来到美洲之前的样子。当然，林奈学派的任何一个学者都很难有这样一个目标，他们的自然环境在很多年里都和他们的科学一样静止稳定。然而，在新英格兰，梭罗所面临的生态系统，被那个进行干扰的物种——文明人，极其迅速地改造了。这种实在的对于激变的感受，不可能不强烈地加深了莱尔和达尔文的思想在他的自然观念上的影响。梭罗在 19 世纪中叶看到的康科德不是一部毫无毛病的牛顿式的机器，而是一个"残缺不全的大自然"。它是一首被抽掉了某些更令人兴奋的乐章的交响乐，是一本失去了很多章节的书。

我在极度的痛苦中去感受那突然降临的现象。例如，想一想吧，我在这儿本来有一首完整的诗歌；可后来，我懊丧了，因为我听说，那只是一个不完整的抄件；我的祖先已经把其中许多页和最好的段落都撕掉了，许多地方都受到了破坏。我不愿想到，

---

*　指怀特和洪堡。——译者

已有某个神奇的人先我而来，并摘取了某些最好的星星。我希望去了解一个完整的上苍和一个完整的地球。

作为一个自然博物学者，梭罗像他之前的怀特一样，也曾把他家乡的一切自然现象汇集成一个处于永久平衡之中的，由自然安排的独特而有联系的整体。但是，美国历史的教训，那种因经济发展导致生态的急剧变化不可避免会产生的领悟，动摇了他对建立在旧大陆生态体系的安全和貌似永恒之上的那种生态模式的信心。现在已经很明显，人类要比早先较为沾沾自喜的一代所能想象到的更具有巨大的破坏和灭绝的实力。⑩

正如梭罗已经意识到的，最深刻的变化是在新英格兰的森林分布上。在1638年康科德则有居民的时候，它的微有起伏的地形几乎被毫无断裂的绿荫稠密地覆盖着。在很少的几个地区，特别是沿着河岸，印第安人曾做过临时的清理性焚烧，为的是狩猎或种植玉米和倭瓜。当然，昆虫和暴风也使几处地面裸露了出来。但是，就整个来说，这个原始森林仍然是稠密得无法穿越的密林。至少在500年中，这个地区遍布着基本上一样的树种：白松、脂松、铁杉、栗树、枫树、桦树和橡树。在这些树种中，数量最多的是松树，在新英格兰的某些地区，它们的直径可达6英尺以上，高度有250英尺。按耶鲁学院院长蒂莫西·德怀特的话说，这是"新英格兰，而且大概也是世界上最优秀的树"。一层层轮廓分明的，长着茂密的绿色松针的侧枝靠在笔直如箭的黑色树干上。早期的居民还发现过树围达30英尺的橡树以及树围15英尺的槭树。据估计，一片典型的10平方英里的森林，可以同时维持5只黑熊、2—3只美洲豹、2—3只灰狼、200只火鸟、

400只白尾鹿以及20000只灰松鼠的生存。有些人可能会从这种生命的显赫中感受到一种令人赞美的，甚至应当崇拜的创造力。但是，那些对康科德及其附近城镇早就成竹在胸的清教徒们，却是一个与这种异端的虔诚格格不入的种族。他们迅速着手去征服这片桀骜不驯的荒野，把它变成了人口密集信仰上帝的基督徒的家园。⑪

到1700年，已有50万英亩以上的新英格兰林地被开辟成农田。一个世纪以后，在这快住满了人的土地上，已经几乎没有什么原始森林留下来了，这里还有树，但一般都是第二代或第三代的树林。到1880年，马萨诸塞州只有40%的地方可以被划作森林地带。由于森林消失，其中的野生动物也随之不见了。食肉动物总是率先远走高飞，尽管梭罗在极其惊愕中记下小镇旁边最后一只山猫被杀的时间是1860年。隼、鹰、火鸡都还存在着，却很少能逃出猎人的枪口。在城市的河里，鲑鱼、鲱鱼、鳗鱼都不见了，所有的水獭也同样不见踪迹。而且，在梭罗20多年的所有著作中，从未提到他是否见过马萨 68 诸塞土地上的鹿。不过，19世纪50年代的康科德尚未变成一个生物荒漠。一个捕兽者在一年当中仍能捕到200只麝鼠，貂也还存在。大群的旅鸽、野鸡和野雁在一定季节仍会遮蔽天空。纵然大自然是脆弱和易受残害的，但只要不施加过分大的压力，它仍然是富有弹力和韧性的。只要还有一部分真正的森林地区留下来，就还有使原有生态状况保存下来的某种希望。那种可能性，梭罗已经看到了——但能否实现，则完全要看这个城里的人类居住者的愿望了。

这个州的另一些市民也开始认识到文明引起的环境变化范围是多么广阔，而且对其产生的某些后果感到懊丧。在这些人中，最有影响的大概就是波士顿著名的教育家和1837—1843年波士顿市自然史学

会的主席乔治·B.爱默森。在担任自然史学会主席期间，爱默森在立
法机关的支持下组织了一个委员会，对马萨诸塞州的动植物概况进行
全面考察。在其他州里也有同类型的活动，但其工作目的，就如一群
纽约的科学家允诺的那样，主要是要"显示我国丰富的宝藏"，并发
现"与农业、商业以及机器制造业有关的情况"，并不是去检查在利
用资源过程中的恣虐行为。爱默森则全然不同，他已意识到，资源保
护已不能再留给上帝这位工程师掌握了。为了他领导的这次考察，他
亲自写了最重要的一本书:《关于马萨诸塞森林中树木和灌木的自然生
长报告》（1846年），一部关于本州最基本的树木的非技术性指南。这
是一部现今已被弃置一旁的有关美国自然史的书，而在那个时代，它
是最早呼吁建立在森林利用方面的"明智的经济体系"的书，是一本
具有开拓意义的资源保护的书。梭罗买了这份报告，而且在他研究已
经不存在的森林情况方面，把这本书看得比其他书都重要，仅就这一
点来看，也是值得对这本书做一详细介绍的。[12]

69　　　爱默森不满地说:"当美国人手中拿起斧子时，他那狡诈的远见
似乎已被丢在脑后了。"对本州林地的恣意破坏，不仅危及野生动物
和生态规律，而且也危及人类自己的经济体系基础。今天的人们一般
都已不记得，直到1870年前，美国的大部分能源和物资都来自森林。
从最初定居，直到出现钢铁制造，美国在250年当中一直生活在木材
时代。在爱默森写他的书的时候，马萨诸塞州的人口已近75万，他
们所制造的每一种产品几乎都是从森林获得的:房屋、家具、船只、
车辆、雪橇、桥梁、扫帚、马鞭、铲子、锄头、桶子、箱子、篮子，
以至脱靴器等。他们从槭树中取糖，从胡桃树和栗树上摘得大量的坚
果。最重要的是冬天做燃料用的木材。据爱默森讲，这种木材平均4

美元一考特＊，每年总值达 500 万美元。铁路还需 55000 考特，主要是松木，用来造机车。总之，如果没有稳定廉价的树木供应，这个州就无法生存。甚至树皮也要用来染制皮革。盐肤木和伏牛花的根是对纺织业极有价值的染料来源。但是，森林每年都遭到滥伐，而且没有任何再植和保护它们的打算。到了 19 世纪 40 年代，马萨诸塞州已从缅因和纽约两州进口大量的硬木和软木，爱默森警告说："甚至这些外来的资源也很快要用尽了。"⑬

　　而且，林地管理的实际技术也顶多处于新英格兰的原始水平。1838 年，为了搜集老百姓对未来的各种高见，爱默森曾与马萨诸塞州的某些有识之士进行了探讨。他从考察中得出了两个指导林场主进行砍伐的原则：若为了出木材，挑选那些比较成熟的树；若为了做燃料，就"干净而彻底"地砍掉这个林地。在第二种情况下，一般意见是，每隔 23 年，森林就可以再生到可供再砍伐的程度，尽管这个年限会因不同的树种而有差异。爱默森注意到："当树种基本上是橡树时，不论是白色、黑色和红色，那么不管怎样，这片树林在一个世纪中都可进行三次砍伐。"每次砍伐后，就会有相应的东西保存下来，老的树桩将会绽出新芽，从而使这片橡树林永久存在。但是，按照另一些人的经验，这种情况又很少有。相反，在那片橡树林中繁殖起来的会是松树，而不是橡树，反过来也是如此。对这个州的农场主们来说，为什么会有如此一种演替，一直是一个难以解释的令人烦恼的问题。而且，当人们的生计要取决于他必须出卖的是橡树还是松树时，至关重要的就是需要一个明确可靠的答案。有些乡下人认为，这是一

＊　考特（cord），木材体积单位，相当于 128 立方英尺。——译者

种谁也无法预测的、魔幻般的自然而然的产物。可是，爱默森却断定，通过某种自然的途径，那片较老的林地必然要持久地保留它的接替品种，这些品种或者做为种子藏在土壤里，或者以小树的形式生长在林中不易看见的地面上。[14]

值得注意的是，在这一点上，亨利·梭罗已经开始对这个令人困惑的林地管理问题提供一个简易的科学答案。他最早开始研究这个问题是在 1856 年。后来，在 1857 年 9 月，他看到一只松鼠正在一片胡桃树林里埋藏胡桃坚果，他认为："这就是种植森林的方式。"这些坚果常常被带到离它们的母树很远的地方，而且刚好被埋在能够繁殖的深度上。因此，当那只松鼠被打死了，或者忘却了这些坚果，它们便发芽了。他现在认识到，这一演替的秘密与这些灰色和红色的小动物以及它们与森林的内在联系有关系。例如，被埋到一片松林中的橡实，很多会幸存下来，并在松树的庇护下长成小树。另外，风也会把松子带到一片老橡树林中，它们会留在那里，并扎下根来。康科德的农场主们，这时本应该更加文明和仁爱地，即使不能说是神圣地，为这个粗鲁的小邻居举行一个仪式，为它在宇宙体系中所进行的工作表示敬意，却完全忽视了这些生态学的联系，仍保存着有组织地狩猎松鼠的习惯，以尽可能多地消灭这种"有害的动物"。[15]

三年以后，梭罗把这些观察总结起来，以《森林树木的演替》为题，在康科德的米德尔塞克斯农业学会的一年一度的家畜展览会上做了演讲。这次演讲一直被认为是他一生中对资源保护、农业以及生态科学所做的最大贡献。它不仅被收入这个学会当年的论文集中，而且还刊登在《纽约周报》、《世纪》、《新英格兰农民》和马萨诸塞州农业理事会的年度报告上。这些事实都可证明这篇讲演的实际社会意义。

种子的生态学是这篇文章中的一个重要论题，而且，对梭罗来说，它一直是一个比较有吸引力的自然现象，以致到他临死时，有关这个学科方面的手稿大约有400页之多。但是，他的更大意愿是呼吁他的听众们在他们的木材经营中谨慎地遵循自然的规则："从一开始就和大自然进行磋商难道不好吗？因为大自然是我们当中最渊博和最有经验的种植者。"慎重地按照在自然中所看到的同一演替模式来种植树木，农场主们就可能给自己带来高质量和不间断的林地产品。他们没有这样做，而是砍倒他们的橡树，烧掉经常出现的小松树，不等这块地再长出树来，当然还有各种各样的杂草，便种上一季、两季的裸麦，以便尽快地赚点现钱。梭罗认为，这是一种最糟糕的经营——"一种不能使自己达到目的的贪婪"，因为它盲目地摇摆于激进的干扰和听天由命的放任。最终，土地将变贫瘠，只能生长一些毫无价值的小树丛，而不能生长一片既能为松树，也能为人提供生计所需的、繁茂壮观可以自我更新的森林。⑯

梭罗从一个生态学家对待森林演替现象所应有的角度做出的大部分努力并不稀奇。这是美国的自然博物学者们眼看着他们周围的树林先是让位给这种树，然后又让位给那种树，最终则让位给牧草或一种农作物时，提出的最早的问题之一。但是，在听任自然发展时，人们要确定大自然会带来什么结果也并非易事。由于缺乏那种达到最高形态的演替模式的现代知识，梭罗时代的自然博物学者们便常常又回到了一种农民的作物轮植模式中去了。和乔治·爱默森一样，梭罗强调，橡树在生长中消耗了它们自己的果实所需要的地力，从而必然要为松树所取代。然后，松树又舍弃了不适合它的种子生长的土地，橡树于是又宣布了对这些领地的统治权。这样一次又一次的，看起来就 72

像一个周而复始的纯粹的循环——一个森林的历史在发展着。不过，在这同时，梭罗也倾向于相信这种看法：即白松在发展顺序中是一种比橡树更原始的树，演替的过程必定是从低级的树种向高级的树种发展。所以，松树是"拓荒者"，而橡树"是打算做改进的较为永久的居民"。无论哪个是真正的模式，有一件事是他确信不疑的：

> 在一个长期无人过问的树林里，人们会观察到，各种树木的组成是极有规律和协调的；而这时在我们通常所见的树林里，人们却常常进行干扰，并且喜欢种上一些完全不适于在那儿生长的树木。

康科德的人们只有在知道把自然当作自己的老师，并让自己合上自然的节奏时，才会开始与土地在一起和谐地生活，并最有效地使用它。[17]

在梭罗作为一个逍遥的自然博物学者活动的最后的那些年代里，演替这个课题，仅仅是他一直希望实现的颇为宏大的理想规划的一小部分。在他考察本地林地的同时，他也逐渐学会怎样去研究这个小镇 100 多年来的环境变迁，或者更早的历史。例如，一排矗立在石壁和田野之间的白松，就能够提供石壁另一边的景观变迁的线索，白松的种子在几十年前就已经在随风飘荡了。老树桩的三个树轮告诉他，甚至在 1775 年与英国红衫军的战争之前，有什么树曾经生长在康科德。"这样，你就能把那些写着康科德森林历史的腐朽的文稿完整地铺开了。"

如果梭罗活得长一些，他大概就会通过这些方法写出一部关于这

个小小的新英格兰居民点占有、使用和滥用资源的大事记了。这只是
他许多未完成的计划之一，但对于研究美国自然景观的学生却极有价
值。这样一种为他同时代的历史学家们所不理解的研究方式，是梭罗
对这些历史学家简单对待他们面前的世界的能力所做的责难。他感到
奇怪，为什么像博克斯伯勒的英奇斯森林那样壮观的森林的存在，会
被历史书忽略掉，而一个当地政治家的无足轻重的一生却被写了进
去。一位学者怎么能够为他无视了人对自然规律的依赖作辩解？在试
图矫正这些缺点的过程中，通过对演替的认识，梭罗开始对美国他那
一角中自然环境的发展和未来提出了见解。⑱

　　在做这些生态学的研究中，梭罗懂得怎样去发挥一个实践的经济
师的作用，但在思想上，他并不只考虑如何去保护马萨诸塞州丰富的
资源基础。他希望有一个更为科学的会使植被重返不毛之地的森林的
利用方法。他有怨言："我记忆中的森林逐渐退向离村子更远的地方
了。"每年冬季，他都听得见在康科德四周回响着的斧子砍伐森林的
叮咚声（他自己也间接地协助了这个采伐运动——做为一个土地测量
员，他常常被当地的农场主雇去测量他们的林地，以便把这些土地卖
给出价较高的买主）。然而，在留意观察了沃尔登湖和费尔黑文山的
砍伐者之后，他以明显嘲弄的口气惊叹道："感谢上帝，人类现在还飞
不起来，所以还不能像蹂躏地球一样去蹂躏天空！目前，我们在空中
还是安全的。"1857 年秋，他看到一个被农场主雇来的爱尔兰工人在
铲除杂乱的盐肤木和葡萄藤，他被当时的情景触动了："如果有人因为
虐待儿童而被起诉，那么那些肆意毁坏交给他们照管的自然面貌的人
也应被绳之以法。"这种人一面在为当地藏有独立战争时从英国军队
那里缴获的子弹箱的博物馆剪彩，一面又要去砍掉那些曾目击了康科

德的土地从印第安人那里转入白人手中的过程的橡树，这似乎未必全
然不可能。不过，倘若更多关于即成永久性损害的情况被披露出来，
那这种心理状态大概还有可能被扭转。梭罗已注意到："我们是一个
年轻的民族，我们还不会从经验中去发觉砍掉森林的后果。我认为，
74　有一天，这些森林还要被种植起来，大自然也将会按某种趋向恢复到
原来的状态。"⑲

　　使森林恢复到原来的样子，哪怕恢复到一个有限的程度，这是梭
罗表现在他的生态学写作中的主要愿望。大自然再生能力的最细微的
迹象重又鼓舞了他，例如，当他发现小小的松树就在农场主的鼻子下
面重又回到牧场的时候。这使他确信，他确实可能做点什么。人类不
可能整个扼杀这种顽强的生命原则。梭罗在过分沉湎于幻想的那一时
刻，甚至还曾拟想过回归中的森林如何在与人类侵略者的战斗中大获
全胜。

　　　　也许，最初，在被开垦的土地上出现的是一丛丛茂盛的杂莠
　　和青草——在低矮的坑坑洼洼的地方尤其茂盛——在田野和牧场
　　上的是太阳花、绣线菊、盐肤木、黑草莓、木莓和覆盆子等。沿
　　着旧花园的边缘和主要街道，榆树、白杨及枫树等将会茁壮地生
　　长。那些杂莠和青草会很快消失。越橘、悬钩子丛、山月桂、榛
　　木、杨梅、伏牛花、接骨木，还有扶移稠李、荆棘等，将迅速地
　　布满荒芜的牧场。同时，野樱桃树、桦树、杨树、柳树、鹿蹄草
　　也会出现。最后，松、铁杉、针枞、落叶松、丛生栎、橡树、栗
　　树、山毛榉以及胡桃树将会再次占领康科德这个据点。苹果树以
　　及可能所有外来的树木和灌木，上面提到的大部分著名的本地树

木都会不见了，月桂和水杉则会在某种程度上成为这里的矮树，也许，红种人会再次穿过整个长满苔藓和布满沼泽的原始森林。

　　这里所描述的充满着能动力的生态演替过程，对一个明智的林区经济体系是无任何用处的。确切地说，它只是展示了一种对荒野的再生和不可制服的期望——而这个荒野曾被人们认为是已经征服了的。梭罗写道："我向往荒野，向往一个我不能涉足穿越的大自然，向往一个永恒的和不沉沦的新罕布什尔。"演替现象提醒他去注意荒野及"大自然中不可抑制的活力"。⑳

　　当然，梭罗也明白，马萨诸塞州的伐木者们付出了那么多的辛劳，才把这块土地从野蛮的状态"拯救"出来，在此之后，是不可能让他描述的这样一种复辟发生的。在 1859 年的日记中，后来又在题为《越桔》的讲演中，他采取了一种调和的态度。他认为，这种态度 75 可使文明以及他自己必需的那个完整的不受伤害的自然秩序两方面的要求都得到满足。他建议，每个城镇都应该在其界内保留一个面积500—1000 英亩的"原始森林"，"在那儿，永远不应有一根树枝当柴烧，它为大家所有，为传授知识和消闲之用，男人和女人们可以在这里得知自然的经济体系是如何发生作用的"。在 19 世纪 50 年代，这种保留是有可能实现的，因为尽管到处都是已开垦的土地，但在康科德仍残留着一片片几十年来相对而言还未被破坏的大块土地，例如在东布鲁克的乡下，以及沃尔登森林的一部分。"在某些土地被赠予哈佛学院或另一个机构时，为什么不能将另外一些土地授予康科德做森林或越桔林用？"这种赠予会为大家提供一种应对环境持谦逊和谨慎态度的教育。反之，如果没有一片公共的荒野，那么不论花了多少钱在学校上，城市的教育设施也是不完全的。"如果我们能看得远些，"梭罗警告说，"我们最终会发现，我们美丽的校舍矗立在一个奶牛场里。"㉑

在以后的几十年里，费用昂贵的私立专科学校不断出现在这个州，而且很兴旺，哈佛学院所得到的捐赠也在继续增多。康科德终于设法得到了一点公共森林，尽管从规模上来说，要比梭罗所呼吁的小得多，同时还常因需要木材而遭到砍伐。然而，它却是唯一的最简单的回归的象征。最终，康科德还是要从两千人增加到二十万人，要变成一个持月票的郊区，要被有四条并行车道的高速公路分为两半。总之，文明更多了，却不再有荒野。这将是它的未来。确实，梭罗可以说他生得"恰逢其时"。尽管在农垦的高潮之后，在马萨诸塞州的大片土地上，树木将会以某种压倒之势再返回来，但却不会再有那个已失落的绿色世界的丰富、多彩和堂皇。梭罗眼看着它失去了自己最后的根基。

作为一个原始森林的追求者，梭罗显然属于生态思想中的田园传统。18 世纪自强不息的自然体系模式可能要被推翻，取而代之的将76 是一种新的对那个体系中各种关系的脆弱性的认识。技术可能会使英美社会得到再造，而那时，荒野对多数人来说也会变得更宝贵了。因此，那种最初与吉尔伯特·怀特一起出现在科学中的田园思想冲动，到了梭罗那里变得甚至更强烈了。一种在一个区域里的不连贯的认识，激发了在另一个区域里对连贯性的强烈愿望。毫无疑问，对梭罗来说，美国原有的森林比农业英格兰的颇为整洁的花园景观更有吸引力。但是，从根本上来说，田园的理想是一种道德观念，而不是一种明确的生态状态，或一种独特稳定的关于经济发展规模的看法。梭罗理应与那些追随怀特的田园派学者划在一个圈内，因为他与他们都只有一种信念：人类必须学会使自己去适应自然的秩序，而不是寻求推翻它或改变它。"要么自然得改变，要么人改变。"他指出了这一点，然后继续提出关于地球的问题："是地球要由人的手来改善，还是人打算生活得自然一些，从而也安全一些？"他本人的生活完全贡献给对第二种选择的说明了。事实上，他才是把田园道德论发展为近代生态哲学的最主要的人。那么，就让我们来更仔细地看看那种田园的理想以及它怎样造就了这位最著名的美国自然博物学者的生活。[22]

第四章　以自然观察自然

　　19世纪的康科德，是很多与众不同的人的根据地。但是，只有一个当地人愿意让人看到他在白雪皑皑的山地上气喘吁吁地奔跑，兴高采烈地追赶一只狐狸。他时而坐在一棵松树顶上随风摇荡；时而用手和膝盖在地上爬，竭力要与一只不情愿的慢腾腾的树蛙沟通思想。循规蹈矩的市民们无疑还会惊骇地发现，在一个夏天的午后，正当康科德的农民大汗淋漓地犁地的时候，这人却把裤子搭在臂上蹚过一条小河。在月光清明的夜里，当同乡们都沉入梦乡时，他到外面去，一丝不挂地在阿萨倍特湖中游泳；或者躺在康奈特姆的峭壁上，沉醉于蟋蟀在潮湿的草中奏出的音乐。不可否认，梭罗并不是追求生命自由意义上的沃尔特·惠特曼*，但他确实在对待大地以及被新英格兰的礼仪弃置一旁的大地内在的活力上，真正达到了一种本能的坦诚和一种感官上的亲昵。他欣喜异常："我全身都充满了感觉。每当我走到这儿或那儿，我总是被我所接触的这个或那个东西弄得全身酥痒，就像触到电线一样。"在每日漫游山水的过程中，他更追求科学实际。他在日记中解释道："为了我身上的矿物、植物和动物因素，我逗留在户外。"在这个镇上的其他地方，这些因素早已萎缩和几乎被忘却了。①

---

　　*　Walt Whitman（1819—1892），19世纪美国著名诗人，以《草叶集》著称。——译者

在梭罗刚成年时给露西·布朗的一封信中，他曾用一句话概括了日后将确立他的生活目标的强烈愿望，一种促使他成为一个野外生态 78 学家的动机：

> 当我的双眼在一块令人生叹的埃及陶片上打转时，我梦想从夏到冬四处浏览，攀上山腰，无所不见。我要像蓝眼草面对天空那样，以如此简单的一致性自然地去观察自然。

他在 19 世纪 50 年代的科学漫游，依然继续了这种与感官相联系的追求，一种属于大地及其有机物循环的内在感官的追求。为了嗅到和触及一个实在的可以摸到的自然界，他唤发起一种关于"广泛的联盟"和宇宙各种关系的意识。他因此能感到自己已经超越了自身物质个体的局限，能够得以进入存在于自然的那种生气勃勃的能动力之中。"我们一定要到户外去，每天都要把我们自己和自然重新联结到一起。"他在 1856 年写道："我们一定要生出根来，甚至在每个冬日里，至少也要生出某个小小的须根。我觉得，每当我张口去迎接风时，我是在吸取使人健康的力量。"身心的成熟并没有改变梭罗接触大地和加入其生态进程的探求。1857 年，他仍然在说："从本质上讲，我从来没有理由去改变我的思想。"他和自然结合得是那样紧，以致他的各种观察都要成为深刻的自我反省了——对他来说，"以自然观察自然"，从一开始就是做一个自然博物学者的基础。②

每天与大自然的肉体上的接触，是梭罗的一种新的和更强烈的经验主义的基础。这些事实都必然要成为整个人类的经验，而不再是处于一种脱离肉体的思想的抽象概念。自然博物学者一定要让自己完全沉涵于各种可感受的气味和声色的现实中去。他必须充当一只麝鼠样的、从一个洪水淹没的草地上的芦苇丛中向外窥视的眼珠。当他像那只皮毛光滑的棕色啮齿动物一样，完全沉溺于他的那种流动的环境中时，这个自然博物学者就能够以他全副纯净的感觉和警觉去观察他的世界了。作为一位自然博物学者，为了像麝鼠一样生活，他必须对每一天都予以重视，不论天气有多冷。"你无目的地四处走着，穿着一件挂着水珠的外套，腿上的皮肤也是湿的，坐在长满青苔的石头和树桩上，倾听成群的麻雀在橡树丛中疾飞而过的噗哧声……到外面更舒服自在，弄得湿漉漉的，每走一步都陷进正在化冻的泥里。"正如梭罗在一个细雨蒙蒙的春日里发现的，青苔"全都带着湿气，胀得鼓鼓的和神气活现的时候，你的脚却把它们踩了下去，像挤海绵一样从里面挤出水来"。此时，甚至他的赤脚也能发现那些穿着讲究鞋子的旅行者体会不到的经验的事实。只要瞥一眼他床头桌下那只空的泥龟壳，就可以使他想到，他也是来自土中并带有泥土味的。而且，涉入齐腿肚的泥浆，穿过稠密的越桔低地，经过"布满了青虫的广阔的桦树林，青虫落满了我们的衣服和面孔"，目的都是要更充分地领悟泥土的性质，而这种领悟单用眼睛是不够的。[③]

这种出自心底的认识不仅表现在要渗入那种麝鼠的感觉水平中去，而且也表现在他尽其所能地要把自然界中的各种各样东西吞到肚里去。1859 年 3 月，梭罗写道："我觉得我好像能把地球的外壳吃下去，我从未感到过与地球如此亲近，从未感到和地球表面如此一致。"要有同感必然得有很多品尝和消化的同感，真正的和假设的同感。这对梭罗的研究来说是不言而喻的。他不会是一个"口头上"的自然爱好者，不会小心翼翼地对待这个世界——唯恐咬到硬东西，唯恐去敲碎坚果，于是也唯恐去尝到里面果肉美妙的滋味。越桔、樟树根、桦树叶、野苹果、橡子——他全部尝过。他甚至还打算去吞吃一只土拨鼠的生肉，希望这样来把土拨鼠的野性注入他自己的系统，加强他的动物本性。从来还不曾有一位自然博物学者或一位生态学者比他更热心于用自己的牙齿、舌头和肠胃来了解自然——让自然融于自身，同时也让自身融于自然。④

"一个属我又非我的生命"，威廉·华兹华斯 * 的这个短语正好概括了梭罗作为一个自然博物学者的生涯以及他在他的漫游中去寻求实现的理想。所有自然的存在，包括人，甚至石头，对他来说，都结合在一起成为一个单独的活生生的整体。1851 年，他坚持道："我心目中的地球不是一种麻木的惰性的物质。它是一个实体，它有精神，是有机的和在其精神的影响下发生变化的，并且，在我身上无论如何都存在着那种精神的微粒。"在《沃尔登湖》中，他描绘的自然也"不是一块僵死的土地，而是具有生命力的大地；与它那伟大而占据中心地位的生命相比，所有动物和植物的生命便都成了寄生品了"。听到一只严冬中乌鸦的叫声，他就感到自己重新和蛰伏在冰雪之下的、宇宙中的生物有了联系。"这叫声不仅仅是乌鸦之间的呼唤，因为它也在对我说着话。我和它一样都是一个巨大生物的一部分，如果它有嗓子，我就有耳朵。"随着春天的来临，他能够感到那唯一的生命凝聚力的复归，因为它又一次在大地上活跃和震颤起来。永恒的生命之母，生殖的根源——大自然，又一次生出了鲜花、浆果、桦树和枫树的种子，人以及所有其他有生命的东西。就连新英格兰牧场中的花岗 80

---

* 　William Wordsworth（1770—1850），英国诗人，作品歌颂大自然，开创了浪漫主义新诗风。——译者

岩石也似乎与春天的大地一起复苏了。健康，在身体上的以及超出身体感觉的，是梭罗能合上有机的节拍，细嚼大自然的果实，并能与生命的力量合而为一的一个条件。从而，他也就能够最终穿过自然的毛孔了。[⑤]

在梭罗日记中记载的那些值得纪念的插曲中，有一个发生在1857年的5月初。同往常一样，在每年的这个时候，河溪的水都要泛滥。洪水一直淹到萨德伯里和韦兰低地上，田野和果园里到处都是水洼。梭罗光着脚踩进了一个水塘，脚趾伸进冰凉的泥里。在他的双腿周围，出现了一大群狂热游动着的蟾蜍，"有一百只……正在或准备交配"。他随意闯入的这个求爱的场面是在那些蟾蜍所发生的热烈的颤音中开始的，那种声音似乎能使草甸也颤动起来："我感到一种透入心肺的兴奋，在它的刺激下，我发抖了。"在他身边，蟾蜍们游动着，极度兴奋地从这只背上跳到那只背上，这时，这位自然主义者感到四肢都注入了新的力量，他的独身状态被充满活力的土地上的"一个生命"淹没了。如果感受不到那种自然的生命活力，人就成了一个消极的局外者，甚至与他自己体内的那个冷漠僵硬的部分也切断了联系。当梭罗让自己变得与康科德的上流社会过于不融合时，可以说，他需要的抵消办法就是再次发现那个蟾蜍池塘。这时，全部的生活，包括他自己的，在失去生气和变得迟钝以前，就会又一次进入正常轨道，或者成为宇宙（*Kosmos*）。于是，支持他进行观察的那种与自然的同一性也全复苏了。[⑥]

在他要成为一个具有最基本的意识的自然博物学者——即要比较完全地"自然化"——的愿望上，梭罗充分地表达了那种田园主义思想。正如先前就注意到的，这种思想和感情，主要是从异端的历史，尤其是古希腊那里吸收来的，尽管无疑也与幸存的欧洲民间传统有关。对梭罗来说，美洲印第安人的传统也是这种田园主义思想的重要来源。在所有这些各种各样的异端思想的深处，都存在着一种信念，即认为自然是一个独一无二的，由一种具有内在活力的规律所推动的生物。在18世纪，伯克利主教就已注意到，斯多噶哲学和柏拉图主义曾经想象过，"有一个生命贯穿在一切事物中……一个内在的原则，动物的精神，或者天然的生命，它从内部产生和形成着，就如同艺术从外部产生和形成着一样，它规定、调节或者协调着宇宙体系中各种各样的概念、性质以及各个部分"。按照这种异端观点，驾驭自然的正是这一活生生的力量，而不是某个上帝工程师或者海中巨兽。它是所有能量——万有引力、电和磁力的来源。从生态学的角度来看，这正是把地球上的所有物种都聚集成一个统一生物的那种凝聚力。对梭罗来说，对那些异端也一样，世界不再是一个机械规则的体系，而是一种有能力把所有的东西都结合成一个有生气的宇宙的流动的能量。[7]

*　　　　　　*　　　　　　*

从亨利·摩尔的《生灵世界》开始，直到田园主义的再生，这些古代思想又被唤来反对牛顿时代发展起来的机械论科学。比较激进的异端自然观点，则是随着18世纪末和19世纪初西方文化中的浪漫主义而产生的。在华兹华斯、谢林、歌德以及梭罗这样一些人物的倡导下，新的一代探讨重新确认自然和人在宇宙中的地位。人们一直特别强调他们缺乏能力，或者说，是不情愿去确定一个唯一的自然模式，而且的确强调得非常厉害，以致直到现在还容易因为局部而忽略了整体。虽然有种种变换，浪漫主义仍然是通过一定的共同主题来表达感情的，而且最常用的主题之一，就是对生物学和有机界研究的迷恋。82

浪漫派们发现，这一科学领域是认识过去异端直观思想的途径。这种直观思想认为，整个自然都是有生命的，并且随着能量与精神的强弱而跳动。对他们来说，不存在一种更重要的思想。而且，正是在浪漫主义自然观的核心之处，以后的人们要提出一种生态学的观点，即一种对整体性或相互联系概念的探求；一种对自然中相互依存和关联的强调；以及一种强烈的要使人类恢复到与组成地球的广阔生物有着密切联系的位置上去的愿望。所有这些主题，都把田园主义的意识带向一个具有精确、自信和影响的新水平。[⑧]

　　浪漫派们未能充分表达他们对整体性的渴望。在华兹华斯的作品中，正如牛顿·斯托尔克内克特所提出的，诗人的意愿是要说明自然是一个整体，"一个交织在一起的聚合体"和"一个实在的共同体"。而歌德，则是寻求一种认知方式，这种认知方式要证实自然是运动的和有生命的，同时说明它本身在其整体性上，对它每一个单独的部分，都是最重要的。他的诗"Epirrhenia"[*]吟出了一个浪漫主义的基本观点："分离是幻象，一个和许多都同样。"这位伟大的德国诗人兼自然主义者，和那个在美国与他极为相似的梭罗一样，认为"在有机界里没有任何东西是不与整体相联系的"。因此，每个部分都可以看成是整个系统的缩影。在先前机械自然神论者和物理神学家的时代，也确实宣扬过自然是结合在一起的集体的观点。但是，他们的整体性概念太冷漠，也太人工化了，太缺乏基本的一致性，从而不能使浪漫派感到满意。浪漫主义者们所需要的是一种对神圣的相互依赖性的认识，它不是机械论所能提供的。自然界中的每个单独的生物都不能像

---

　　*　原文似有误，疑为希腊文 Epirrhema，意为古希腊戏剧中的"对话"或"对唱"，内容通常是关于公共事务的。——译者

齿轮和螺丝一样可以被拆卸下来，而依然保持着它的性质；整体也不能像一座钟一样可以被拆开后又装起来。浪漫主义者们把自然看作一个各种必然关系的体系，在不改变或摧毁它的整体平衡的情况下，它是不可能受到干扰的，甚至在一些不显眼的方面也是如此。正如斯托尔克内克特所说，在华兹华斯的大自然里"没有任何东西能完全自给自足，……每个物体，尽管是个实实在在的个体，都对另外的物体负有某种义务，反言之，其他物体又是它生存的条件"。对于这样的一种形态，是不能用一个整齐划一的结构模式来套用的。反过来，浪漫主义的自然主义者和艺术家们特别强调的是那种蓬勃的具有创造性的力量，这种力量就像贯穿在体内的血液一样流经物质世界。⑨

　　在很大程度上，这种强调整体性和万物有灵的看法，是由人与自然之间不断增强的隔绝感激发出来的，是西方国家工业化进程所产生的极其猛烈和痛苦的副作用的结果。大西洋两岸的男男女女们全部彻底脱离了他们的土地和传统。土地上的农夫变成了城市工厂的劳工。这种变迁使人和自然界的其他事物之间，在肉体上和心理上都产生了距离，引起了许多知识分子的群起反对，他们不赞同一切形式上的生态上的歧变。一个特别的靶子就是西方宗教。很多世纪以来，它一直认为有必要在人的意识和自然界之间培育一种强烈的二元论。按德国作家谢林的看法，"那个时代的令人恐惧之物，就是各种类别的疏远"。

　　华兹华斯会同意：他退隐到他在格拉斯米尔的乡村别墅中去，并不是要逃避人类社会，而是因为他认为，人肯定不会退到一个纯粹人类所关心的从而使自己隔绝于其他生物之外的人类王国中去。大概给人印象最深的就是梭罗在沃尔登的逗留了——离他的村子中心只有一英里远，但在精神上保持了相当的距离。他到那儿是为了寻回"一个真正的自然中的家，一种在田野和森林里的家庭生活，一个无论怎样都被烧得暖烘烘的住所"。这些人热切地感到，失去了与自然的富有活力的洪流的接触，就等于是邀请疾病进入他的体内，导致灵魂的衰亡。因此，如果不与生态共同体联结在一起，就会有缺陷，就会生病，就会破碎，就会死去。梭罗，以及浪漫主义者们，一般来说，都认为一种新生的与自然界的和谐关系是治疗那种成为他们那个时代标志的精神和肉体弊病的唯一药方。⑩

在浪漫主义的用语中，一个关键的词就是"共同体"。例如，梭罗在他的漫游中所探求的，就是他称之为"爱的共同体"；一个他感到能把他从个人意识中拯救出来的，由各种自然关系组成的极其广阔的联系。尽管在他与康科德同乡的相处中，他总像是个极端的个人主义者，但同时，即使仅仅从人的角度来看，他也要比人们所相像的更注重集体。毕竟，像他这样做一个不信奉国教者并没有必要做一个厌世者。恐怕村里的男男女女还没有人同家庭保持着较密切的联系；更不用说去联系更广泛的邻舍关系了。他感到不可思议的是，成千上万的美国人会愿意抛掉他们的家到西部去，或到城市去。

> 想想看，竟然荒唐到打算离开这儿，正当应不断努力越来越亲近这儿的时候！这儿有我的老朋友，也将会有我的新朋友，我们的友谊地久天长……一个住在他出生地山谷里的人，就像一朵开在自己花萼上的花冠，一颗长在自己橡壳中的橡实。毋庸说，这就是你所热爱的一切，是你所期望的一切，是你代表的一切。

他觉得，追求自我的强烈愿望不应使一个人背离他对其出生地的忠诚。不过，与那些整日高唱着个人对社会法律的职责的人不同，他注重集体的天性从来就不赞同维护已树立的权威。然而，它也并非全然不能与一种强烈的要求个人觉悟和道德自恃的意识取得一致。最重要的事在于，这种集体化的天性已经伸展到康科德疆界内的一切事物中去了，而非人类所专有。他一直强调，对于自我发展来说，与自然的交往是和人文上的多重性一样重要的。隔绝于自然界，人就像一只离群的鸟，零落而无庇护；"就像一根单线，一根从其网上散落的线。"⑪

正当他那个时代的美国人还在用华丽的辞藻高声赞颂兄弟般的人际关系和民主时代的时候，梭罗却已经把亲族意识扩展到整个外部世界了。他声言："一般来说，我没有想到过其他动物的兽性。"麝鼠是他的兄弟，臭鼬是"一个慢腾腾的人"，斑鸠是"我的同时代人和我的邻居"，康科德的植物则是和他"住在一起的居民"，甚至星星，他也称之为"亲密的伙伴"。和阿西西的圣·弗朗西斯一样，他以最宽容和最民主的态度拥抱着整个充满活力的世界。自然界是个广阔的平等的共同体，是一个宇宙血缘家庭。他注意到："没有这种同感的人把某些动物的野性看成罪恶，好像它们的美德仅仅在于它们的可驯服性。"梭罗的天性不允许自己把人提高到大地上的其他事物之上，或者宣布人有任何独特的权利。他不能接受那种思想，即人生来就有权利去根据自己的利益改造世界和只为了自己利用而去攫取供大家所需的资源。在这个意义上，梭罗的观点也代表了浪漫主义的一个重要方面：在鼓吹重新调整人和自然关系的运动中，浪漫主义基本上是生物中心论。这种看法认为，整个自然都是活的，凡是活的东西就有要求人类道德情感的权利。以这种浪漫主义情感看问题，那种敌对的二元论便转而朝向融合论了，而那种以人类为中心的对待自然的冷漠态度，便转为一种对整个现有秩序的热爱和对自然的亲族关系的感知。⑫

带着这样的观点，浪漫主义者们就不可避免地要与人本主义的道德传统发生冲突。人文主义者，几乎可称为反自然主义者，通常极其珍视自身超凡价值所具有的优越感，尤其是在他们比动物仅有的直觉更为高级的理性方面。人文主义者偏爱于论述人所特别具有的那些气质，尤其是那些与丰富多彩的文化生活——图书馆、大学、慈善机构有关系的气质。这样一种看待人的特殊意义的主张，有时还提出一种至高无上的权利，不能不激起梭罗的愤懑。他警告道："没有崇拜人的余地。"1852 年夏天，他写道：

> 那位诗人说，最适于人类研究的是人。*我则说，学会如何忘掉那一切，放眼去看整个宇宙吧。那种说法不过是人类的狂妄和自大……人类只有从我所持的角度看问题，前景才是无限广阔的。它不是一个有很多镜子让人只意识自我的小房间。人类只属于哲学的一种历史现象。宇宙之大远不至于只够为人类提供住所。

梭罗指出，到晚上，这些各种各样骄傲的机构就会像路边的毒草
86 一样消失了；在西部大平原的草海中，它们可以被淹没得看不见。梭罗的意思并不是要否定这些成就，而是不要用高度赞美的眼光去看待它们。他和许多其他浪漫主义者们一样，在自然界中发现了更多人文主义者未能发现的值得爱和尊敬的东西。西方人长期树立起来的那种信念，即认为在一切动物中，只有他（人）才处于宇宙中心的信念，是很多浪漫主义者所反对的。人文主义者的贵族式的傲慢，伤害了这些生态民主

---

* 那位诗人指乔治·博罗（Geoge Borrou 1803—1891），英国诗人。梭罗在这里是指他的诗句："我要说，我惟一钟爱的研究就是人。"——译者

主义者的道德感。他们认为，人类唯一真正需要尊重和神圣对待的权利，必须通过谦恭、平等地成为自然共同体中的一部分才能实现。[13]

　　浪漫主义这种恢复异端而亲近自然的意图的第二个障碍是基督教教义。浪漫主义中具有一种深刻的宗教式的虔诚性质。但是，几乎所有新一代的主要观点都拒绝接受传统的基督教神学和伦理学。在浪漫主义的信仰中最能共同接受的主题，是把自然当做一种精神源泉，赋予它至高无上的地位。对于歌德和年轻时的华兹华斯来说，最令人厌恶的事莫过于被关在教堂的座席中，隔绝了与宇宙生命能源的联系。在新英格兰，基督教思想对自然规律的怀疑和咒骂达到了一个新的高峰，但浪漫主义的叛逆精神也变得尤其强烈。例如，梭罗在很年轻时就脱离了教堂，而且在以后的生活中，他也仍然希望他的著作和讲演会有助于破坏这个宗教制度。虽然他在康科德的清教徒先辈们，早就把一种复杂的形而上学的、远非其定居所需要的对森林的仇恨带到了新大陆，并且在那里又加以精炼；梭罗却仍然为他精神上的再生而有意识地到森林去。又有几个人加入他的行列，他们逐渐被大家称作"沃尔登湖学会"。人们普遍认为，它是康科德最基本的宗教团体之一（另两个是唯一神教和公理会）。正如在题为"越桔"的演讲中所解释的那样，梭罗也有他自己所希望的宗教仪式：在自然的庆典中他会去采摘和取食野浆果，而不去吃喝象征基督耶稣肉体和血的圣餐和圣水。他的宗教要成为一种"不信上帝"的宗教，从石南树丛和林地中吸取精神营养。它不可能被"那位好牧人的狭窄羊栏"所容纳*，它只有跳出栅栏，去"漫游周围的平原"。[14]

87

---

　　*　原文为"in the narrow fold of the Good Shepherd"，"the Good Shepherd"指耶稣基督。——译者

　　浪漫派之所以背叛基督教，是要宣扬上帝的原则遍及自然，并常常将神性与生态系统里的"一个生命"等同起来。梭罗写道："如果他，那个让两片草叶长在先前只有一片同样草叶生长的地方的人，是位大恩人，那么在以前只有一个为人知道的神的地方发现了两个神的人，则是更伟大的恩人。"尽管他有时也用传统的方式谈论上帝，但通常是用一种犹豫不定的含糊语气，时而把上帝说成是一个"宇宙的天才"，时而又把它描绘成"某种广阔而极有力的力量"，或者"某种永恒的和我们相联系的东西"。1850 年，他写信给一个在伍斯特的朋友哈里森·布莱克："我是说，上帝。我不能肯定那就是这个名称。你会明白我的意思是指谁。"他在神学上的这种暧昧态度，是由一种令人苦恼的怀疑而引起的，即怀疑一个具有操纵力量的上帝的真实性。还有比解决那个问题更重要的是，在飒飒的风中，或一棵耧斗菜开花的过程中，注意到表现出一种更内在的神性的一切蛛丝马迹。梭罗认为："如果人们能提高到足以去对树和石头表示真正的崇拜，那就意味着人类的新生。"⑮

　　无论什么地方有人以同样的愿望去观察自然，梭罗都把他看作是精神上的伙伴。例如，比起康科德的牧师，他可能更喜欢古代不列颠的督伊德教徒："那种礼拜的形式和证明那些崇拜者的某种活力的石器时代的遗迹中，曾经有过真正美好的宗教信仰。"在读约翰·伊夫林的《林木志：或论森林树木》——一部 1664 年出版的关于森林资源保护的著作时，梭罗发现了某种对神秘的橡树林的原始崇拜："伊夫林实际上就是独特的老督伊德教徒，他的《林木志》是一种新的祈祷书，是一种对树林的赞美和对它们的永久的享受，是他生活的主要目的。"在这种异端的万灵论者中，梭罗偶尔遇到了一种自然的虔诚，

这种虔诚不需要复杂的神学，是一种比较有限度地使用林地的宗教道　88
德观。1857 年，他力劝"人们的脚步轻轻地穿越自然。在基督教的野
蛮人将森林圣地毁为平地，建起数英里的会议厅、房屋和马棚，并给
箱状的炉子填燃料时，让我们在小树林里虔诚地点燃树桩做礼拜吧"。
在他的"越桔"讲演中，他问他的听众：为什么新英格兰的清教徒前
辈们不能保留起码的某些原始森林遗迹？"在他们盖会议大厅的时候，
为什么就不能不去亵渎和毁坏那更大的不是用手建起的圣殿？"多一
点督伊德教，少一点新教徒的信条，美国的广大森林可能就得救了。⑯

　　　　　　　*　　　　　　*　　　　　　*

　　对浪漫主义田园派的自然博物学者们来说，还有另一个由近代科
学作为一种自然研究方法提出来的问题。而且，这个问题要比在人文
主义和基督教中所遇到的问题复杂得多。像梭罗和歌德这类浪漫主义
者都热衷于科学事业。科学最初似乎有望摆脱犹太—基督教和人文主
义的偏见；它似乎很支持他们重新赋予自然重要性的决心；它也和他
们一样特别强调感官经验的价值；它促进了人们对自然环境更广阔和
更详细的认识；而且，它也能为那种探索性的头脑提供真正的乐趣。
结果，梭罗和歌德一样，专心致志地让自己投入到自然史的研究中
去了。甚至路易斯·阿加西斯，哈佛大学著名的动物学家，也不能与
他这样一个田野自然主义者相匹敌。他是如此博学，以至 20 世纪的
科学家也能发现，梭罗在沃尔登湖所完成的湖沼学研究是真正"有独
创性和真实的"研究，在 100 年后也仍然是可靠的，尽管他当时用的
设备都是临时凑起来的，而且他本人也缺乏专业训练。然而，尽管如
此，梭罗在他自己的生活中和当时的形势下，仍不能不保持警戒以抗
拒科学对自己的影响。在吉尔伯特·怀特的那个比较早的社会中，人

们可能去接受科学而不用怎么担心它会动摇对自然的虔诚。但是，到了 19 世纪，其至在梭罗和歌德这样老练的自然博物学者中间，那种自信已经被一种可能会很快转变为敌视的怀疑所代替。所以，我们必须要弄清楚浪漫派这种谨慎态度的主要原因。[⑰]

客观对同感

　　按照埃里克·赫勒的说法，歌德派的自然研究方式，首先是它相信"在人的内在品格和外在现实之间，在灵魂和世界之间，存在着一种完美的一致性"。如果确乎如此，一个无论从内心向外部，或从外部向内心的转变，就都没有真正区别了。一切对物质特性的认识，最终也是对精神世界的正确认识；而人对其自身的了解，也可适用于对非自身了解。但是，因为人类对他们自己的生命要比其他存在的生命更熟悉，这就使得大部分意识都是从自己的生命开始，从而具有人的自身经验的意义，然后，又靠类推法把它施用于对事物的整个组织的认识。批评家们可能会认为这是神人同性论的谬误，但是，对歌德派的自然主义者来说，这个标签并无实在的含义。人把世界看成自己影像的反映，不可能让人相信这是一种对自然的曲解，因为从另方面说，人也反映了自然的规律——这两者是不可分的一个整体。所以，对自然的真正认识，必须是一个反省的过程。洞察内心，就是洞察宇宙，就是要"以自然观察自然"，是像梭罗那样来看待自然。同时，一切认识都完全是道德上的：可能存在着不正确的理解，即不以"爱"和"同感"为基础的理解。像梭罗这样的浪漫主义者经常使用这些词。爱是那种对精神和物质之间的相互依存和那种"完美的一致"的认识，同感是那种强烈地感受到把一切生命都统一在一个唯一的生物里的同一性，或者说是亲族关系的束缚能力。如果一位自然博物学者不是通过这些途径来到自然，那他就不能提出任何有说服力的关于纯粹事实的说明。更严重的是，他破坏了灵魂与世界在道德上的统一。⑱

然而，到了19世纪中叶，科学界似乎转向了另一种认识论：追求超然和客观性。这种客观性的主要特质被近代科学史学家查尔斯·吉利斯皮概括为："科学的对象是自然，客观性的对象是事物。"——事物仅仅包括那些可以被分析被测量和被计算的。科学家们断言，那种通过富有同感的直观感觉所获得的知识带有人的特质，是不能证实的。同时，他们主张从所调查的范围中排除任何容许夹杂个人看法的关于自然的假设。浪漫主义的这种内省，必定是主观的；而主观主义已不再被认为是可信和可尊重的了。客观性的原则要求一个完全剥去了人们以前在自然界中所发现的一切感情和精神实质的宇宙。这种要求只能遵循一种由近代科学做出的道德上的决定。事实上，科学家们都倾向于拒绝接受歌德派关于和谐的概念及其知识的道德论。他们不可能在这种理论中看到希望，因为他们不能肯定什么是浪漫主义者们所说的内在精神；它在事实上是否存在；而且精神如何能与物质发生关系。他们没有浪费时间去探究它，而是不动声色地决定把"实际的知识"限定在一个他们更有信心的范围内，一个冷漠僵硬的用数学加以解释的物质存在世界。那个世界无须通过爱和同感来研究——实际上也不能够这样研究，因为科学家们广泛认同的是自然必须不受感情影响，因此要被有意弄得不能引起人的情感。这从一开始便成了培根学派的使命。对客观性的探求还意味着要坚决把外部的物质世界与一切宗教的经验分开。科学宣称对自然拥有权利，警告虔信宗教的人们到别处寻求他们的神灵。吉利斯皮自己就是这种贬低自然价值论的一位热情辩护者。他的看法简洁而明了，科学客观性的理想至少间接地涉及一种伦理学或神学：它建立在自然不是上帝的信念之上，因此自然也就不配受人们虔信。甚至同感的反应也成为不可信的。[19]

　　浪漫主义的反抗在很大程度上表现为拒绝承认科学客观性是认识真理和自然的唯一指南。梭罗的反对理由是，这样积累起来的知识是不值得研讨的；由于客观性坚持作上述分离，它就被毁掉了；而且由于客观性把其他各种探求、其他真实的景象都当做无价值或不值得信赖的东西，它就特别令人生厌。梭罗强调指出："我们所谓的科学，总是比我们的同感更愚蠢，也更容易与错误混同起来。"在他看来，近代科学的主要错误之一就是它的论点："你应该冷静地着重注意那些引起你兴趣的现象，把它当成相对独立而不是与你有联系的某种东西。重要的事实是它对我的影响。"他在这里的意图并非是要针对那种对自然的谪贬提出一种神人同性的高论；相反，他是要从内在的个人的角度来看自然，是对一致性和亲族关系的一种谦卑的认可。如果一个人不能把自然当作他本身的扩展来研究，自然就成了一个完全不同的世界。因此，对梭罗来说，自然内部以及由它自身所显示的各种表象，并不是他在康科德周围研究的重点。他解释道："兴趣的着眼点是在我与它们之间的某处。"这位自然博物学者所渴望一见的，不是一个分离的被看做"事物"的外部客观世界，甚至也不是一个仅仅具有经济关系的体系，而必须是一种精神和物质的交融。客观性不承认这种更深层的关系是能被探索到的，或者说是有探索意义的。然而，在浪漫主义者看来，知识与这种情感的进程是完全一致的。他们寻求把人的觉悟统一到物质世界中去，而不是把它们分成两部分。真理在歌德或梭罗看来，就是一种广阔混合起来的经验。⑳

部分对全局

尽管梭罗花了很多时间和钱去搜集书籍、设备以及资料等进行科学研究的工具，他却担心陷入这些片面的兴趣，从而丧失了对自然的和谐整体的认识。在这位浪漫的自然博物学者的特别而深刻的意识中，他认为，只有忘记了他已知的一切，才能真正地"全面了解"自然。"如果用一种全局观念去看待它，我一定会第一千遍地把它当作某个完全陌生的事物来观察。"这样，以前从未被察觉到的特点就会变得很明显，尽管这些特点可能并不是人们向科学界大吹大擂的发现。在自然史方面和在每种经验中的情况一样：人们可能会在一本书中发现一切有关印刷、油墨的颜色以及有多少个句子的情况，却完全不知书中的含义。"可是如果你永远只去了解书的含义，你又会忽视所有其他东西。"梭罗这样告诉人们。上面所使用的"含义"言及达到宇宙的那种不可言状的美好过程，同时也言及达到自我与非我、内部和外部之间和谐的过程。由于梭罗被与自然交融的那种难以满足的渴望所缠绕，在 19 世纪 50 年代，他时常对他寄予希望的科学感到沮丧。

虽然科学有时候可能也把自己比做一个在海边拾贝壳的孩子，但那是一种她很少有的心境。通常她这样认为，那不过是几片不认识的未被称过重量和量过尺寸的贝壳罢了。一个鱼的新品种并不比一个新名称更有实在的意义。看看在科学报告中都说些什么吧。一个报告计算鳍棘，另一个则测量肠子，第三个是给一个鳞片做银版摄影，如此等等。另外再没有任何要说的。好像要做的就是这些，而这些就是对科学所做的最丰硕和最宝贵的贡献。人们可能看到，科学的爱好者们正徜徉在真理海洋的岸边，背朝着大海，准备抓住那些被海浪冲上来的贝壳。

梭罗担心，科学家们由于过分专门化和过分为他们的成就而骄傲，以致丧失了了解他们曾从中提出其理论观点的广阔的现实的能力。相比之下，梭罗竭力要捕捉的是对"我处于其边缘上的那个广阔领域的活生生的意识"。[21]

机械论对生命力

我曾说过，浪漫主义者或田园自然博物学者都试图给审慎的科学注入一种异端万物有灵论的成分。而且，他们还逆舆论的潮流而上，把万物有灵论、泛万物有灵论或者泛生机论当做一种严密的科学来提倡。和那些与他有着同一主张的人一样，梭罗也察觉到他那个时代的大多数科学家中的敌意，于是采取了不置可否和嫌恶的态度。他在日记中写道："一个动物的最重要部分当然是它的灵魂，它的生机蓬勃的精神。"他还发现："大多数论及动物的书全部忽视了这一点，它们是把动物当成无生命的物质现象来论述的。"对于生物学家来说，一个在其生存环境中的完整的动物，甚至还远不如一块博物馆里的骨头有意思。就连科学所用的语言也没有传达出任何"自然中的生命"的感觉。例如"小脑活树"这个名称，在梭罗看来，只是另一个死气沉沉的标签——"它不是一棵活树。"流行的语言，甚至连美洲印第安人的语言，对这个活着的有机世界的说明都要比那种科学术语好得多。因此，梭罗更喜欢去研究像格斯纳和杰勒德*那样的老的民间自然主义者，并到荒野中去寻求印第安人的指导。尽管按科学家的标准，他们的看法常常是不准确的，然而他们对自然的内在力量，即那种避开了理性分析的神秘生命力的、富有想象力的把握更加合乎实际。梭罗坚持认为："植物生命的奥秘与我们人类生命的奥秘相似，生理学家肯定不敢按照机械的规律去解释它们的生长，也不会像他解释他自造的机器那样来解释它们。"这些奥秘对科学家来说只是一片要被侵占和殖民的荒野，是不会留下来不被蹂躏的。[22]

梭罗也让他的漫游进入了荒野，特别是进入了缅因州的北部森林。然而，他的部分目的只是为了穿越一片未知的领地并绘制出它的地图；与其同等重要的是，在这种地方，人们不必担心自然界的一切事物都要用或可能用科学的方法加以说明。1857年的一个晚上，梭罗露营在穆斯黑德湖边，他发现了一块在黑暗中闪烁着磷光的木头。

我将科学置之一旁，为那种光感到快乐，就好像它是一个同类……人们所说的科学的解释——在那儿统统不存在了。它是为惨淡的黎明的光线做说明的。和曲颈瓶在一起的科学总会把我送入梦乡；现在正是一个我可以变得天真无知的机会。它告诉我，如果人有眼睛，总会有东西可看。它使我比以前更有信念了。我

---

* 格斯纳（Gesner）、杰勒德（Gerard），都是美国人的常用名，这里泛指美国普通的老百姓。——译者

相信，这个森林并不空旷，它在任何时候都和我一样充满着真诚的精神——不是一个只留给化学进行反应的空房间，而是一个有人居住的房子。有好一会儿，我和森林一起分享着友谊。

这段陈述似乎证明，梭罗在平常时刻，在相信他的异端暗示上，还有着某种困难。他现在是在荒野中度假，因而能够暂时不去发挥他的批评才能，这段时间足以使他"有好一会儿"去恢复万物有灵论的情感；他可以"比以前更有信念……"而一回到康科德的家中，怀疑便永远存在。这大概也是他决定不了是否要让自己去为万物有灵论的任何一种特殊和复杂的哲学辩护的原因吧。机械论的简化了的科学，已经深深地进入了他自己特有的气质，以致他不再能完全接受异端的世界观；他最多也只能从实际的角度盼望把康科德带回到荒野去。但是，他还是认为，这种与森林和石头的精神，以及与那种使整个自然和谐一致的更普遍的生命力的短暂的联系，无论如何要比没有强。他比华兹华斯更胜一筹，他回忆道："我像个'由一种信条哺育的异教徒'一样欣94 喜，这个信条永不会破损，总是崭新的，而且合乎时宜。"㉓

残忍对崇拜生命

梭罗在《缅因森林》中写道："每种动物都是活的比死的好。"但是，显然，现代科学所引发的贬低自然的一个后果便是美国社会中对自然生命的漠视。马萨诸塞州的立法机关拨了大笔钱去研究和检验被看作有害的昆虫和杂草，却不会花任何钱去了解它们的价值，或保护其他的物种免遭虐待。"我们首先不是从好处着想，"梭罗被迫承认，

"而只考虑要发生在我们身上的坏事。"尽管上帝已经宣布他的亲手制品都是好的，人们还是要问："它没有毒吧？"就说与鸟的关系吧，主要的流行舆论和科学见解都是自我中心和处心积虑的。

> 立法机关将公然宣布要保护一种鸟，并非因为它是一种美丽的动物，而是因为它是一种优秀的食腐肉者，或者类似的东西。至少这就是得以成立的辩护词。这有点像这样一个问题，即某位著名的人类歌唱家——杰尼·林德或是别的什么人——做了其他什么坏事或者好事，是否应该被除掉，或不除掉。于是一个委员 95会被任命出来了。这个委员会根本不去听她的歌，而是去检查她胃里装的东西，看她是否吞吃了什么不利于农场主或园丁的东西，或是他们不能赦免的东西。

这种丧失了崇敬多种生命形式的能力的情况，甚至在那些具有慈善心肠和社会道德的市民中也是很明显的。梭罗谴责道，这种情况，就如人们可能会发现，一位反对奴隶制社会的软心肠的总统穿的是由哈得逊湾公司的捕猎者从河狸身上粗暴地剥下来的皮革。两者没有什么不同。在家乡附近，康科德周围的野生动物无一不是刚被发现就遭射杀的。因而，森林中和沿河地带的一只陌生的鸟和野兽，似乎都能在梭罗的很多同乡中引起一种势不两立的挑衅性的反应。令人感到啼笑皆非的是，在某些情况下，这类暴行更多是出于好奇，而非敌意。一只死鹰要比一只活鹰易于检验，但是，它能带来的信息量也减少了。[24]

对普通的美国人是随便消遣的东西，在大多数田野自然主义者那里便成了一种极度的热情。一杆猎枪和一个标本箱同样是必备的科学工具；有几个物种已经由于科学家急切地竞相辨认而濒于灭绝了。青年时代的梭罗，曾经接受了科学对待生物的无情态度，尽管也有怀疑；他承认，如果科学发展需要的话，他本人甚至会走得更远，以致去犯蓄意谋杀罪。但是，随着年龄的增长，他对这种科学事业心也越发感到不安。他供认："科学的残忍使我忧虑，即使是在我被诱惑去杀一条我可能辨别出它的品种的稀有的蛇时。我感到这并不是探求真正知识的途径。"如果人在事实上是与所有其他动物一起联结为一个巨大的有机体的话，那么，杀死它们中的任何一个都是在犯自杀罪。梭罗认为，生命的力量至少不应该仅仅为了满足一时的新鲜、一个农场主的钱包或一个科学家的好奇心就受到伤害。然而，这类事情的一再发生表明，人类的同情心已经由于客观科学的影响并且为了客观科学的利益而变得狭隘了。㉕

室内科学对印第安智慧

96　　梭罗甚至比其他浪漫主义者更是一个喜欢户外活动的人。在屋子里，思想和肉体一样都被隔绝在生气勃勃的生命潮流之外；而如果长期禁锢在屋里，就会丧失了一切属于自然状态的意识。这位自然主义者不同于其他人，他必须每天到室外去，以免他的知识丧失了有生命的部分。但是，甚至还在有精密的专业研究室时代之前，科学就已明显变成了一种室内的家养动物，如果少了房顶和书房，便会焦虑不安。梭罗发现，一位教授坐在他的图书馆里写一部关于 *Vaccinieae** 的

---

* 越桔的拉丁文名字。梭罗用此例来嘲讽象牙塔中的科学家。——译者

书，而这时有人在为他摘取他的浆果，还有人把果子做成馅饼。梭罗担心，在那部书中"将不存在任何越桔的精神，有关的见解也将是令人厌烦的虚饰之词"。对照科学家越来越要求与他所论述的内容保持这种敬而远之的态度，梭罗举出了美洲印第安人的例子。尽管印第安人是野蛮的，并注定要在文明发展的面前遭受失败，他们却有一种自然的生活经验和丰富的知识积累。梭罗感叹这些印第安人待在森林里是多么自由，多么无拘无束。他们是居民，而不是客人：他们的生命是"生命里的生命"。这种直接的天然的亲昵，不可能不产生很多对科学家有用的森林知识。梭罗在他发表的第一篇文章《马萨诸塞州自然史》中曾评论了几部科学著作，他把这个原始的户外活动的部族当作他自己探求知识的模式。

真正的科学人士会更好地借助他完美的机体去了解自然，他比其他人更会嗅，尝，看，听和触摸。他的体会将更深刻也更好。我们并非靠推论和演绎以及把数字应用到哲学上去学习；而是靠直接的交往和感应。最了解科学的人仍将是那些最健康、最友好以及拥有一种比较完美的印第安智慧的人。

正是由于1842年的这种看法，梭罗才仍然能幻想着一种把自己看过的书中所有找不到答案的问题都包括在内的科学。他坚信，科学家能够从印第安人的生活中吸取如何最好地对待自然的经验。㉖

十年之后，在一个他的"观察之年"的夏天，梭罗对他姐姐索菲亚抱怨说："我令人难过地变科学了。"在整个50年代的十年中，这种遗憾一直不断地出现在他的日记中。有一次，他发现他的眼光已经

"狭窄到显微镜的程度了"。他写道："我看到细节，却看不到整体，连整体的影子也看不见。"在另一页上，他在痛苦地怀恋以往时写道："我曾经是自然的主要部分，现在却对它保持着戒备。"1860年，他正在完善自己在生态演替上的观点，他自认为："全部科学都不过是一块敲门砖，一种通向那从未达到过的彼岸的方法。"然而，尽管有许多忧虑和保留，梭罗却不愿放弃科学。在这一点上，他的很多思想都和歌德的相类似；歌德顽强地进行着他的实验，是希望科学现有的一切错误判断都能由于他的努力而得到补正。换句话说，这正是那个时代田园自然主义者的典型，他不相信科学，因为它是实践性的，但又不情愿完全放弃它——这种立场留给了那些有能力坦然对待内部激烈分歧也能面对正统同事们的蔑视的人们。㉗

第五章　根和枝

梭罗对科学所产生的双重情感也表现在他生活的许多其他方面，
事实上，这也是他与自然的整个关系的模式。他日常生活的大部分时间都花在试图尽可能地接近周围的世界上，目的在于去恢复一种感觉，即生命活力在通过自然喷发出来的同时，也通过他自己喷发出来的感觉。同样，他不能全部地，并在每一时刻都让位给这种本能；还有另外的情感告诉他，要坚持他自身的同一性，要站得稍远一点，把他的思想提高到地面的污泥和浊水之上。他写道："人无法成为一个直接观察自然的博物学者，不能只从自己眼前的一面来看自然；他必须从内部和后面去观察它。"这是梭罗陈述这种似乎是纯粹的，并在任何时候都被严格恪守的感情的口气。然而，事实上梭罗在很大程度上都不符合他在这儿所表明的态度。他生活方式中的很多情况与他的写作中的情况一样，即使在心绪宁静自若的时候，他也不能确定一个单独的对待自然的模式。对他来说，和那些浪漫派一样，真实必须出现在随时所见中，虽然所产生的混合物可能要否定逻辑一致性的因袭标准。从单独的一天中所体验到的大多数相互矛盾的结论，都会出现在他的日记中；这些结论令一个井然有序的头脑感到困惑，而且从纯粹的意识和理性的水平来看，也是不可调和的。但是，在梭罗看来，这样一个模式是他能用文字描述出来的令人满意的一种真实记录。他一直用很 99
多声调来说话，并坚信，这个世界最终会把它们听成一个声音。①

除了支配着他作为一个自然博物学者的生涯的万物有灵论异端思想外，他还相信另一种相反的、激进的对待自然的观点。这种观点大概可被称作是他的超经验论方面；这主要是从康科德的哲学家拉尔夫·沃尔多·爱默森*那里学来的一种态度。爱默森倾向于贬低物质力量的价值，除非它能按照人的意愿被用于更高的精神上的需求。梭罗则坚持，他的主要奢望是成为"带着泥土气息的土地"的一部分，然而，在另外一些时候——尽管不常有——他又努力要违背自己的本性，试图过一种"超自然的生活"。这种情感最常出现在他早年的生活中，在他从事科学研究以前，以及他依然把自己看做一个竭力要从一个被禁锢的世界中解脱出来的诗人的时候。

> 我像一只灰色的驼鹿在四周搜索着，望着塔尖似的树顶，靠它们来产生我的想象，——在远方，未被伐木者的斧子破坏的理想之树，越来越接近我的眼边和睫毛。除了在那靠着天空的边缘上，哪里有我希望的树汁、果实以及那森林的价值？那才是我的林地；那才是我的林间空地。

像那耸立在周围平原之上的白松一样，梭罗在超越康科德的房屋、商店和牧场之上的时候，追求的目标太高了，以致不能完全超越这个烦琐的世界。那时候他似乎认为，他的精神需要是永远不会在这个物质世界中得到完全满足的，即使这是一个充满着生机的世界。因此，他一定要超越这种生活，在一个更为脱离现实的空间里，他将能

---

*　Ralph Waldo Emerson（1803—1882），美国思想家，散文家，美国超验主义运动的代表人物，著有散文《自然》和诗歌《诗集》、《五月节》等。——译者

发现完美的诗意和道德上的充实。

在他晚年，这种愿望多少有所消失。像白松从康科特消失了一样，梭罗要到达地平线以外的冲动也不见了。如果要对他的生活做一个恰当的比喻，他在19世纪50年代越来越变成了那种丛生的橡树——一种低矮，苗壮而坚硬的紧贴着土地的小树。然而，尽管发生了这种内在的从松树到橡树的生态演替，他却从未完全忘记早年那种凌云壮志。1854年他还在说："我们很快就会了解自然。它激起了一种它不能满足的期望……我期望一个更广阔、更多种多样的动物区系，期望着有更加绚丽多彩、带着更加婉转动听的歌声的鸟儿。"② **100**

在这些超验论的愿望中，梭罗也表露了浪漫主义思想的另一面，即与基督教的联系比较密切的一面。对许多在艺术、诗歌和宗教领域的浪漫派来说，这个时代最迫切的需要是要发现超越感觉的实体所处的位置。在这个并非完善的世俗的自然界中——尤其是像科学所揭示出来的那样一种世界，浪漫派们寻求的是一个更理想的王国——一个只有比较高级的理性或直观想象才能达到的王国。和万物有灵论的理论一样，这种超验论的理想主义哲学起源于新柏拉图主义运动，与17世纪的亨利·摩尔相一致。然而，尽管这两种思想存在着许多修辞上的重合，却依然有着严格的区别。万物有灵论希望在自然中发现一种非物质的有机原则，而超验论则更倾向于注意自然以外的更大范围的理想模式。正如在布莱克、科尔里奇、菲克特和拉尔夫·沃尔多·爱默森的作品中所表现出来的那样，超验论运动无论在其本质和自身都几乎不曾赋予自然任何价值。事实上，超验论者像所有的好基督徒一样，经常为这个卑鄙的令人生厌的世界所不容。低下的秩序不能与高级的精神王国处于平等地位；它是低品味、有污点和不完整的。超验论者不是深入到自然中去发现神圣的火

花，而是把眼睛置于这个不能令人满意的自然之上，去寻求一种宁静和
永久和谐的幻影。只有在这样的心境下梭罗才会写出："我们的理想是唯
一的真实。"通过身体的感觉所体会到的自然，在这些情况下便成了一种
困惑的事物，妨碍了看到在物质面纱之下的真正和美丽实体的可能。③

　　但是，梭罗毕竟是新英格兰的孩子，清教徒的传统强烈地限制了
他的超验论的理想主义。他几乎对任何形而上学或神学的体系都没有
什么兴趣，但却对道德教化表示了极大的热心。因此，他的超验论思
想经常表达为一种为争取道德上的纯洁所进行的努力，而不是一种与
来世进行神秘的情感交流的形式。尽管他对康科德的有组织的宗教及
其在周围造成的后果表示了极大的蔑视，他自己却不能完全摆脱它在
101 道德上极端认真的传统。因此，他把理想与他称之为"更高的"或者
是"道德的准则"等同起来；这种道德的准则是他热烈期望达到的，
但又是他经常逃避达到的标准或原则。他作为诗人和作家的整个生活
既是这种道德渴求的体现，同样也是一种审美情趣的表达。那种不弘
扬道德和超度灵魂的艺术，事实上是不严肃的；而且就如同一个向他
的教友布道的康科德牧师，如果不真诚地对待这个问题，梭罗也就不
足挂齿了。但无论如何不能由此就说，梭罗的道德倾向导致了忧郁、
病态的自我鞭策。他在《马萨诸塞州自然史》中写道："无庸说，快乐
是生命的条件。"对他来说，道德的纯洁就是愉快和轻松的状态，是一
种无邪的能够与更高的准则达到完美一致的纯真的复归。这种状态将
使斗争、修行和自我超越成为没有必要的行为，邪恶最终会消失，而
作为一种自觉的手段的道德也会成为不必要的。这时人将"超然于必
要的德性之上，升入到不变的晨光之中。在这样的晨光中，我们无须
在正确与错误的两难之中进行抉择，而只需生活下去和呼吸周围的空

气。"简而言之，梭罗的超验论理想主义把人类的注意力从眼前的自然秩序和社会事务中引开，导向了一种伊甸园式的至善至美的空想。④

梭罗生活的这一方面在《沃尔登》的《更高的法则》一章中反映得最为充分。那一章中有很多关于他在湖边生活期间及其后一直遵循的食物哲学。这是"一种比较无害和合乎卫生的饮食规则"，在这个规则中，简朴是宗旨，而戒食肉类则是最重要的特别条款。他之拒食肉类（不过并非是他一贯遵守的原则），部分地反映了那种与动物的血亲关系阻止他去毁灭动物生命的同情心。但是，在很大程度上，那至少是因动物食品的不卫生而产生的厌恶。面包、米饭和蔬菜食用起来就"比较少有麻烦和肮脏"，这就如同水可以替代葡萄酒和烈酒一样。于是，通过这个重要的生态经验，也是一个人和自然之间在营养上的关系，梭罗决心尽可能地远离人作为食肉者的角色——一种既有生物学也有文化根源的功能。在这样做的过程中，梭罗强调，他正处于总的文明进程中，因此，所有的男人和女人有一天都会因为追求至善至美的梦想而停止食用动物。那个时代的一些新英格兰改革者们，如阿莫斯·奥尔科特和查尔斯·莱恩，曾组织了距康科德不远的"果园（Fruitlands）"公社试验，和他们一样，梭罗也期望取消肉类食品会使人少些野蛮。况且，土豆似乎更有益于精神的成长。⑤

除了这类食品原则，梭罗平时的生活也经常是极为苛刻的，其根据是对身体及其功能——包括性和排泄以及消化功能——反复产生的怀疑，因为这些功能与他穿过"大自然的毛孔"去感受置身于其中和环绕着他的那种蓬勃的生命力，以及从麝鼠的角度去观察世界的热切愿望发生了尖锐的冲突。"我们意识到我们身上的兽性，"他警告说，"这种兽性的活跃状态与我们更高的自然沉寂状态是相称的。"他承

102

认，人的这部分感官欲求是不可能被全部压制的，但是，它的健康和蓬勃活力不应超越精神的准则。

> 身上的兽性正一天天死去而神性正在形成的人是幸福的。大概没有人不为这种与其相关联的低级野蛮的本性而羞愧。我担心我们只是像农牧神和森林神那样的神或半人半神，神性与兽性、生物欲求紧密联合。因而，在各种程度上，我们真正的生命就是我们的耻辱。

在一个比较单纯的将来，一个人可能会接受他身体的功能而不感到羞耻，但在 19 世纪 50 年代的康科德，那是不可能的。在那里，人们受到了太多的不良影响，这些影响似乎非常微妙地由人自身的本性置入人们的习惯之中。在一次远足中，梭罗把一棵奇怪的草——臭角菌，带回来做进一步研究。这棵草酷似"一个逼真的阴茎"——"一种最令人作呕的东西，而且是猥亵的"。这样一个发现使他担心，大自然也不比一个在厕所里乱画的男孩子强多少。⑥

出于这种感觉，这位自然博物学者将他敬畏和缓解的语气换成了挑战式的："自然是难以克服的，但它必须被克服。"梭罗要求一种较为奋发的觉悟，而不是一种异端思想的松懈。他很怀疑"如果你不比异教徒纯洁，如果你不再否定自己，如果你不更虔诚，那么，你即使是个基督徒又有何用？"按这种思想来看，与督伊德教徒们一样在神圣的小树林中做礼拜，就可能是把卑鄙和不洁的东西奉作了神明。从 17 世纪的诗人约翰·多思那里，梭罗为他那强烈的超验论欲望引来一句箴言："那人多么幸福：他拥有赋予他野性和自由自在的思想所应有的环境。"这种箴言式的情感使人之本性中的野性有了一种完全不同的表现。这儿的自我基本上是精神的，而不是肉体的。因为那个自然人的晦暗而恐怖的本性被剔除了，真正的自我显得更充实了：这是一个完全剔除了杂质的快乐得如同孩子般的成年人，他彻底战胜了邪恶，以致连邪恶的根源都忘记了。梭罗说明，人之逐渐有别于自然，并非是一种需要治愈的疾病，而是争取自我解放的极其珍贵的一步。任其心灵上的森林和动物肆意发展的人，其最终结果是败坏堕落，而不是蓬勃向上。相反，精神的成长要求不断清除这种原始状态，而扩展比较文明的部分。[⑦]

　　在他的超验论的理想主义以及他赋予这一理想主义的道德紧迫感上，梭罗都紧紧追随着拉尔夫·沃尔多·爱默森——这位转变成诗人和哲学家的唯一神教神父，森林保护主义者乔治·爱默森的远亲。拉尔夫·沃尔多·爱默森在1836年发表了《自然》，梭罗是阅读过这篇著名文章的美国众多男女青年中的一个。这篇文章提出一种或许是对大多数新一代大学生们来说颇具权威的人和环境的关系——至少在新英格兰是如此。这种关系甚至能被形容为浪漫主义生态思想一个重要特点的宣言。

　　爱默森承认自然具有一种作为物质性物品的基本价值；但同时，他又教导说，还有其他的更高的自然可能满足的目的，主要是它可当作人类想象力的源泉。他解释道，世界的各种现象都可以被看做是一种精神实质的外在标志。当然，这种观点似乎与歌德的一致论很相近，一致论认为，精神和物质是彼此相互反映的等同而和谐的整体。不过他们的观点仍有着非常微妙但又十分关键的区别：在爱默森看来，人类思想是宇宙的中心，而不仅仅是与物质的自然相对等的一部分，外部世界反映着人的精神生活，反过来却非如此，因此最终难免是有缺陷的。人绝不能被看做仅仅是整体的一部分；人就是一个整体——一个通过他的存在集中起来，并由其想象组装起来的整体。

　　当然，爱默森和浪漫派一样也意识到自然奇异的统一性，在自然的统一体中，任何事物都不能脱离整体而单独存在。而且，有时他似乎也很关心不要由于把人提高到中心地位而损害了这种相互依存性。然而，他仍坚信，人类的思想——大概还要加上深邃而广博的理解能力——是一种把一致和美丽赋予一个有缺陷的世界的力量。他认为："世界之所以缺乏统一，而且被支离破碎地堆积在一起，就是因为人没有与其自身统一起来。"就这点而论，他不认为人一定要接受那些已经是尽善尽美的由上帝在最初创造出来的东西，像犹太教和基督教所说的那样。爱默森更倾向于使人类在世界上扮演一个必不可少的、不断进取的、具有创造性的角色。人类能够通过使现实理想化而做到这一点，"真正的"世界，即在物质图像之外存在的思想领域，是人类想象力的持续不断的集体创造。这个理想的世界，并不仅仅为了被理解而存在：它是一个有机的由人们赋予其意义的不断发展的世界。人只有在把自己从"那种束缚于自然的好像我们是其一部分的理念统治中"解脱出来的时候，才能开始接受和实现使各种事物都井然有序的高级角色。不去研究一个孤零零的要影响残酷野蛮的物质现实的上帝工程师，而去研究正在设计一个更理想的自然的人类，这是爱默森鼓励他的青年追随者们去完成的任务。"从而建立一个你们自己的世界"，这是他一直谈论的主题。要接受你在精神上超越这个星球及其各种生物的神圣地位。⑧

与梭罗一样，爱默森的超验论规划也有一个道德上的乌托邦结局。这个被建设起来的理想世界会使自然的混乱状态归于统一和变得有意义，而且这个理想的世界也会是人们所渴望的精神准则。它是一个要求仍不完美的自然和人类都要服从的法则体系。这个一切事物都要达到的目标是一个至善论者的目标，对爱默森和梭罗都一样： ¹⁰⁵

> 各种令人厌恶的表象，小人、蜘蛛、蛇、蛆虫、疯人院、监狱、敌人，都将极其迅速地消失；它们的存在是暂时的，而且将会永远销声匿迹。自然中的低级和污秽之物，太阳会把它们晒干，风会把它们吹散。

在更完美的未来，精神将建立起它对肉体的支配权，思想将超越人体，理想将超越物质，人类将超越自然。爱默森喜欢把这个要到来的黄金时代称作"人的王国"，因此也意味着它是一个通过想象和个人修养而取得的道德上的胜利。"目前，人只把一半力量用在自然上。"爱默森不满地说。人的不断增长的技术实力使他能够去认识物质的万物世界，但他还没有使那种控制力量具有一个更高的目标。接下来的一步将要求扩展一种超越自然人和物质意识的力量，以使每种在道德上使人厌恶的事物都被清除到人的意识之外，而且永远不会再出现。爱默森灌输给年轻超验论者的这种充满希望的观念，证实了犹太—基督教的道德观的持续影响。甚至在浪漫派当中，尽管他们背叛了传统的宗教，某些群体和个人仍借启示录、再生和千年王国的说法来表达他们的反叛。⑨

弗朗西斯·培根，正像我们前面论述的，在 17 世纪早期就把这个道德上的幻想世俗化了。在他的乌托邦著作《新大西洲》中，光荣的人的王国，一个新的伊甸园，是由科学家们建立起来的。现在，爱默森和其他浪漫派的至善论者又在寻求把这个梦想再次精神化。而且，在这个过程中，他们经常毫不犹豫地接受培根思想。爱默森刚结束了对巴黎的布丰伯爵植物园的访问，就对自然科学家们通过他们对农业、制造业和商业的贡献，而把地球转向经济利用的劳动成果表示庆贺。在国内，他也经常极其骄傲地谈起文明借助于铁路和汽船向西部的发展。他认为，自然体系若没有人从物质同时也从精神层面上进行的调节，就会立即失去修整，这个世界也就不能居住了。而且，他和培根都同样认定，地球以及它的生物都注定要由人来改变其性质。他说："自然完全是中性的，它生来就是为了服务。它像一只由救世主驾驭的牲畜一样温顺地接受人的控制。它将其所辖的一切都做为原料奉献给人类，人类可将它们铸成有用的东西。"因此，他为人类选择的标签——"生命的主人"，在很大程度上都包含着部分培根的乌托邦思想。而现在，是应该重新审视人在道德上的崇高地位的时候了，在执行这个重大任务时，诗人和道学家们必然首当其冲。毫无疑问，在两种理想王国的目标之间有着潜在的严重冲突，特别是，爱默森并不是一个对一切科技进步不加批判只作倡导的人。但是，至善论者和培根论者在深受基督教的传统影响和最终的人类中心论的方向上是一致的。两者都认为，自然是需求人类改造热情的附庸。[⑩]

浪漫主义运动的这一倾向在亨利·梭罗生活的新英格兰的影响是如此强烈，以致很容易理解，为什么这种在道德上的虔诚也悄悄地渗入到梭罗的著作中去，甚至当这种思想已危险地与他在自然内外进行重建的努力发生抵触时，他还能谈论人是"一切中的一切"、"自然除了描绘人和反映人以外，什么也不是"。像爱默森那样，他也能够说："正是为了人，四季和它的果实才得以存在。"而且和至善论者一样，他也能为争取超越这个"卑鄙、低级的生命"的未来胜利而工作。但是，有趣的是，梭罗并没有完全追随爱默森的引导，他也不赞同培根关于进步的概念。相反，他反对技术支配自然的梦想，认为它有害于人的精神成长。这种思想一部分可以由他的美学观念来解释，因为他的美学观念使他把发展物质财富看成是一种腐化影响。一种心甘情愿的贫困生活，也就是像他所坚持的那种生活，才是唯一的通向道德实践的途径。第二种解释则来自他对追逐任何形式的权力的根本性的厌恶。虽然他也可以谈论征服自然或解放思想，他却依然没有感到爱默森的那种对权力的需求。爱默森必然也敏锐地感受到他转嫁给现代人类的那种个人的无望和卑贱感觉的痛苦，与这位良师相比，梭罗则是一个相对的心安理得之人。既然爱默森坚持不懈地设法改进他的同类们的自我印象（从而也包括他自己的），梭罗便更意识到过分自信的危险。他因此比爱默森更小心地把他的超验论限制在一种内心的道德范围之中，避免过分信赖那些自我膨胀的有关权力和支配的言辞。⑪

107

　　但是，要把梭罗停留在这点上，就会忽略了那些可能最终是他的生态哲学中最有价值的东西。事实足以证明，他是一个处在矛盾心境中的人，他在异端的自然主义和超验论的道德观之间所表现的动摇，尤其能证明这一点。接下来要说明的是，这两个极端可能会成为相互补充而非对立的观点。梭罗虽然从来不是一个用纯粹的公式给自己下定义的人，却也意识到，在自己的生活中，在他与自然之间，存在着一种基本上具有两面性的关系。例如，1845 年，他曾分析过自己的心理特点是"天生……钟爱神秘的精神生活，和一种对原始的野蛮生活的渴望"。对此，后来他在《更高的准则》中做了进一步的阐述："我对这两种追求都表示崇敬。我热爱荒野，同样也热爱德性。"1853 年，他能在全力进行超验主义的拼搏之后，站在敞开的窗前，沉醉在散发着芳香的微风中，疑惑地问道："为什么我一直在诋毁这外部的世界？"1856 年，他醒悟了："有意识和无意识的生命都是美好的，两者的美好并不相互排斥，因为它们来自同一渊源。"这些自我认识的每一点都说明，他自己的独特的生活遵循着他在 1859 年所总结的一个更普遍的模式："自然运动的效果与愿望相反。"任何整体，不论是个体的生命，或是一个完整的生态秩序，都是一个向彼此相反的两个方向运动的系统，任何一种倾向都不会战胜对方，而每一方的自身存在都依赖着另一方的存在。对浪漫派的思想来说，再没有比这种在两极之间的摆动——辩证法的概念更重要的了。它同时也说明，所有的经验都太复杂，从而难以从单独的角度被捕捉到，而且在这同时，一切表面上的冲突最终都会在一个大的生物内得到解决。与本·约翰逊*一样，梭罗也完全能够说："一切和谐都来自冲突。"⑫

　　从实践的角度上说，梭罗的辩证法思想是要学习如何"在不像动物一样生活的情况下，去体验一种植物或动物的生活"。他一定要满足在生态上与狐狸和泥龟相关的愿望，但不把自己局限在它们的价值和意识的水平上。他一定要在自然体系中发挥他的作用，但同时在某种程度上做一个局外者。他并不打算给他的两种动机中的任何一方所造成的绝对效果作一个定夺性的说明，而是要把两者都用来作为必

---

*　Ben Johnson（1572—1637），英国剧作家和诗人。——译者

要和正当的测定经验的尺度，并努力公平地对待它们每一个。其结果似乎是一系列相互冲撞的绝对独立的事物，但对梭罗来说，每一种直觉都仅仅在其优势的那一刻才是绝对的。他将使自己脚踏实地，但也将奋力使自己从粗鄙的欲望、自私和堕落的泥沼中挣脱出来。即令如此，甚至就在他的超验论思想的那一部分中，他也坚持利用自然来作为他自身调谐的模式。他相信：人就像康科德树林里的树，每一棵在它能够伸入苍穹之前，都必须坚定地扎根在土壤中。树根和树枝都是树木生长的必要条件。

因此思想从一开始就朝两个相反的方向发展：向上是在光线和空气中扩展，向下则避开光线和空气而形成根部。一半在空中，一半在地下。和橡树一样，思想也并不是完全均衡和固定地成长的，它的枝和根数目不一，其根部就像白松的根一样，是纤细和接近地面的。

就他们*自己而言，爱默森的道德论并不能给梭罗以长久的支持，因为它虽不断扩展，却没有从根部支撑它的树干。它是没有充分土壤滋养的思想。在梭罗看来，他自己会有一种多年生植物的根：一种肥壮而硕大的，能支持和滋养人类可能有的最自由的幻想的球茎。[13]

对于梭罗来说，检验一种哲学，并不在于看它所隐喻的奥妙，或形式上的合理。更重要的是它能否帮助人们揭开日常生活的谜底："如何生活。如何获得几乎全部的生活。"在一段一直未曾被特别注意的 109

＊　指爱默森和梭罗。——译者

文字中，梭罗写道："对我们来说，一位诗人生活的真实存在，比他的任何一种文艺作品有着更多的价值。"他虽然是一个杰出的作家，但却毫不犹豫地认为，他自身最首要的意义并不在"纯文学"上，而是在一种实践的生活哲学上。在一个一切都尚无秩序和不稳定的时代，这种哲学尤其切合人和自然的关系。他的生活以物质上的简朴为基本原则。他采集康科德的草莓做点心，在河中搜集漂浮的木头做燃料，种植了几种豆角和土豆做食品。"吃得太多要比吃不饱更难受和让人恶心。"他在自己的日记中写道。禁欲主义不足以成为这种日常生活模式的恰当标志。在自我强加的对欲望的限制中，他找到了一种方法去调和本能所呈现的矛盾。一种能使他的根和枝都得到滋养的方式。简朴是表达他对成为"带着土地泥土气息的"以及"地球精神"的人类的需求的完美途径；除此之外，它也是一种要成为一个处于不完整时代里的完人的途径。⑭

　　譬如，经济上的简朴，对他的泛灵论的异端思想传统就是很重要的。为了使一种在整个自然中是伟大而居于中心位置的生命的感觉内在化，人们必然会尽可能在多方面依赖地球。这样，他就使自己的体系接近了自然体系。光是元月冰融中的泥土气味就能使他吸吮到生命的汁液，并提供了一种更新了的生态联系。

　　　　我从那在光秃秃的地面上飘荡着的微风的气息中，获得了一种真正的生气，就像是饱餐了一顿。我再一次领悟到，人如何成了大自然的救济对象。每当我们受到这种影响时，我们总要感到抚慰和鼓舞，而且连我们的需求也会被感觉是大自然体系中的一部分。

　　同时，简朴的道德观对于梭罗其他方面的欲望也是非常重要的，那就是他对超越和真正净化的渴求。他认为，在令人困惑和堕落的追逐物质上的舒适中，是不可能取得精神上的进步的——当然，这是一种人类历史上几乎每一个伟大的伦理哲学家都曾做过的，但却又几乎从未付诸实践的评论。

110

　　最终，梭罗会进一步说，一种简单需求的生活，是唯一能够使森林回归新英格兰和"使自然恢复到某种程度"的种子。如果这种简朴的种子能洒在他同乡的脑子里，它就会使那种行为模式——不断升级地，期望着剥夺土地，并使其变成一个农场和城市的人造世界——发生改变。梭罗问道："我们若能考虑到我们的行为是否能抵得过自然所付出的代价，那不是很好吗？"他情愿让人和任何生命拥有对地球产品同样多的权利；但是人从来未被认可去掌握一种在自然意识上的控制权。在梭罗的思想中，那种血缘关系性质和对过分自信的忧虑，应该使这种野心为人的意识所厌恶。从而，简朴的信条也就成为一种关于环境上的人道和自我克制的哲学了。[15]

　　在他的日常生活范围里——他的个人经济体系中——同样也在他的康科德漫游中，梭罗以一种独特的个人所有的严谨态度，使田园主义的理想具体化了。但无论如何，他并不奢望其他人也应该严格地一丝不苟地遵循他在这方面的观点。他确信，每个人都必然会发现他自己的解脱者、他自己的调停者以及他自己的人格。而且，和一切人都必然会有的情况一样，梭罗在其父母亲或姐妹们要依靠他的帮助时，也常常被迫做些原则上的让步。有时候，他也可能对这种情况有些理怨，但他从不会顽固到在情况需要时仍拒绝给予帮助，哪怕这种善良的行为使他脱离了与自然的广阔世界之间的密切而习惯的联系。他承认："我言行不一。"

　　梭罗的颠覆性的哲学可能一直是不完善的，在他的实践中也是有矛盾的；但是，它却为后来的人们提供了一个可以用以对自己的生活进行试验的榜样。他们从他那里发现的不仅是一种提醒：现代人不可避免地要使自己与自然界的关系紧张起来，但仍有一种如何创造性地利用那种紧张关系的思想：一种独特的追求广阔的生活的欲望——一种双重特性的生活，一种处于两种不同领域的家居生活。要今天的大众都去采越桔，而且成为梭罗式的生态专家，大概也是不可能的。但是，他认为所有的男人和女人都应该在不切断他们的自然根源和忘记他们在地球上的位置的同时，为完成人类的最高使命而奋斗，这一点是令人信服的，甚至是极为重要的。

第 三 部 分

沉郁的学科：达尔文的生态学

　　在过去两三个世纪的生态学历史上，独一无二的最重要的人物就是查尔斯·达尔文（1809—1882）。还没有一个人像他那样，对把生态学的思想发展为一个生气勃勃的科学学科有着那么多的贡献，同时也没有另外一个人对西方人的自然概念有着那样大的普遍影响。因此，我们必须从某些细节上去探讨这位伟大人物的思想和生活，而且，我们还必须把达尔文当做一个科学家来了解。他的生态思想的轮廓强烈地表现在两方面：一是他的个人必需；一是他所生活的文化氛围。

　　第六章论述一种在意识形态上从梭罗对自然的关系到一种比较悲观的观点——我称之为加拉帕戈斯群岛经验教训的转移，这一转移尤其为达尔文和赫尔曼·梅尔维尔所注意。不过，达尔文从他的南美旅行中所得到的不只是悲观主义，他还取得了他的进化理论的种子——同时也有他的生态学理论的种子。另外两位科学旅行家，亚力山大·洪堡和查尔斯·莱尔对达尔文的教育有着重要作用，他们的影响将在第七章中进行详细的分析。

　　在第八章中，我们将分析达尔文革命生态学的逻辑或结构，这种逻辑在很大程度上是由托马斯·马尔萨斯和达尔文在争取被人承认是英国科学家的斗争中形成的。最后一章将鉴别达尔文主义的两种互相矛盾的道德内涵：占主流的支配自然的维多利亚道德观以及一种正在出现的来自田园主义和浪漫主义价值观的生物中心论态度。但是无论人们遵从哪种道德观，非常明显的是，达尔文都已使这个自然界成为一个远比以前有着更多麻烦和不愉快的地方。达尔文之后的生态学是和经济学一样，甚至比经济学更加沉郁的一门学科。

第六章　沉沦的世界

海岛似乎总是在人的环境想象中占据一个重要的位置。古代中国的水手们到东方去发现传说中的神秘之岛，那里所有的人都可以长生不老。鲁宾逊·克鲁索，在新大陆的一个岛上遇海难，建立了一个绝对依靠自己的想象中的理想国。画家高更从沉闷的公务优先于欢乐的西方生活中挣脱，来到一个天然、闲散而又富于享乐主义的波利尼西亚 * 天堂。在这每一个例子中，孤立的岛上生活都提供了使人类体验到良好秩序的希望。在这里，具有防护性的、纯净的海洋环绕四周，人们察觉到了一种不被过去的失败所亵渎的重新开始的机会。许多理想主义者还希望，自然在这里将比在任何地方都更善待人类，并最终使这两个王国得到确定无疑的和解。

但是，有几个岛屿似乎注定是要与人的诗意梦想相矛盾的。这些岛屿就是世界上的魔鬼群岛（Devil's Islands），一个严酷荒凉的地方，连最低的生活必需条件都不具备；或者说，在这里生存顶多是与一种应受到惩处的邪恶进行争斗。这就是被称作加拉帕戈斯（*Galápagos*）群岛的永久形象。曾经到过这些火山岩石海岸——它们位于厄瓜多尔以西六百来英里的地方——的旅行者们发现，那里既没

---

　　* Polynesia，太平洋中的一个群岛。——译者

116　有面包树，也没有彬彬有礼的少女。相反，从船的甲板上看到的加拉帕戈斯群岛遍布着坑坑洼洼和凝固了的岩浆，上面有着奇形怪状的不可能茂盛的仙人掌和低矮的丛生灌木。赤道的烈日在头顶上燃烧着，尽管有一条南北向的水流使岸边的水还保持着凉爽。企鹅与遍布熔岩的海滨上的蜥蜴不协调地生活在一起。在海岛上一些较高的地方，降雨量较丰富，苔藓和蕨类植物遮盖了火山灰，向日葵长得像树。不过这些比较绿的高地很少被过往的水手们看到；因此，他们都带着日益强烈的思乡之情离去了。但是，尽管有险恶的外貌，从 16 世纪以来加拉帕戈斯群岛还是为某些迷航的舰船提供了种种避难场所。在世界的这个角落里，如果你饥渴交加而又得不到给养，那就没有什么可选择的余地。于是，这个遥远奇异的地方便结识了一批批海盗、地痞和遇难者，这些人中没有一个是自愿长期待下来的。①

　　19 世纪前半叶，有两位博学的旅行者光顾加拉帕戈斯群岛，他们将使这些海岛牢固地安放到英美人的意识中。第一个人是查尔斯·达尔文。1835 年 9 月，他作为 "H. M. S. 贝格尔" 舰的自然博物学者来到海岛。此后，在 1841 年春天，接着又在 1841—1842 年的冬天，赫尔曼·梅尔维尔，捕鲸船 "阿库什奈特" 号上的美国海员，踏上了这些岛上炎热而令人诅咒的地带。在以后的年代里，这两位访问者都将写出卓越的著作：达尔文的《物种起源》（1859）和梅尔维尔的《白鲸》（1851）。他们每个人也将留下对这个神秘群岛的访问记录。他们是两个极为不同的人，在海上有着极为不同的目标，在国内也将具有极不同的声誉。但是，就他们在加拉帕戈斯岛上的经历来看，他们恐怕并不知道，对自然及其与人类理想的关系上的相同认识把他们联系在一起了。

　　其中，一般来说更切合生态学历史同时对环境思想也更重要的是达尔文。当他的船到达加拉帕戈斯群岛时，他26岁，离开父亲和姐妹的家已近4年时间。在这期间，他辛苦地搬运过南美沿岸的水，进行过越过南美内陆平原、深入到安第斯高地的探险，搜集岩石、植物和动物，并把它们寄回伦敦和剑桥。现在他遇到了一个全然不同于他以前所见到的地貌。几年以后，当他描述这些海岛时，他的第一个反应是地理学的：他看到的这个群岛上的15个岛屿，全都是在最近一系列的火山爆发中从海底涌出来的。这种变动确切地发生在多久以前，他不曾打算去探究。但是它在人类眼前所呈现出来的却依然是一幅非常清晰的恐怖景象："一片黑色的凹凸不平的火山熔岩，有如汹涌澎湃的波浪，上面布满了巨大的裂缝。到处都是矮小的晒得枯干得几乎没有生命迹象的灌木。"但是，尽管表面如此，这片没有希望的大地后来所显露出来的，却是一个包括很多种类的生物群落。无论怎么说，那儿总还栖息着蝙蝠、隼、巨大的橘黄色蜈蚣、信天翁、海狮、蓝足海鸥——其中许多物种在地球上已无处可寻。这些动物甚至比岩石更使达尔文感兴趣。由于这个原因，他在旅行中开始越来越试探着越过他早期对地质学的兴趣——而转向生物学——尤其是物种的最初起源以及它们成为一个生态体系的组织结构。加拉帕戈斯群岛为这种研究提供了基本的线索。在这些陌生的海岛中，达尔文写道："我们略微接近了那个伟大的事实——那个奥秘中心的奥秘——新生命在这个地球上的首次出现。"[②]

　　这里出现的海鸟倒不难理解。借助于它们有力的翅膀和四处迁移的习惯，在整个太平洋中都可以发现它们。然而26种陆生的鸟类可就是另一种情况了；其中的13种莺雀，不但不同于它们在遥远大陆上的近亲，而且甚至彼此在外表、分布以及吃食的习惯上都不一样。有些住在地上，用它们像核桃夹子一样笨重的喙去对付坚硬的种子。另一些住在较远的内陆的树上，用它们锐利得多的细长的喙去啄食昆虫，还有一种类似鹦鹉的鸟食取水果。按照长期以来被认可的上帝创世的理论，只有上帝富于创造性的手才能达到这种适应性。但为什么只在这个地方，上帝才让莺雀去做那些在其他地方是鹦鹉做的事呢？

118 "见到在一个小小的关系极其密切的鸟群中的这种差异和结构上的多样性，"达尔文写道，"人们可能真会设想，从这个群岛上本来就不多的鸟中，一个物种早就被选来并加以改善去用做不同的目的了。"不过，是什么迫使一个具有无上权力的足智多谋的造物主采取这种权宜的经济体系呢？达尔文可能会转过弯来，因为加拉帕戈斯要迫使普遍的认识进入一种与传统自然神学相对抗的状态，并驱使他去寻求对莺雀突然间成为那样机敏多变的另一种解释。然而，至少在此刻，他还是单纯地满足于"只是对这些小小的、荒凉的岩石海岛上创造力的程度表示惊讶，如果可以用这样表达的话" ③。

然而，在加拉帕戈斯群岛上主要存在的，并不是它的莺雀，而是它的爬行动物，特别是一种巨大的陆生龟和两种长相凶猛的鬣蜥蜴，其中一种是陆生的，而另一种是巨大的海洋动物。在达尔文待在那儿的一个月中，那种笨重的龟随处可见。它们是世界上同类龟中最大的一种；成年龟每只重达几百磅，得要 8 个人才能把它们从地上抬起来。达尔文看到它们在大嚼梨状刺棘仙人掌的叶状茎；而当他靠它们太近时，它们会发出有某种预兆的嘶嘶声，并将它们的头缩回到壳里去。然而，事实上，它们既不曾害怕，也不曾去吓唬达尔文。它们生活在一个几乎完全没有自然威胁的世界中，对人类这种凶猛的动物还全无所知。尽管捕鲸者会马上把它们从某些岛上斩尽杀绝，它们却仍然很威严地——如果说是慢腾腾的话——统治着这些领地。不过，对自然科学家来说，最重要的是这样的事实：在加拉帕戈斯群岛，这些龟和蜥蜴似乎做着到处是由食草动物所做的工作。这使达尔文再次产生了怀疑，为什么只在这个地方，造物主会用爬行动物来施行赋予大陆上的鹿、羚羊、骆驼、野牛等所具备的同种经济功能。而且，一只蜥蜴会待在海边的水里，像海豹一样游泳，并靠退潮时露出来的海藻生活，也是神在管理上的另一种明显偏差。虽然如此，其中最使人惊异的，是他在准备离开这片海域时所发现的一种现象：龟和鬣蜥蜴对 119 这个群岛来说不仅不稀奇，而且各个岛上的品种均不相同。在这儿，"创造力"肯定在其创造上已经达到了发狂的程度，它在外表上增加了种类，即使在其习惯上并无什么变化。

达尔文于 10 月中旬离开了加拉帕戈斯群岛，到了较为舒适宜人的塔希提岛海岸，到了澳大利亚，最后回到家里。他是带着与他的标本箱里的标本一样多的问题离开的。这种不一般的动物最初是如何来到这些海岛上生活的？为什么它们在关系上更接近南美和潮湿的热带物种，而不同于那些在其他海洋中类似的荒凉海岛上的物种？为什么有一半陆生鸟是莺雀？是什么使这些散乱的无秩序的生命组成了一个平行的但又与在其他场所发现的生物有着根本区别的生态体系？最后，林奈、雷以及佩利的自然史还能提供任何帮助吗？或许，加拉帕戈斯群岛要求另一种解释，一种新的科学？

除了这些科学问题以外，达尔文似乎把那种地狱般的阴森气味也带走了，如果不是用他的鼻子，就是用他的想象。在 1845 年他的考察报告中，标题简称为《研究日志》，他回忆了海岛上的那种"奇异的巨大场面"。显然，古代的神话似乎特别符合他面临的实际情况。
实际上，这儿要能发现一群独眼怪异辛辛苦苦工作在伍尔坎*作坊里的
铁匠，比起这个实在的动物自然界所唤起的奇异景象，大概也没有多
少不同。顶着火辣辣的太阳，站在火山崖边，达尔文肯定觉得自己离
他青年时代所认识的那个绿色的、欢乐的自然界，什鲁伯斯里，非常
遥远。要知道，以前的访问者曾给加拉帕戈斯群岛起了很多宽慰人心
的名字：查塔姆、詹姆斯、阿尔比马尔库尔佩珀、阿宾登等。但是，
达尔文发现"这个景观中惟一反照出来的英国景色是斯塔福郡**那些有
着数量最多的巨大铸铁厂的地区"。现在已完全清楚了，自然界有其
比较可憎的面孔，它是由其自身的力量所毁坏和弄脏的，并在孤寂中
120　与一个新的工业环境在竞赛。这样一个世界中的生命是不会友好地信
赖人类的精神的。当达尔文在 1836 年登上了家乡的福尔茅茨码头时，
便急忙返回到一个令人心旷神怡的乡村人文环境中，一幅真正的充满
善意与和谐气氛的图画当中。不过，在加拉帕戈斯群岛上，他看到了
他的大多数同胞不曾了解的自然的另外一面，他是不会忘记的。④

*　　　　　*　　　　　*

　　准确地说，正是在这个论题上，达尔文在加拉帕戈斯的遭遇与赫
尔曼·梅尔维尔会合在一起了。在贝格尔舰抵达这里后六年，梅尔维
尔首次得以见到这种奇异的创造。他被船长派到岸上取龟肉和淡水，
于是这个来自纽约的青年水手进入了一个与他所希望的完全不同的世
界。他在新贝德福德与阿库什奈特号水手们签约，是为了看看那富有
浪漫气息的南海，但是不幸的是，他首次在这个太平洋群岛上的尝试

---

　*　Vulcan，罗马神话中的火和金工之神。——译者
　**　Staffordshire，英格兰中部的一个郡。——译者

却是一个完全不符合罗曼蒂克的地方。很多年以后，在马克萨斯群岛失去了自己的捕鲸船，游荡到了火奴鲁鲁，应征到一艘商船上，又回到了美国。不论这些年使他多么不舒适并且在梦想的破灭上做出了多大的牺牲，他那如梦般的历险一直是他的一系列杰出小说和短篇小说的原材料，其中包括 "The Encantadas, or Enchanted Isles"（加拉帕戈斯群岛的另一个古老的西班牙名称）。此书出版于 1856 年。他承认，这个孤寂的群岛，在他从访问它到写它的那段时间里，留给他的是一个经常再现的梦魇。有很多时候，当他坐在阿迪朗达克山遍地是树的峡谷中，或是与朋友在一个城市里用餐的时候，他会突然感到自己被推入了另一个古怪的悲惨世界，巨龟在那里的岩石上留下了很深的痕迹，无休止地拖着自己去寻找难得的有水的穴地。当他谈到这个绝望的群岛时，他说："我几乎不能抵御那种感觉，我确实有段时间睡在那被恶毒地施了魔法的土地上。"⑤

　　当达尔文在某种程度上把他对这个群岛的感情上的反应浸透在一种比较紧迫的科学责任感之中的时候，梅尔维尔却让自己陷入到他看来已经是不可摆脱的加拉帕戈斯群岛的梦魇之中了。例如，达尔文在詹姆斯岛偶然发现了一具被其他水手杀害的船长的骷髅的时候，他 121 仅是记录了这个可怕的事实。但是，梅尔维尔却被那些围绕着这个群岛的阴郁故事弄得神魂颠倒了：那全是些关于放逐、孤独、暴力和人类绝望的插曲。达尔文对这里阴曹地府般的景观的简洁描述也被梅尔维尔加以渲染了。这个群岛中最小的一个叫罗克·罗敦多，一个塔状的笔直地伸出海面 250 英尺的小岛。它的绝壁上溅满了粘鸟胶长长的痕迹，在绝壁上光秃秃的顶部，上千只海鸟发出了的"魔鬼般的喧嚣"。梅尔维尔说，这不是知更鸟和金丝雀所待的地方，这是野生的、凶猛的鸟的家。这种鸟从未见过一棵树，大概更不会从一个枫树枝上唱出春天的歌。他仍然记得，顺着群岛中某些大岛的海岸行走的时候，"人们可能会发现一点点腐烂的甘蔗、竹子和椰子，它们是从迷人的棕榈岛被冲向西方和南方，最后才到了这另一个惨淡世界的，完全是一条从天堂到地狱的路"。这些腐烂的生命的碎片，只是更加重了他对整个群岛的荒无人烟的印象。"只有在一个沉沦的世界中，才可能有这种地方存在。"他以一种明显的愤懑写道。[⑥]

在这里，大自然是阴郁、腐败和充满敌意的，至少按照人类的标准是这样；当梅尔维尔开始认识到它的重要意义时，它就成了一个招致毁灭的启示。一个有能力造成如此景观的自然，是一种在任何地方都不能被信任的力量。他承认，"这些海岛大概并不绝对是昏暗的"，而且就和那带壳的巨龟一样，如果你把这个动物翻过来的话，它也有光亮的一面。

> 不过在你这样做了之后，或者因为你这样做了，你也不应该就此而发誓说，这只巨龟是没有黑暗的一面的。喜欢光亮，如果你能够做到的话，就让它永远翻转过来；但是要诚实，而且不要否认那种黑色。

他无意表达一种对自然界的大彻大悟。但是，他警告说，即使在阿迪朗达克山中恬静的美丽中，人们也可能发现那个"沉沦的世界"。加拉帕戈斯群岛随着梅尔维尔回到了家中，他的脑海中也因此再不会摆脱对那些景象的记忆。[⑦]

　　加拉帕戈斯群岛的发现至少是在这两人的描述和报告之后，给英美人的脑中注入了对吉尔伯特·怀特的塞尔波恩和梭罗的康科德的田园美景极大的反作用。当然，这并不是一个全新的观点。但是，在19世纪中期和后期，反田园主义的看法获得了重新复苏的能力，而对自然怀有更多希望的态度，几乎失去了所有在精神上的尊重。从少数个人对加拉帕戈斯群岛的景观的反应开始，加拉帕戈斯的影响发展为一种完全从文化上的论述它与地球生态规律关系的认识。这种倾向与梭罗在他的生活中所得出的自然中有条不紊的观点有了尖锐的冲突。梭罗不曾意识到黑暗的一面，尽管他也听到过猫头鹰的"疯狂的叫嚣"，并跟踪到沼泽中。可是他比较注重对地球产生同一情感的较为光明的那种可能性。然而，现在，在梅尔维尔和达尔文的著作中，重心已开始倒回一种比较悲观的自然观了。不久，说物种是无知觉的自然规律的产物，其活动并不受人类道德价值观的影响，就会是一种极为普通的论调了。使人悦服的道理也会传播开来，并有真正的科学和文学上的支持，这样，大自然就不再让人看作是一个操劳的母亲，值得她的孩子去热爱和牵挂了。

加拉帕戈斯群岛的形象当然不是激发这种变向黯淡的景观的惟一的或是有足够能力的影响。就梅尔维尔来说，在很多他去过或从其服务的船上看到的地方，对人类，同时也是对自然的悲剧一面已经有了初步的印象。如果《白鲸》的第一章可以被看做是作者本人的一种感觉的话——尤其是自叙者自称伊什梅尔[*]，并声称跑到海上去是为了避免自杀——人们就会相信，一种极端的忧郁——在他用这种感觉来凝视加拉帕戈斯群岛之前，就已经使梅尔维尔看不到美景了。

---

[*] Ishmael，《圣经》中的人物，被唾弃的人。——译者

达尔文也有他了解和强调加拉帕戈斯的可憎面目的前提条件，它们来自他对人类和自然两方面的体验。事实上，达尔文旅行的全部记录都充满着凶残、痛苦和鲜血。在巴西，他听到过奴隶遭受他们的主人残酷鞭打的哭声；沿着尘土飞扬的道路，他看到过矗立着数目惊人的木质十字架，它们标志着在那儿因为私仇而发生过的流血事件。在阿根廷的草原上，暴力似乎是人类生活的真正原则。高楚人*确实是富有色彩的，但又是强悍而野蛮的种族，他们狂暴地赌博，用马黛茶麻醉自己，用他们的利刃相互杀戮。甚至更野蛮的是那些印第安人。一天夜里，达尔文看见他们正在狂饮"冒着热气的牛血，然后，因为酒醉而厌烦了，便又丢开了它，浑身沾满了污物和血迹"。而且，好像所有这些还不够，这位自然博物学者发现自己正处身于一场彻底的灭绝性的战争中，那是由罗萨斯将军和阿根廷政府军队发动的反对土著居民的战争。⑧

123

除了人类怨恨和冲突的教训之外，达尔文在南美的经历还使他学到了许多生态上的动荡。在这个方面，阿根廷大草原还是他的主要老师。在这个无树的大平原上，尤其是沿着拉普拉塔河，一个带着家畜的欧洲部族的到来，造成了大自然在当地原有秩序上的灾难。他发现："数不清的马群、牛群和羊群不仅改变了植被的整个外貌，而且驱逐了骆马、鹿和鸵鸟。变野了的狗和猫在低矮的小丘和河岸上徜徉。茴香、大蓟以及仙人掌蓟，取代了广大面积的草原，创造了一个不能增殖而且难以进入的不毛之地。新来的人类居民为了其自身的利益着手打乱当地的自然体系时，还全然未意识到这个当地自然经济体系的

---

*   Gauchos，高楚人，南美的西班牙人和印第安人的混血种族。——译者

内在联系。他们给新大陆输入了他们熟悉的洋白菜和莴苣，但是没有引进与其相联系的物种——毛虫和蝴蝶；这些种植物没有了天然的制约，也就在田野上到处生长起来。这是人的侵入带来的不可避免的结果。人不仅忽视了自然的规律，而且还发现，追求征服之道要比追求原则上的合作来得容易。达尔文没有责难这种野心或由此而引起的混乱，但是，有机环境中可能存在的不稳定性，由争夺空间而引起的残酷竞争，以及控制那些即使是最无害的菜园里的蔬菜的重要性，都给他留下深刻印象，他带着这些印象离去了。⑨

　　另有一系列事件也可能有助于说明，在达尔文来到加拉帕戈斯群岛之前，他所经历过的悲剧和激变就已经是非常彻底和多样了。他在巴塔哥尼亚高原*挖过化石，这是一种起码已流行了半个世纪的户外活动，人们从未预想过的各种可以说明遥远过去的奇异骨头塞满了博物馆。达尔文设法挖出了几种保存完好的已绝种的贫齿目动物的骨骼。他发现，它们与这个地区现有的树懒、食蚁兽、犰狳极为相似。但是与现在栖息在这里的那些"不起眼的东西"相反，那些把它们的残迹遗留在巴塔哥尼亚红土中的动物曾经是"巨大的怪物"。回溯到18世纪80年代，弗吉尼亚的自然博物学者托马斯·杰弗逊就曾坚定地宣称，"自然经济体系中的联系不曾变得那么松弛，以致要被打破。"现在，在1834年，年轻的达尔文则说明："如果没有最大的好奇心，就不可能反映出美洲大陆已经出现的变化"，他还表示奇怪："那么，究竟是什么原因使那么多物种和整个种类灭绝了？"很难相信，现代的小动物能像欧洲的牛对骆马的所做所为一样，从"它们众多的巨大原

---

　　*　Patagonia，在南美。——译者

型"那里攫走食物。大概，很多物种和个体一样，会因年老而死去，却并没有受到某种"超乎寻常的行动"或暴力的干扰。但是，不论原来的动物命运如何，达尔文手中的骨头却证明，现有的动物序列绝不是最初就生活在这块土地上的。死亡有可能发生在一个完整的生态系统中，就如同发生在其中的任何一个成员身上一样。这样一种认识，使得达尔文领悟到了那种潜在的被安排好与现世生命对抗的力量。[10]

　　毁灭、冲突、败坏、恐怖——这些都绝非是阿卡狄亚观的特点。总的来说，南美，还有加拉帕戈斯群岛，对于那种在充满希望的理想掩饰下关于人和自然的基本看法是一个恶兆。达尔文所见的不是怀特的雨燕，而是在空中盘旋群集的兀鹰；现在，嗜血的蝙蝠、美洲豹和蛇又扰乱了他的思想。无论他朝哪方面思索，强行进入他的意识中的都是"普遍的暴力迹象"。然而，就像他往常在接近这些阴郁的事实时不切实际一样，他同时会下意识地要找出它们来，甚至对它们很有兴趣，不仅仅是意识到——不无讽刺地，它们是那个奇异的地方的魅力所不可缺少的一部分。这种粗犷壮观的景象，引起了一种奇异的令人兴奋的感觉，这种感觉使他在这儿的三年半生活从精神的平衡上来看，是充满了欣喜和激情的。他自告奋勇地来到那些使他的血液变冷的充满野蛮意义的自然景观中。火山和地震尤其迷人——在那儿，"地球本来是坚实的象征，现在却像溪流上的一层坚冰，移动在我们的脚下"。无论他可能因为焦虑而付出了怎样的代价，但至少没能在这儿发现一个宜人宁静的田园系统，却也总算得到了某种补偿。这大概可以用他描述智利地震时所用的平淡而简短的语句所概括："这是我所见过的最可怕但也最有趣的壮观景象。"总之，当他来到加拉帕戈斯群岛，并发现那儿是一个比他以往所见到都要更险恶的世界时，他所感到的并不是一种简单的厌恶。⑪

　　加拉帕戈斯群岛，或者安第斯山，正因它们是野蛮和可怕的，才使达尔文感到了真正的喜悦。这是他和他的同代人所接受的感情教育的结果。在19世纪30年代，要探寻那些尤其是在心中留下恐惧的对大自然的体验，已经是大西洋两岸的一种普遍欲望。在后期的浪漫派中，这是一个很流行的主题，在他们已经用尽了所有其他的感情形式之后，大概他们最熟悉的，就是去获得一种更强烈的情感上的体验方式。在某些人，如梭罗，探寻克服人类疏远自然的各种途径和赋予阿卡狄亚式的异端思想以新的启示的时候；另一些人却开始发现，自然中的欢乐过于柔顺了，因此对他们周围可惧的疯狂力量产生了一种日益增长的颓废的兴趣。矛盾只是问题的一部分，因为热心于恐惧的人，也在以他们自己特有的方式寻求一种人类和自然之间的调和。不过他们所发现的是一种与暴力的结合；在他们看来，要与世界取得一致，就要把一切骚乱、恐惧和黑暗都包容在内，让人们自己去奋斗和抗争。⑫

　　但是，这种探索黑暗、恐惧的冒险的真正意图，是要对由此而发现的自然保持一种持续而有力的认可。正像19世纪中期开始证实的那样，长期保持下去才是最困难的。在各个方面，绘画、诗歌以及音乐中，都表现了大量的恐怖：咆哮着跳到无力抗拒的马背上的狮子；湍急的溪流冲过的陡壁；轰隆的火山喷向阴惨的天空。一种健康的自然观能够抵得住多少这样的恐怖？尤其是从历史上看，人们对自然的看法是否到了日益倾向于怀疑的时候？在哪一点上，恐惧的快感会突然让位给惊慌？要知道，很多人都设法无限制地去继续这种激昂中的欢乐。如波士顿青年弗朗西斯·帕克曼非常高兴在19世纪40年代的美国大平原上，发现了一个不是"软心肠的慈善家"能够热爱的社会。他说："从小鱼到人，生活都是一场无休止的战争"；他还宣布了他多年来对一系列粗犷的英雄主义书籍的信仰。但是，大多数人不能承受如此强烈的热情。战争，确实是他们在自然中清晰地看到的——这种观点是无法避免的。但是，他们去欣赏这种状况的能力很快就达到了极限。后来浪漫派的这种打着寒战的恐惧的修养，被一种较为急切的朦胧的忧郁所代替。和梅尔维尔一样，很多人都开始在自然的阴影中看到了一个悲惨的故事；在这个故事中，他们再也不能只发现一种快感了。[13]

　　人们可以把这种失望感称作后浪漫主义的或维多利亚式的自然观。这两种提法中的任何一种都说明了这种凝聚在一起的情感的广阔文化范围，以及在英美人的思想中保持了几十年的持久信念。但是标签的选择并没有它所描述出来的那种力量重要：一个敌对的恶毒的自然景象，一个随时都会有的可怕的景象——就如困惑着梅尔维尔的阿迪朗克山一样——能导致妄想。浪漫主义曾反对的那种疏远人类的自然环境的感情，已经开始涌现出来，到了成为一种广泛希望的倾向或者目标的程度。与梅尔维尔的各方面相比——尽管他有很深的幻灭感，但仍规劝人们要争取一种均衡观点——有很多作家则变得除了自127　然的黑暗面外，几乎什么也看不见了。艾尔弗雷德·坦尼森所说的"尖齿和利爪上带血的自然"，甚至在他说出来之前，实际上已成为老生常谈了。这种观念的复苏产生了一种道德上的热情，它所探求的不仅是使人们脱离他们周围的沉沦世界，而且要使那个世界置于一种严格的道德约束之下。那种冲动已成为维多利亚时代的作家中十分明确的主题，尽管在他们的新道德改革派先辈们看来，本来就是如此了。

尽管他们自然热爱他们的花园和城市公园，这些地方处于他们的控制之下，但是他们也决心要驱散任何关于作用于地球的自然力固有的仁慈的愚蠢说法。

查尔斯·达尔文在某些方面追随了这种反应模式，当然，最终还对它作出了巨大的贡献。当他在南美和加拉帕戈斯群岛的时候，如上所述，他已巧妙地使他的科学适应了浪漫派对恐惧的追求。但是，接踵而来的一系列带着残酷和痛苦的无意和未料到的遭遇，却深深地伤害了他的道德感。他确实没有很好地受过浪漫主义那无所不在的恐怖教育，大概他对这类事情的注意远远不够。不过，他确实是注意了，而且最后，他追求刺激的欲望已经高到使他晕船的程度。当他终于返回到飘扬着英国旗的新西兰的安全和秩序中的时候，他和船长罗伯特·菲茨罗伊一起在那里做了一次坚定的为英国传教士们进行辩护的讲演。他恢复了原状，并且热烈地盼望"不断向前进军，最终要在整个南海输入基督教"。他最后希望，世界上的那一部分将会很少见到野蛮凶杀、淫佚以及丑恶的习惯，而更多的是整洁的农村院落、错落有致的街道和可敬的道德品行。尽管在他的《研究日志》的最后一页上，他仍然能去赞美那"令人惊异的未被人的手所损害的原始森林"，但却依然早就在庆幸自己生来就是个英国人，生活在一个为文明而缔造的环境里。⑭

这并不是说，达尔文从他的南美旅行中学到了不信任所有自然现象，包括不信任人类；那将会曲解其思想演变过程中复杂而又具有既爱又恨的双重情感。和其他维多利亚时代的作者一起，他继续保持了一定程度上对自然过程的信仰。在很多年里，他都很珍视这些可怕的冒险中的某种回忆，即使是关于沉沦的加拉帕戈斯的回顾。而且完全可以这样说：旅行回来时与他离家时相比较，他已不再是一个浪漫主义者了；大自然向他揭示了自己个性中他不能带着不可抑制的喜悦去热爱的重要部分。回到英国，他在1838年10月的科学笔记中写道："很难相信，可怕的但是平静的有机生物的战争，正在平静的树林里和微笑着的原野中进行着。"而且，日后他的不愉快的使命就是要教导他的同胞去认识自然的隐蔽而悲惨的一面，那是他从在贝格尔舰工作过程中学到的教训。[15]

　　然而，达尔文所教导的大自然常常在欢悦表面下的无情现实，并不只影响了他的同代人。他的影响延续久远，超过了维多利亚时代中的任何人。这是因为，梅尔维尔或坦尼森或者其他人所涉及的只是主观感受，而达尔文却不同，他汇聚并公布了"事实"——通向科学规律的事实。对大多数人来说这些事实最终成为了真理。由于非个人的客观支持，那种悲观主义的反应获得了一种持久的，终归是不可动摇的赞誉。从19世纪中叶以来，钻研自然界的暴力和痛苦，就是为了成为"现实"。这种后浪漫派对自然的态度赢得了科学的赞许，而科学正逐渐成为被严肃思想界中的许多思想都看重的权威，要求一种能服人的，能够准确地解释为什么和怎么样的真实的逻辑。总之，反田园主义的观念——加拉帕戈斯群岛的教训——被演变为一种生态的模式，而达尔文则无可置疑地是它的主要建筑师。

　　然而，在传递这个新的生态学模式上，科学可并非一个"不动摇的鼓动者"。毫无疑问，许多英国和美国的读者们都是首次通过达尔文的著作来认识这种悲观主义观点的，但是更多的人在他的科学著作中发现了对他们自己早已开始形成的一种观念的确认。于是，科学有了和当时流行的环境思想中的一个基本力量一样的合法地位。科学与其更广范围的文化间的共生关系——至少在生态领域中——在这儿一直暗含在查尔斯·达尔文的生涯中；对他来说，一种反动精神开始来自科学的有限领域之外，并且逐渐影响到他实际的领悟过程。因此，更为普遍的是，在 19 世纪的英国和美国，科学从它的思想环境中吸取了很多东西。它确实是一个"鼓动者"——一种对变革的强大影响。但它自身也是由更大的文化现象推动的。这位科学家如何为他的反田园主义的反应去建设一个合理的逻辑，将是下面要谈的内容。

第七章　一位科学家的教育

　　1840 年，英国哲学家和数学家威廉·休厄尔创造了一个词："科学家"。尽管这件事平静发生而无戏剧性，它在人类对自然界的认识史上却标志着一个新时代的开始。首先，"科学家"意味着一种正在成长的职业意识。一位科学家不再是一个玩弄莱顿瓶或旧骨头的某种业余爱好者；这个标签说明一个人是一个新专业团体中的一位严肃成员，这个团体是由受过专门训练的全部致力于一个共同学科事业的头脑组成的。①

　　这个刚刚出现的职业不仅没有一种在学校里学得的共有的方法论，而且也不像任何其他社会团体那样有一种道德观去引导或评价它的工作。"可靠的知识"是最普通的用于表达这种伦理的短语。它意味着某种知识比其他知识更为真实、具体和肯定；而且只有这种超级的形式——尤其是那种建立在经验研究之上，并为其他受训练的头脑验证过的知识——才需要有科学家。他的生命必将以一种宗教般的虔诚奉献给这一特殊的知识储备，并将它传给他的下一代同人们。如果这些职责被很好地执行了，人类就会有一种任其支配的稳步增长的"可靠"真理储备。对于一位因其专业而自认为是科学家的人来说，这种追求真正知识进步理想的道德责任感已经排挤掉了一切竞争的束缚。

教会、国家和家庭对这位科学家可能依然是很重要的，但是在他职业所涉及的圈子里却可能没有位置。要明白，科学仍然是一种亚文化，并非是完全独立的或有无上权力的思想王国。但是，它的道德奉献、成就以及戒律，使它很快就成为一种英美文化中需要认真对待的独特力量。

查尔斯·达尔文，在他1831年年底离家赴南美的时候，还不属于这个刚出现的科学同业群体。他是个外行，缺乏必要的训练和职业上的献身精神。他的父亲，一个富有的地方医生，希望儿子要么步他的后尘；要么，如果不行，就让他以做神父为生。这个儿子则很顺从地接受了父亲的劝告。在爱丁堡和剑桥的大学里追求这些职业目标的过程中，他确实努力涉猎了多种科学。他也熟识了一些著名的英国科学家，尤其是剑桥的植物学家约翰·亨斯洛。但是，因为目的是要实现父亲的愿望，所以他似乎从未产生过一种他也可能会认真从事一种科学生涯的念头。当1831年毕业的时候，他未来的事业似乎必然是通向某个偏僻乡村的牧师住宅，在那里，他可以安静地进行甲虫和贝壳的搜集。他在很小的时候就读过吉尔伯特·怀特的《塞尔波恩的自然史》，对这个人的古怪而有趣的质朴生活状况留下了强烈印象，这很能让人联想到达尔文对自己生活的向往。只是有了一个突然到来的几乎完全不可信的作为船上的自然博物学者去进行环球航行的机会，才打乱了那个设立已久的目标。由于海事委员会的标准不甚明确，加上他父亲的勉强同意，他获得了那个职位，并动身做探险航行。对此，他仅做了最简单的准备，甚至还不大懂得这种经历怎么会加入到他未来的牧师生涯中去。[②]

显然，这种早已有之的拖延寻找自己教区的意愿，至少说明他还缺少对塞尔波恩生活的某种热诚。实际上，达尔文在毕业的时候并不完

全知道自己真正想要做什么。造成这种犹豫不决的一个因素是另外一本

132　书：亚历山大·冯·洪堡关于1799—1804年间在拉丁美洲旅行的《自叙》。达尔文在后来的回忆中强调："我的整个生活方向都要归结于在青年时期反复阅读了"这部多卷本的著作，一部包括范围极广的杰作；它的作者被广泛认为是19世纪早期世界上的第一科学要人。地质学、气候学、物理学、自然史以及经济学全以一种给人深刻印象的方式综合汇集在这里。至少，"整个宇宙的自然外貌"都在洪堡的视野之内。而且洪堡也给了读者一部关于他探索过的自然景观的活泼、丰富多彩而又浪漫的记录——从特内里费岛到奥里诺科河的上游，一直到厄瓜多尔的钦博拉索山。在分享了这样令人心醉的佳酿之后，达尔文肯定发现，一个教区自然博物学者的生活情景是有点失色的。尽管他未受过专门训练，他仍然感到自己心中有"一种燃烧的激情，要去为建造那崇高的自然科学作出哪怕是微薄的贡献"。因此，当这个使他得以踏着洪堡的足迹去遥远的新大陆的幸福机会出现的时候，为了一种比较朦胧的自然旅行者的生活，他便暂时将他那宁静的未来束之高阁。③

　　他可能是一个外行和业余爱好者，但却逐渐认真地去改变这种状态，并在这个不轻易容纳外人的圈子里为自己寻得一个位置。除了他的测斜仪、气压表、显微镜以及地质锤子，他还给远航的船上装了一个备有主要科学著作的小图书室。1830年刚刚出版的查尔斯·莱尔的《地质学原理》第一卷也在其中。这本书和洪堡的书一起成为达尔文以后经历的主要向导；而莱尔则会成为激励达尔文建立他自己的事业的另一位个人榜样。再没有更好的榜样可选了，因为莱尔用那部独特的著作使自己成为英国科学机构中的重要领袖人物之一。然而，达尔文对良师的选择，并不仅仅建立在对机遇的精明分析上。像许多其他

人一样，他在《地质学原理》中发现了一种对待老学科的新颖而又令人兴奋的方法。当"贝格尔号"到达佛得角群岛时，达尔文对莱尔对待地质学的方式中那种高于任何其他作者的令人感叹的优越性，已经佩服得五体投地。莱尔甚至比洪堡更能在想成为科学家的人身上唤起一种可在职业能力——见解和训练有素的形成理论的能力——上发现的满足感。④

对洪堡和莱尔著作的阅读，使年轻的达尔文开始了一条不同于他原来计划的职业道路。他们还一起使他的科学研究自一开始就有了一种生态倾向。但当时，作为一门有清晰特征的学科，生态学还不存在；但是，在这个领域里确实存在着一连串的零散问题以及一些更加零散的观点。为了采用达尔文那样的观察方式来看南美，即从某种程度上说是通过一种生态学的多棱镜来看它，就有必要了解这两个人怎样影响了他的科学上的训练和观点。

* * *

亚历山大·冯·洪堡的所有著作都非常明确地具有一个特点——竭力要采取一种整体的自然观。1799 年，在去南美的前一天，在一封写给卡尔·弗雷斯利本的信中，洪堡对他的研究项目做了解释：

> 我将搜集植物和化石，并用最好的仪器去做天文观察。不过，这还不是我旅行的主要目的，我要努力去发现自然中的各种力量是怎样相互作用的，地理环境以怎样的方式对动物和植物施加着它的影响。总之，我一定要在自然的和谐方面有所发现。

毋庸怀疑，产生这种动力的原因，很大程度是洪堡早年与约翰·冯·歌德相识的结果。他们有一阵在耶拿的大学里一同听过课，亚历山大和他的弟弟威廉曾花了很多时间和歌德谈论自然和科学。他们都共同致力于分析性研究，并使这种研究保持在可看见更多更大有机联系的视角上。对亚历山大来说，这种态度也被用到了研究地理学和气候影响下植物和动物的生态相互作用上。[5]

在亚历山大·冯·洪堡的七卷本《自叙》中，有一卷标题为 134 《论植物的地理学》，1807 年在巴黎首次出版。它是在洪堡的旅伴艾梅·邦普兰德的帮助下写成的，题词献给歌德。这卷书表现了来自两方面的影响，一是浪漫主义哲学家对内在相互依存的广泛意识，另一个则是洪堡自己要给这种一体化的表象赋予某种更准确和更易处理的形式的愿望。《论植物的地理学》最主要的概念是，研究世界上的植物不但必须着眼于它们的不同种类关系，而且还要按照其生长的地理状况的关系去分类。洪堡称这些类别为"自然外貌分组"，他赋予这些类别不同涵义的 15 个种类分别由棕榈、杉、仙人掌、草、苔藓等占据主要地位。也就是说，主要类别的群落，都是根据组成其外表的最主要的物种命名的。这种分法的结果是把重点放在了植被中显而易见的类型上，并引向了一种基本上是从美学角度看待自然"大组合"的方法。[6]

自然景观的美学形式分类，仅仅是洪堡的目标之一，并注定在未来的地理科学上具有有限的影响。而且，他和邦普兰德还提出了这些不同类别植物的来源方面的问题：什么因素决定了那些植物应该以一种特殊习性去生长，从而造就了这些联系？对这个问题的经常回答是：气候。洪堡的重要贡献是认为，顺着地球的等温线去描一张图，它会生动地展现出世界气候的分布情况；反过来，它也证明了人们可以预料到在哪个地区能发现什么样的植物的规律。从他在安第斯山脉的探险中，他为植物地理工作者们引出了另一个理论工具。洪堡注意到，所有的热带山脉都纵向地分为一个系统的植物带，从最下面的雨林到接近或就在冰峰顶的苔藓和地衣这样排列着。而且，当一个人从赤道到两极旅行时，这同一植物带可以在同一水平方向被找到。他补充道，就这些分布类型而言，是不同的温度或气候起着决定作用。因为特别的物种都是相互依赖地结合在一起的，例如，一个物种的出现将需要另一个物种的存在。在任何情况下，不论其原因主要是气候的还是生态的，植物地理学家都必须把分布做为一种客观的科学来对待。他必然要成为一个统计学家，画出温度统计的表格，并且计算在不同的植物群落中所发现的物种比例。他认为，自然外貌划分的研究是一种美学工作，同时也是一种数学和科学工作。 135

洪堡所进行的这项工作实际上也是他全部的著作，使他成为生态生物学的开拓者。但遗憾的是，他避开了很多他能够开垦的领域。而且，就像他晚年所说的那样："我愿意这样想，当我出于知识上的好奇而错误地受到过多的各种各样的兴趣羁绊时，我还是在我的行程上留下了某些我走过的印迹。"他确实如此。达尔文这一代人从他的著作中所学到的不仅是对科学冒险的激情，对宽广的整体观点的需求以及那种研究植物学的地理学方法；他们还发现了某些自然的经济体系的复杂性，这些复杂性是不曾被 18 世纪的林奈学派注意到的。例如，洪堡教导他们说，要有比较地看待自然：把每个地区当作一种独特的依赖于局部或区域条件的生态集合体来看待，把他们一个挨一个地排列起来进行研究——从而形成沙漠生态学、大草原生态学、热带丛林生态学和北极荒原生态学。用这种方法，他设法把生态学的研究从其前辈们以世界为中心的抽象概念，扩大到许多自然经济规律的具体多样性上。一个更进步和具有高度意义的结果是，贬低了造物主从天堂的崇高位置上控制着地球及其独特生物系列或经济体系的作用；而把注意力转到了像气候这样的自然的各种力量，对独特有限的有机系统的创造重要性上。⑦

　　尽管如此，洪堡也还是能够飞向另一个极端，并试图从一个极大的角度把整个宇宙（Kosmos）都包容进来，——Kosmos 事实上成了他最后一部书的标题。尤其在后期的著作中，他反复谈到"一个通过生命的存在而富有生气的伟大整体"。他写道："综合的观点使我们习惯于把每一种生物当作世界总体的一部分来看待，并且意识到在植物中或动物中并不只是一些孤立的物种，而是在一个链条上与其他现有的或已灭绝了的生命形式相联结的生命形式。"如此之大和包含如此之多的综合体是很难与他的分析科学相一致的。尽管他从来也没有放弃对科学对待自然的价值的信任，却也确实承认存在着"一些尚待讨论的、也许无法解决的问题"，它们足以驳斥这种分析法；而且，在真正的知识领域之外，还存在着一个自然的"和谐的整体"，只有"活泼而深刻的感情"才能接近这个整体。⑧

　　把这种科学的特殊性与一种对自然的整体的审美感情混合成一个连贯的事业，是洪堡著作中一个基本的引人瞩目的愿望。他到拉丁美洲旅行的目的是要发展植物地理学这个新学科，但是他也急于去感受"一个国家由大山所保护和由古代森林所遮盖着的原始美"。他在《自叙》中表白："我急切地盼望着去关注大自然的所有种种野性和壮观景色。"他要去搜集某些对科学有用的事实的意图，在每一点上都是与这种美景和精神的探索相联结的。正像他的英文翻译所指出的：在洪堡"对这种了解进行冷静研究"的同时，他也被自然的壮丽所感动，并"以一往情深的热情尾随着它。在那种肃穆而壮观的景色中，在那种忧郁而神秘的孤寂中，自然用一种声音在说话；这声音得到了那颗有神秘同感的敏感心灵的充分理解"。这种溢美之词表明洪堡的著作在19世纪早期的读者中所具有的某种吸引力，这些读者不仅包括达尔文和歌德，而且还有查尔斯·莱尔、托马斯·杰弗逊、路易斯·阿加西斯、拉尔夫·沃尔多·爱默生和亨利·梭罗。由于洪堡的著作中的说理被寓于一个更大范围的感觉和情理之中，洪堡成了他那一时代最有名望的人物之一。像欧文·阿克内克特所说的，洪堡说服了他的许多同时代人从对自然的浪漫主义崇拜转向了更现代化的科学崇拜，这是完全不真实的。相反，洪堡的个人事业和成就表现了这两种信念的融合——使它们在实际上合而为一，从而使科学成为通向自然的谦恭的主要途径。⑨

当达尔文开始南美航行时，这位尚在工作的科学人物的特殊模式，对达尔文来说是具有重要意义的。在他重写的他本人的旅行记事中，达尔文提到洪堡的名字比任何其他人都要多。他从洪堡的榜样中懂得，一个科学旅行家，必须首先"是一个植物学家，因为总起来看，植物构成了地貌的主要细节"。而且，《研究日志》在其涉及的广阔范围中也反映出这位德国人的不断扩大的影响，如达尔文注意到奴隶制的腐败作用、在高耸的安第斯山中的大气电、智利的开矿技术、火地岛原始土著的习惯和外表、这个洲的动物活动范围。在整个航行中——从加纳里岛的特涅里夫到印度洋的毛里求斯——他都以极大的热情和特别细腻的笔触描述了自然景观的美丽。例如，当他首次来到新大陆的海岸巴伊亚时，他对巴西雨林的描写完全是洪堡的风格，也是分析性和深情的。他从巴西写信给亨斯洛教授说："在这里，我第一次见到了一个尽其所有的极其动人的伟大和壮观的热带森林——除了真实，没有任何思想能说明它是多么令人惊奇，多么壮观……我先前赞美过洪堡，现在则几乎是崇拜他了；只有他说出了第一次进入热带地区时……觉到的每一种概念。"[⑩]

　　　*　　　　　　*　　　　　　*

　　总的来说，有一个题目在洪堡的科学中是欠缺的，而这个题目将在达尔文自己的生态思想中具有主导地位——那就是冲突和暴力在自然中的中心地位。那位德国地理学家确实在委内瑞拉已观察到"人和人之间互相冲突的千篇一律的悲惨的景象"。他也描写过电鳗袭击正在河中游泳的马时特别令人作呕的景象。然而，对他来说，更特别注意的是"自然的和谐"，而不是它的战争。为了探求这个题目的根源，我们必须回到先前已经论述过的反田园主义的后浪漫主义的舆论环境中去，看看一种洪堡未曾参加过的反应。我们也必须考虑到一个在这138 方面的更纯粹的科学影响，一个甚至在形成达尔文的专业思想上会超过洪堡的影响：查尔斯·莱尔的《地质学原理》。达尔文的自然科学的真正精髓都来源于这本书的思想。[⑪]

　　地质学学科曾经一直是自然的经济学讨论的基础，不管怎样，植物和动物的联系，如果不留心它们之下的地面，几乎就不可能进行研究。尽管莱尔是一个地质学家，在另一个学科中做研究，他却在很多重要方面谈到生物学上的生态关系。最重要的是，他揭露了林奈模式中的很多严重弱点，这些弱点是不可能被新的科学头脑所容忍的。例如，那种旧的范式并不曾对地壳真正有多少年代以及那里到底发生过多少变化给出一个确切的说法。不错，在《自然的经济体系》中，林奈注意到时间是一种积极的力量；世界从诞生的那一刻起就被置于一个巨大的已经规定好的循环变化之中，并一直遵循着这种变化。但是，在那个过程中不曾有任何新的东西发现；就像一个不断旋转的门，把一个一成不变的生态学引诱了进去。

莱尔则从一个完全不同的假定出发来开始他的研究。他陈述道，世界永远是新的：自从上帝在很多世纪前开始创造它之后，它一直都处在这个创造过程中，而且它将要继续被创造和永远被再造。地球的表面并不是简单的一次性的非凡发明，而是各种显而易见的自然力量——风、雨、阳光——对脆弱的表层进行作用的结果。生态学从而也必须成为历史性的，它必须像地质学一样把现有的植物—动物内在关系的规律，看作一个自然中长期积累的结果，而不是被上帝一度安置好就此便永恒的体系。⑫

一块化石历史的发现，对这种看法的改变有很多影响。林奈那个时代以来，很多化石都是现已灭绝的物种的残迹，它们蕴藏在非常古老的岩层中，这已经是很明显的了。法国自然博物学者乔治·布丰的地球纪概念是一个在欧洲发展起来，用以说明这些遗迹的方法。布丰认为，世界是在一连串不同的阶段里被创造出来的，每一个阶段都要比先前一个阶段更先进，每个阶段都要因一个突发的或灾难性的大变动而中断，如诺亚时的洪水。就如考古学家乔治斯·卡维尔所描述的那样，这些突发性事件都呈现出极其可怕而惊心动魄的壮观。山爆炸了，海沸腾了，奇形怪状的动物在山崩地裂的轰隆声中被埋葬了。这些地球表面上的剧变发生在漫长的绵绵不断的平静当中，这个期间由暂时的各类不同的物种占据着，而这些物种全都注定有一天要灭亡。终于，随着人类的出现，地球的各种目的才最终被认识到了。山崩和

139

洪水都停止了，至高无上的理性的人类思想掌握了进步的方向，逐渐使地球变得适合文明的需要。⑬

遗憾的是，这个具有愉快结局的颇有戏剧性的理论，按莱尔的看法，一点也不符合已经观察到的事实。某些毫无疑问是很古老的化石，在地球上仍然有活的样板，这肯定意味着，第一，地球表面的剧变即使全然发生过，它们的破坏并非那么彻底；第二，地球的历史和它的生态学不可能被划分为齐崭崭的整阶段。除此之外，莱尔似乎更倾向于一种较温和的变迁和灭绝形式，而不赞同地球灾变论者。他感到自己的逐渐进化的演变体系要比灾变论者轰轰烈烈的革命史更合适一些。

然而，如果就此就做出结论说，莱尔的自然观在各方面都比欧洲自然科学家们的观点更平和，那也是不对的。相反，他给生态学的研究引入了一个暴力的主题，那是个从未在任何这些科学家中产生过的主题，是以个体或物种之间为了空间和食物的残酷竞争为依据的。这个主题出现在 1832 年出版的《原理》第二卷中。同年春天，旅行中的达尔文在到达乌拉圭的蒙得维的亚市时从邮件中收到了这本书。和第一卷不同，这一卷提出了生态联系是如何被确定的以及它们会被证明是如何不稳定这样一些令人困扰的问题。

作为一位历史地理学家，事实上就是那个学科的奠基者，莱尔集中研究了山系的上升和下降，洲与洲之间地峡的下沉和重现，以及河流和小溪的曲折迂回的路线。通过这些研究，他已经明确，现代植物和动物的联系，不可能精确地维持在同一点上；它们也必须随着地质变化的过程而移动。从洪堡的植物地理学中，莱尔已经知道要把自然看作是多样性的："一个各类物种的集合体在中国；另一个则到了黑海和里海；第三个则在地中海周围的那些地方，如此等等。"甚至一个小岛屿也可能有它独特的生物体系。海洋也同样，尽管它不是划分得那样清楚，明显地维持着不同的生态系统。莱尔所希冀的，不仅是要发现那些决定着这些特殊的划分的自然力，而且还要将它们看做是地球表面演化的伴随者。这条分析路线最终要导向一个被林奈学派所完全忽略了的问题：生物跨越陆地和海洋的不断迁移以及它们在自然的经济体系里迁移中的合作。在林奈的科学中，由各种物种所占据的地理位置，就如同物体自身一样是永恒的；上帝赋予每一种动物永久不变的"天性"，而且带着那个礼物走上了被指定的"位置"或者"场所"。甚至地质变化周期的发现也动摇不了那种信念：大象适于在非洲，麝鼠适于在美洲。但是，莱尔的地质学推翻了这种信念；而且莱尔也让自己去思考迁移是如何能够发生的以及它在生态学上会造成怎样的结果。⑭

　　对物种分布的活动情况所进行的彻底研究是莱尔对生态生物学所做的最重要的贡献。动物显然是能够走到新地点上去的，而且确实也到了那儿——至少在它们到达海洋或河流时为止。这时，其他的方法就开始起作用了，如离开陆地游泳过去，或顺便搭乘在一棵浮动的树上。鸟可以乘着强劲的风走完它们的路程，有时可能会被吹到很远的海上，如果运气好，它们就可以在遥远的荒岛上找到新家。种子也时常在旅行中——在肠子里，或在动物的背上，或被风和水流载着——被带到新的地方，移居者必须发现一个良好的生活条件，这样它才能在新停留的地方繁殖起来，如果没有这样的生活条件，它很快就会死亡。大概莱尔关于迁移现象的最好例子就是那只孤零零地在一块冰上漂流出海的格陵兰北极熊了。幸运的是，这个冰筏在其融化之前到了冰岛，这只熊也就爬上了岸；它环顾四周，没有发现同伴，却有大量新鲜的丰富的食物在等待着：鹿、海豹、鱼、狐狸。但是这种侵入的生态影响，在当地是带有毁灭性的：杀害了鹿和海豹，使草地和鱼群发生了改变；反过来，这些改变又影响了昆虫和蜗牛。莱尔写道："因此，绝对比例占很大数量的栖息者，包括陆上的和海上的，都可能由于一个新的物种在这个地区居住下来，而被永远地改变了；由此引起的间接变化也会分布伸入现有的各级物种中，而且几乎无穷无尽。"⑮

正如莱尔关于北极熊的例子所表明的，林奈对一个完美的永久平衡的自然的看法是犯了严重错误的。千万年的迁移和地质变化不断重复着这个例子，从而自然的经济体系也变成了一个极其复杂的内在联系不断改变的网络。在这个方面，还必须加上第一个引起变革的力量，它是由莱尔的地球历史研究法而引起关注的：作为自然平衡破坏者的人。在大不列颠居住了七八个世纪之后，人类侵略者已经完全灭绝了鸨、野马、野猪、河狸、狼和熊，同时也毁灭了大量的鹿、水獭、貂、臭鼬、野猫、狐狸、獾、鹰和乌鸦。这个灭绝过程在美洲，包括北美和南美，被欧洲人征服后进行得甚至更快。莱尔注意到，在所有的地方，人类都在想方设法把自然的种类缩减到一个较小的适用于人类经济目的的物种数目上。"人类可能在达到其目标方面是极其成功的，尽管植物相对来说孱弱了，动物生活的总数也大大减少了。"⑯

亨利·梭罗曾看到过肆意破坏的人类占有过程，就如同一个无赖撕掉一首诗集的书页一样。苏格兰诗人罗伯特·伯恩斯甚至为一只田鼠被赶出它的家园的情景所触动："我为人类的统治感到非常抱歉／它

摧毁了自然的社会关联。"不过，莱尔显然一点也没有因人类引起的 142
生态紊乱而感到遗憾或忏悔。他认为，暴力是自然的一个普遍规律，
因此是完全可接受的："不论在动物还是植物领域里，最没有意义和
微小的物种在使自己遍布全球的过程中，每一物种可能都要杀掉别的
千万个物种。"而且他坚持认为，比起由地质的力量引起的环境变化，
人对地球的生态影响是微不足道的。不论混乱的根源何在，最终会出
现一个新的平衡，尽管"建立这样一种新的、对众多相互冲突的原动
力有相对影响力的调节确实需要很多世纪的时间"。莱尔指出：人类
为了自身的利益，通过"借用被人类灭绝了的在自然的经济体系中不
存在了的低级生物的各种功能"，能够有助于建立这种新的平衡。⑰

　　在注意到自然的经济体系的不稳定性时，莱尔几乎是单枪匹马就
推翻了林奈学说的传统。或者说，他已经非常接近于这一步了——因
为，说来也够古怪的，他在很多方面仍然是林奈学说的信徒。他对这
位瑞典自然科学家的著作非常精通，而且经常在《原理》中提到《自
然的政治》和《自然的经济体系》。而且，从他对骚乱和变动的所有
揭示来看——或者就是因为这些骚乱和变动——他愿意在某种程度
上，就像那位较老的神学生态学家一样，相信一个静止状态的体系，
一个基本上是保守的自然。有时，他也要说，尽管有着变动的压力，
任何区域的植物—动物联系几乎都是难以改变的；或者，他也会坚持
认为，每个活动区域都已经由各个物种占据得太满了，因而不能再容
纳新来者。这后一种情况，他称之为"先占"原则：侵入者总是孤独
的，它面对着一个紧密交织建立已久的共同体；在那里可能已没有任
何位置可居留了。因此，迁移者只能通过取代另一个动物才能进来。
只有当这个居留地区本身从根本上发生变化时，它的气候或者地质状

况发生了变迁，当地的物种确实丧失了它们竞争的优越条件，才让位给能较好地适应这种情况的侵入者。但是，无论这种关于自然的稳定
143 平衡的论点怎样可信，它却严重地与莱尔的同样有力的关于动乱和不平衡现实的论点相抵触。⑱

　　一个相似的问题甚至更加明显地表明了莱尔接近 18 世纪自然史的倾向，但同时也在削弱它的主要思想。虽然他在岩石和地貌问题上是一个进化论者，他却完全保留着对物种的固定性的传统看法。对于上帝最初曾经神奇地创造了每种生物，并把每个物种最初的一对放在地球上的某个特殊角落里的这种教义，他未曾提出批评。可是，当然了，这种观点总是包含着固定的物种也意味着固定的生物群落的涵义。一种神的创世理论能够使自然的力量彻底维持植物和动物之中富有生气的内在依存关系吗？但是，除了提出这样一种看法外已经别无他法了：尽管在宗教上的传统教义要求地球生物的来源必须是神的创造成果的时候，迁移和侵入的证据已经说明了一种不断重新组合结盟的经济关系，尽管未能在使用上前后一致。这样，莱尔就控制了一出由一群不变的角色表演的，包括生态上的多样性的戏剧。应该肯定的是，他确实承认在这群演员中有着某些重要的变化。首先，存在着已经灭绝了的物种的化石。在这儿，他承认，一连串生物都必然要消失；从最初创造的那个完的世界来看，它们的数字总是在缩小。假如考虑到足够的时间以及来自人和生态上的干扰，这个数字最终要达到零。这种认识也证实了生态变化的另一个事实，因为在物种已经消失的地方总是要创造出新的平衡。⑲

　　不过，有一种与林奈派学说迥异而莱尔却毫不否认的思想。莱尔声称，自然就是"不断为争取生存而斗争"。从早期的观点来看，在

自然中被唯一发现的这种斗争是食肉动物和它的捕获物之间的斗争。但另一方面对莱尔来说更重要，那是两个个体之间为了同一种生活来源而进行的竞争。莱尔着重强调的这种新观点，大概有几分是从法国植物地理学家奥古斯丁·德·康多尔那里得来的。德·康多尔在1820年曾经写道：*"Toutes les plantes d'un pays，toutes celles d'un lieu donné，sont dans un état de guerre"* ——到处都有为争取食物和空间而进行的 144 战争。不过，莱尔早就独立地从他自己的生态学思想角度上向这同一结论发展了。一旦旧的神控制的模式被抛弃了，就像他在几个有限的领域里所做的那样，世界便成了霍布斯哲学的样子。如果所有的物种都生活在一个固定的永久不变的指定地点，也就不存在暴力竞争的理由了。但是，有了把动物们驱出它们的居栖地并让它们去寻找新家园的自然力量，无休止的冲突就成为可能。英国人正直接经历着这种生态现象，因为他们在19世纪曾不断地向新大陆移民。莱尔则强烈地被这种经历所触动，把这些倏忽即逝的状态和斗争的情况拉到了永恒的生态规律的高度。[20]

＊　　　　　　＊　　　　　　＊

由于带着两卷莱尔的《地质学原理》，查尔斯·达尔文学会了怎样去看南美的景观并对地下进行观察。他懂得了他在阿根廷边疆所发现的环境混乱的意义；他能够对安第斯山的岩层及其砂石平原有所认识；而且，他也已准备好到加拉帕戈斯群岛去了解关于从美洲和其他太平洋沿岸会聚在那里的卓绝的迁徙，在曾经未有任何居住者的火山造成的荒僻地方，建起一个独特生态系统的情况。完全是偶然的机会，而不是上帝，把巨龟、鬣蜥蜴、莺雀和所有其他的动物带到了这些遥远的岩石上，而且把它们组织成一个相互内在依存着的社会。同样的偶然性，在将来也可能会给那个社会带来一个新的结构。最重要的是，这个贝格尔号上正在成长的自然科学家，从莱尔那里获得了一种对自然的经济体系里必然要发生冲突的认识。他将像洪堡那样继续探索那种把所有的生物造成一个独特、和谐、有内在依存的整体的自然中的生物。而且他把更多的注意力放在生存的竞争上，那是处在创造与毁灭的无休止的苦斗中的世界所不可避免的结果。

第八章　争夺位置

达尔文26岁时已经在环球航行中度过了5年。他从那种在许多 145
方面都优越于他在国内未受过的专业训练的科学教育中获益良多。当他还在旅途中的时候，他寄回英国的那些优质的搜集品和报告就已经开始引起人们注意。剑桥的地质学伍德沃德荣誉教授亚当·塞奇威克就曾预言，达尔文将会很快跻身于新的学术专业领域的权威人士之中："对他来说，出国去进行航海发现是世界上最好的事情。以前曾有着某种使他成为游手好闲之士的危险，但现在他的性格将会稳定下来，而且，如果上帝怜惜他的生命，他将在欧洲的自然博物学者中享有伟大的声誉。"①

而达尔文自己，即使在回国被伦敦的科学家们热情接纳之后，私下里仍然不能肯定自己在那个令人羡慕的职业上的地位。毫无疑问，他能够献身于科学，他也应该做那种选择。他从父亲那里得到了一大笔收入，1839年又与住在斯塔福德郡陶品产地的表妹爱玛·威奇伍德结婚，给了他经济上的更多保证。然而，钱买不来那种持续的专业成功最基本的要求：动力、自信、承认或成就。不论别人可能对他有着怎样的期望，达尔文个人还远不能确信他有可能赢得一个科学家的
声誉和认可。只是在他晚年，当他已经取得在英国科学界确定无疑的 146
德高望重的地位时，他才允许自己有一个对自我满意的评价，而即使

在这时，也是以非常谨慎地混合着自我否定的谦虚态度来对待的。从他的童年时代起直到他成年后的整个职业生涯中，他一直在两极中摇摆：一极是要在面临着所有的竞争或敌意的情况下，勇敢地走自己的路的愿望；而另一极是从这种个人逞能的竞技场中撤出来的渴望。毫无疑问，这种极为矛盾的双重情感可以追溯到他父亲的专制的批评态度，力图左右他去过一种"丰富多彩"的生活，但也因此削弱了他的独立精神和自信心。这使他先是向往塞尔波恩的生活方式，然后又到了南美；这也使他来到伦敦，然后再一次撤回去。在半个世纪里，他的经历一直是不稳定和矛盾的。

达尔文于1836年回国后，马上便投身于那个庞大的工作当中：对他的搜集品进行彻底的整理，寻找那些能够答应对它们进行分类鉴别的科学家，写出他的旅行记录。他被选为伦敦地质学会的秘书，并被接受为皇家学会的成员。他经常与那些知名人士为伴：莱尔、约瑟夫·胡克、罗伯特·布朗、约翰·赫谢尔——全是科学家——以及像托马斯·卡莱尔、哈丽雅特·马丁尼，和托马斯·麦考利这样一些著名作家。然而，这种活跃的生活，很快就使他的体力难支了。到1839年年底，他被迫放弃了城市知识分子的这种辛苦的社会活动；参加各种聚会、交谈及争取赞誉所要求的体力显然超出了他的能力。无疑，在南美得的一种病至少是他逐渐严重的神经衰弱的部分原因。不过，大概也有一些心理因素，尤其是一种对直接接触竞争的恐惧，促使他坚持必须现在就撤出来，然后隐入一个比较宁静的角落。他寻求轻松以避开喧闹，最重要的是要找到一个可以隐居的避难所。这是"无法忍受的"，他在1838年的日记中写道，"想到一个人的一生就像一只工蜂似地度过，工作，工作，最终什么也没有，这是无法忍受的"。

当他进入这一行列时，他确实常常想到结婚的可能，而且不久以后， 147
他便明显地转到维多利亚式的隐居生活理想中去了："一个躺在沙发上
的姣美温柔的妻子，加上熊熊燃烧的炉火，大概还有书和音乐。"他
希望在有妻子和家庭的环境中，得到一个他竞争失败的安全岛。他补
充说："把这种美景与大莫尔伯勒街上昏暗肮脏的现实比较一下。"于
是，这样一来，和别的伦敦中产阶级的专业人员一样，他开始尝试生
活在两种不同的世界中：在外为地位而奋斗；在家过舒适的书斋生
活。②

　　然而，这种双重生活的安排在达尔文那里未延续很久。在伦敦，
不论是作为单身汉或是已婚者，要达尔文远离争取成功的角斗是不可
能的。这个包围着他的大城市，在他的书信中时不时地被描述成"丑
陋的"、"讨厌的"、"令人憎恶的"和"肮脏的"。而且，他讨厌的不
只是污浊的气氛，他发现那里的几乎每一种联系，不论是社会的或专
业的，都是一种痛苦的应战。他需要一种他比较能够控制的环境，在
这种环境中，他可以躲避这些侵扰及其代表的现代竞争生活。1841
年，他写信给莱尔：

　　　　尝试"竞争属于强者"，以及了解了我大概除了随声附会去
　　赞扬别人在科学上的成就外再也不能做什么了，这一直是令我痛
　　苦的丢面子的事情。

　　同年，他辞去了地质学会秘书一职；第二年，他在位于肯特郡从
城里乘马车只有 20 英里就可到达的小村庄唐恩买下了一所乡村房屋。
在他看来，这是"一所很结实也很难看的带有 18 英亩地的房子，坐

落在石灰质的平原上，海拔 560 英尺。那里所显露的是偏僻遥远的乡村，景色并不很美。它的主要优点是它绝对的乡村特色。我想我从来还不曾到过一个更完美宁静的乡村。……我们绝对是在世界的最边缘了"。在这里，在以后的 40 年里，他将在隐居中研究他的科学，只是偶尔招待几个他最亲近的朋友。在 33 岁的时候，他已经找到了一个永久的"没有什么可以联想到伦敦邻居的、奇异地越出社会的"天堂，以后，他便成了一位郊区人的典型——城市知识分子的一部分，而又不是它的一部分。随着年纪的增长，他彻底终止了到另一个社会的旅行，至少从肉体上说，他完全隔绝于科学和各种事务的中心了。[③]

148

　　1842 年，在达尔文离开城市把自己隔离在唐恩的时候，另一个人开始研究曾经奠定了英国工业实力的"伟大的城镇"。弗里德里希·恩格斯，一位德国棉业制造商的儿子和卡尔·马克思后来的合作者，发现在那个新的都市环境中，正在进行着一场激烈的"一切反对一切的战争"。"街道上无休止的喧嚣活动"在他看来就是摧毁社会和谐与团结的证据，是一种无政府主义状态的现象。

　　我们相当了解，这种个人的隔离——一种狭隘的自我中心主义——是遍及现代社会的基本原则。但是，在任何地方这种自私的自我中心主义都没有像在这个疯狂的喧闹的大城市里表现得那样明显。社会分裂成个体，每个人都由自己的原则引导，每个人都在追求他自己的目标。这种情况在伦敦已被推到了最大的极限。在这里，人类社会事实上已被分解成它的各个原子。

　　按恩格斯的看法，英国人已经使这种对自身利益的追求成为他们至高无上的美德，而且认可了富有的资本家对穷人的残酷剥削。这种批评的真实程度如何，在这里并无关紧要，重要的是，它证明了这个城市对某些具有洞察力的访问者的影响。至少对恩格斯来说，从其所有显赫的机构和组织来看，伦敦都是一个阴沉沉的充满着紧张、自私和缺乏安全感的社会。④

　　达尔文确实也到过这个城市，但是作为一个客人，在那里只住了6年，并为获得专业上的喝彩而竞争着。在他一生中，这只是一个很短的阶段，但是其时间长度和紧张程度已足以深刻地影响他的思考——或至少是确认了他早已开始在其他地方领会到的那些东西。和恩格斯一样，他肯定是带着那种对"一切反对一切的战争"的强烈感受而离去的。但是，那位社会主义者把竞争解释为西方社会中不受约束的新经济力量的特有的结果，与之不同，达尔文的结论是他再次看到了自然在运行中的不可避免的规律。因此，他这几年在这个城市里的研究所得出的生态学模式，也侧重于竞争者们为争夺生活资料而产生的个体冲突。毫无疑问，他在伦敦的生活似乎证实了他在南美和加拉帕戈斯群岛上所看到的现象。在他搬到唐恩后很久，他的看法仍然保留着对那个激烈的城市竞争场面的痕迹。

　　所以，达尔文在伦敦的那几年，不只代表着他从青年时代的冒险向宁静温馨的婚姻转换，而且属于他一生中那些最有决定性意义的插曲，给了他对其科学和思想施加了最后影响的各种经验。除了所有这些思想上的决定因素，一个最为人知的因素仍然值得一提：一本特别有力地支持了达尔文的环境分析的书。达尔文当时正开始着手整理这些分析。1838年10月，他首次读了托马斯·马尔萨斯的《人口论》。它的直接作用是惊人的。它刹那间证实了所有他早先就感到是真实的一切。在达尔文 1876 年的自传中，他写道：

> 为了消遣，我偶然读了马尔萨斯的《人口论》，而且一直准
> 备着按照长期不断对动植物习性的观察，来欣赏到处都在进行着
> 的生存竞争；但它立即使我认为，在这样的情况下，良好的变种
> 将会被保存下来，而不好的变种则会遭到毁灭。这种情况的结果
> 则将是新物种的形成。

　　在这一刻先不要去管关于物种的论点，马尔萨斯的影响不只是
一条引向进化理论的线索。也不要去注意第一句话，因为它在达尔文
说明他读马尔萨斯的书只是为了"消遣"时肯定是有点直率的:《人
口论》是英国在 19 世纪前半期出版的一本被认为最不可供人消遣的
书（马尔萨斯自己也承认，他的著作充满着"忧郁的色彩"）。似乎比
较可能的是，达尔文求助于《人口论》是为了寻求一个对那种混乱的
骚动，那种不熟悉的充满推力和引力的都市社会，那种他在周围所感
受到的和令他感到恐惧的社会的解释。总之，达尔文阅读马尔萨斯的
书，可以说成是英美生态思想历史上的一个独特的具有极大意义的事
150 件。由于马尔萨斯的观点对（达尔文理论）的形成具有特别重要的意
义，有必要在此对它进行一些探讨。⑤

　　　　　　　＊　　　　　　　＊　　　　　　　＊

　　正是马尔萨斯在 18 世纪末，使人们有理由把政治经济体系的新
研究称做"忧郁的科学"。受那个时期严重的饥荒，迅速的工业化造
成的社会变动，以及要求纳税者赈济的穷人数字的增长等问题的困
扰，牧师马尔萨斯计算出了他的悲剧性比率。他声称，充其量，食品

也只能按照算术级数来增长（1，2，3，4，以此类推），而同时，人口却是以几何级数在增长（1，2，4，8，16，以此类推）。显然，人口因此必然最终要超出食品的供应，同时则带来工资的竞争应付上涨的物价，最后则是那些"不幸的人"的悲惨和饥饿，这些人在生活彩票中"没能中奖"。马尔萨斯的书写于1798年，当时怀特的《塞尔波恩的自然史》出版后仅仅过了9年，他不可能在许多方面已经与那位神父生态学家意见相左。他警告说，上帝不会完全用慈善之手来管理自然的经济体系。"生命的种子"毫不吝惜地撒在土地上，而"自然在空间上和必须喂养它们的营养品上是相对贫乏的"。人类也不可能逃脱"这个适用于整个活生生的自然的法则"。像对其他物种一样，造物主使人类的繁殖能力具有优于土壤生产食品的能力的力量。这个矛盾必然要导致一种无尽的循环：先是扩大，然后是悲惨的竞争，最终则是强制性的缩小。借着这种不幸的循环，马尔萨斯把一种新的生态上的重要性引入到亚当·斯密的人类经济学的研究中，同时对自然的经济体系做了一个令人忧郁的估计。按照他的看法，那种平衡的状态，必然是以一种最不幸的，由上帝精心制造出来的，人口和资源之间的不平衡为基础的。⑥

　　正如现在众所周知的，马尔萨斯是为了驳斥乌托邦的梦想而写了《人口论》。但是他对怀旧的田园诗般的农业幻想也有同样强烈的悲观情绪。他眼中的工业革命及其纷扰，不大像一种新奇和不可抑制的经济史上的转变，而像人的生殖负担一样，是长期酝酿成的，由造物主亲自加在这个物种身上的诅咒不可避免的结果。因为随着人口的增长，农村的景观必然要被工厂、住宅和大城市所取代。如果人类应该再次返回到一个不知道战争和竞争的伊甸园里，在那里"不存在不道

151

德的买卖和工业"，在那里"人群不再汇集在巨大的风俗败坏的城市中"，那他们也会因为过度的生殖而再度毁掉他们的天堂。马尔萨斯不接受那种工厂主或乌托邦的学者们会造就无限的物质富足的预言，而且他也未能发现一种在旧的农业状态中真正可通向工业经济的途径。这两种理想都忽略了人类性能力上的问题。⑦

不过，即使是这位悲观主义者也有他的宽慰之处。对马尔萨斯来说，宽慰存在于他真诚而热烈的信念中。他认为，"世界上存在着邪恶，邪恶不创造绝望，而创造行动。我们不要忍耐着去服从邪恶，而要让我们自己奋起去避免它。"只有用这种方式，他才能解释为什么上帝设计了这样一个世界，在这个世界里，吃饭者自身繁殖的能力"超过了"地球生产食物的能力。解释只能是简单的：没有这样一种残酷的注定的命运，人类很久以前就会懈怠下来，坠入懒散的野蛮状态。只有饥饿的威胁才会激励他去发挥全部的能力，并朝着文明前进——这是一个马尔萨斯认为具有明显的神所许可的目标。换言之，马尔萨斯有他自己的一套关于进步的信条的解释。但是田园主义和乌托邦主义不仅忽视了自然的不可避免的规律，而且抹杀了劳动和自我修养的必要；而只有劳动和自我修养才能使人类获得高尚的美德。一个物种的灾难——由于不断增长的人口所导致的艰苦劳作——就非常合理地变成了一种祝福。缺少人口过剩的刺激和压力，进步就有可能终结，同时技术也会停滞不前。从根本上说，这正是马尔萨斯的狂热信念，即人类必须遵循耶和华的指示去垦殖和再次使土地丰硕起来，并达到完全控制它。地球上一切未有人迹的、偏远的地方必然有一天要服从犁的支配。尽管每一步都笼罩着入不敷出的可怕后果的阴影，人类还152 是负有这个神圣使命：驯服地球及其一切动物。为了帮助达到那个目的，上帝便安排了这个在运行中的令人敬畏的再生力量。[8]

"任何地区的人口容量都有严格限度"，这个观点并没有什么新颖的东西。例如林奈学派的自然科学家们早就在强调把每个物种限定在一定范围内的必要性。马尔萨斯理论的那种史无前例的观点，是那种铁定比率和他对就要逼近的民族启示的警告。而且就在这儿，他可能实际已经因一种严格简化了的机械论的说理方式造成的一系列逻辑上的弱点而受到批评。例如，他根据北美的各种报道来理解人口的几何级数增长。他的结论是，由于未受到邪恶和匮乏的扼制，所以那里的人口每隔15—25年便必然会增加一倍。根据这种假设的富裕环境及其居民对家庭规模大小的态度，他抽象出了一种他认为的整个人类的正常繁殖"能力"，并把这种生殖率应用到英国的极不相同的环境中来。在这样做的过程中，他假设人类就像一台新的水力织布机，肯定会以同样稳定的速率进行生产；又如同一台生育机器，作为生物的人类几乎无力去改变其性行为。

尽管结论是比较悲观的，马尔萨斯的生殖力理论仍然按照18世纪的自然科学家们所遵循的同一个狭窄逻辑，形成了自己的特点。和那些自然科学家一样，他把个别的生物从其在自然经济体系中的位置上抽象出来，然后根据一种由上帝在创世的那一时刻就已被输入的一系列不变的独立的性质来讨论它的"天性"。对环境的适应仅仅是在一个运转单位内，基本上根据原子论的各部分的外部命令而进行的机械性调节。单个的生物在这一过程中是一个完全被动的部分。同样地，自然中的生殖力也是按照它好像是一个机械装置那样来计算的。例如，马尔萨斯曾论述过大象的繁殖率，俨如在开始时它就被赋予了一种功能，它贯穿于这个物种的始终，而且在所有情况下都保持着一致。这样，就只有来自食肉动物的抑制——或是苍蝇，或是人类——
153 才能阻止大象在地球上泛滥。换句话说，生物学上的繁殖率被看成是
一种原因，而不是一种生态关系的结果。在一个物种的繁殖力被确立
之后，外部的抑制也必须被设计出来并应用起来。生物并没有被赋予
一种可根据环境调整、控制其自身繁殖的能力。

在马尔萨斯这本著作后来的版本中，他稍稍缓和了自己原来的
悲观主义，至少还给了人类某种控制其繁殖能力的办法。他承认，教
育或者文化上的变革——尤其是教导下层阶级树立自我控制和责任
感——会限制家庭的规模并降低增长的比率。然而，当时这个忧郁的
比率已经成为资本主义民俗的一部分。所有的工厂主都能在这一思想
中找到安慰：悲惨在科学上是不可避免的；慈悲只能使问题变得更糟
糕。从马尔萨斯那里，这个时代知道了一个"专横的无所不在的自然
法则"——一个严峻的由上帝安排的人口压力。

当达尔文读《人口论》的时候，他完全信服地接受了马尔萨斯关
于出生率的理论。他同意，每一种有机物都有一种固定的生殖模式，
这种模式在这种有机物与其他物种发生关系之前就已经作为它的一部
分特性而树立起来了，因此也就不可能去适应不同的环境条件。所以
他把出生率看作是理所当然的。这是一个被推论出来的道理，是他所
有的生态学思考所必须依赖的基础，是自然的经济体系的最根本的决
定性因素。但是，出生率本身是由什么决定的？和马尔萨斯不同，达
尔文不愿意让上帝为这个力量负责任。作为一位科学家，他有责任去
探索足以引起注意的造成所有自然现象的原因，诸如莺雀的变迁，古
代贫齿动物的灭绝，或地球地质史的各种现象。但确实令人奇怪的
是，他从来不把同一种自然主义的分析应用到他到处都在使用的出生

率发展上去。在这个问题上，出生率是非常简单的：它是一种固定不变的、永恒的力量，不会因个人的愿望或社会的影响而做修改。它是一种占有性的力量，从来不是被占有的。

不论达尔文是首次读到或在他一生中读马尔萨斯著作的其他任何时候，他都没有对人口和食物增长的比率差别做过解释。这样一种令人不快的状态是为了达到什么目的？按马尔萨斯的说法，只有上帝才对这种不平衡负有责任；上帝创造了它好让动物们忙碌和工作。而达尔文却完全不重视把这种不幸的矛盾加以合理说明的挑战。对他来说，他已经在自然界中观察到了一种为生存而进行的争夺——它肯定证明了这个事实上的比率，而不论其目的如何——这就足够了。但是在别的领域里，他是不会对目的论上的问题保持坦然的，尽管他相信，在自然界中要达到的目的是属于各个生物的，而不是属于上帝的。他已经开始认识到，一种生物的特性并不是被神圣地规定好的，而是一种长期的实际的选择过程的结果，从而使物种能够更好地适应其环境的要求。随之而来的似乎就应该是，生殖力也是一种特性，自然选择根据这种特性而发生作用，以便保留优良的品种。繁殖上的所有有关部分——性能力、交配季节、怀孕期限、一次或一窝产仔的多少——都必然在很大程度上适应了生态环境。一种不断超越其食品供应的有机物，是不会存在很久的；因此，自然选择对出生率的作用将是使这种特性与其居住和谐起来，不使两方面发生矛盾。为了确保一个物种的利益和生存，出生率会朝着利于生长的最佳点演变——既不会使后代过多以致得不到喂养，也不会使其太少而不能保证新一代的存在。这样一种论点是完全符合达尔文自己的那种目的论思考方式的。它也将说明，马尔萨斯的比率总的来说是错误的，除了

154

在生态干扰的特殊条件下，旧的生殖力—资源调节机制崩溃的时候，自然界中对暴力和冲突的侧重也会大大降低。然而，达尔文没有去研究它，而只是简单地接受了马尔萨斯的思路，并且似乎后来也没有再去思考过这个问题。⑨

一个不可抗拒的革命的推论

155　　在读马尔萨斯著作的同时，达尔文的各种事务都有了头绪。自从回到英国以来，他一直在思索物种的问题，同时感到其中可能存在着一个能使他得到科学家称号的机会。在他之前，也曾有人试图说明，物种不是被创造出来的，而是演变而来的：他的祖父伊拉兹马斯·达尔文，琼·拉马克，以及威廉·钱伯斯，这些只是一些最重要的人的名字。但他们全都失败了，而且事实上成为科学界权威们的笑料。达尔文决心不犯他们的错误，他要等到他已经研究出一个比较可靠的，甚至是不可动摇的进化理论的时候，才向他的任何一个专业同仁进行通报。1837年夏天，在他仍然是个住在伦敦的单身汉的时候，他打开了他的第一本关于"物种的变异"的笔记。他在南美的观察已使他确信，物种可能通过自然的方式产生；那么他的笔记的标题所表露的概念，对他来说并不是一个未解决的问题，而是一个仅需说明的事实。他想知道，使进化得以完成的这种媒介——或者，用科学的语言说，"机制"——究竟是什么？到1838年秋天，回国才只有两年，他发现了那个机制：进化是自然选择的产物。那些能更好地应付其环境条件的生物，在马尔萨斯所说的缺少食物或其他必需品的条件下，一定会把它们的竞争者驱逐出去。同一个物种中的任何个体变异——一个为林奈学派一直忽视的因素——现在成了生存的极为重要的决定因素，并且通过几代的积累发展，成为地球上新物种进化的基础。达尔文在加拉帕戈斯群岛所遇到的"奥秘中的奥秘"终于得以揭示出来。⑩

21 年之后，这个以自然选择为基础的进化理论在达尔文的《物种起源》中，向公众和科学界公开发表。在 20 年当中，他搜集了数量惊人的资料来说明他的理论，同时也从胚胎学、比较解剖学、古生物学以及动物繁殖这些方面去寻找依据。然而，有一点非常明确，即达尔文的进化理论是以生态学为基础的。他不了解近代遗传学，对个体变异的原因也没有一定的概念。早期的进化论者们或相信不同物种中形体上的相似性，或在胎儿的发育中发现了其所属族类进化过程的重演；达尔文 156 则和他们不同，他认为进化是他根据地理分布和自然界的经济斗争所观察到的结果。因此，他从一开始就赋予他的理论一种生态学的形式，而且，此后一直保持着这一形式。在 1838 年年底他的各种思想已初步合成时，他的理论就具有这个形式；1842 年他匆忙写成了一篇为他个人使用的简短的大纲，具有这个形式；1844 年又完成了一篇冗长的关于他的假说的论文时也具有这个形式。而在 1859 年《物种起源》正式出版时这个形式仍然存在。因为这种了不起的坚韧不拔的精神，即使不去在细节上回顾这些年月，达尔文理论的最后推论也能被重建起来。⑪

尽管达尔文从没有单独把这一点突出出来，他所建立起来的最根本的思想是，地球上的一切幸存者都是由社会决定的。自然界是"一个复杂的关系网"，他写道，而且没有一种个体有机物或物种能够独立地生活在这个网络之外。一个相应的设想是，即使最微不足道的动物对于它们相联系的物种的利益也是很重要的；至少在某些地方，它们是"社会的成员，或许在先前的某个时刻可能就已是如此了"。这些被达尔文称之为"完美的共同适应性因素"似乎常常是很特别的。例如，寄生的槲只能从某些种类的树上取得它们的营养，它的种子只被某些种类的鸟传播；它的花则由某些种类的昆虫去授粉。这类关系引起了达尔文的特别注意，不仅因为它们的精巧，而且因为它们提供了一个证据：大自然是关于协作一致性的"一幅巨大的图景"。林奈学派的"自然的经济体系"和洪堡关于多重依附性的共同体的研究，在达尔文本人关于生态学的依附关系的观点的形成上都是非常重要的。⑫

157　　达尔文在其推论的第二步中，又一次非常密切追随着18世纪的自然科学家们。他认为，自然的经济体系不只是一种在运转当中的生物的结合；抽象地考虑，这是一个"位置（place）"的体系，或者是后来的生态学者们称作"小生境（niches）"的体系。有时候，达尔文则更愿意用一个比较官僚味的词"职位（office）"，这是他从林奈的《自然的政治》中借来的。不论怎样，这个词一般都意味着一种供养作用，或者是有机物的食物来源；例如，加拉帕戈斯群岛上食取海藻的鬣蜥蜴，就占据着那个由南美沿海草生植物所控制的"自然中的同一位置"。有时，达尔文的"位置"概念则涉及一种比较复杂的和包含一切的行为模式。例如，鲸和海豚，尽管是恒温动物，在现代所占据的位置，包括习性和整个生活方式，在中生代时期是由鱼龙——一种冷血爬行类所据有的。与上帝意旨论者一样，达尔文的"位置"概念与生物是完全隔离的——实际上，达尔文更强调这一点，因为他懂得，在地球漫长的历史中，大量的不同物种可能占据着同一个位置。使位置与占据者隔离开来的早期过程，从方法论上说，完全是柏拉图式的：位置是上帝创造居民去填充位置之前心中已存在的概念。达尔文则相反，他用科学家的思想代替了上帝的思想。是人从自然的各种复杂的经济关系中概括出了区别于整体的完美的分类。像类似的关于物种、位置或职位的概念，它们所包涵的是描述性的而不是法定的意义——被科学家用来对照固定不变的神意的简单分析工具。而且这种位置的概念也遇到了抽象化的共同命运，很快在达尔文的思想上便像在林奈的思想上一样坚定地具体化了。在所有他注意到的地方，他看见的都是同样的经济位置：一个假设的组织因素，自然界必须使它的万物适合于这个组织，因此加拉帕戈斯群岛的巨龟和北美的野牛都被看做是履行自然界的同一职务。尽管它们是在完全不同的世界里生活。⑬

正是在他的第三步推论上，达尔文极其明确地与传统的生态观决裂了，这要感谢莱尔和马尔萨斯的协助。他已经认识到，没有一个物种能够在自然的经济体系中永远占据着一个特别的位置。每时每刻，每个位置为谁所得是难以预测的，而且或迟或早总会发现有一种替换，老居民会被剔除，结果只有灭亡。1859年，达尔文写道："所 158 有生物都在努力攫取自然的经济体系中的每一个位置。"兄弟姐妹们相互进行斗争以填补他们的父母刚刚空出来的位置，甚至在这位置空出之前斗争就开始了。侵略者们进入一个国家，并为自己寻求一个位置。这种不断竞争的结果是整个经济体系都在向一个总体上更高的效率前进着。另一方面，达尔文也承认，自然的经济体系从来也不是一个尽善尽美的系统。某些在位者以一种不同寻常的坚韧性维护着他们的位置，并打败其他竞争者的挑战，然而即使如此有能力者，也只能获得暂时安全。其他的在位者则只能在更有能力的物种将他们挤到一边之前占据着他们的位置。⑭

自然可能是不完美的，从而能够在其任何部分，或者在其整体上接受竞争性的改进：这是对 18 世纪生态学家的理论的激变。达尔文确信，自然的经济体系中只包含着数目有限的空位，这就更进一步增加了自然界冲突的可能性。在读过马尔萨斯的著作后不久，他在笔记上粗略地写道："人们可能要说，有一种力量，就像千万个楔子，竭力要把每一种结构都打入到自然的经济体系的缝隙中去，或者更确切地说是通过把较弱的楔子挤出去而造成缝隙。"非常简单，生命的数量对于这个体系中可适用的位置的数量来说，是太多了。存在着长期的劳动力过剩问题。新的位置可能是由急剧的环境变化而创造出来的，像气候的变暖就是一种，然而上述的过程大概也会消除现有的空缺。这样，达尔文便用他自己的术语改装了马尔萨斯的理论：自然体系中位置的总数必定是完全不变的，而同时各种新生物类型则必然加倍地增长。随着这些新型物种不断出现，某些旧的物种和大多数新的物种肯定会灭绝，因为"在自然的政治体系中的位置数目并不是无限大的"。事实上，达尔文是认为，几乎所有可想象到的经济职务已经被占满了，而且被顽强地坚守着，迫使各种形式的生命——新的和旧的——之间处于不断对抗的状态："我们知道自然装得是多么满，而每一个成员又是多么妙地坚守着它的位置。"⑮

159　　在 1844 年的论文中，达尔文首次试图解释遗传变异的性质——这是他的生态模式的第四步。他的思索是，在地质变革的各个时期里，植物和动物遇到各种不熟悉的神秘地影响着它们的"胚囊"状况，致使它们的后代出现了明显的变异。可能产生同一种结果的情况是，一种动物会迁移到一种新的环境去，在那里，它的后代大概也将迅速地表现出新的特性。在匮乏时期，这种变异会导致双亲和后代之间的竞争，这种竞争"不是常态，而只是在很短的阶段中以轻微的程度反复发生"。这样自然界从表面上看来，似乎在绵绵无期的漫长时期里一直是平静和无变化的。而且，当达尔文观察到自然选择必然是多种生物的原因时，达尔文便开始降低为造成竞争优势需要的变异程度。在这同时，他扩大了对激烈的生存竞争的各个阶段长度的估计。与其说主要的环境变化引起了一种急剧的散在的变异，不如说自然选择过程所需的变异，在由正常的繁殖所产生的后代中，似乎很有可能通常只有很小的甚至是微小的差别。他在《物种起源》中写道："一种最微不足道的变异也常常会使一种生物战胜另一种。"⑯

达尔文依照他的模式中的这一观点，创立了一种经过生态演替而进化的理论。在他提出这个理论时，他已经达到了"一种真正的、关于某些物种死去，别的物种便取代它们"的认识。这个经济体系总在其抽象的形象上维持着稳定性，但是由于其成员总是在变化，所以它从来不是完全相同的。就进化而言，按这个理论便存在着两种新物种得以出现和生存的途径。通过第一个途径，新的变异证明在竞争中是比较成功的，并且取代了某种另外的生物的位置。通过第二种途径，有一个位置不知道为什么恰好是空的，于是一个变异的物种攫取了它。所以达尔文写道："如果所有的人都死了，那猴子就创造人，人则创造天使。"后一种途径所介入的竞争要少得多，但是，在一个拥挤的社会中能发现未派上用场的空位的机会也是极少的。然而，人们有时可能会发现一个场所中的席位尚未被占满。160加拉帕戈斯群岛便正是这样一种情况，它们浮现出来得太晚，而且隔离得太远，因此至今也只有几种动物前来开发那里未被利用的资源。不存在许多竞争者争夺一个空位的情况，使得莺雀可以迁入很多适宜的位置，并产生一些在广阔的可以自由竞争的大陆地区不可能有的变异，在这些地区，不断的迁徙和强劲的对手总是将它们关入笼中。因此，在这个"人烟"稀少的地区，巨龟能够进化成主要食草的角色。只有在这样一种地理隔绝的情况下——例如群岛或者是高山峡谷——一个单独的种类才可能占据那么多位置，并且做着在别的地方是由其他物种所做的工作。而且，这种情况还创造了一个极其脆弱的生态学：在一个竞争最少的世界中，每个生物对新的迁徙者的抵制最终也必然是微弱的。⑰

　　但是，在达尔文的推论中，正如这里所重述的，存在着一系列谬误。至今，他还停留在林奈的思想境界里，把自然中的"指定位置"看做是不变的，并且在数量上是有限的。然而，作为一个地球历史学家，他知道，自然的经济体系本身的形成及其成员都是进化的。自从第一个单细胞生物在自然经济体系温暖的浅海中蠕动以来，它已经广泛地扩展、改变和衍生了。因此，认为大多数地区的所有位置都已被占据了，大多数位置甚至是不可能被侵犯的看法，肯定是错误的。达尔文自己也感受到这种错误，并且采取了行动，用他的理论结构的最后一步去纠正这种错误。这就是人们常常没有提到，或者被忘记的一步——"趋异（divergence）"的原则。根据他的自传，这个观点第一次出现在他的脑中，是他在他的乡村住宅附近乘坐马车的时候。他后来写道："所有占优势和逐渐增长的种类的变异后代都变得能适应自然经济体系中的多种变化很大的位置了。"换言之，与其互相争夺同一经济位置，后代们不如为自己创造出全新的职业，并且从它们的双亲和兄弟姐妹那里分化出来，去利用尚未开发的资源和居住地。这个生态上错综复杂的过程，在他的《关于变迁的笔记》中有所描述：

161

世界上的很多动物都有其多样化的结构和复杂性。——因
为在种类变得复杂起来的时候，它们便开辟新的途径增加其复
杂性。没有巨大的复杂性，是不可能将生命遍布于整个地球表
面的。

随着趋异程度的扩展，越来越多的生物种类可以在同一地区被
养活下来。加拉帕戈斯群岛上的莺雀所碰到的情况精确地表现了这一
点：并非仅仅是填充那些尚未被占有的惯常见到的位置，而是在一个
新的环境中去为自己创造新的位置。与此相似的是，一个新品种草的
进化也可能为尚未发展起来的动物创造一系列的位置，而这些动物反
过来可能有一天成为新的食肉动物物种的牺牲品——这一切都是在没
有竞争的情况下发生的。⑱

但不知为什么，在《物种起源》中，趋异的原则从未得到足够的
重视，尽管它对说明生态系统的历史和方向是最重要的。尽管如此，
达尔文现在还是意识到，自然可以被说成具有一种可认识的目标：在
任何地区中都不断增进有机类型多样性的目标。事实上，多样性是自
然界避免争夺有限资源进行残酷斗争的方式。只要所有的生物都服从
固定的类型，全都需要同样的物品，冲突就不可避免。相反，超越常
规就可能开辟一条比较和平的路线和一个有很好酬报的途径；一种生
来就不同并且找到了利用其独特性的途径的生物，可以在无须竞争的
情况下使自己成长起来。那就是说，一种生物可以创建一个不曾被占
据过的自己的特殊位置——并且无须牺牲另一种生物的生存。并非所
有那些避开挨打途径的生物都发现了这样一种幸运，但是可能性确实
存在，而且已经被意识到了——不是被一种或两种，而是被几百万种

具有主动性的新物种和多种多样的创立者们所实现了。当然，最终，它们的后代可能会耗掉这些新发现的财富，然后只有一个新的有进取精神者能够避免冲突的覆辙。趋异的原则也确证，竞争绝不是自然界的唯一规律。差异、个性及变化在自然的经济体系中被发现是面临对抗时的抉择。总之，自然现在必须被当作一种具有创造性和革新性的力量。在自然界以内，同时在所有其有机的生物内，都有一种设计新生活方式的潜在能力，也有一种天赋的能够利用资源的智谋，其实际存在是不曾有疑问的。只有在一个缺乏创造性的世界里，禁锢在严格的生存模式里，需求的匮乏和冲突才成为不可避免的命运。

　　然而达尔文似乎从未能真正注意趋异原则的这些内涵，因为它们错综复杂，甚至与他对竞争演替的强调是相矛盾的。事实上，趋异的论述有时是直接遵循着这样一种主张的，即每种新的趋异都必然要取代"位置"并且毁灭"它的不能完全适应的双亲"。因此，可以理解，查尔斯·莱尔曾感到困惑不解——达尔文离开伦敦后一直与他通信，并且向他透露了他早期的有关理论的看法——为什么单纯的更替就能导致复杂生物与简单生物明显的共生，如果前者被认为总要消灭后者，达尔文的理论就不要求像拉马克的"单孢体"的某些东西：自然的阶梯的底层不断地、并且自发地创造出新的简单的生物吗？此外，我们是怎么从一个物种的古老经济体系达到目前这样丰富和多样的类型的？达尔文在给莱尔的一封信中承认，这个问题是《物种起源》中"最严重的遗漏"。他推测，所有现有的和已灭绝动物的原始亲本物种可能仍然生活在地球上，它们保持着自己的位置有几百万年了，但是并没有阻止它们的孩子去发现和占据新的位置——根据他的关于竞争更替的理论的严格涵义，阻止是不可能的。在同一封信中，他还预言，巨猿必然要不可避免地受到人类的"攻击和灭绝"。在这里共生是不可能存在的；自然界早就命定，在它的经济体系中，这个先进的水平上只有一个位置，而且，这两个物种中只有一个能够占据这个位置。竞争更替，而非趋异和宽容，继续在达尔文的思想中起主导作用。[19]

163

*   *   *

就某种程度而言，这种躲闪和迷惑可能要归到达尔文的不一致的教育上去。和19世纪初期的其他生物学家一样，达尔文受到了林奈模式为基础的静态的理性主义的良好教育。在林奈看来，自然是一部井然有序的机械装置，是极其单纯的、精心制成的，也是合乎逻辑的。因此，达尔文一直确信，这个经济体系是一系列具体化了的固定位置，而且他曾徒然尝试将一个活动着的扩展着的有机世界安装到这个系列中去。而认为自然是一个成长着的、有创造性的、尚不完美的结构，一个不断进行的生命力的苦心创造——则是歌德、洪堡以及浪漫主义哲学家们对自然的最主要的观点。达尔文也受到他们的很大影响。教育上的这种混合产生出优柔寡断。达尔文从来不能使这两种看法得到和解，而且始终含含糊糊地处在尚未解决的双重情感中。

以他在《物种起源》中用以说明进化过程的比喻"生命之树"为例。在否认那种旧的生物链的垂直的线性模式的同时，达尔文认为，自然界在分类学上更像一棵把它的树枝伸向很多方向的树，而这些树枝又长出它们自己的嫩芽和小枝。这棵树并不是占据事先定好的空间；不存在其树枝必须要适应的沃土。这个比喻是一个典型的浪漫主义的概念。它有助于说明，整个自然界是一个有机的整体，从一个单独的根系中发展起来，并在相互联系的分枝中发生着变异，而且就如一个身体的各种器官所展示的那样不会有冲突和竞争。按照这个概

念，人类与巨猿有着某种关系，但并非巨猿的直接后裔；从一个共同
的祖先那里，两个物种沿着平行的但是分离的分枝产生了差异，因为
两者都生存下来，而且也许可以在地球上各自的领域里继续生活在一
起。因此，对人类来说，哪儿存在着一种"打击"或"灭绝"巨猿的
164 必要？正如我们所知道的，上述容忍性的趋异模式，在达尔文的生态
思想上已有所反映：它并非总是一个僵硬的理论上被确定了位置的体
系，而常常被描述成一个革新的正在发展的有机体。在这个有机体里
有着许多角色，同样也有在进化中表现这些角色特点的生物。事实
上，达尔文所揭示的这个富有生命力的大自然，更像一丛珊瑚，而不
是一棵树。它没有封闭的生命循环或在遗传上的法定增长极限。它能
够不断地使它的经济体系朝着一个发展的无终点的未来进行改变。[20]

不过，哪怕是在他的树状比喻里，达尔文也没有放弃相信竞争性
替代是自然选择的本质。1857 年对美国植物学家阿萨·格雷，1858
年对林奈学会，他都从不同的角度提出了他的树木理论：新树枝无论
如何也要毁掉那些"缺乏生气"的树枝，"无情地"遗弃那些"被当
作灭绝的种类和族属的死的和掉落的树枝"。树木的那种可以因其树
枝中的战争而不断增长的生物学怪癖得到了达尔文的默许。他的比喻
并不曾准确地把有生命的自然界描述为一个分类学和生态学的整体，
他对冲突和竞争的看法也不可能归纳所有的生物。当然，没有哪种生
物是由于单纯的竞争和部分的更替而取得完善的。因为自然是一个有
分枝的辐射状的生命之树，它肯定有力量生产出水果、坚果、鲜花、
棘刺、叶子以及在植物学上尚未听到过的各种形式，而且同时使所有
这些都得以保持健康和相互有益的成长。[21]

然而，仍然与达尔文争论着，并通常胜过他的有机论思考的，是

利己主义竞争的残酷而无法辩驳的事实。尽管他有已灭绝的鱼龙的标本和巴塔哥尼亚贫齿目动物的化石——这些似乎都会是在没有竞争压力的情况下退化的衍生物——他却依然隐隐约约地发现远处有一个阴郁悲惨的马尔萨斯的匮乏和竞争的幽灵。尽管他也迁就道，这种近亲物种或个体之间的"战争"仅仅是另一种比喻，并且不可能总会招致真正的肉体格斗或痛苦的死亡，他还是用绝对充满战斗精神的语言声称，劣等生物必然要受到比它们优越的生物出自"可怕"而野蛮的敌视"攻击和排挤"。在他 1844 年的论文中，在《物种起源》和《人类的由来》(1871) 中，达尔文继续漠视他的生态学趋异原则和有机论的生命之树的内涵。1881 年，达尔文已经接近离别人世，他还是和以往一样强烈地感受到人类和自然中暴力的普遍性。在注意到"高加索种族在生存竞争中击败了土耳其人"的同时，他还认为，这似乎就是历史的规律，同时也是"无数的劣等种族"被"更高的文明种族"彻底消灭掉的进步。然而，要随便解释说，战争是地球上的一个永恒现实，却可能是不大准确的。㉒

　　这就是支持着达尔文的革命生态观的逻辑结构的梗概。这种生态观的建立中包括了达尔文的个人旅行经历和专业上的渴求，也包括了莱尔、洪堡、马尔萨斯以及整个维多利亚时代的英国舆论气氛的贡献。除了最后的关于趋异的观点以外，这个生态观在他从"肮脏的令人讨厌的伦敦"搬到偏远的隐居住所之前，就已全部在他的脑海中完成了。但是，似乎很奇怪的是，在 20 多年里，除了两三个极为亲近和信任的密友之外，这个生态观对世界上所有科学家和朋友都是绝对保密的。这是科学史上，实际上一般说也是近代思想史上，最令人惊奇的行为之一。显然，达尔文是一个最不情愿的革命者。他完全不

165

能让自己向障碍发起冲击，或者把他的论文钉在那些已经公认是权威的人的门上。如果他不曾受到一个猛然的推动，他相当有可能会永远不发表他的理论；那么，这个革命，如果它无论怎样也要发生，就将必须发现一个更勇敢的，更有进取心的领导者。正如现实中发生的那样，这个推动来自艾尔弗雷德·拉塞尔·华莱士，另一个未受过专门训练的自然科学家。他在1858年寄给达尔文一封信，信中基本上包含了达尔文深思熟虑了这么多年的自然选择的理论。没有什么能那么迅速地打破了唐恩的平静。突然间，竞争的幽灵返回到达尔文自己的邮件中。现在，他再也不能逃避进入公共检阅的角斗场了。如果他继续踌躇不前，有人终将会夺去他的位置和荣誉。在一年稍多一点的时间里，他的划时代著作《物种起源》出现在书报摊上——用一种深绿色的封面包装着，但却隐藏着一颗真正的炸弹。㉓

166

达尔文的难以置信的缄默和推延，一部分要归咎于一种过度的职业上的谨慎。不管怎样，这21年并不仅仅是为他的理论堆积越来越多的资料。他自始至终都确信他是对的；但是，如果他确实站到了公共讲坛上，他是否能被接受，可就是他极难肯定的了。他的密友，植物学家约瑟夫·胡克，是他敢于披露他的计划的第一个人。1844年，达尔文给胡克送去了一个特别婉转的表示歉意的解释：

> 终于一线光明出现了，我几乎确信（与我最初的看法完全相反），物种并不是（这就好像自认是个凶手）不可改变的。……我想，我已经发现了（真是冒犯！）物种借以变得灵敏地适应各种各样目的的简单方法。你会哼上一声，并想到你自己："我一直在一个什么人身上浪费着我的时间，还给他写信。"我在五年之

前就该想到这一点。

首先，这段陈述故意让人产生一种在纪年上的错觉，以掩盖达尔文早在 6 年前就已确认了他的理论的事实。它也自始至终都贯穿着他的几乎不能忍受的恐惧的痕迹：别的科学家会对他的研究和能力说些什么，即使是他长期赞赏的伙伴胡克。就在他的名字在科学界已为人熟知以后，达尔文继续强烈地感到，他仍是一个必须证实自己的局外者。确实，从某种意义上说他确是局外人；如果不是的话，他就不大可能会创造出他的激进的自然选择理论了。科学革命一般是由那些尚不能完全被吸收到舆论的主流和权力中去的人完成的。但他同时又是一个拼命想要进入到里面去，想要得到高度的评价，在名誉上不受损害的局外者。对他来说，去影响那些他正在反对的人是非常重要的。直到 1859 年，甚至以后，会在这个需要慎重对待的事业上失败的幻觉常常萦绕在达尔文心头，驱使他隐遁、不安和拖延。[24]

然而，一旦他自己的愿望迫使他进入角斗场，他所有长期沉睡着的本能便突然都苏醒了。他不会亲自到伦敦去说明和维护他的理论，但他将是一个设座在乡下的最好斗的观战者。他向胡克、莱尔和格雷探询，《物种起源》是否惊骇了科学家——"我是否对这样的人产生了影响"。他所希望的确切影响，事实上，是用一种高负荷的思想炸药去轰击专业思想界，要和他所希望达到的冲击力完全一样。几乎在出书的即刻，他就装备好自己并发出应战的号角。1860 年 3 月，他给胡克寄去了一张图表，排在表格中的是英国科学家们，有的坚定地支持他，有的则赞同他，也有一些人反对他。早先，他曾对托马斯·赫胥黎做过许诺："如果我们一旦能组织起一批团结一致的信徒，我早晚都要获胜。"同样，他对莱尔声言："我决意战斗到底。"当然，这全都是真正维多利亚式的：男子气决斗的兴奋感、在应战时有同志的感觉、橄榄球赛中的拼死精神。那正是属于他自己的一面，达尔文曾从那里逃到了唐恩———一种必须全力应付的生活，一种即使发誓放弃，他也不能不热爱和喜欢的生活。[25]

我一直认为，激烈的会战是达尔文性格中的一个主旋律：或者害怕它，或者喜爱它。在平衡的情况下，他很早就发现他在心理上或者肉体上都没有要从事或者想去尝试这种角斗的需要。但是，隐退到乡村的宁静中去，并不意味着他已经彻底永远不和这个问题打交道了，也不意味着一种旧式的进攻和撤退的拉锯模式结束了。他终生都是一个近乎被各种诸如竞争、斗争和征服的思想———以及所有人类对抗的接触方式所困扰的人。因此，如果发现上述旋律被转送到他的科学之中———事实上，成为他的理论的中心———也就不必大惊小怪了。如果达尔文是一个化学家或物理学家，这个转送大概就不会那样明显，甚至不大可能。但是很难想象达尔文会进入这些领域。他愿意研究生态学和进化论生物学，通过它们，他能够从自然的反映中看到他自己和他内在的两难抉择。当一个科学家在选择何种领域为其专业时，气质和个人需求对其选择的影响程度，并不总能被人注意到。同样地，人们也并不是总能认识到，研究者个人的主观的自我如何深刻地反映在本应客观的资料和理论中。

透过这种个人的心理学来说明达尔文的生态学，并无损于他的科学所呈献出来的光辉的理性思想成就。毫无疑问，虽然有他自己的自我贬低和勉强评价，他仍然在准确观察和推理上都是极为熟练的。他在南美旅行的每一步，都显出他是一个对一切都有警觉头脑的人，在他为一个事物做出最初的解释以前，他是不会让它滑过去的。无论是一丛珊瑚礁，一只在草地上跳跃的刺猬，或是河边散落的一片旧骨头，他都必须知道每一件事在实际上，是如何和为什么恰巧呈现出它出现的那种情况。别人的假说从来不能像他自己的假说那样有趣而令人满意。总之，人们在达尔文身上发现的全是人们希望能够在工作中进行探索的科学家的榜样，他专心寻求一个能够对他自己所观察到的周围自然界的运转作出的最好解释。值得再次指出的是，他是西方史上真正伟大的思想家之一——比他自己所一直认为的要伟大，但却是他希望的那样。如果他缺少这种分析能力，他便永远不可能使那么多同类科学家们那么快地接受他的进化论。年轻的人们和通常一样，是首先拥向他这一边的；但是在10年里，确切地说是20年里，几乎所有英美的科学家们都站过来了。1882年在他去世时，他被葬在威斯敏斯特大教堂，离伊萨克·牛顿勋爵的墓只有几英尺，他的同胞们认为，那里是他最适合的和应有的位置。显然，达尔文的"通过竞争的自然选择"理论已经广泛地超越了他个人生活的联系，赢得了整个文化坚定而郑重的认可。[26]

人们可以进一步说，在达尔文的生态模式中存在一个真理——不变的、永恒的、真正的、"绝对"真理：正确而又重要的关于自然的启示；以前从来没有过，而以后也不可能忽视的真理。然而，仍然存在着一个简单的事实，即达尔文的模式并不就是那个真理；同样还存在着另外一个事实，自然的经济体系中还有一些同样重要的方面是达尔文忽略了的或是不曾充分说明的。由他的科学提出来的重要问题并非关于野蛮的冲突是否永远在自然界激烈地进行着，而是关于它在哪里，在什么时候，以及多长时间发生。而正是在这里，19世纪的文化，同时还有达尔文这个人，为这个被认为是不可亵渎的科学界确定

169

了方向。达尔文对竞争性的争夺位置方面的强调，对生活在另一个地方和时代的人们可能并不那么可信。绝对不可能想象，这样一个关于自然的观点能够出自，譬如说，美国西南部的一个霍比人，也不可能出自一个印度人，即使他住在一个很久以来就已经知道马尔萨斯的匮乏条件的国家里，他也不可能创立出这样一种理论。这不仅是因为他缺乏科学训练，而且因为在他的宗教的、社会的或个人的价值观上，没有可以导致他得出这样一个关于自然的结论的东西。甚至在19世纪西方科学的有限领域内，达尔文的著作以及社会对他的思想的反响，有多少是英美国家的维多利亚思想框架的产物也是引人注目的。在法国和德国当时的科学中，不可能出现一个达尔文；在欧洲大陆，也不会出现一个在科学家和普通的公众中具有重大意义的关于达尔文学说的辩论。达尔文的文化，还有他的个人需求，把他置于这样一个位置上，使他能看见人类思想先前所遗漏的东西。但是从这样有利的位置，达尔文依然未能避免得到一个有局限性的观点，在某些方面甚至是完全扭曲的观点。

第九章　人类的升华

文明从未很好地把握人类的结构，这个结构不时地要被束紧一点，或者放宽几度。问题在于人，和自然界的其他东西一样，并非生来就是文明的，或驯服地被驾驭和牢固地被套上马鞍的。因此似乎就注定了，人类变文明的过程必然是持续不断地进行的，从不会分毫不动或被十全十美地调整得当。但是在维多利亚时代后期，从19世纪60年代到该世纪末，终于出现了一个不寻常的强劲的决定因素，使文明的过程在良好和紧凑的状态下久留未去。以前似乎还不曾有过这样一种重要的理想需要达到。事实上，时代的一定要求可能是对一种文化上富有进取心的、勇敢的甚至是凶暴的力量的需求，以便驾驭和征服达尔文以及其他人发现的那个非常险恶的自然。总之，很难夸大这一时期英美思想中这种欲望对文明的渗透力和重要性。

在表面上，这似乎是一个特别自信和自满的时代。在这一点上，再没有比维多利亚时代的人接触原始民族更为真实的事了。举一个人为例，达尔文在火地岛上度过了几个月，在地球上一些最为贫穷的野蛮人中间（一个现在已灭绝了的种族）。他们的生活习惯或生活方式方面绝对没有吸引他的地方。他们是"这块悲惨的土地上悲惨的领主"——愚昧到去吃他们的祖母。正如他所记得的，"这些可怜的不幸的人在发育上受到了阻碍，他们丑恶的面孔涂着白色的颜料，他们

171 的皮肤肮脏多油，他们的头发纠结不堪，他们的声音刺耳难听，他们的表情凶恶暴虐"。另外，"毫无例外，这是我所见过的最为奇特有趣的景象：我不能相信野蛮人和文明人的差别是这样大——大于一种野生动物和驯养动物之间的差别，这正是因为在人类中存在着一种更为强大的改进动力"①。

并非只有达尔文一人发现了野蛮和文明之间所张裂着的鸿沟。这两种原型被维多利亚时代的人们普遍看作是人类极端不同的状况，被认为是具有极大的历史和道德上的意义。它们被看作是完全不同的两个世界，被一种几乎是完全无法沟通的差异所隔离开来。在伦敦、爱丁堡、纽约或者芝加哥，那里几乎没有什么疑问，即文明是一种高尚的状态——几乎现有的各个方面都是无限的，无可比拟的好；而野蛮则是一种犯罪，无论在哪儿被发现，都应该被消灭。因此，看到着"进步的进军"由于基督教传教士和不列颠帝国的旗帜正在南半球的各个民族中升起而开始行动时，达尔文感到极为满意。维多利亚时代的代表人物认为，他们从野蛮人那里几乎学不到什么东西，而每件事都需要去教导，因此非常甘心情愿地去担当良师的重任。在经常提醒他们自己这个任务是多么费力和不可预测的同时，他们仍然跃跃欲试，即使在那些他们感到最恶心和最讨厌的地方。②

纵然表面如此，维多利亚时代的人们对他们自己机构的优越性的信心，也不是非常绝对的。事实上，在无比热衷于他们文明化的雄心当中，维多利亚时代的代表人物揭示了不少对他们自身和他们所过分夸大的文化的疑惑。当经济的变革加速了他们周围的活动力量时，他们对自己的命运变得愈加忧虑而不是愈加赞赏——他们始终努力与野蛮人共享这一命运，却并不清楚它正在把他们中的任何人引往何方。

与此同时，旧有宗教各种信条的腐朽迫使他们去寻求一个新的价值标准，一个新的自我认识的途径，一个新的为了将启蒙带给那些落后的人们的理性——而那些旧信条曾经在很长时间里，在他们面对其他文化时加强了他们非同寻常的自信。

　　这种急切探索的一个事例是 19 世纪 50 年代人类学这门学科的出现，以及接踵而至的一批出现在大城市中的这一专业的科学家。当然，这个新学科是要通过对现存的原始民族的研究，达到增加人类对其文化渊源的知识。但是，在其发展的最初几十年里，人类学几乎没有注意对原始社会的结构和功能的研究；所有重点都在社会的变迁和进化上——即从原始状态到文明的现代的变化过程。因为从更大的意义上讲，对人类进行科学研究的动机是要发现一个人类进化过程中的总方向，从中可以产生出新的社会价值观，或者至少是使人们较熟悉的价值观得到新的肯定。很快，人类学家们便宣布，发现了一个这样的模式，或许是在伟大的神学学者詹姆斯·弗雷泽所著的《金枝》的新版本中，对此做了最好的概括。他声言，过去的历史"是一个人类从野蛮到文明的长期的进程，一个缓慢的艰难的升华的结果"。世界的历史，换句话说，是"人类升华"的历史——这个词组将回响在整个维多利亚时代的后期和以后的时期。这里，由实证科学的饰物所装扮起来的，是一个铁的规律，是一个不容改变的、人类所无法阻挠的走向文明的运动，尽管人类可能影响它的进程。它是指出恢复信心的方向和赋予急剧变化的环境以含义的思想，同时也为英美在地球表面上的帝国主义扩张提供了新的理论基础。③

　　维多利亚时代的人物在对比野蛮和文明极为不同的性质方面表现出了多种形式的浓厚兴趣。在弗雷泽、E. B. 泰勒和刘易斯·亨利·摩根的人类学中，在亨利·梅因和 E. W. 伯吉斯的历史法学中，在赫伯特·斯宾塞和约翰·菲斯克的社会哲学中，人们都发现了这种兴趣。在这个阶段的生态思想史上，它也不是最没影响的。事实上，人类与自然的经济体系的关系正是这个从野蛮到文明的进步规律的真正核心。美国自然保护主义者和地理学家乔治·珀金斯·马什就有他的看法。他在 1860 年写道：

173

> 这是一个野蛮人和文明人与自然关系之间的显著而最重要的差别。因为当一个人智力上和肉体上的特点是因其出生地或者其他外部自然原因的作用而形成的时候，另一个人则已经多少在其行为上有所独立，于是，其发展也在相应的程度上具有独创性并由自己决定。

按照这种观点，文明是一个从自然界中独立出来的宣言，当人类"采取一种进取态度的时候，便努力把自然界中一切能生产和能动用的力量都掌握在自己手中，并随意使用"。野蛮人文化的低劣，就在于他无能力也无意愿去做出这种声明并采取这样的进取立场。今天这一差别是那么司空见惯，以致好像是一种通常无人不晓的道理，因为它很快便与维多利亚时代的人相适应了。他们的文明理想几乎总是寄托在借助科学和技术去进行的对自然的有力征服上。④

而且，还存在着不止一个而是大量的战略，用于提出统治自然的环境哲学和为其辩解。第一种战略是，人们普遍认为，一个生态征服计划不仅对进步规律的实行，而且对另一个自然规律——由达尔文在《物种起源》中提出的生存竞争规律的实行，都是必要的。因此，达尔文自己也会认为巨猿的灭绝是合理的；在实际的成千上万的例子中，工业家们、政治家们以及其他社会名流们，都在努力寻求使自然界转向有利于他们自身利益的理论依据。正如前面已提到的，查尔斯·莱尔在把这种"强权就是真理"的哲学应用到人和自然的相互作用方面，起了开拓的作用。社会达尔文主义关于富人对穷人的责任的概念，即一种似乎要把这种关系从道义的范围中取消的观点，也有相似之处，而且，它实际上使个人逞能和自我膨胀成为高于其他一切价值的道德观。同样，在人和自然之间，竞争的规律被认为是取得，并且也常常被看做是进步的技术文明能够建立起来的唯一基础。这个理论的逻辑是干净利落自圆其说的：自然的经济体系是一个自寻发展的世界；这样一个体系产生了进化意义上的显著进步；这个体系肯定也适用于人类的经济活动，因为人是自然的一部分；人类对自然的技术控制的不断增加，就是这种适者生存以及在规划事务方面取得进步的现实的证据。如果把这种观点称作"保守的"，就如我们有时所做的，那就完全错了；正好相反，这种观点使这个未被生态学上的顾忌或寂静的沉思默想所占据的星球提前发生了急剧的变化。⑤

不过，尽管为文明所作的毫不含糊的辩解在当时流行的哲学中是最强的，也是非常普遍的，它却从未使维多利亚时代的思想界全然信服。它借着纯粹的力量的连续性，把人和自然、文明和野蛮过于紧密地联合了起来；而这时，维多利亚时代的人最向往的却是在这些极端之间拉开一个广阔的道德上的距离。第二种战略，绕过了这种分歧，把文明当作一种对自然进行必要的、合理的管理的力量来为之辩解。用这种方法，历史的规律指定了一个漫长的、从混沌和无秩序到完善的管理控制的上升过程。这种观点最重要的鼓吹者大概就是美国社会气象学家莱斯特·沃德。作为一个坚定的反对用达尔文主义为自由放任的政府和粗俗的个人主义的合理性作辩解的人，沃德是人类计划经济体系最早的提议者之一。他认为，人类社会不同于自然秩序，应由受过教育的专家们组织成一个福利国家；在这个国家中，所有的公民都得到平等的利益，弱者则得到保护，免受强者的剥削。在他1893年出版的著作《文明的心理因素》中，他用生态学上的相应内容来解释这种社会理想：自然也应由科学的智慧去进行再安排，并且因此能和社会一道，从其原始状态中被拯救出来。⑥

　　沃德的环境观是完全地甚至激烈地反自然主义的。和社会达尔文主义者们不一样，他在"自然的经济体系"和"智力的经济体系"之间划了一条严格的界限。在自然界，无政府主义的竞争占统治地位，无效率是一种结果；而在"智力的经济体系"中，人的理性——"社会的集体头脑"——担任指挥，浪费被免除了。沃德注意到，早期的自然博物学者们"把（自然）看做一个伟大的人类效法的经济师"；而他声称，事实上，"自然不具有经济体系"，也不会考虑到成本或效率。河流，不是垂直地流动，而是用最小的力气，懒洋洋地、曲曲弯弯地流过平原和峡谷，把它们的水送到海中。在生物世界中人们到处都碰到"过高的生殖力"：鲱鱼产出一万多个卵，却仅有两个会成活；一棵大栗树把一吨之多的花粉送入空中；大象长得过大，成了怪物，而且疯狂得不合时宜。反过来，任何一个好的人类工程师，都能够比自然更好地规划环境。一个有理性的规划者，不会托付随意的风去传播他的种子。他会扫清地面上的所有对手，仔细地按照适宜的间距下种，在缺乏营养的地方提供种子所需要的一切（沃德是在美国中西部的一个农场里长大的，这与他的意识并非毫无关系。一个优秀的农场主大概必然会认为他们自己的劳动要比自然更有效）。尽管沃德为了人类的改进强调集体活动，他却未能发现自然也是一个集体的有内在联系的体系，在其中，适应和合作占据着超越个别物种利益的位置。任何物种只有在完全服从其自身控制的世界里，才能按沃德所赞美的稳固有效的直线方式去追求它的个人目标。当然，那也正是沃德希望生活在其中的世界，一个特殊的在人类绝对和完全支配下的世界——与弗朗西斯·培根所希望的世界极其相似。⑦

　　不过，培根式的帝国理想在沃德那里具有新的涵义：他也是维多利亚时代的人物，已经感受到新的达尔文生态学。他完全明白许多其他维多利亚时代的人物正开始接受的东西，明白并不存在超智的发明家去规划和管理这个自然的经济体系。这是一个自造的世界，因此充满了谬误、软弱、缺陷和不适应。对沃德来说，如果他能立即使人占据上帝空出来的位置，这个启示是非常容易吸收的。人类物种的集体理性，正如在科学和技术中所表达的那样，已成为人类需要的唯一的神：一种人类智慧的宗教。这种宗教把地球看做人类的隶属者，可以向人类的需要提供帮助；并且，在完全被合理化和修正之后，还可以证实人类的独特神力。这个意义上的文明已成为过时的被遗弃了的基督教理想中那个吸引人的天堂的替代品。人类必会声称他自己已是自然界的工程师；否则，他就会继续在达尔文早就认为是可惧的自然状态中过着邪恶和不可补救的生活。因此，从运用理性去统治自然当中，沃德还发现了一条通往道德补救的途径，一种超越人类之中的野蛮兽性的方法："给所有的人都从其动物祖先那里继承来的竞争利己主义戴上锁链。"⑧

　　这后一种表述，从生态学的角度提出了对文明的第三个辩解：它的作用是反对自然的道德上必要的遏制者。生活在一个道德上极端严肃的时代，维多利亚时代的人被迫最终将他们的论点寄托在更高级的道德基础上。如果自然界确实是一个达尔文所说的阴郁的世界，那情况必然是，文明人的神圣职责是把自己从那个基本领域中分离出来，同时——因为他在为世界上的野蛮工作着——尽量多地拯救他得以控制的那部分自然界。在英语国家中，一个超越了所有其他人的人，使这个概念引起了人们的强烈反响。这就是托马斯·赫胥黎——伦敦的解剖学教授，达尔文学说的勇猛的辩护士，宗教上的不可知论者和维多利亚时代自然哲学的科学泰斗。他在这个问题上所表现的卓越，确切地说，或许完全应归因于这个事实：他是一位享有盛誉的科学家，他曾设法面对骇人的进化事实，并把这些事实变成对道德的再保证。他的解剖学研究使他确信，人在生物学上与较高级的猿猴有联系，他无法否认这种可能，但为此感到丢脸。他声言："没有人比我更强烈地确信文明人和兽类之间的鸿沟之大，或者说，没人能比我更肯定，更肯定不论人是否来自兽类，人肯定都不属于兽类。"他坚称："知识的力量——善与恶的意识——人类情感的怜悯恻隐之心，使我们从与兽类的一切真正同伴关系中升华出来，然而它们可以看起来与我们相似。"他认为，在所有这些人类的突出特点中，最重要的是"意识"。根据这一认识，赫胥黎创建了一种主动疏远自然和发奋努力致力于把这个劣质的世界变得好起来的道德观。⑨

　　实际上，这个纯粹人类发明的道德观，是赫胥黎 1893 年著名的罗姆语演说"进化与伦理学"的中心论点。他在这篇演说中强调："社会进步意味着对宇宙发展过程每一步的检查，也是对其另一个替代过程的检查；这个替代过程可叫作道德发展。考虑到各方面可获得的条件，道德发展的结果并非那些碰巧成为适宜者之辈的残存，而是道德上最优越者的幸存。"但是人们要怎样才能知道谁在道德上是优越的呢？如果大自然时常教导的是谋杀和抢劫，人类从哪里能找到一个可靠的老师呢？赫胥黎至少不能依靠教会来回答这些问题。他曾经将他早期的生涯致力于捍卫达尔文的思想，抵制来自正统的宗教领袖的攻击；而他的不可知论以及他的反教权主义早已略有几分名气了。因此，道德的最终来源和根据，是他迫不得已放弃的一个奥秘；它纯粹是自然的产物，但又不遵守自然规律。然而，这个知识上的缺陷，至少并没有动摇他的信心。他很明白他懂得什么是正确的，而且知道那与猿和老虎的行为绝对不同。因为某种极不合常规的、不能辩解的命运转折，人类被单独赋予了一种道德能力，这种能力能够也一定要由文明来哺育。还有，尽管赫胥黎不能接受传统的基督教关于道德伦理来源的解释，他在唤起一切清醒和坚决的，由西方宗教早已带入道德问题的热诚方面却并不存在困难。他继续了古代道德绝对论的传统，把自然作为一切堕落的悲惨模式，正像他的清教徒先辈做过的那样。在他看来，和任何一个17世纪的神学家一样，"道德上的敌人的大本营"要到自然中去找。⑩ 178

　　赫胥黎的著作中及其同时代人中的道德论点，总的来说，都表现出一种反常的扭曲。一方面，这些维多利亚时代的人物想要否认人类的参与了自然中激烈进行着的生存战争；另一方面，他们却不能阻止在某些地方建立起他们的战线；勇敢的角斗对他们仍具有强大的吸引力，而且也只要求一个道德上可接受的角斗场进行角斗。赫胥黎的结论是要把暴力的焦点从人和人的对立转移到人和自然的对立上去。这也是美国哲学家威廉·詹姆斯在他1910年的论文《战争在道德上的等同》中的一种建议。在这两个人看来，只要这种进攻是以人类的名义来进行，这个建议就是完全合理的，甚至是荣誉的，正当的，合乎道义的，健康而且是纯洁的。因此，竞争和斗争并没有消失，而是被限制在一个独特的极其重要的战场上。[11]

　　维多利亚时代的人物所关心的当然是他们为美德而战的内在重要性——即意识反对本能的斗争。但是，他们至少是要把反对自然的进军带到地球真实的物质层面上，目的在使土地成为它们获得美德的一种明显的外在证据。赫胥黎最喜欢的一个说明这种道德的生态变迁的比喻，是古代的伊甸园形象；这个例子中暗含着一种文明的美景，由一座高墙环绕着以防止达尔文式的竞争干扰。这个花园要成为一个美德的所在地，但也要是一个物质生产力的所在地，这两个目标相互得到增强。但是它不是一个有限的修道院式的隐居之地，而是一个不断扩大的充满活力的有一天会拥抱整个世界的王国。在塔斯马尼亚*，赫胥黎已经看到正在移往国外去圈绕新领地的高墙，在这些新领地中，一个驯化了的"英国的"植物和动物区系正在取代当地的荒野。如果人类能克制他们自私自利的野心，并且为"共同的整体"而工作，他179 们就将看到这个遍布四处的创造"一个地球的天堂，一个真正的伊甸园"的过程，"在这个伊甸园里，所有的事物都应共同按照园丁们的良好意愿而运行"。因此，按这个原则，文明成为一个通过一致的力量而得以协调的过程。在这个过程中，出现的将不只是一个更加完美的道德世界，而且还有提供给人们在生产力、富有和舒适上的丰硕报偿。[12]

---

　　*　澳大利亚一岛屿。——译者

社会评论家埃德温·P. 胡德在 1850 年已注意到："文明世界的人有一种万能感。"尤其在英国人和美国人中，权力欲是很强烈的，因为在每个方面都有表现其意志的证据。征服、好斗、粗野、果断，无疑都是最受维多利亚人赞美的文明品质。沃尔特·霍顿说，维多利亚人的"力量崇拜"——确实，已经有取代对上帝的崇拜的威胁，或者说在某种意义上，已经起着失败了的宗教的替代物的作用。道德上的疑惑和焦虑，来自内在精神虚弱的恐惧都可能在火热的战场和冷酷的肉体暴力格斗中被扫荡一空。但是，按照老式的克伦威尔*方式，人们宁愿为正义而战，也不愿进行无关道义的战斗。人们能够使文明自身成为一种神圣的进军，去征服自然和野蛮的世界。至少就自然而言是不会成问题的；在达尔文之后，那几乎是一个完全应该被击溃和待缚的敌人。⑬

在这种充斥着轰轰烈烈的英武、男子气和好斗的隆隆喧声中，几乎一点也听不到别的声音了。不过，一双灵敏的耳朵可能已经清晰地辨别出是否有另一种对待自然的态度正在微弱地闪现出来，这是一种少敌意而多修好的态度。完全和沃德、赫胥黎或者社会达尔文主义者一样，这种看法也用进化论的语言谈论问题。这反映出他们把文明看作一种补充力量的信念。而且完全相似的是，这种看法也提出要恢复一种人与野兽之间的近亲感情，一种保护地球不受蹂躏的道德责任感，以及一种文明中的束缚能够稍微松弛一点的安全感。这种看法，或者更正确地说是一种舆论，因为它所反映的是以一种共同的道德为中心的多种思想的汇集——可以被称作是一种生物中心意识。它的有些思

---

* Oliver Cromwell（1599—1658），英国资产阶级革命领袖。——译者

想有时甚至在吉尔伯特·怀特和 18 世纪的田园主义传统那样久远的时
180 代就已经听到了。在浪漫主义运动中，它则成为一种更为强劲有力的
呼声，尤其在像梭罗和歌德这类作家当中。而且，生物中心论的概念
是在成为查尔斯·达尔文的一个研究成果时才得到最有力表达的。他
既为它打上了个人赞同的印记，又赋予了它一种科学的论据。尽管它
可能被赫胥黎式的战斗呼喊所淹没，却并非完全沉寂或不为人知。

　　从很多方面说，为生态思想上生物中心论的立场而辩护的最主
要的发言人是达尔文自己。虽然在事实上，他本人的研究在很大程度
上成为对自然的坏印象的根源，他却在宣布他脱离自然界时并未追随
赫胥黎或维多利亚时代舆论的主流。相反，他在设法不断地保持他在
年轻时对整个活生生的自然界的热情。不过，在他的爱恋中存在着一
种变化，从他搜集甲虫的孩提时代开始，随着他的成熟，这种爱恋变
得更加冷静而忧郁，但同时也更加坚定和深沉了。这种随着他的年龄
成长对地球及其生命活力的依恋情感所具有的定向，最早出现在他的
《关于变迁的笔记》的刚开始的一段谈话记录中：

　　　　如果我们选择让推测狂妄起来，那么动物，我们处于痛苦、
　　疾病、死亡和饥荒中的伙伴们——我们的进行着最沉重劳作的奴
　　隶，我们娱乐中的同伴——可能和我们来自共同的祖先——我们
　　大家也许全都成了一网之鱼。

　　尤其是在他搬到唐恩以后，在 1837 年还是一种"狂妄"之想的想
法逐渐成为达尔文著作中的中心思想，到他的《物种起源》得以印行之
后则更为强烈。在他看来，进化论的主要教训之一是，在上帝的想象

中，人在被创造出来时并非受到特别的恩惠。因此，他们是和所有其他的物种都处在一个普遍的有生有死的兄弟关系中的物种，而他们只是在冒着要把自己从其生理和生物的根上切下来的危险来否认这一点。这绝非是一种愉快的关系，根本不像华兹华斯和自然之间的那种欢快而充满活力感觉的血亲关系。但是，按照达尔文的观点，一种同忧共乐的体验能够在人类和所有其他的生命形式之间建立一种情结⑭

虽然达尔文的物竞天择理论中呈现的全是残酷和险恶，他自己却 181
能为这个世界上的任何一种痛苦和不公正的事实所深深触动。他抛弃了在爱丁堡的医学研究，因为他不忍看见鲜血。在他返回英国以后的很多年里，他都受到在巴西目睹黑奴受折磨的悲惨记忆的困扰。在唐恩，他发起建立"友好协会"，一个工人的自助组织，而且在好几年当中为这个组织管理财务。"印花税法是多么残忍和不公正啊。它让一个穷人花那么多钱去买他的1/4英亩地，这真使人怒不可遏。"他曾这样写信给他过去的植物学导师亨斯洛。当然所有这种或还有更激愤的语言，都可能从其他维多利亚时代的人口中说出来。但是达尔文在这方面要比大多数男女走得更远：他没有把那些对人类看来在智力上是劣等的物种置于道德关怀的范围之外。在他死后，一个朋友曾把他描述为"一个明显的动物热爱者和关照者。他不会有意使一个有生命的东西受到痛苦"。1875年11月，他从隐居生活中走出来，在皇家解剖学会上作证，反对对医学研究施加任何限制——因为至少在这个问题上，对道德的认识是超越其他任何价值观的。但是在那个场合，他也严厉谴责了那些"只是出于该死的好奇心"而在活动物身上做实验的人。1881年，他给乌普萨拉的一位哲学教授写信道："我一生都在尽力做一个有力的出于人道而保护动物的辩护者，而且做了我在我的著作中能够履行这一职责的事情。"虽然强烈地意识到世界上存在着无数的痛苦和折磨，甚至为它的阴影所困扰，达尔文却仍在他的晚年转向了对生命毫无保留的虔诚，与艾伯特·施韦策[*]在兰巴雷内的伦理观无甚区别。[⑮]

　　达尔文不是道德哲学家，正如赫胥黎或莱斯特·沃德不是道德哲学家一样。然而，他的著作中却有某种论及这个主题的有趣的东西，而且这种论述并非是对自己不成熟的自我表现的歉意。在他的《人类的由来》——这个标题与当代关于人类产生的概念是针锋相对的，他试图证明在所有的物种间都有着内在道德的和外在肉体的连续性。他认为，羞愧、疑惑、幽默、虔诚、好奇以及慷慨，全都是起源于低级物种的品质，道德感和社会本能也一样。换言之，"无理性的兽类"也并非像很多人所认为的那样无理性。在每一方面，我们全部加入在一个"遗传共同体"内。无疑，达尔文在说明所有这些气质时，是从功利主义的角度出发的，他相信，它们必然会在某一点上有助于个体和各种物种的生存。大自然依然显得是由"相互的热爱和同情"所连接在一起的世界。尽管与它们后来在人类中的发展相比较，这些道德品质仅仅是以一种不完全发展的形式存在于其他物种中，它们仍说明，自然界并非只是一个暴力进攻的威吓者，或者是赫胥黎所描述的那样一个"道德上的敌人的大本营"。这种在一种天然联系以内的道德行为的进化，在达尔文看来，已经在文明中有了它最后的结果。正如艺术和音乐产生于古代为争取生存而进行的斗争中，却逐渐超越了那种功利主义的目的，道德也是这样在朝着比有用或有利更高的方向

---

　　[*]　Schweitzer，Albert（1875—1965），德国神学家、哲学家，曾获1952年诺贝尔和平奖。——译者

演变着。在其最后的最高阶段，它就变成了一种超越自我的怜悯、同情的感情，并和其他一切有生命的物质，包括地球本身有了血缘联系。当人类具有了可以同情活着的东西的能力时，也就是能同情一切生命，而不只是同情人们自己的家庭、国家甚至某些物种时，他们才算真正文明化了。[16]

　　达尔文的这种看法只是在他驱走了《物种起源》的竞争恶影之后才似乎变得明朗起来。但是，或许最不可能的是：如果他不是先已信奉了生物中心道德观的话，他也许早就得出了这本书中的中心思想，是进化论而不是特别的创世说。在读完《物种起源》后，托马斯·赫胥黎曾公开说："我是多么愚蠢！不曾想到过那一点。"然而，取得进化论思想的主要障碍并不是愚蠢，而是一种关于人类的独特和神圣起源的传统看法，它使得进化论成为不可接受的，并因此成为一种与进化过程无关的机械论。所有随着《物种起源》的出版而来的宗教辩论，来自威尔伯福斯主教和其他人的夸大其词的反对，都不曾隐瞒一个事实，即真正的问题在于，人是否能够承认自己完全是自然的一部分。例如，正统的信教的科学家亚当·塞奇威克谴责达尔文把人类变残忍了，把他贬低到堕落的程度。他警告说，如果纯洁的少女会相信她们是猿猴——那种黑色的长毛野兽的孩子，她们便会被导入不堪出口的邪恶。然而，出于对自身所在的这个物种较多的信心和对较低物种的较少的不信任，达尔文在1871年宣称，"那只是我们本能的偏见；而且那种使我们的祖先声称他们是来自神人的骄傲自大，使我们反对"关于人的起源的进化论概念。因为他是从一种对其他生物比较谦恭和爱怜的立场入手的，从而最顽固的反对进化论的看法也就消除了。[17]

　　就达尔文所特有的对进化论思想的容纳能力而言，必然有着很多

183

因素使他不同于他那个时代的科学家。洪堡的有机论的强烈影响，以及通过它而受到的浪漫主义的自然哲学的冲击，应该被看做是诸多影响中最主要的。然而，大约更为重要的是这样一个事实：达尔文成长在并且在晚年时欣然回到了由吉尔伯特·怀特所树立起来的那种乡村自然史传统中。那种传统中有一种对人和自然是有机统一体的强烈和直觉的感受，一种在新的专业科学界中变得越来越不重要的尊重和与其他物种的伙伴关系的感情。尽管达尔文急于被那个新兴的领域所接受，他却依然无法解脱与古老的趣味和道德的联系。的确，他可能是最后和最伟大的博学而虔诚的自然博物学者，无论如何也不宜待在实验室里，而且也不擅长数学。尤其是在搬到唐恩之后，他体会到了他曾在早年南美航行中所抛弃了的那种吉尔伯特·怀特式的生涯所赋予的恩惠。在他住到他的极具田园风情的幽静的村子之后不久，他开始草拟一份"唐恩记事"；他的儿子弗朗西斯认为，这可能说明他有意"写一部像吉尔伯特·怀特风格的自然史日记"。而达尔文在唐恩时的著作中的最后一部就是《通过蚯蚓行为而形成的植物模式》；这部书确实是因他受到怀特对各种蛆虫在自然经济体系中位置的怪异描述的启发而写成的。加文·德比尔曾把唐恩时期的这最后一部书称作"最早的能量生态学研究"。但是远不止此，这是一个人的劳动，他怀着钟爱和同情投入到了甚至在英格兰农村也是最低级的动物的研究之中。他不可能对事物的张牙舞爪的那一面视之漠然，然而，他也不允许那种梦魇把他与他属于其一部分的自然共同体分开。[18]

从这种视角看，显而易见的是，尽管达尔文是那样有力地粉碎了田园主义的自然理想，他却依然与那种传统保持着某些联系。就他对非人类生物的尊重而言，他也似乎有更多异端思想而非虔诚的基督

徒，他的进化论给西方思想归还了一种自然血亲关系意识，这种意识
在非基督教文化中似乎是非常普遍的，包括世界上那些所谓的原始民
族。不过，这样一种区别仍然存在：尽管达尔文退隐到一种少恐惧的
乡村生活中，他却仍然坚持着一种强烈的对进步现实的信念。文明，
尤其是在英国人中，是对世界的庇佑，而不是诅咒。他认为，处在一
种悲惨的低级状态的野蛮人的生活，不够被称作人类的条件。因此，
达尔文在试图弥合人与其他物种间的鸿沟时，却又坚定不移地坚持文
明与野蛮之间的差别。这当然是一种让人难以接受的立场，它却有自
己的逻辑，至少对维多利亚时代的人是如此。达尔文说，文明人不可
能切断他与生物学历史的联系。他确实没有必要为痛痛快快地承认自
己的血亲关系而羞惭，就像城里的某些油腔滑调的人急于忘掉他笨拙
的乡下表亲一样。这种受人轻视的关系是值得去热爱和尊重的，因为
它们本来就是如此，尽管按照另一种人的标准，它可能并不值得尊
重。不过，只有完全文明的人才可能完全超越生存竞争，以至于学会
去热爱一切生命，并且意识到按照他们自身的方式去生存的权利。归
根结蒂，所谓文明的和仁爱的涵义就是：不只要自己同类的好斗的排
他主义，而要宽容、慷慨和同情地对待地球和一切其他生命。在达尔
文看来，这些仁爱的品质不会来自过去田园诗般的黄金时代，而会产
生于朝着更文明的未来发展的将来的进步中。

英美社会的一些人正在向一种类似的生物中心概念发展。例如，185
W. H. 赫德森，在他第一次读达尔文的书时还是个生活在阿根廷的孩
子。当时他很不喜欢达尔文的观点，却依然发现进化的启示是安抚，
而不是侮慢。他声称："当我们像天外来客一样站在一个山顶上，从外
部来观察生命时，我们就不再是孤独的了；我们和它在一个层次上，

是它的一部分和一分子。"约翰·缪尔，一位美国自然作家，拒绝接受那种古老的、说自然的经济体系是专为人的绝对利益而设计的基督教概念。他问道："为什么人就应该把自己看得比一个巨大的生物整体的一小部分更有价值？"另一位美国人，爱德华·埃文斯，攻击"人类中心论的心理学和伦理学，把人看做是与所有其他有知觉的生物基本上不同的，相互分离的存在，他与这些生物既无心理联系也无道德义务"。康奈尔大学的一位生物学家利伯蒂·海伦·贝利指出："进化论思想改变了我们对待自然的态度。""现存的世界不是专门以人为中心的，而是以生物为中心的。"英国小说家托马斯·哈代在1910 年写道：

> 似乎极少有人认识到，确认物种的共同起源的最深远影响是道德上的；也极少有人认识到，这种确认涉及一种无私的道德再调整，要把人们所说的"金科玉律"*的适用范围，作为一种必要的权利，从只适用于人类扩大到适用于整个动物王国。

对这些人来说，达尔文似乎都是一种极重要的思想媒介。不过也存在着另外一些起作用的因素，它们全都汇集成了一种共同的道德观，其中包括浪漫主义的持续不断的影响，也包括一种推动立法去保护动物不受虐待和残害的普遍的仁爱和人道主义情感的兴起。[19]

在维多利亚时代的后期，有一个名字在反对专以人类为中心的道德体系的运动中变得非常出名，这就是亨利·索尔特。这位在伊顿公

---

* The Golden Rule 出自《圣经》。——译者

学已有所建树的，可敬的身着长袍、头戴高顶礼帽的校长索尔特，在
1884 年的一天，相当突然地决定辞去所有的工作。他毫不犹豫地告
别了他的教职，和他的妻子搬到萨里的山中，过起了简朴的生活，他
遵循素食规则，鼓吹社会主义，并推动一种"广阔的宇宙同感的民主
情怀"。他的职业长袍被撕成布条，以便用来把锄耙系在墙上，他在
自己的家庭菜园里种植自己所需的食品。1890 年，他在费边学社*宣
读了一篇论文。在这篇文章里，他除了谈到其他一些事物外，还表示
反对把动物称做"无理性的"，并坚持认为，动物们也享有生存、自
由和自决的权利。由此而始，产生了"人道主义同盟"，他是这个组
织的奠基者，并担任了几乎 30 年的领导人。直到 1939 年去世，索尔
特一直过着一种安静但是忙碌的生活。他与乔治·梅雷迪斯、阿尔杰
农·斯温伯恩、萧伯纳、爱德华·卡彭特以及 W. H. 赫德森都保持着
长期的联系。他为梭罗和谢林撰写了优秀的传记，使叔本华和托尔斯
泰的道德哲学得到普及，还是"圣雄"甘地所尊崇的朋友。他在政治
前沿，进行着不懈的斗争，反对战争、资本主义、经济的不平等、肉
食、活体解剖以及他能够洞悉的每一种残忍的形式。在 20 世纪的头
10 年中，他的主要事业之一是保护北威尔士的山不受商业性的破坏，
也保护这个地区的濒危物种免受肆意妄为的野蛮迫害。但是，在这些
事业后面涵盖的是一个简单而统一的思想，这种思想在他 1935 年出
版的一本题为《贪婪的血亲关系》的书中得到了最好的表达。他写
道："任何真正的道德的基础，必须是对一切生命都存在血亲关系的意
识。"在他的早期著作《野蛮中的 70 年》（1921 年）中，那种血亲关

---

* 费边学社，1884 年创立于英国，主张以和平缓进手段实现社会主义。——
译者

186

系的意识被看做一种新文明的基石，它通过把人类伦理学的范围扩大
到包括一切有知觉的生物，最终将把人类和自然带回到一起。而那种
信条显而易见的是与达尔文的进化论思想相联系的。[20]

　　对索尔特以及其他的生物中心论者来说，这种新道德通常的结
果便是使他们投身到保护自然的宣传中去。例如在为保护鸟的生命不
受旨在搜寻贵妇帽子上的装饰羽毛的商业狩猎者们伤害而进行的大辩
论中，他们全是领导者。这场辩论后来扩展到其他保护野生动物的领
187　域。他们支持建立野生动物保护区、公有森林和国家公园。必须要说
的是，在所有这些活动中，他们都与查尔斯·达尔文这位人物有着明
显的差异。纵然达尔文做的是生物学家的工作，他的人道主义本能却
几乎一点也未实施到政治上保护自然界的道德上去。大概和许多别的
科学家一样，他从来不能真正去伺候两位女主人；科学及其积累知识
的职责总是需要他的更多精力和奉献。

　　不过，在这最后的分析上，达尔文的形象仍然是这个生物中心论
运动之后的伟大而使人心悦诚服的力量。不论他是或不是自然保护主
义者，达尔文和索尔特、赫德森、哈代以及其他人一样，都共有一种
对自然的感情气质；这种感情最终可能和他的任何理论一样重要。这
种感情经历了加拉帕戈斯岛、马尔萨斯的悲观主义以及物竞天择的悲
惨现实的震骇之后保留下来了；甚至在达尔文的好朋友莱尔和赫胥
黎，更不用提英国知识界舆论的压力，都不同意这种感情的时候，甚
至在他们从达尔文的著作中抽出了一种他认为并非他要表达的道德启
示的时候，这种感情也坚持下来了。在千万个读者看来，达尔文使生
态学成为一门阴郁的科学。但是，尽管他可能会同意自然界并不完全
是一个欢悦或幸福的地方，他却不可能为了这个理由而认为人应该否

定自然界，或者感到自己优越于自然界。从未动摇过他的信念，他相信在人类和人类事务之外，存在着一个活的生物共同体，它永远都是人类最终的家和亲族。我们都是"一丘之貉"——是在一个独特的共同的星球上旅行的"诸兄弟同仁"。

第 四 部 分

啊，拓荒者：边疆生态学

迄今，我们已回顾了生态观点的早期变迁——从怀特和林奈到洪堡、莱尔和达尔文时代自然的经济体系整体观的变化。像个别沉积起来的矿层一样，这些看法被深深地埋藏在英美人们的思想中。

现在，我们转向另一个层面，它更为接近我们现今思考的表层。在这一新的思想层次上，生态学终于为自己提出了取个合适名称的要求。我们将鉴别这个名称在像尤金尼厄斯·沃明这样的植物地理学家们的研究中出现了怎样的涵义。生态学也取得了另一种自然经济体系运作的模式：即从演替到顶极状态的概念，其最权威的提出者是一位内布拉斯加的科学家，弗雷德里克·克莱门茨。这一新模式在很大程度上归功于人类在美国边疆大草原上定居的事实——新大陆上拓荒的范例。终于，生态学作为新兴的科学很快就闯入了一些重大的公共问题领域，其中最引人注目的是20世纪30年代的"尘暴"。以那场区域性的人为悲剧为背景，出现了一种以生态学为基础的新的自然保护观念。从此，这位生态学家也成了一位公众人物：一度曾是一个国家重新评价其环境变迁的权威顾问，也是一位使一个有争议的计划得以推动起来的改革家。

第十章　地图上的词

"词汇在一切之前"——这是西方思想中最本末倒置的见解之一。它的意思是，只要为某种东西取个名称，你就发现它了。只要上帝命令，那么所有行星、太阳系、银河系——光本身——便都从黑暗中迸发出来了；发出另一种命令，它们就会消失。这就是我们的"创世纪"幻觉：上帝一发话，电闪雷鸣，事物便产生了。

近来，"生态学"也成了较为重要的具有魔术般魅力的词语之一。那些发现了这个词语的人似乎也常常认为他们因此发现了一个新的自然、另一种涵义的世界、一种救世之道。然而，令人吃惊的是，人们发现这个词语至今已活跃了一个多世纪了，它最初的声音并未立即对任何人或任何事产生影响，而且在有这样一个词语很久之前，就有一种进化的观点；而这个词语乃产生于事实之后——而非之前。

这并不是要否定语言的独特功能。词语就如同许多瘪气球，等待我们用各种联系去充实它们。当它们被充满时，便开始获得了固有的力量，并最终形成了我们的理念和设想。就"生态学"这个词而言也是如此。最初，它不过是一个希腊词根的罕见的连接，但后来却成了一个复杂涵义的负载者，包含了大量连它的作者都不曾料到的更为灵活、范围也更广的涵义。它依其自身的权利成为一种极有影响的文化现象。

192　　最先出现于 1866 年的是 *Oecologie*，它是厄恩斯特·赫克尔，德国最著名的达尔文信徒和他那个时代最忙碌的名词发明者所发明的许多新名词之一。在尝试着给正在分离出许多不同的科学世界理出一些次序的过程中，他提出，有一种研究分支或许应被归纳在 *Oecologie* 的名称之下。这里，可能包括所有属于 "*der Wissenshaft von der Oeconomie, von der Lebensweise, von der äusseren Lebensziehungen der organismen zu einander*" [*]；在广义上，它应包括对一切存在的环境状态的研究，或者如其译者翻译的：它是 "一门关于活着的生物与其外部世界，它们的栖息地、习性、能量和寄生者等关系的学科" [①]。

　　赫克尔是从 "economy" 这个比较古老的词中发现同一词根——希腊文 *Oikos* 而派生出这个新名称的。*Oikos* 原意是指家庭中的家务及其日常的活动和管理。在近代政治经济学出现之前，人们认为一个国家的经济事务可以被看作仅仅是管家预算和食物贮藏室的扩大。同样，在 *Oecologie* 上，赫克尔认为，地球上活的生物构成了一个单一的经济统一体，组合成为一个家族，或者是一个亲密地住在一起的家庭，相互存在着冲突，同时也在互相帮助。1869 年，他在就任耶拿大学教授的演说中，又给这个词划了一道明确的达尔文式的界线："这门学科的实体涉及自然的经济体系（*Naturhaushalt*），……对所有这些复杂的内在联系的研究，按照达尔文的看法，指的是生存竞争的条件。"尽管生物学家们有好几十年完全忽视了赫克尔的创新，而更青睐于老词 "自然的经济体系"，但这个新名词最终还是成了流行的术语。先是 "oecology"，后来于 1893 年的国际植物学大会之后，按近代的拼

---

　　* 德文，译文见下文。

法，成为"ecology"。它在流行的过程中被赋予的那些超出原意的新的或者具有可取意义的内容，正是本章所要讨论的重点。[②]

给一本字典加进一个新词，很像把一个名称填写在一张地图的空白处：距离探索这个词所表示的那片荒野、排列它的地形，以及赋予这块地方与同人类的熟悉而产生的各种联系还有一段很长的路。那片 193 土地的地理和特性对于原来的造词专家，大概不如这块土地的勘探者那样生动和富于内涵。因此，赫克尔就是那个把 *Oecology* 这个名称填写在科学的地图上的人。随着他的笔的挥舞，想象中的新世界便跃入存在，尽管那是他从未真正造访过的世界。在这个命名行动上，赫克尔很像阿美利哥·韦斯普奇，后者把自己的名字随意写到一张他从未见过的新大陆的地图上，并因此而无心地产生了一个半球。但是，这一行动也很像巴尔沃亚、亚历山大·麦肯齐、刘易斯和克拉克[*]的行动。他们为美国标出了真正的疆界和它比较精确的山脉和宝藏。他们所画的地图后来为拓荒者和宅地农场主所用，以发现进入这片不为人知的内地的途径。

生态学也有它必不可少的开拓者，他们甚至在赫克尔之前就很活跃。因此当 *Oecology* 这个术语被发明出来时，它在那地图上标出的并非所不知的地区，而是一个为人熟悉的领域。正如赫克尔注意到的，查尔斯·达尔文曾进入过它的边界，梭罗、怀特、林奈以及其他的探索者们都已经对它作过讨论。但是，如果没有任何另外的不同的话，

---

　　[*]　巴尔沃亚（Vasco Nuñez de Balboa，1475—1519）是西班牙探险家；亚历山大·麦肯齐（Alexander Mackeuzie，1755—1820）是苏格兰探险家；刘易斯（Meriwether Lewis，1774—1809）和克拉克（William Clark，1770—1838）是美国探险家。——译者

给它命名便是把注意力集中在它的地形上，并对它的边界做进一步探索了。各种新地图开始显得更为系统，更受限定，而且整个来说在一些较小的区域上也更为详尽。确实，整个新一代开拓者们现已进入了这个领域——自觉的职业"生态学家"的先驱者，他们最终正是这样称呼自己的。主要是他们，而不是赫克尔或那批早期的探索者们，负责鉴定生态学这门近代学科的界线。他们赋予这个词以具体的本体，使这个地图上的名称具有更精确的位置，也更为人所熟悉。随着他们的不断开拓，我们的学科开始了一个新的时代。

*   *   *

那些为新命名的学科——生态学画地图的最适当不过的人是地理学家。他们的学识在 19 世纪的突出表现，他们对其他学科所做的贡献，以及对一般读者所引起的广泛兴趣，今天很少被人注意到了。但是在其兴盛时期，地理学是一种强大的文化力量；洪堡、莱尔以及达尔文，只是其研究者中最著名的人物。然而，严格说来，这是一群超越常规的地理学者，他们是最早试图去描绘生态学地形的一批人。他们越出了本学科的传统界限，用赫克尔的名称把自己分化出来成为"生态学"派。在整个 19 世纪的大部分时间里，和今天一样，最为人所熟悉的生物地理学派都是研究植物和动物区系的。这基本上是一个编排有关世界上物种分布统计资料，然后从这些数据中得出一个地理区域的分类体系的工作。植物地理学家的兴趣限于生物对其环境的适应，即一个被赫克尔归入生态学领域的过程。然而，这种兴趣是有限的，这个居支配地位的学派的主导目标是分类学的，而非生态学的。准确地说，颠倒先前的顺序是一个鲜为人知的敌对学派的意向，它最初只是以"地貌"，然后是"生理"，最后是以"生态"地理学而为人所知。这个学派更愿谈论关于"植被"的形式及其决定因素，而不是地球植物物种的分布情况。

*   *   *

所有 19 世纪后期的地理学者，从某种程度上讲，都是亚历山大·冯·洪堡的继承者，并因此在这位南美探险者与现代生态学之间形成了除达尔文外的另一重要联系。而且这些与众不同的地理学家们都相当信守这位大师的观点和方法。从洪堡的整体观中，他们得到了一种有着相互联系的群落意识，这个群落由生长在一个地区里的多种不同的植物物种所组成。在这个体系中，植物是社会生物。它们聚集为在组成上呈现出彼此完全不同面貌的各种社会，主要取决于在每个社会中占据支配地位的生命形式。洪堡认为，植物地理学这种看问题的方法的吸引力，在美学上和科学上都是一样的：对他来说，把一片森林作为一个整体来观看和欣赏，与研究和说明它的组成有着同等重要的意义。不过，洪堡的信徒们，尤其是哥廷根的奥古斯特·格里斯巴赫，觉得极需尽可能准确地确定为什么一种自然环境产生的是森林而非草原，或者一个群落是以棕榈为主而非仙人掌。1838 195 年，格里斯巴赫将由同类气候条件所创造出来的同类植物聚集都称作"formation"（结构），尽管其包含的物种是多样的。他论述道，非洲、南美和印度群岛包含着同一类型的植物结构，而世界上所有的温带落叶林和草原也都可能被确认为独特的植被类型。所有这些种类的结构都与特有的气候条件相呼应。在格里斯巴赫和其他超常轨的地理学家们看来，列出地球上这些主要植物组成的类别和发现它们所遵循的规律的任务，已经替代了植物学的目标，即确认在什么地方发现了世界上不同品种，以及它们是如何到达那里的。③

从格里斯巴赫开始，支配着这种新地理学的是三条原则：第一，
植物的分类根据的是它们所适应环境的形式或者结构，而不仅根据分
类学；第二，强调植物是形成完整社会的社会存在；第三，确认气候
是决定个体生命形成和公有形态两者的极为重要的因素。其中，最有
争议的是最后一条——在其最简单化和减缩了的程度上被称做"温度
总和"理论而为人所知。查尔斯·达尔文主要是从动物而非植物的角
度进行研究，因此属于那些一直不大相信气候是对形成生物分布和生
存具有重要性的一种环境力量的人之一。尽管他的态度很温和，但在
许多人看来，这已经是一条被普遍接受的信条，可追溯到洪堡，甚至
18 世纪的布丰。现在，在生态学上方向明确的植物地理学家们，深
信洪堡关于绵延全球的等温线的观察，又使气候因素成为自然史上的
前沿。"气候"通常表示为与纬度密切相关的大尺度地球温度带。只
是到后来，其他的气候因素或者土壤条件才被看作是决定植被的重要
因素。

在美国，以温度为主导的生物地理学提出的最有影响的构想出
196 自 C. 哈特·梅里亚姆，一位鸟类学家和联邦经济鸟类和哺乳动物局
局长。这个局后来成为生物调查局。独立于美洲那些反常的地理学家
们的观点，他提出了自己的思想。而且，他的研究也令人注目地显
示了洪堡传统持续不断的生命力，并很快得到了"科学的生态学"的
称号。

在 19 世纪 80 年代后期，梅里亚姆到美国西部去研究亚利桑那
州北部著名的圣·弗朗西斯科山那炫目多彩的植物。在他之前，曾
有各种各样的由自然博物学者组成的探索队伍，为了寻找可以报告给
科学界的新物种，走遍了西部的山谷和沙漠。和这些人不同，梅里亚

姆只带了一个助手和几百美元，请了两个月假来这里做他的研究。很
幸运，再没有更好的地方能用来说明北美植被是由聚合而成不同单位
的。在向南的低矮炎热的沙漠高原上，他能够在仙人掌、牧豆树以及
开着黄花的假紫荆树中间步行，看着蜥蜴和长尾鸟躲进了阴凉处。但
是在山峰之巅，他发现了一个极其不同的世界，这个世界的居民也同
样以极地冻原为家；而在山峰之间的山坡上，生长着一系列界限分明
的植物和动物群体。[④]

　　很像洪堡对安第斯山所做的工作，梅里亚姆根据这次和其后去西
部的各次旅行得出了结论，所有的山区都可能与其在地图上的相应的
纬度线呈平行状。估计每一英里高度约相当于纬度的 800 英里。他从
这个规则出发得出了在美国和加拿大的两个主要生命带，两者都跨越
了整个大陆：一个是向下的南部区域，一个是向上的北部区域。这两
条宽阔的带子，是从来自亚利桑那的沙漠和群山中延伸出来的，有可
能进一步被划分成为 6 个或更多的专门生命带（如包括了最后在佛罗
里达旅行中刚被发现的热带就是 7 个）。梅里亚姆把这些亚区标为下
南方、上南方、过渡区、加拿大、赫德森以及极寒-高山地带。按照
爬一座山时或在北方向北极旅行时所体验到的温度变化谱，这些亚区
精确地标定出一个生态单位系统。在这些亚区的前三者中，梅里亚姆　197
最终同意在美国潮湿的东部和干旱的西部之间存在着一种区别。但在
其他情况下，这些气候带极其引人注目地遍布于这个大陆。

　　后来，成千上万的美国人从自然史博物馆的实体模型中吸取了
梅里亚姆的生命带概念。同时，在这个过程中，他们也形成了生态学
的某些中心思想，例如，矮松樫鸟，属于上南方带的森林，而不属于
洋松或仙人掌的土地。一定的植物和动物相依为伴，这是因为它们直

接或间接地是由于共同依赖于一种共有的气候而相互联系在一起。但是，就在这一大众化的教育正值兴盛时，科学家中却产生了一种舆论，他们认为像梅里亚姆的简单的"温度总和"论不可能完成他所赋予它的一切任务。另一些地理学家认为，只有在山陵地带，特别是在美国西南部，生命带才遵循着梅里亚姆所描述的那种不规则的特别演替规律。而另一方面，在美国的草原地带，地理演替更多的是渐进的，而且是从东部到西部发展，不大像从南方到北方的那种发展；它反映了一种降雨的趋势，而不是温度的多样性。[⑤]

先无需去考虑梅里亚姆的生物区域带概念作为一种模式是否准确，我们探讨它的意义在于，这个概念并没有以亚利桑那的植物和动物区系目录为依据，而是根据各种生物群落栖息地的区别而创立的。从一种地理学向另一种地理学跨出关键的一步，是转向现代生态学的一个极其重要的因素。因为有了一个广泛的由边疆自然科学家和他们的学术带头人们——如哈佛大学的阿萨·格雷教授——聚集而成的传统生物地理学家的群体，这一步便成为可能。尽管如此，这仍然是一个新的起点，是一个把旧的资料归纳为一个清晰的生物学构图的工作，它将激发起对每一生命带的结构和动力学的新研究。在赫德森生物区域内的一只鸟的日常生活与下南部的鸟有什么不同？科学家们随后会发问，在所有这些生物学上的联系中，可能发现什么样的结构和依赖性方面的共同模式？

198　　大概就在梅里亚姆正在亚利桑那攀山越岭的时候，赫克尔的名词终于在欧洲大陆引起了注意，并开始有了实质性的内容；这张新地图的轮廓开始迅速地被充实起来。在这项事业中，主要绘图者是三位伟大的欧洲生态植物地理学家：奥斯卡·督德、安德烈亚斯·希姆珀和尤金尼厄斯·沃明。他们在 19 世纪 90 年代的工作把一个不过是另一新名词的 *Oecologie* 转化为一门具有其自身特点和实质性内涵的有用科学。督德，德累斯顿皇家花园的主任，把植物种类地理学发展为一种对生物独特构成的生命史和对"动物、植物领域在其家庭经济体系中的相互依赖性"的研究。希姆珀，从法国斯特拉斯堡移民到波恩大学讲授植物学，曾在实验生理学，尤其是在植物光合作用和新陈代谢方面受过典型而扎实的德国训练。但是在热带地区的几次探险促使他采取了一种新的生态学立场，他开始把自己的实验室专业背景运用到单个的植物和整个群体对诸如热、降水以及土壤等外部条件的生理适应的研究当中。⑥

　　然而，尤金尼厄斯·沃明是三个人中最重要的开拓者，一位丹麦教授，他所作的关键性的综合最终迫使科学界注意到生态学这个新领域。他的经典著作，*Plantesamfund*，最早出版于 1895 年，而后在 1909 年做了修订，并被译成英文，题为《植物生态学：植物群落研究介绍》。这部论著开诚布公地表明生态学上的植物地理学研究，从纵观栖息地的多种因素——光、热、温度、土壤、地形、动物——对植物生长模式的影响入手，尤其注重这些因素对营养器官的影响的研究。沃明给这种在结构上和生理上对栖息地的适应调整过程起了一个名字"*epharmosis*"*。他注意到，通常，不同的植物对相似环境的反应方式可能是相似的，是一种他称之为"*epharmonic convergence*"**的现

＊　epharmosis，适应于某一特殊环境的生物。——译者

＊＊　epharmonic convergence，由于协调发育而使生物产生趋同现象；epharmonic，协调发育，一种生物立即获得的使其能在改变了的环境中生存的形态或生理变化。——译者

象。例如，美洲仙人掌和南非洲的大戟，两者为了适应其干旱的生长
环境都是通过发展多肉和多汁的茎，以及生刺而不是生叶来作为保留
199 水分的工具。⑦

　　至此，沃明还是在探索早就由希姆珀进行专项研究的课题：生态
学与生理学和地形学的交汇处。不过，他的中心主题是关于有机物的
群落生活——在他那由 17 个部分组成的论著中用了 16 部分来进行充
分阐述。按照他的观点，生态学所考虑的主要是"在植物和动物之间
存在着的那种形成了一个群落的多种多样的复杂关系"。每一种天然
的聚合，不论是一片石南树丛，或者是一片阔叶树林，都是由很多物
种组成的群体，都具有类似的环境承受力。"就像至高无上的君主"，
个别主要的植物统治着这个群落，通过它们的作用来确定哪一种次要
的有机物将能够共存下来。在这个群落里的所有成员都相互联系和交
织在"一个共同的生存网络"之中，因此，"在一个点上的变化都可
能在其他点上带来影响深远的变化"⑧。

　　当然，很多问题也同样得到了像林奈这样早期的自然博物学者，
甚至是更早的自然博物学者的注意。但是，这位哥本哈根的教授的优
势在于——一般是德国的科学家们所欠缺的——他有一个比较精确的
词汇可对植物和动物的群落世界中相互依赖的程度和方式做出判断。
在这些关系中最普遍的是"共栖（Commensalism）"方式，在这种关
系中，可以说是几个物种同桌而餐。共餐者们不是去争夺一份共有
的菜肴，而是相互补充其所需要的食物，每个进餐者所取食的都是其
同桌不需要的。在某些情况下，几个进餐者可能从另一个进餐者那里
受益，但却没有回报。当一棵橡树给松鼠和鸟提供筑巢场所，并为在
它下面的白头翁开花遮阴的时候就是如此。沃明接着说，一种不大普

遍但更强烈的依赖是"共生（symbiosis）"方式，最早是由安东·德巴瑞在1879年命名并做了详细论述。这种互利共生的极端形式由苔藓———一种真正成为藻类和霉菌之间合作的准有机物———形象地作了图例说明。在"共生"的标题下，沃明还给寄生定了位，在这种场合，依存是那么亲密，以致可能摧毁大量的敌意。尽管共生关系是少有的，却可能适用于所有自然无法完美地反映出来的那种纯粹的柏拉 200图式的理想：各种生命形式的相互依赖，近似于个体体内各个器官的富有活力的联合。⑨

对于科学家和哲学家来说都一样，这种生态联系的意义在于，它证明了生物界并非只是一个狂暴肆虐的自恃的个人主义的战场。正像达尔文早在40年前所强调的，沃明也认为，如果缺少其他在生物等级中常常是离得极远的物种的帮助，任何物种都不可能自己繁荣起来。而且，沃明和达尔文一样，也并未把这一点与自我生存的追求或生存竞争对立起来。事实上存在着这样的事，即使在共同生活的同一物种的个体之间，也有大家反对大家的战争，争斗极为激烈。尤其是在一个群落中仅作为一个植物群体的时候，例如，从松树的立场来看——

　　　　利己主义是绝对至上的，联想到人类，就其所从事的工作的意义而言，植物群落并没有严格的个体或个性色彩，而人类则按照法律的规定，为了共同的利益，有其自己的组织及其成员的相互合作……在植物群落中，没有那种在人类或动物群落中所见到的完全有组织的社会分工；从广泛的意义上讲，也没有一定的个体或由其构成的团体为了整体的利益作为工具辛苦地劳作。

从在一个栖息地里相互影响的植物排他的角度来看，大自然只不过是一个非常松弛的社会，在那里"不存在为共同利益而进行的合作"——几乎不是一个人类理想的真正的群体。不过，当视角扩展到生活在那里的其他更高级的生物时，社会联系便开始紧密了。⑩

在讨论共生和群体生活的同时，沃明论著的第三个特点是他对世界主要植物组成或群落的分类体系。与 C. 哈特·梅里亚姆相反，他强调的是土壤中水分的作用，他认为，水分对各种类型的生物学联系的控制作用要比温度大。他称那种需要大量水分才能生存的植物为"喜水植物"，它们与其他有同种需要的植物聚集在一起，创造出一种水生结构，如海洋中的浮游生物。那些能够在最干旱的地区生长的植物是"旱生植物"，那些生长在雨量和土壤水分适中的地区的植物叫"喜温植物"。总之，沃明再一次通过词汇的神圣力量，创造了十多个目录，包括耐高碱的各种结构，诸如红树林以及生长在冻土带酸性土壤中的苔藓类植物。在每一个植物群落中，这些相互联系的物种都呈现出会聚性的根部结构、蒸发能力以及贮水技能。必然的力量使它们联结成亲族。

《植物生态学》的最后一部分论述了生态演替或动态过程：在既定的栖息地中，一类群落向另一类群落的过渡，按其推论，是对入侵群落领土的外来者的防范以及对"新土地的占据"。正如我们将会看到的，这是沃明最有影响的一套观点，至少是当时英美生态学家所能考虑的：即一些对环境价值观和自然保护的实践有着深远影响的观点。沃明认为，群落并非总是停留在同样的、永远保持着一种由某种神圣的力量所注定的稳定状态中的。他观察到，古老的确立已久的结构在外部的压力下可能会出其不意的土崩瓦解。土壤中的水分可能减少，温度可能升高，整个组织必然随之而发生变化。人类可能会因为焚烧一片草地或森林，或是因为引进家畜或草种代替了原生的物种而毁灭了一个复杂的生物群落。河狸也可能因为在一条小溪上筑坝而使植被发生巨大的改变。而且就如同人类文化经常从内部瓦解一样，一个生物群落也可能由于自己的活动而导致自身的灭亡。在所有这些环境中都有积极活动的投机分子伺机而入。这些投机分子不断地向自己的边界以外冲击，竭力要扩张到其邻居的辖区之内；或者在某种情况下，在一片不毛之地中寻找一个立足点。

19世纪50年代，亨利·梭罗曾经解释过在康科德环境中森林演替的过程。更早时，在18世纪，欧洲的自然博物学者就已经观察到在斯堪的纳维亚沼泽中的"发展演替"现象。喜水植物会安居在一个 202 池塘里，通过扎根在泥里，最终使环境变得比较适合半喜水植物，或者耐旱植物生长。这个池塘或者湖则由此变成一片沼泽，然后成为由一片茂密的森林所覆盖的干燥的土地。在北极，冰冻而又贫瘠的栖息地更不利于生命的生长，只有地衣和苔藓做为殖民者-拓荒者得以立足，在它们到达目的地的同时，便会努力为后来的冻土定居者准备较为适宜的土壤。林奈和约翰尼斯·斯廷斯特鲁普都曾经观察过这一类型。这种演替过程的更为壮观的典型是爪哇附近喀拉喀托岛屿的植被的重生，这些植被曾经几乎被1883年的火山爆发所毁灭。但是慢慢地，就好像是某个宇宙魔术师在变戏法一样，蕨类和地衣出现在这片不毛之地上，顽强地为自己从碎石中开辟出一块宅地。沃明和其他生态学家们预言，有一天，一个丰富多样的动物和植物群落将会再次在这些火山岩石中建立自己的家园。

按照沃明的看法，每个栖息地的演替过程都朝着一个可辨别的方向：向一个"顶极"结构或"最终群落"发展。换言之，自然的最终目标，都不过是形成一个最多样、稳定、平衡且持续不断的群体，它可以满足某种栖息地的要求。格里斯巴赫和梅里亚姆这样的地理学家们用他们的"结构"和"生命带（life zones）"来说明这个历经几百万年挫折和失败的实验的最终结果。而沃明则使这种向顶极平衡发展的演替思想成为新生态科学的中心。这一思想是这些不寻常的地理学家们为这门新兴学科留下的重要遗产。[11]

就一个世纪植物地理学方面的开拓来说，沃明自己也是一种顶极，甚至超过了赫克尔，他是使生态学进入其现代成熟阶段的转折人物。在随后的几年里，大西洋两岸的科学家们一直在深入研究的正是他曾经概括出的各种论点，其中也包括顶极结构的演变。当然，有一段时间，很多人还是继续对"生态学"这个词感到神秘。例如有一位霍勒斯·怀特在1902年给《科学》杂志的编辑写信，问那个出现在杂志里的奇怪的词是什么意思。不过，有趣的是，有一大批读者都准备给予答复。内布拉斯加大学的查尔斯·贝西教授解释说："在过去8年中，这个词在植物学领域里的运用已经相当广泛。"同时，动物学家们则已经在抱怨，这个学科被植物学家所垄断。几位作者让提问者去查对赫克尔原来的定义。社会学家列斯特·沃德则更干脆地告诉怀特去查查他的字典。而两年以后，奥斯卡·督德则以满意的心情回顾了自沃明那部重要著作出版以来近10年的情况，并且宣布，这门学科已经在这个领域和实验室中全面展开了。[12]

在这个新名称之后自然也出现了许多不明确的倾向和实用主义。对大量的科学家来说，生态学似乎提供了避开日渐增长的烦琐而深不可测的专门化的可能。他们希望它会提供一种使各种生物学研究重又聚合在一种庞大的新的综合方法之内的途径。正如保罗·西尔斯所看到的："生态学学者的崛起几乎完全与自然博物学者的衰落并行。"对许多人来说，在自然史上最后一位伟大的综合学者达尔文之后，生态学已表现为达尔文个人风格和富有轻松想像力的早期未分化的生物学的替代品，或者就是生态学家查尔斯·埃尔顿后来所称的"科学的自然史"。按《生态学》杂志编辑巴林顿·穆尔在1915年的说法，它的未来甚至比较明确地表现在哲学上和生物学上：生态学是一种"观点"，一种整体观而不是一种隔离的专业。对其他人来说，生态学意味着一种避开定量抽象的新孟德尔的遗传学和细胞学的机会——回归原野和树林的机会，在那里，大自然可以按照其有形的整体来研究。[13]

然而，在其他方面，生态学科却与后达尔文生物学的高度技术性所契合。尤其是很快便出现了众所周知的"个体生态学（Autecology）"。和希姆珀曾经预先考虑到的一样，它主要涉及个体生物的环境生理学。很多新的专业生态学者们将进入实验室去研究趋光性和光色互变的现象——由阳光对一个游走孢子的运动或一种植物生长方向的控制。其他人则将开发出"生物钟"的概念，一些帮助生物调定其繁殖或迁移周期的内部机制。还有人研究鸽子身上的能识归途的刺激场；研究土壤中氮或磷的不足对植物的影响；或研究动物行为中的巴甫洛夫条件制约和环境决定作用。不过，总的来说，这些研究都不是使生态学最初得到认可的主要推动力和独特原因。为此，我们必须返回到沃明对"生物的共同生活"的强调上来。不是通过外在的通向生理学的途径，而是通过对自然界中各种社会关系的研究——有时被称作"综合生态学"——才是其存在的理由（raison d'être）。维克托·谢尔福德，一位伊利诺伊大学的教授，在1919年把生态学称作"群落的科学"是极其正确的。一个更精确的定义可能是"群落发展的科学"——其通过演替达到顶极阶段的过程。赫克尔对生态学的达尔文式的生动描述——他在科学的地图上标出的新名称——用地理学家开风气之先的勇气划定了地形、边界和路标。它变成了一个在地图上和在明确界定的领域中都很熟悉的词。道路是为学术开拓者进入和开始给这片新土地赋予和开发更详尽内涵的工作而准备的。[14]

第十一章 克莱门茨和顶极群落

自林奈时代起，英语国家的植物学家们至今都未在科学进步的后
卫部队中发现过他们自己。是斯堪的纳维亚人，甚至给人印象更深的
是德国人，再一次主导了植物教科书的索引。不过，大不列颠的科学
家们在学习沃明和希姆珀上并不迟缓，在向工作在蒙彼利埃和苏黎世
的研究院里的"新植物社会学家"学习上也一样。到1904年，一个
委员会被组织起来，遵循着这些大陆大师的方式去研究英国的植被。
推动这个群体的是两个苏格兰人：威廉和罗伯特·史密斯，他们后来
被牛津大学的生态学家 A. G. 坦斯利描述为"英国现代生态学最早的
开拓者"。人们还可以再加上一个格拉斯哥生物学家的名字：帕特里
克·格迪斯，他不断地探讨着一种研究这个城市的生态方法。坦斯利
自己则在1911年策划并领导了第一个国际植物地理学旅行研讨会。这
是一次规模宏大的野外旅行，其人员包括了欧洲、英国和美国的主要
生态学人物。1913年英国生态学会成立，坦斯利是它的第一任主席。
英国人不会在像生态植物学这样一个领域里黯然很长时间了，这个领
域成为自约翰·雷的时代以来最受青睐的民族性职业之一。[①]

更令人惊异的大概是，美国人很快便轻松而精神抖擞地登上了
这门正在加速前进的学科的领导地位。按督德的看法，他在1904年
写道，美国在使生态学成为一个发达的事业方面是其他国家科学界不

能相比的。几年后，当沃明的《植物生态学》一书修订版问世时，人们从中了解到十多位新大陆这遥远而默默无闻的内地的重要科学家的名字。当然，这种惊人活力的秘密在于，美国科学在经历了一个被许多爱国者认为不正常地拖延了的幼年期之后，终于成年了。纯粹出于偶然，那成熟的一刻，在机构和训练方面，刚好与专门的独立的生态学科的形成———一种当地条件所能充分利用的机遇相一致。美国人直到1915年才建立了他们的生态学会，比英国人要晚一些。但随后不久，A. G. 坦斯利和其他人都承认，在这个领域里美国人思想领袖的地位在上升。坦斯利特别指出两个人——而且是毫无疑问地，创立了独特的、至少到40年代仍占有主导地位的英美生态思想学派，他们是芝加哥大学的亨利·考尔斯和内布拉斯加大学的弗雷德里克·克莱门茨。坦斯利把克莱门茨的著作对英国生态学的巨大影响描述为"超过了自沃明和希姆珀的奠基性著作以来的其他任何著作"。尽管考尔斯和克莱门茨的研究完全是各自独立进行的，他们的探索却遵循着同一路线，这路线是他们依据横贯北美大陆的拓荒者的西进运动勾画和挖掘出来的。[②]

　　考尔斯和克莱门茨所建立的传统是以"动态"生态学而引人注目的。它所说明的基本上是有关植物群落"演替发展"的途径，这种现象沃明曾在早期描述过。考尔斯从俄亥俄的奥伯林来到芝加哥大学，目的是学习地质学和地形学，即地貌的研究。就在这所新大学里——它建立于1891年，距考尔斯来到仅早几年时间——在校长威廉·雷尼·哈珀的领导下，在极短的时间里，聚集了一批有才华的教授。在自然科学家当中，有约翰·库尔特，美国权威的植物学家之一，曾经是哈佛大学艾萨·格雷的学生。正是库尔特促使考尔斯放弃了他最初的学科爱好，转向正在青春期的生态学。考尔斯，借助于手边沃明的德文原版著作，很快便超越了他的研究生导师。1896年，他偶尔产生了把沃明的演替和顶极结构模式应用到沿密歇根湖沙岸附近的植被生长研究的想法。随后的三年里，他完成了一篇在科学杂志上发表的里程碑性的论文。1899年，这篇文章的发表立即使他无论在国内还是国外都处于这个新学科的前沿。[③]

考尔斯在密歇根湖畔沙丘上的漫步中所发现的是：在水边的陆地上，一个敏锐的观察者可以发现一种与在时间上的植被发展相平行的空间生态演替模式。首先，他注意到几种喜水植物群生长在湖滨的不同层次上，同浪花不停的拍打和冲击做着斗争。接着是连绵起伏的小丘，其中有些是不稳定和流动的沙丘，其他的则是由耐旱植物组织长久稳定和固化的沙丘。最后，远离水面，人们到达一片橡树林，一种每年落叶的中温度森林，它代表着本国本地区那种成熟的顶极类型的植物。显然，这个地方拥有适于植物繁茂生长的最佳条件，在那种气候条件下，总的来说是处在朝着橡树林自然形态这一目标推进的。不过，考尔斯并不认为有一天这个湖滨也将消失，而这个湖的边缘也将变为一片稠密的树林。相反，只要密歇根湖的水还存在，这一顶极结构就将会因这个湖岸和小丘的独特的当地地貌特点而被延续。而且，这位植物生态学家把这个湖滨归纳为一个清晰的空间递进过程，从只有有限的生物能够茂盛繁殖的水端，到一种比较宽容的中性的、适合各种温度的状态，即一种达到了自然最终所允许的状态。

在这些像螃蟹一样从湖岸的边缘向后追踪的基础上，考尔斯构想出一门"地形"生态学，它把所有各种在偏离或阻碍着正常的植物演替的当地地貌的影响都考虑进去了。但遗憾的是，他从未把这种方法运用到早期沙丘研究以外的工作中去，因此，几乎他后来所有的影响都不是作为一个野外研究工作者，而是作为芝加哥大学教师团体中一名极受研究生欢迎和造诣极深的教师产生的。在数十年中，除了1899 年的那篇论文外，他没有发表更多的论著，最终不再受人注目。但是，他的学生们，包括维克托·谢尔福德、查尔斯·亚当斯、保罗·西尔斯以及威廉·科珀，都成了这个领域的权威人物，这足以证明考尔斯是众所周知的唯一依靠自己闯出来的开路先锋，是美国第一位专职生态学家。那些小丘为他展示了正在进行中的生态演替过程，他反过来又把那种现象生动地展示在学生们的科学想象中。④

*　　　　　　　*　　　　　　　*

在考尔斯对大湖地区的生态动力学进行探索的同时——尽管相互之间是完全无联系的——在林肯市的内布拉斯加大学，一个几乎是完全相同的令人激动的发现正在西部大平原上酝酿着。在 19 世纪 80 年代，这所大学仅仅还是门上挂着个名字而已，但它标志着刚刚出现的要把实际有用的文化带给这个偏僻乡下的拓荒者的雄心。在那 10 年期间，年轻的科学家查尔斯·贝西来到了这个学术前哨。他和约翰·库尔特一样，也是在哈佛大学由艾萨·格雷培养出来的。在他的行李里装有第一架大学显微镜，正是这架显微镜随他跨过了密西西比河。贝西很快就组织了一个植物学讨论班，其研究在很大程度上，是尽量和尽可能地把这个州的原始植被记录下来，乘它们尚未全部被大批的新定居者犁到地下之前。罗斯科·庞德，他的首批助手之一，带着驮马、仪器和采集箱，被派到本州西北角的沙丘上遍访；其他学生则分散去调查正处在生态学科与时间、垦荒者和西进竞争中的内布拉斯加草原。⑤

　　1890 年的一天，一个一本正经、苦行僧般没有一点幽默感的新生，弗雷德里克·克莱门茨，来到贝西的办公室。他只有 16 岁，就生在学校下边的那条街上，并在那儿长大——是这个飘摇不定的边疆世界的土生子。贝西立刻就让他跟庞德一起去工作。8 年之后，贝西的这两位门徒出版了《内布拉斯加植物地理》一书。这部书不仅涉及本州的植物分布，而且也涉及生态学：即涉及"这种植被的各种有机因素的内在联系"。10 年之后，庞德放弃了植物学到西北大学去学法律，最终成为哈佛大学法学院院长和一位著名的社会法学倡导者。弗雷德里克·克莱门茨，则坚持他自己的生态学研究，先是在内布拉斯加当教授直到 1907 年，然后在明尼苏达大学工作了 20 多年，最后来到设在华盛顿的卡内基研究所，直到 1941 年退休。在这 40 年里，未曾有一人在美国同时也在英国的生态思想发展过程中有如此深远的影响。按坦斯利的看法，他（指克莱门茨）是"至今当代植物科学上最伟大的独特的创造者"。克莱门茨的植物研究产生了一个连贯而又精细的生态学理论体系，不仅对这个新学科产生了卓绝的影响，而且在涉及拓荒者与美国草原的关系方面也有重大的意义。[⑥]

　　两个有内在联系的主题贯穿在克莱门茨的著作中：植被群落的生态演替动态学和植被结构的有机特性。在他 30 岁时出版的《植被的发展和结构》一书中，他曾声称："植被基本上是动态的。"自此，这个观点成为他的科学教义的中心条款。自然的群落是通过时间来改变和发展的，因此生态学家也必须实实在在地成为一个自然历史学家，把那些在一段时间内占据了一个据点，然后便悄悄地消失在化石的历史中的植物群体的演替记载下来。对一个群落的现存结构的比较静态的分析从来不在克莱门茨的想象力中占主导地位。几乎

209

在其事业刚开端时，他就被自然景观中的进化周期和一种达尔文式的
210 或许也是赫利克利特式的认识所吸引，后者是一种对先结合在一起最
后又难免要分解的植物组织中流动的持续性的认识。这成为他的最主
要的一本书，即1916年出版的《植物演替：植被发展的探讨》中贯
穿始终的主题。

　　替换上的替换成为克莱门茨学科上不可避免的原则。但是他也
固执地和信心十足地坚信，自然景观最终必然要达到一个尚不明确
的最终顶极阶段的概念。他认为，自然的过程并非是一种无目的的来
回游荡，而是一种可以被科学家准确地标出位置的趋向有规律的流
动。在任何一个既有的栖息地中，都发生着一个清晰的被克莱门茨称
之为"演替系列（sere）"的演进，一个发展阶段的体系，它发端于
一种原始的固有的不平衡的植物聚集，而以一种复杂的、相对持久地
与周围条件相平衡的、能够使自己永远存在下去的顶极结构告终。即
使颠倒或偏离了这个过程，大自然最终还是会发现一条返回轨道的途
径。决定这个不可动摇的进程的方向和结果的是气候。与一个既定区
域有关的顶极群落是那些复杂地糅合在一起的温度、降雨和风的变量
的产物；在某些地方，这些力量标上了它们的名字"森林"，在另一
些地方，则标上"草原"或"沙漠"。在演替的早期阶段，气候对植
物的决定影响较小，而影响较大的是当地的土壤条件。不过，按克莱
门茨的理论，在达到成熟阶段和顶极之前，每一个演替当中的群落都
会"变得越少受到土壤和地域的控制，而越多受到气候的影响"。事
实上，在这种演替系列显露的同时，它改变的正是土壤本身，从而创
造了一个更为有利于未来的顶极成长的环境。因此，每一个阶段都在
为其接替者的安居做着准备。[⑦]

克莱门茨的范式在今天通常被看做一种"单一顶极"（monoclimax）思想，因为它在世界上广阔的气候区域中只承认一种最终的结构。的确，他也承认，次顶极群落也可能会在广阔海洋的成熟结构中作为不同寻常的岛屿而存在下来。由于有了不一般的土壤条件，这些局部的——尽管几乎是永久的——抵抗区，就像一条溪流中的鹅卵石一样抵制了生态进程的流动。而且，他继续设计出一连串不可思议的名称——又是词语！——以鉴别他的体系上的其他例外和变动（前顶 211 极、后顶极、原始顶极、泛顶极等），从而使生态学逐渐变得更像一个词汇库，而非一门庞大的学科。不过，尽管有着所有这些烦琐华丽的细节，气候与顶极群落之间的简明而严格的关系仍然是克莱门茨体系的基础。他毫不动摇地坚信，在地球上的任何一个区域，只有一种群落应该被称做是成熟的阶段：它极其严格地遵循着这个地区的大气候。

毫无疑问，克莱门茨所重视的演替系列和其顶极的解释是来自他的思想深处，几乎是抽象的信念，即认为植被的演变肯定是一个酷似单独的植物或动物的生长过程。他进而断言，顶极植物结构事实上就是"复杂的生物"；"实际上是一个高于一株单独的天竺葵、一只单独的知更鸟或黑猩猩……的状态。跟它们一样，这是一部联合起来的机器，在这部机器中，整体大于其部分的总和，因此它组成了一种具有不同性质的新的生物。"在他关于演替的主要著作中，克莱门茨清楚地说明了这一点：他并未陷入半危险或是离奇的想象之中。

植被单元这种顶极结构是一种有机的整体。作为一种生物，这个结构在产生，在生长，在成熟，也在死亡……顶极结构是一种成熟的生物，是充分发展了的群落，它的一切最初的和中间的阶段都不过是发展的阶段。演替是一种结构再生产的过程，这种再生产的过程在植物的成熟状态中可能和在一种单个的植物中的情况一样，不过是没有终止而已。

在竞争的结构中，气候决定着哪种"复杂的生物"将在生存斗争中幸存，而失败者将分崩离析和消失。一旦履行了这种选择，一种内在的不能压制的有机生长活力便占据了上风。就如同身体进入成年成熟期便开始安排孕育孩子或种子的基因，顶极群落也在迈向一种自动的注定的命运。只有在偶然的极不正常的情况下，这个过程才会落入一种发展的亚顶极水平，一种发展受阻的青春状态。⑧

212　现代生态学与有机论哲学的聚合，是一种重要现象，将在第五部分重点讨论。但此刻已足以使人联想到克莱门茨采纳"复杂的生物"这个概念的大概来源：19世纪英国进化论哲学家赫伯特·斯宾塞。罗斯科·庞德晚年曾回忆道，他和克莱门茨曾经一起阅读并经常讨论斯宾塞的《生物学原理》，"我们曾期望从中了解在孔德和斯宾塞式的实证主义几乎成为科学家的宗教的那个时代里的伟大思想。"斯宾塞的出名在更大程度上是因为他的政治哲学，即社会达尔文主义在美国所受到的欢迎，而不是因为他的著作在他那个时代的科学家中所唤起的浓烈的热情；而且，在20世纪初，斯宾塞在这两方面的拥护者都开始减少了。例如，庞德很快就认为他从这个人那里不可能有任何收获。不过，在克莱门茨和极个别的生态学家中，这种热情消失的速度要慢得多，如果它终究会消失的话。直到1929年，克莱门茨仍然把斯宾塞当作他在有机理论方面的主要支柱，并且声称，这位维多利亚时代的哲学家早就预见到他本人的植物演替学说的原则定理。斯宾塞在生态学领域内的这种特有的顽强影响表明，有必要对他的某些观点做一个迅速的回顾，以便对克莱门茨本人的学说的根源有更多几分的揭示。⑨

　　　　*　　　　　　　*　　　　　　　*

　　早在 1860 年，斯宾塞就曾为《威斯敏斯特评论》写过一篇题为《社会有机论》的关于柏拉图和霍布斯的评论。在坚持认为人类社会并非是一个人工物品或制造品，而是一个自我进化的生物的同时，他把一切改革家或社会规划者所进行的努力，都当作一种从技术上侵入自然的形式而加以反对。不过，在斯宾塞全身心地要发现生物和社会之间的相似之处时，这个政治问题便被置之一旁了。他承认，它们确实也有不同，但相对于"最重要的类似性"却显得无足轻重。例如，商业收益显然具有与人体中的营养和生长相类似的东西。下议院可以被看作社会的大脑中枢，它从其各机构和行政"神经节"那里获取信息，并将它们传送到这些部门去。斯宾塞把他的生物的概念也延伸到了那些庞大的机械装置上，那些机械装置是他作为一个前工程师未能做到但却赞赏的：铁路和电报网，它们是政治实体的循环动脉和神经系统。⑩

　　有些读者一定已经发现，这种混血的生物——一种半原生质半动力的东西，有点稀奇。但是斯宾塞本人是那么喜欢它的新奇，并在后来的社会学著作中，一直坚守着它。最终，它与他的更为综合的宇宙进化论哲学完美地融合到了一起。根据这种观点，一切现象都表现为向更大的细分和综合进展的过程，一种从同质（单一）向异质（多样）的运动。例如，英国社会在原始的过去很像非洲丛林人

（Bushmen）未分化的部落，后来进化到一种高级的社会分工，再后来则进化到甚至在维多利亚时代的人也见得到的一个更协作的相互关联的社会整体。斯宾塞认为，在野蛮社会，少数个体部分的丧失是毫无意义的。但在一个比较先进的像一个文明的社会共同体那样的生物里，"在没有产生巨大干扰或其他死亡的情况下，你是不可能除去或损害任何重要的器官的"。所有的人类社会都必然朝着复杂的有机的内在相互依存的更完美的状态前进。[11]

不过，斯宾塞在他未把进化有机论从人类社会引申到生态领域之前是不会罢休的。在1899年的《生物学原理》修订版中，在那位无处不在的坦斯利的协助下，他强调，植物和动物之间不断增强的一体化表明了在其最卓越形式下的"进化的规律"。在有机界里一体化的基本媒介是气体的变换：植物产生氧；动物吸入氧，呼出二氧化碳。斯宾塞从达尔文的生命网络中取用了更多这类互助的例子，包括某些植物为了肥料而依赖特殊的昆虫盟友。根据这些和其他的共生和共栖的例子，斯宾塞的结论是，有机的自然界中的指导性原则，和在人类214 的世界中一样，是"进步的细分"和"进步的统合"。他注意到这种高级合作的进程，从来都没有实现一个绝对的目标，确切地说，倒是不断地走"向一种完全要适应周围条件的动中平衡"——或者是某种接近弗雷德里克·克莱门茨称作为顶极群落的状态。[12]

在那位内布拉斯加生态学家关于气候及其对区域植被的特殊影响的思考中，有着比斯宾塞所能表现出来的更多的经验主义。而且从不同角度上说，这种顶极群落可以作为斯宾塞思想的一种特有的在生态学上的广延性来进行论述。这两个人还被另一种思想联结在一起，这一思想在道德上的考虑不亚于科学上的考虑：自然界中的竞争有时奏出的是与其协作和谐的大合唱不一致的反调，而这有其必要性。在斯宾塞看来，社会有机体，正如先前所说明的，是适者生存的斗争结果。他警告说，政府和社会规划者一定不要干预这个演替的自然过程。克莱门茨也曾声称，植物中的竞争是"演替发展的主导功能，而在顶极的情况下，则仅从属于气候的控制"。和斯宾塞一样，正如我们将要看到的，他有时对人类干预演替系统演变的过程及其结果持批评态度。这是这两个人所共有的自相矛盾的信念："每个个体为了基本的生活而对全体进行的战争，其结果是形成了一个更为和谐的社会或生态有机体。没有竞争，就不可能有生长，不可能有向充分公有状态的进步，不可能有动中的平衡。"⑬

生态学的动态图解已经在其自身即将来到的时代中到达了最后阶段。1939 年，克莱门茨与维克托·谢尔福德——国内的动物生态学权威联手，研究他们所说的"生物生态学"。在本质上，他们把植物和动物群落融合为一个兄弟"生物群落"，或是他们也称为的"生物群落区（Biome）"。今后在他们讨论顶极状态或是通过不断发展的演替而创造的超级生物的任何时候，所有活着的生物——生物区系（biota）——都将被包括在内。通过这种合作，克莱门茨和谢尔福德一度曾设法使他们的生态理论与斯宾塞理论更密切地取得一致，斯宾塞的理论是把植物和动物放置在一起看待的，以便去掉长期矗立在这两个几乎是独立的生态学分支之间的屏障。克莱门茨依然保持着他对植物学的忠诚，因为他继续坚持认为在任何一个生物群落区中，都是由植物确定哪种动物将包括在内，反过来则不然。如同梅里亚姆的生命带一样，植物是栖息地与其动物群落间的媒介力量，它们最及时也最直接地把气候转化成食物，并作为抵御严酷环境的基本缓冲器。但是，克莱门茨和谢尔福德说，植物王国的特殊意义并不能隐瞒这样一个事实：所有的生物都是由一个共同的情结所联合起来的。相反，在一个栖息地中的非有机的状态是影响却并不参与这个生物群落中社会事务的外部力量。[14]

*　　　　　　　*　　　　　　　*

　　克莱门茨最了解的生物群落区，也是为他的动态生态学提供模式的生物群落区，是北美的大草原。他认为这种特殊的植物-动物结构，必然是在任何一个雨量有限并饱经干风影响的地区的顶极状态，在那些地区，湿度是季节性的，并仅限于表层的土壤。克莱门茨周围的一切，如同他在居民稀少的内布拉斯加长大时的情景，是像一片广阔的内海一样伸展开来的草原。它覆盖了几乎整个的中部大陆，是落基山脉古老和永久的遗产，这条山脉早在5千万年之前就耸立起来了。在其最西部的区域，从山脚的东部到大约西经100度，大草原是一个被低矮野牛草控制的世界，这种草高4—5英寸，呈卷曲和扭结状。在这半干旱的高原，跨越蒙大拿州的大部分，南达得克萨斯州的潘汉德尔，还长有蓝草。这片在广阔的天空和干燥欲裂的空气中蔓延的大地的东部，年降雨量略微增加到20—25英寸，但已足以维持较高的混合草原——小蓝茎草，西部的麦穗草、针叶草——它覆盖了达科他州的大部分及内布拉斯加州、堪萨斯州以及俄克拉荷马州的中部地区。在最东部也长着高茎蓝草和毛鞭草，高达8英寸，它们的根几乎扎到216　黑色肥沃腐殖质土的深度上。这种长满高茎蓝草的大草原，一直在保卫着它的东端不受来自较湿润地区的树种的侵袭，在内布拉斯加州的东南角，即克莱门茨出生并接受教育的地方，形成了大概是给人印象最深的那种植物群丛。[15]

曾几何时，这里是一片几乎完好无损的草原地带，一个独特的顶极群落，尽管分成了三类不同的区域，其范围包括了几千万英亩以上的土地。在其漫长的历史中，这个结构曾由于冰川时代和更多的屡见不鲜的无数小范围的不规则的气候变动而断裂。但是，按克莱门茨的观点，最初被造出来的这些山承受过远远超过了人类经历的时代所遭遇到的任何事情。

没有一个研究过去的植被的学者会怀疑，顶极状态自古生代以来就一直在巨大的气候变化的强迫下变化、迁移和消失，而且它还会坚持，它们会在没有这种变化和由人所造成的毁灭性的干扰的情况下度过了千百万年。在有限的化石资料中也存在着有力的甚至是结论性的证据，即草原顶极状态至少在其存在的几百万年当中，都具有今天大部分主要的物种。

在大平原的风中摇曳起伏着的草，曾经是决定这个巨大而广阔的生物区系特点的生物要素。而且，它也曾经是麋鹿、响尾蛇、草原犬鼠、草地鹨、蚱蜢、郊狼、长腿兔、沙丘鹤的家园。还有北美野牛，它们在大平原的动物公民中是最显著和最重要的无拘无束的成员。这些庞大的粗毛野兽，早在冰川时代便从亚洲越过了白令地峡，超过了其他移往相反方向的食草动物的总数；例如，马和骆驼，就舍弃了"新大陆"，去了"旧大陆"，以寻求更绿的牧场。于是，这些野牛来到了一个它们所希望占据的世界。最终，它们将适应这里，并且在北美大陆上繁殖到约7500万头。在它们之后，约4万年前，从亚洲来了人类捕猎者，他们靠捕野牛为生，在这个融合的生物共同体中确定了自己的位置。于是，一个物种接着一个物种，经过了无数年代，在这片广阔的土地上，发展成了一个地球上最独特和最稳定的生态联盟。

217　甚至进入 19 世纪，这个独特的共同体仍被斯蒂芬·朗、乔赛亚·格雷格以及弗朗西斯·帕克曼这样一些美国旅行家描述为未被触及的地方。他们中的某些人在他们的地图上胡乱写上"大美洲荒漠"；另一些人则大书"世界的花园"。⑯

　　然而，突然而粗暴地，不是由于任何广泛的非人格的气候上的变化，而是由于白人的侵入，这个共同体被破坏了。在仅几十年的短促的血腥和残暴中，一小撮以商业为目的的捕兽者和伪善的打猎者，屠杀了几乎所有的野牛，仅剩下几百头。美利坚合众国的军队则惠顾了印第安人。"1876 这一年，"沃尔特·普雷斯克特·韦布写道，"特别标志着这两者的灭绝。"进而，宅地所有者们把这些草掘了起来，不管是短茎的或长茎的，为的是使这片土地翻过来适应他们的想法。⑰

＊　　　　＊　　　　＊

　　因此，当克莱门茨从这片大草原中勾画出他的一个成熟的生物群落模式时，他正在论述的是一个瞬时即失的世界。它曾经是一片独特的区域，被美国人认作"处女地"——一个短语，使人联想到人类与自然的关系不仅是经济的和功利的，而且也是富有感情的、神秘的，以及从某种深层的意义上说，或许是性感的词组，人们会问，从什么时候起这片土地不再是处女？什么时候野牛来到这里打滚并发出雷鸣般的声音？什么时候印第安人扎起了他们的帐篷？什么时候犁第一次在它的沃土上留下了印迹？克莱门茨用他给这片原始草原所起的比较客观的名称：顶极群落回避了那个问题。但是，无论人们谈论的是草原的处女身份或是这个生物区系的顶极状态，克莱门茨都很清楚，其他人也一样，白人并不是这个生物区系的一部分：他们是作为破坏者、外来者、掠夺者来到这里的。

18世纪以来，生物地理学家和生态学家们绘制了他们的精致的分类学图表，通常都没有考虑到人类的存在或影响。对他们的科学来说，人基本上是一个局外者，虽然有几位早期的生态学家在意识到这个缺点时也曾强调，即使是文明的人也和其他动物一同属于一个生态群落。弗雷德里克·克莱门茨赞成这一意向，至少当时是把大草原印第安人考虑在内的。但是，白人是另一回事，是颠倒了或违背了自然规律的一种复杂的存在；而这一存在也证明，把他们留在生态动力学之外要容易得多。他们并不真正是这个群落的成员，大概也不可能是。他们的确要为这个演替发展的天然模式的破坏负责，并且使关于一种稳定的顶极的观点，甚至在克莱门茨时代，也带上了一定的专业上的不真实性。[⑱]

克莱门茨显然从未重视过在这种排除在外的做法上存在的值得深思的嘲弄。毫无疑问，白人进入到平原处女地，曾促成了他的动态生态学的一些主要观点。加上对沃明和斯宾塞的记忆，克莱门茨在形成他的演替和顶极思想的时候，也思考了美国拓荒者的问题。例如，在1935年的一篇文章中，他曾经明确地用植物变迁来和中西部边疆的殖民类型进行比较。在一个栖息地里的植物的演进遵循着一个开拓和定居的过程，正如人在大草原上正在进行的推进过程一样。文明的各个时期形成了它们自己的演替体系的类别：先是设陷阱捕猎者，然后是追猎者、垦荒者、宅地占有者，最后则是城市居民。这种关于美国边疆的社会进化观点，早在19世纪20年代时就由詹姆斯·费尼莫尔·库珀表达过，它本来出自18世纪的孔多塞、布丰和法国百科全书派提出的一个概念，即历史是一系列从最原始的社会向欧洲文明演进发展的阶段和时代。但是，在北美，却有可能看到实际上是由现在西进的拓荒者们所创造出来的那些阶段。1893 年，威斯康星的历史学家弗雷德里克·杰克逊·特纳把这个拓荒过程称作是形成美利坚合众国民族性格的决定性过程。按他的看法，这是一种经历，它使生活重返到古老的欧洲文化，并赋予美国和这个社会一种民主的推动力——回归，可以说是回到一个演替体系的早期阶段，从而有了一个建立新的顶极群落的机会。结果，美国生态学家中的领袖人物，和特纳一样，全都来自中西部，几乎是不自觉地倾向于一种完全与这位历史学家关于美国社会在边疆的演变的思想相似的拓荒生态学了。[⑲]

219　　　生态学和历史的这种会合所带来的意外结果是，当西进的边疆为一个具有广泛影响的生态学理论贡献了一种模式时，它也给这一理论的崇高性蒙上了阴影。根据特纳-库珀的民族发展观点，一种成熟和复杂的文明必定是从一种对粗野的文化的开拓发展中产生出来的；克莱门茨和英美生态学的主流则提出了一种类似的生物群落演变的观点。但是，这两个发展过程，似乎注定要在不可调合的冲突下相遇。一个必须为另一个让路，在同一领地内拥有两者，既有一种植物的顶极状态又有一种高度的人类文化，是不可能的。第一次对抗发生在密西西比河东的潮湿的森林里：在这里，顶极的生长缓慢地让位于为寻求家园、财富和帝国的侵略性人类社会的斧头和来复枪。到 1850 年，梭罗对康科德生物区系中的许多物种的消失的哀叹，已成为东部森林的较好部分的现实。然后，在跳跃到太平洋沿岸后，拓荒者们又终于来到了大草原，美国西部的最后部分。在仅仅几十年里，他们对草原和平原的征服便完成了。但是，这时在那里所发生的某些事情是库珀-特纳的社会进化理论所未能预料的。拓荒者们和宅地所有者们不是为一个稳定、持久的社会秩序铺平道路，而是漫不经心地为社会和生态灾难准备了土壤：20世纪30年代的"尘暴"。

　　克莱门茨和其他生态学家们在"肮脏的30年代"着手去研究那个未曾料到的经历，它既是土地的悲剧，也是那土地上的人民的悲剧。他们试图——正如我们现在将看到的——在他们的科学中寻找某种在草原和平原上滥用土地的解决办法。由此，大部分生态学者们都明白，再也不能把人置于他们的教科书和模式之外了。必须想法对生态和人类的发展方式进行某种调和，并在相信自然的方式和同情人类的雄心之间达成某种和解。于是，在30年代，克莱门茨的生态学便 ₂₂₀面临探索实际经验的要求，并且遭到了第一次有意义的批评——这批评来自农场主，来自科学家，也来自历史学家。而且，这场辩论也影响了顶极理论，尘暴戏剧化地把这门年轻的学科成功地从学术研究带领出来，进入到公众的意识中去。

第十二章　跟在犁后的尘土

　　平日的下午，大平原上的平均风速大约是每小时 50 英里。它是一个不变的几乎像人似的精灵，以不可阻挡之势把草和成排的庄稼压下去，同时还带着一种奇异的固执，在农场主的牲口棚和篱笆周围呼啸着。但是，1934 年春天，风似乎突然变成了一个恶魔。4 月 14 日，一场来自北方的巨大黑色尘暴翻滚着冲向得克萨斯，它在一个巨大的碗中旋转和滚动着，使太阳暗淡，随风而来的高达 20 英尺的沙尘遮盖了大地。其后不到一个月，在 5 月 10 日，另一场巨大的风暴向东移到芝加哥，在这个城市倾泻了 200 万吨大平原的尘土。两天之后，这场风暴到达东海岸，尘土落入白宫，掉在海上航行的轮船上。①

　　风在其运行中经常带着尘土，这对大草原的居民来说已是一个非常熟悉的事实。1932 年，1913 年，再远一点，回溯到 1894 年和 1886 年，都曾发生过严重的尘暴。但是，它们每次都仅限于当地，没有一次有如此凶猛和狂烈。30 年代的风暴意味到处都是尘土，它盖住了庄稼，抹掉了篱笆的界限，透过了门缝——不论那里塞了多少湿布块——甚至混入生面包团里。过去没有一次能够抵得上最近这几次风暴的绝对频率和规模：1934 年受影响的是 22 个地区，1935 年为 40 个，1936 年是 68 个，1937 年是 72 个，其后它们总算终止了。对整个民族来说，这是一个无法回避的事实：在西部平原上，肯定出了根本性的严重问题。②

大风之后，最明显的和经常被怨恨的恶棍就是干旱。在大平原，每年大部分的降雨是在春夏的生长季节，即4月到7月，年复一年都在20英寸或稍低的平均值上下随意摆动——是一种半湿润的气候。1931年夏天，一点雨也没下；来年春天依然如此；接下来的一年亦然；而到了1934年，根据历史上这个地区的天气记录，被证明是空前最干旱的一年。甚至较湿润的草原也饱受干旱之苦。到7月末，内布拉斯加东部的密苏里河流域已经无水可用于植物生长，水位下降4英尺。这种情况在整个大草原一直持续到1940年，有时最东可达阿利根尼山脉。经常超过100华氏度的气温使得这种干旱对当地原生草更具破坏性，对农作物的破坏尤其大。在堪萨斯的托马斯县，1933年、1935年、1936年和1940年，小麦颗粒无收，在这些年之间的年份里，平均产量最多也只是旱灾前年产量的1/3。到1935年，美国，这个自诩为世界面包篮的国家，也被迫从其他国家进口小麦了。在更南的地方，得克萨斯潘汉德尔的霍尔和柴尔德里斯县——尘暴的中心地区——平均净棉产量从20年代的99000包急骤下降到1934年的12500包和1936年的26500包。正如一位农场主所说的："那次旱灾让我们陷入了困境。"③

很快，美国人发现了另一个随着吹动的尘土而来的戏剧性的时代象征：精疲力竭的难民及其妻儿向加利福尼亚进发。他们绝大多数来自俄克拉何马这个"OK州"，但也有人来自堪萨斯、得克萨斯以及更远的东部。沿着南部大平原的公路，人们会看到他们中途在一个广告牌的荫凉下停车休息，卡车上蒙着破烂的篷布，从里面伸出摇晃着的床垫和半打红棕色的孩子：苍白呆滞的面孔，穿着褪色的罩衫。或许

能看见他们正坐在一辆破旧的赫德森牌车上突突地往西驶去，扁平的
223 弹簧床垫和几块旧木头，以及一两只桶一起系在车顶上，或许在车踏
板上的一个板箱中还装着一个玩具山羊。沿途到处可听到他们在谈论
自己的不幸：

> 在得克萨斯罗克韦尔县已使我筋疲力尽。
>
> 就我所见，几乎什么都没有了。
>
> 那年春天来了，而我们已经一无所有了。
>
> 是的，先生，我们挨饿，进退不得，陷入了困境。
>
> 晒死了，吹走了，吃尽了，拖垮了。

在30年代的后5年中，他们以每月6000人的速度涌进加利福尼亚——
从1935年到1939年，"尘暴难民"的总数为300000人。[④]

但是使这些人离开他们的土地而投向西海岸的工厂式农场的并
不仅仅是旱灾和尘土。沃尔特·斯坦一直认为，"这些俄克拉何马难
民的大多数既不是来自长期受旱灾和尘暴危害的地区，也不是来自旱
灾区最萧条的地带。要说这些俄克拉何马难民是由尘暴造成的，是对
的；但是说在加利福尼亚的俄克拉何马一般难民都是尘暴难民，却是
错误的。"典型的移民家庭曾经居住在俄克拉何马东部的丘陵区，住
在曾经有橡树林的土地上，那里既非草原也非平原。甚至在约翰·斯
坦贝克的《愤怒的葡萄》*中的约德一家，也是来自萨利索，一个几乎
在阿肯色州边界的小镇，远离尘暴中心几百英里的东部地区。和大多

---

　　* John Steinbeck（1902—1968），1962年获诺贝尔文学奖，《愤怒的葡萄》是
他的成名作。——译者

数美国人一样，斯坦贝克也过于简单地认为，像约德家这样的人是那场自然灾害的牺牲品，它使银行和地主们得到借口把约德家那样的人赶出家园；而事实上，他们的忧郁的故事与大平原的旱灾之间并无本质的联系。在一二十年间把富裕的和富有理想的拓荒者的各州变成凯利·麦克威廉姆斯称为"贫困的泥坑"，纯粹是社会力量的结果。[⑤]

＊　　　　＊　　　　＊

在 19 世纪 70 年代初，白人家庭开始定居在原定的印第安保留地，"一个被划为红色人种的永久家园的地区"，这个地区后来作为俄克拉何马东部的一部分而被强行吞并了。在很多年里，白人住在这里，既没有法律，也没有学校；要么是佃户，要么就是敢造反的挑衅者。他们对这两种生活方式都了解得很透彻，因为他们大部分来自偏远的南方山村，是一群不安分的、爱动武的、而且常常是愤愤不平的乡下人，都靠艰苦工作为生。个别家庭可以炫耀拥有仅能维持基本生计的一块20—40 英亩的土地，有时是典押来的，有时则是从印第安人那里夺来的。稍往西一点，在著名的 1889 年和 1893 年的"俄克拉何马逃亡"期间，这部分领土转到另外一些同样很贫困的白人居民手中，因此很快便又落入极个别正在相互吞并的富裕的地主手里。当 1907 年俄克拉何马成为一个州时，这个州的农场约有一半以上是由佃农耕种的小块土地；到 1935 年，则已超过了 60%。这些佃农和佃户们曾经在南方留下了劣质耕种和榨干地力的痕迹，现在又在迅速地滥用着俄克拉何马的土地。他们的表层土壤被冲刷掉了，但也因此把他们可能维持自己生计的任何机会都葬送了。1938 年，据估计，有 275000 人，占这个州农业人口的 28%，已经在前些年中移到了新的农场——这是一种盲目的早在 19 世纪就已经开始了的游荡。加利福尼亚大学的保罗·泰勒曾

224

抱着同情心尾随着他们的人流到西部去，他承认："俄克拉何马人没有在土地上扎下根。"必须认识到，30年代的旱灾和经济萧条，只是给这些流浪的佃农群众带来了新的萧条。令人难以置信的是，仅仅在一代人期间，他们最后的边疆就已变成了偏僻的赤贫地区。⑥

在大平原较西部的地区，这种榨取地力的情况仍在重复。和俄克拉何马东部一样，那里也有着太多的农民种着太少的农场，而且，尽管在这些比较干燥的草原上，个体的小块土地的面积通常要大一点（160英亩的宅地是最常见的），他们都不能独自养活一家人。不过，在这儿，土地比较平坦，因而，导致不稳定的另一种力量发挥了作用：以拖拉机为形式的技术革命。第一次世界大战之后这种价格并不昂贵的"全能"的小型农业机器，使人们能以每英亩较低的开支来耕225 种和收割一片更大的农场。20年代，在堪萨斯西部一个种植640英亩小麦的农场的全年净收入仅35美元，因此出现拖拉机热是不难理解的。但是，最高的效率只有在小块土地被合并、多余的人口被减掉的时候才能实现。对已经富裕和有创业精神的少数人来说是很幸运的，因为整个大平原上几乎40%的农户都是佃农，所以很容易打发走。这个合并过程，只是在农业调整署开始向土地拥有者支付粮食减少赔偿时，才加快了速度（尽管事实上常常是无产量可减了），而钱通常并没有到他们的佃农手中，而是落到了拖拉机销售者的兜里。在那尘土弥漫的10年的前半期，约有150000人迁出了大平原。不是旱灾，而是机器把这些农民中的大部分赶出了家园；但是，为其自尊，人们很容易把他们的不幸归咎于大自然。在很多方面都类似于被18世纪的圈地法案驱出家园的英国农民，这些过剩的佃农也是美国判决的牺牲品——可能是合理的——农业必须要能获得较高的报酬。尽管他们可能不是严格意义上的斯坦贝克所了解的俄克拉何马难民，这些大平原上背井离乡的佃农，也和他们在东部的已经远近闻名的同辈一起辗转到了西部。[⑦]

但是，不论这些各种各样的农村百姓陷入了什么样的"困境"，或是什么把他们送上通往黄金州的道路，一场巨大的人类悲剧发生在尘暴的年代却是无可争辩的。尤其在南部大平原上——得克萨斯、新墨西哥、俄克拉何马、科罗拉多和堪萨斯诸州——飘动的尘土经常是与破产和福利携手并进的。1935年，在这个地区的一些县里，有多达80%的家庭依靠救济生活；从1934年到1936年，这里大约有500万英亩的土地遭到严重的风灾。到1938年——风蚀的高峰年，尽管还不是从最骇人的风暴的角度——这个总数已跃至900万，涉及5100多万英亩的区域。土壤科学家们在同年给农业部的估算是，大平原的一半——约500000平方英里——因为冲蚀而被严重破坏。这是一种与产生众多经济上的艰难和不幸相联结的形势。正如1939年的 226 《达拉斯农业新闻》中一个农民非常准确地提到的："大平原，一度是鹿、野牛和羚羊的家园，现在则成了尘暴和工程进度管理署的家。"[⑧]

正像我们在这里所回顾的那样，尘暴的原因十分复杂，文化的因素多于自然的因素，而且肯定不能用旱灾这个事实来概括。这个在美国环境史上最具破坏性事件的产生根源，在30年代中期，阿奇巴尔德·麦克利什曾做过描述：

尘暴意味着草枯了。小小的旋风，像幽灵似的带着尘土，吸干了西部的麦田，这就是上面提到的鬼魂。土壤的冲蚀，无论是被风或是被水，并不是因为土壤出了毛病，而是因为曾经把土壤

　　保持在适当位置的植被出了问题。在大平原，那种植被就是草。

　　正是人对草原的破坏导致尘土到处飞扬。通过犁出长长的笔直的犁沟（常常是与风向平行的）这类愚蠢的实践，大片的原野被剥去了植被，用单一的经济作物取代了比较多样化的植被生命，而且最重要的是，毁掉了本土的草甸——一种不可缺少的抵御风和干旱的保护层。是农民自己无心地引发了他们所遭受的大部分贫困和障碍。[⑨]

　　这种破坏并非是在一两个季节中完成的：它是早在1934年风暴之前整整50年的定居期的产物。而且从一种真正意义上说，俄克拉何马人的生活方式，包括东部和西部，在很大程度上就是破坏草原；佃户们总是渴望着迁移，和其他人一样粗暴地对待自然，并不把土地看作是一个永久的家。所有这些特点在那种仍然在这个地区占有主导地位的拓荒者心理中，曾经是很有代表性的，有时甚至是受到赞扬的。这种心理及其价值观，特别简明地集中在"农夫"的想象之中——一种长期使美国人具有英雄主义气质的想象。在这种想象中也包含着——事实上是公开地高呼着——一种征服环境的道德观。农夫们持续不断地穿越大平原是对吹刮起来的尘土和救济名单的最根本的说明。农夫们制造了尘暴，"尘暴难民"则是他们的子女。

　　在19世纪80年代的某个时候，农夫们来到并开始征服大平原。而他们的最终胜利，正如沃尔特·普雷斯科特·韦布所论述的，有待于几种技术发明的完成，包括铁路、钢犁、风车和铁蒺藜。毫无疑问，其中最重要的，由宅地拥有者花钱投入的带有几乎是神圣内涵的，就是钢犁。这种工具的设计是用来撕开爱荷华和内布拉斯加长茎草平原那浓密的草甸，粉碎那些有时每亩可重达4吨的盘结的草根。人们自信地认为，在钢犁之后接踵而来的就是沃土；大平原在被开垦之前一直是无生气的，也毫无用途。但是在子午线100度以远，未曾开垦过的草甸极容易翻过来，因而这里似乎对农民更有吸引力。然而降雨量却开始下降到抵制一切农业活动的水平。在那个经度以西，平均年降雨量低于20英寸，不能满足集约的传统耕种的需要。虽然如此，1881年，查尔斯·达纳·威尔伯，内布拉斯加的土地投机商，却继续用一个堂而皇之的充满希望的有冒险精神的口号，美化着一个国家："雨水随犁而来。"他声称，面临大平原，农夫们没有理由踌躇不前。

> 对于那些拥有乐观气质的人——我们时代的乐观主义者——来说，如果懂得，造物主永远不会把一片永久的荒漠强加在地球之上，而是与之相反，她一直是那样捐赠了它，以致在任何一个国家，人都可借助钢犁使它变成农区，那将会是其乐无穷。

由于有来自威尔伯和其他人的这种一再保证，农夫们以前所未有的人数涌入了大平原。到1890年，在堪萨斯的最西部地区，人口几乎达到50000人，4倍于1880年。同一时期，得克萨斯潘汉德尔的居民数量跃增了600%。[⑩]

接着便是1894—1895年的灾难性的干旱，数以千计的家庭颗粒无收，许多地区尘暴加剧；随着1893年的经济恐慌，这些情况导致了居民的全线撤逃。在某些平原乡村，多达90%的宅地拥有者抛弃了他们的农场，在离开时咒骂着自然和银行。在所有这一切当中，一个简单但又不可怀疑的事实是，大多数弃家出走是不必要的。按爱德华·希格比的说法，如果实行的是西班牙-墨西哥式的土地赠授系统，

228

而不是 1862 年的《宅地法》，这些大平原上的旱灾就不会是那样近于毁灭性的。早在 1825 年，墨西哥政府就倾向于在这个地区建立一种放牧而非种植的经济体系，向每个同意成为牧场主的居民提供 4000 英亩土地。对这项政策大致表示赞同的是约翰·韦斯利·鲍威尔和 W. D. 约翰逊，两人都属于美国地质调查局，他们都同意牲畜放牧——要求至少 1000 或 2000 英亩土地——是利用这片短茎草地区的唯一安全的方式。然而，美国政治体制是不会容忍这样一种"封建"的非民主的政策的，这种政策被认为将促成大的土地所有者反对小自耕农式的宅地拥有者。他们坚信不是牲畜而是小麦，才是上帝赋予这个平原的旨意。但在 19 世纪 90 年代的灾难之后，他们被迫承认"在萨莱纳以西，没有上帝"[11]。

1900 年后，雨量出奇的充足，除了几个季节，在整个第一次世界大战期间，都是如此。大平原上再一次出现了繁荣期，它受到的鼓舞不仅来自充足的湿度，还来自政府的信心——新型的"干旱农业"技术还会使得大平原像玫瑰花一样开放。到 1910 年，整个堪萨斯西部实际上已住满了居民，在科罗拉多东部和潘汉德尔也一样。接着，战争爆发了，出现了一个甚至更大的"为美国种植更多小麦"的动力。伍德罗·威尔逊总统和他的农业部长敦促堪萨斯多种植 100 万英亩小麦以赢得战争；俄克拉何马和得克萨斯也得到了他们的配额建议。这种爱国主义的压力加上价格的吸引力，迅速取得了效果：1918 年美国比前一年多收获了 1400 万英亩小麦，其中很大一部分运给了欧洲盟军。然而，很少有农场主在这些繁荣年月中积攒下他们所赚的钱。以 2 个多美元 1 蒲式耳的价格出售小麦，未来似乎还会更美妙，因此他们把自己的所得重又投资到土地和用来种植更多庄稼的机器上去。然而，随着停战，繁荣的市场突然间崩溃了。但是，习惯的认识——现在看来是非常顽固的——是，要挽救战后10年的危机，就必须加倍投资，以达到更大规模的经济。很快，一个真正让人望而生畏的拖拉机、联合收割机及卡车的列队轰轰隆隆地越过了田野。到1925年，情况已非常明确了，照万斯·约翰逊的说法："大批量生产已经来到了大平原。"[12]

在这种针对他们自己和他们的债主的孤注一掷的竞赛中，从1925年到1930年，仅大平原南部的农场主们就开垦了相当于罗得岛7倍面积的脆弱的草甸。如果过剩是个问题，将由更多的过剩去解决它。在8个主要的平原州里，50年的档案非常清楚地讲述了这个大开垦的故事。1879年收获了约1200万英亩的农作物；1899年是5400万英亩；1919年为8800万英亩；1929年则是10300万英亩——主要是小麦和棉花。其结果是，保留原生草和用做放牧的英亩数越来越少，而且就是这一小部分很快也出现了过度放牧的问题，其饲料价值受到了严重破坏。还有，20年代还出现了因为市场价格太低，不得不让待收的庄稼留在田里的情况：在一些年份里，麦子的价格降到1蒲式耳不到1美元。有时土地被开垦了，最后却难免被撂荒，任其风蚀——这是一种当农场主事实上是住在一个距离很远的城市里时并非罕见的实际情况；许多这种不住在当地的土地所有者只是在能迅速捞回投资时，才对土地有兴趣。1936年，联邦政府任命的大平原委员会注意到这个区域定居史上的这个问题：

> 一种强烈的投机心理……一直是开发大平原的驱动力。大部分居民大概都想为他们自己建立家园和农场，但是很多人的目的却是想投机获利。这一点受到了公共土地政策的激励，在一种扩

张主义决策的指导下，它几乎不考虑这个区域长远的稳定。

到 20 世纪 30 年代，西部的农场主们已经挖开了就在他们脚下的
230 地面。大平原委员会认为，在尘暴岁月的中期，就至少有 1500 万英
亩土地，涉及 24000 个以上的农场，应该立即恢复原有的草甸，并且
永远不再耕种。从根本上说，大平原的 6000 万英亩土地早就被严重
滥用了，需要急切的关注。在为其英雄主义的探险欢呼雀跃了 50 年
之后，农夫们成了这个国家的一种威胁。⑬

　　　　　　*　　　　　　　　*　　　　　　　　*

在 30 年代，农业部曾努力要在几年中修正这个已有半个世纪的
滥用土地的传统习惯。这一努力，通过赔偿农场主停产和休耕他们多
余的土地而得到了部分实现。政府花钱购买了被风灾严重破坏了的近
600 万英亩土地，并努力尽快使其稳定，也使这项措施收到成效。最
后，这些土地租给当地居民只用来生产饲料。1934 年的《泰勒放牧
法》在国有土地中保留了另外 8000 万英亩土地并租给牧场主，从而
全部撤销了宅地占有权法律。另一部分努力是用凿子和起垅机翻起沉
重的土块以固定尘土。整个地区的土壤都被勘测并根据其最佳用途作
了分类。按等高线、条形、梯形地种植了苏丹草和芦粟。另外还种了
几十亿棵树构建相隔一英里的防护林体系。到 1941 年，在大平原已
组织起 75 个土壤保护区。在这个国家的历史上，还从未看到哪一时
期在全部为农业而设计的保护规划上，取得了如此重大的进展。⑭

这 10 年间最重要的环境文件之一，是大平原委员会 1936 年提
交给富兰克林·罗斯福总统的报告：《大平原的未来》。委员会的主席
是莫里斯·库克，农村电力管理局的局长，其他成员有土壤保护局的

休·贝内特，工程发展局的亨利·霍布金斯，复兴管理局的雷克斯福　231
德·特格维尔，农业部长亨利·华莱士。该委员会的资格无可非议。
委员会认为，尘暴完全是一种人为的灾害，是由于过去错误地把一种
"不适于大平原的农业系统强加在这个地区"的产物。悲剧的实质，
正像他们所认识到的那样，在于没有注意到这种生态学的教训。他们
观察到："大自然已经通过一种从人类的角度上看被认为是充满磨难和
谬误的方法在大平原上建立了一种平衡。白人打乱了这种平衡；他们
一定要改造它，或者设计一种他们自己的全新的平衡。"库克和其他
人警告说，如果不结束这种状态，这片土地便会变成荒漠，而政府也
将无法摆脱无休止的代价昂贵的赈济和救援问题。⑮

　　滥用大平原的真正根源，并不仅仅是自然科学上的疏忽，更重
要的是一系列传统的美国态度。按大平原委员会的说法，这些态度包
括：组合性的工厂或农场比小型的家庭操作更为理想；市场将无限发
展；对个人利益的追求和不受控制的竞争有助于社会的和谐；湿润地
带的农业实践可以原样照搬到大平原上来。而且还有那种拓荒者的
观点，即美国丰富的自然资源可以永不枯竭。与早期那种确信要用
几千年的时间才能使这个地区殖民化的看法相反，大平原委员会特
别指出，只需要几十年就可使大平原在经济上充分发展起来。而且，
在他们所列的导致尘暴的基本原因中的第一条，就是那个产生误导
的观念——人靠征服自然得以繁荣：

　　　最早的居民的一个固有特征是，他们认为大自然是被使用和
　　进行开发的某种东西；自然可以随意按人之便利去塑造。从表面
　　上看，这是事实；砍树是为清理土地进行耕种，播种是为了生产

粮食，在天然降水量低的地区利用水利是为了增加产量。然而，从更深的角度上来看，现代科学已经说明，自然基本上是无伸缩性的，它要求遵从……例如，我们现在知道，最根本的在于使大平原上的农业经济适应周期性的雨量不足而不是充足的雨量，是适应风刮过干涸、松弛的土壤的破坏性影响，而不是首先去适应暂时的小麦或牛肉的高价格。这是我们的方式，而不是自然的，我们的方式是可以更改的。

232　　他们说，大草原最终需要的是一个彻底的全新的环境观。美国的农场主一定要学会在地球上比较谦虚地行走，要学会使他的经济体系顺从自然的体系，而不是反其道而行之。草原农夫关于自然总是向人类意志屈服的顽固信念肯定是不可信的。⑯

　　到这一时刻，美国的自然资源保护运动早已被一系列未经协调的资源管理规划所控制了，这些规划大部分都是在19世纪和20世纪之交建立起来的。森林、水、土壤、野生动物全都只被一些未成体系的概念联结在一起。这种单独意向产生的主要原因，是自然保护政策通常都是在纯粹的经济基础上制定出来的；无论在任何地方，只要资源供不应求，那里就会冒出一个管理规划。不过，到20世纪30年代，在很大程度上作为尘暴经验的一个直接后果，自然资源保护开始朝着一种比较有包容性的，在总体上进行协调的生态方向发展。一种对综合和对保持整个生命群落及其栖息物处于稳定平衡的考虑出现了。毫无疑问，这种看法的转变部分原因也可以用这个国家在华尔街股票市场和整个经济系统的崩溃之后的心态来解释———一种变得更集体化而少个体化的心态。整体的价值观到处都在向个体的、原子论的思维方式挑战，而萧条的气氛也激发了一种情感——即非同一般地情愿使经济准绳服从更广阔的价值标准，包括生态上的整体性。换句话说，美国经济帝国突然崩溃的始料未及的后果之一，便是在公众意识中的一种新自然保护哲学的产生，这是一种更符合科学生态学原则的哲学。这种新动向在大平原委员会中，在戴维·利连索尔领导的田纳西流域管理局的区域规划中，在野生动物专家奥尔多·利奥波德的著作中以及刘易斯·芒福德的生物环境哲学中都表现得极为突出。在 30 年的时间里，一种新的独立生态学学科已经从沃明、考尔斯以及克莱门茨的早期著作中移到了一种极大地影响着政府政策和公众价值观的地位上。[⑰] 233

　　一群中西部的科学家把这个运动引向了生态保护，尤其是在大草原上。例如，1932 年，堪萨斯科学院院长和堪萨斯州立农业学院的昆虫学家罗杰·史密斯，曾谴责过在这个州因翻耕草甸所导致的虫害和植物疾病以及随之而来的自然群落的紊乱。史密斯写道："人及其农业打乱了大平原地区自然界原有的古老的平衡，却尚未取得一种新的平衡。事实上，自从人不断地改变着自己的农业以来，这种过程大概已经发展得很远了。"结果在这里，麦虱、蚱蜢、铁线虫——全都在当地，在其天敌迁走的时候，肆虐起来，它们靠无知的农场主获取了丰富的美味。史密斯强调，从某种意义上说，堪萨斯必须建立一种人工的生物控制系统，以恢复其土地的秩序。接着，1935 年俄克拉何马的生态学家保罗·西尔斯出版了一部题为《行进中的沙漠》的书，这是一部对土地使用实践具有较深刻认识和广泛影响的批评性的著作。尽管这部书的很大部分论及其他方面的内容，但驱使西尔斯写这本书的主要考虑无疑是尘暴，它们似乎正在把美国西部变成一个荒无人烟、随风流动的撒哈拉。他写道，先是森林的破坏，接着是草原的破坏，

"环绕在内陆沙漠周围的绿地已经被迫让路，而沙漠自身则实实在在地被允许扩张起来"。西尔斯鼓动在每个县里任命一个常驻的提供土地使用咨询的生态专家，目的在于宣传"一切可再生自然资源联结成一个共同的关系模式"的观点。[⑱]

史密斯和西尔斯两人都确信，是拓荒者自招灾祸临头，因为他们不曾认识大平原顶极群落的灵魂——独一无二的草原-野牛生物圈的价值。于是，他们在很大程度上自然把弗雷德里克·克莱门茨看做他们的导师，而且，克莱门茨关于动态生态学的著作也确实为这个新的生态保护运动提供了大量的科学根据。从 20 世纪 30 年代起，不仅是科学人员，美国的环境保护主义者也在很大程度上把克莱门茨的理论当作一种可以用来衡量人们侵扰自然程度的标尺。他们的基本看法是，土地使用政策的目标是使这种顶极状态尽可能不受干扰——并非根据未开垦的荒野的自身价值，而是更多地从实用的角度，因为通过几千年气候的变迁，这种顶极状态早就证明自身是稳定坚韧的，而且极其卓越地适应了它所栖息的地区。无论在什么时候，人类的干扰都是必然的——这一点已被多数人所认可，除非人口陡然减少和人类又恢复到狩猎经济——他们认为最好的做法是，尽可能严守大自然的模式。

还有两位克莱门茨的追随者是约翰·韦弗和伊万·弗洛利，内布拉斯加大学的两位生态学家；他们也是那些提倡以顶极群落理想为基础的草原保护规划的科学家中的成员。1934 年，他们写道：

> 对大自然的产物以及大自然尽量利用有时是不利环境的方式的全面研究，是具有科学意义的。它对于了解草原稳定及其固定土地的作用诸如温度及湿度等要素的作用也是极其重要的。它为

衡量文化环境背离自然所允许的适应气候和土壤的最大限度的程度，提供了一个基础。

他们认为，比起自然的产物，人类的作物在本质上更不稳定、更为敏感：这是文明必须为其真实存在付出的部分代价。但是不必偿付到破产或尘暴的程度。他们指出，至少，这种代价会有助于更准确地了解因打乱了生态平衡所受的惩罚，然后去考虑美国人是"恰如其分地使用了大自然中的草原花园，还是滥用了它"。他们警告道，这样一种深入的研究"应该现在就去进行，趁植被的破坏尚未发展到不可挽回的时候"。[19]

克莱门茨在30年代写成的关于应用生态学的几种著作中，完全 235 同意这些年轻同行的看法。早在1893年，当他只有23岁时，就已经清醒地认识到，内布拉斯加的宅地拥有者们正在犯严重的错误，他们破坏覆盖着那个州的沙丘的草甸，而不是保留这天然的草场用于放养牲畜。他回忆起，查尔斯·贝西在19世纪80年代和90年代的植物勘测过程中也已经了解到，那些空闲土地有着比他所见到的更好的用途。按1899年克莱门茨和庞德所著的《植物地理学》所说，"最适合大平原发展的生态系统的所有基本特征，早已经清晰地辨别出来并公布于众了"。然而却被忽视了。克莱门茨和他的助手们在荒野中发出的是当时不为人们所重视的声音。现在，几乎是40年以后，他仍然坚持认为，大平原急需一个忠实于顶极理论和关于演替滋养过程的广阔的区域性生态土地管理计划。对克莱门茨来说，似乎只有生态学者才能洞察到诸如工程师、林务官、农场主以及佃农们所忽略的事实：人们在一个地方的行为可能毁灭性地蔓延到一整个生物区系，影响到上千平方英里，跨越全国。这样一个管理规划可以从寻找并保护那些殖民前形成的残余动植物为开端，它们仍然自由和天然地生长在未被注意到的乡村墓地和农场主们不可能开垦的铁路沿线的角落里。从这些被遗弃的小径中可能会出现再生：恢复中的草可以弥合众多的创伤。[20]

＊　　　　＊　　　　＊

人们会回忆起来，在动态生态学中，顶极或者成年阶段是气候的直接后果——因为中部大陆天气的糟糕是出了名的。这样，最终生态学家必须成为气象学家，像动物和植物学者一样研究气候。在最后的分析中，克莱门茨警告说："不存在假定地球自身或地球上的生命总会236 达到最终的稳定的依据。"不过，在人类时间意识的狭窄距离内，相对广阔的气候停滞阶段，可能借化石的记载而标示出来。借助于同一方法，生态学家也将能够预测未来的气候，为农场主在寻求一种实现平原可持续经济方面提供急需的知识。克莱门茨认为，30 年代的旱灾，既不是一个不正常的事件，也不是一种突发的将把大平原贬入永恒的干旱命运的气候变化征兆。起码追溯到 1850 年，文献记录证实，在西部就曾发生过一系列旱灾。克莱门茨曾想把这种模式与太阳黑子的活动周期联系起来，基本上，每逢太阳黑子降到最低水平时，旱灾就发生了。他承认，这个理论尚缺乏统计依据，气候学家们对它也仍有争议。但似乎很明显的是，每隔 20 年左右就发生一次重大的旱灾，不管是因为太阳黑子还是其他原因。克莱门茨告诫说，重复出现的旱灾是草原地区生活的一个事实，人必须探讨每一条可能有助于预测它们的科学途径。没有这样一种认识，就不可能有永久的定居。[21]

显然，从注重保护生物群落到倾向于去适应气候的这一转变，也就是 30 年代克莱门茨的著作所特别强调的转变，确实削弱了顶极保护的某种力量。适应旱灾的周期，而非适应一个成熟的生物区系，成为克莱门茨的主要观点。这毫无疑问是农场主们易于遵循的更切实际的路线，而且从克莱门茨对他们的所有批评来看，他的同情常常是偏向这些仍然决意从这片难以驾驭的土地上夺取生路的宅地者们的。克莱门茨没有全部舍弃顶极保护的思想，他曾建议把短茎草区域的最西边留做畜牧业，而西南部和大盆地的最脆弱的上百万英亩土地，则应被全部留做户外休闲或荒野地区。就这些建议而言，其目的是尽可能多地维持自然的顶极状态，却并未考虑印第安人、野牛、狼以及很多其他原始群落的因素。这些都不包括在克莱门茨的环境建议中。他认为——实际上是不得不从扶犁人的决心的角度看——农业将继续是草原地区的中心经济活动，因此人们将继续与生态演替做斗争。从现实的角度考虑，生态学家的作用必须是告诉人们，他们怎样才能通过借助于更多的关切和专家的见解去改变和阻碍演替的过程，以改善他们的冒险活动的衰落状态。克莱门茨注意到，在森林和草原中，"顶极优势对人未必是最有价值的"。因此不可避免地，在某种程度上和某些地方，人的经济体系总是优先于自然经济。[22]

　　　　　　＊　　　　　＊　　　　　＊

　　尽管克莱门茨的理论有着比较实用的观点，他的顶极论点却作为一种自然的理想直到现在仍牢固地停留在美国人的想像之中。而克莱门茨自己，也不能收回他对这个漫长的持久不变的共有的秩序、这个完美地适应着不测气候的顶极超级生物的赞美。这种感情使美国人和美国都陷入了一种两难境地，一种不易解脱的尴尬。曾经有过一种代表对气候完美适应的原始自然状态；然而属于文明的人们却继续认为，尽管有飞扬的沙尘，他们仍需要土地来实现自己的目的，同时也能发现一种与自然的创造力相称的办法。转向哪一边的困惑，是30年代自然保护主义思想的核心，在克莱门茨所有的著作中也极其明显。并非自19世纪初美国发生工业革命以来，就有着那样热烈的自然和文化之间的论争。增强了这两者中的前一方面的因素是美国人思想中对于技术的一种新的深深的疑虑，是由国家经济体系及其工业系统的崩溃所渗透出的一种谨慎心理；大平原上的拖拉机也可能像底特律的任何一条流水作业线一样，成为那种怀疑的焦点。把拖拉机和联合收割机、钢犁和铁耙从大草原上赶出去，让大草原回归自然：这实际上就是很多生态学者和美国人在30年代所呼唤的事；即使是像克莱门茨那样的一些人，也在努力对人类在这个地区的需求承担起责任。而238 且，在顶极群落的理论中，他们早就有过为回归自然的感情所作的强有力的科学辩护。

但是如此一种抵制技术的悲观反应，是难以触动一个在极大程度上仍保留着其对人的管理技能充满信心的社会本质的。毋庸说，这一点对高原地区的农场主尤其真实。他们基本上都与阿奇巴尔德·麦克利什描述的汤姆·坎贝尔一样，坎贝尔在20年代与联邦政府签订了一份开垦一千万英亩印第安人保留地的合同。"对他来说，麦子只是偶然，是借口，而一辆拖拉机才是现实……坎贝尔是为了机器才经营他的农场的。"麦克利什写道。他拥有的拖拉机不下33台。这种对机器的热情是不大可能因一点沙尘而减弱的。另一个农场主则表达了许多人都感觉到的那种不可抗拒的骄傲和自己的愤恨："你可以谈论你希望我们按什么方式种植，但那些尘暴并不是人为的。"尽管已经有大量的农业机械，这个国家的大部分人却仍然坚定地抱着旧式的杰弗逊的信念——农民是大自然的盟友，即使不是她的施主。甚至在尘暴时代，农民生活在与土地的富足的结合中的神话般理想，也是绝不含糊的：不论在罗斯福总统的脑中，或是城市中产阶级的脑中，还是在农场主自己的脑中，都不会含糊。因此，要将西部归还给草原和野牛多半是不大可能的了。大部分小麦农场主还要待在那儿，尤其是对他们来说，顶极理论充其量也只是学术观点，而最糟也只是对他们的生计和霸权的一种威吓。㉓

同样，有大批科学家发现，那种顶极理想中的反技术内涵是难以被接受的。从这种反对当中，也从任何一种与克莱门茨的争论之中，出现了30年代的一个"反顶极"群体。最早与克莱门茨讨论这一观点的是密歇根大学的亨利·克利森。他的文章《植物联合的个体概念》，发表于1926年，从它的标题就表明，他根本就不愿意把这个有机概念应用到植物结构中去，哪怕是一种偶尔的比喻。克利森强调，植物确实在形成联合，但只是偶然的组合，是各自独特的环境的结果，相互关系极为松散，从而不能联合成一个有机的存在。这一推论的趋向，在它变明确时，是对那种精心组合起来的精确演替到顶极状态的否认。实际上，克利森在第二年就一点不差地采取了那样的步骤，宣告抵制一种过分精确的关于演替体系及其结果的思想。克莱门茨的弱点正是在于他的精确性，而克利森现在呼吁建立一种少一些形式化概念的生态动态学，就是对其进行的有效的攻击。更重要的是，克利森的关于自然的"个体主义"的论点意在说明，顶极是一种偶然的不完备的和转变中的组织状态——一种人无须过分担心干扰的状态。㉔

不久之后出现了牛津的 A. G. 坦斯利，正如他所宣称的，尽管他承认内布拉斯加的领导地位，却拒绝去喝"克莱门茨语言中的纯净牛奶"。在 1926 年到 1935 年期间，他发表了大量针对演替-顶极派的尖锐批驳言论，尤其是针对克莱门茨在南非的年轻追随者约翰·菲利普斯，同时也针对那位上了年纪的大师本人。坦斯利尤其坚持，"单一顶极"的理想再也经不起考验了。他声称，在任何一个独特的气候区域，都可能存在着多种显然是永久类型的植物，而所有这些都应该被称作是顶极的。例如，特殊的土壤可能导致与土壤有关的顶极的产生；由动物造成的严重的食草量可能导致一种生物顶极；重复发生的火，在一个地区的蔓延会导致一种与火有关的顶极。而且，正是现代人的活动与顶极理想的隔绝最使坦斯利感到烦恼——尤其是那种认为人总是自然界的一种不能信任的引起分裂的力量的看法。

现代文明人在一个很大范围里扰乱了自然的生态系统，或生物群落，这已是显而易见的。但是，要在假定是被安置进去和成为"生物群落"的一部分的人类群落的活动和现代社会的破坏性的人类活动之间划一条自然的界线，那将是很困难的，如果不是不可能的话。人是"自然"的一部分，还是不是？人的存在可以和"复杂的生物"这个概念相一致吗？作为一种不断扰乱着早已存在着的生态系统的平衡，最终毁灭它们，同时形成极为不同于自然的新生态系统的极其强大的生物因素，人类的活动在生态学中找到了它适当的位置。

对于这些"新生态系统"，坦斯利起了一个名字叫"人类起源"顶极，用以描述由人类创造出来的一个人工生物系统，但是和克莱门茨的原始顶极一样稳定和平衡——例如一个持久的农业系统。他认为："我们不能把我们自己限制在那个所谓'自然'的存在中，从而忽视了现在由人的活动提供给我们的那样大量的植被的过程和表现。"先前，坦斯利曾情愿把这种人工环境称作"干扰顶极"或"人为顶极"。而现在，他将不再接受在这些名词中所暗示的低等级的含义，因为它们似乎加强了那种认为技术化的人是一种腐化的影响。㉕

　　但是，坦斯利在这里提出的问题远不仅是一种语义学上的模棱两可，或一种对语言力量的恐惧。在环境价值观上的基本争论是冠冕堂皇的，而且将不容易静止下来。从根本上说，克莱门茨的顶极生态学用一种纯粹原始状态的自然，来对照由文明所创造出来的退化了的自然，可能是非常不利于对比的。但是，在30年代，在它最受欢迎的巅峰，这个生态范式的严重弱点开始变得明显起来。例如，必须承认，克莱门茨夸大了气候的作用，把气候看作一个包揽无遗的成熟结构的仅有的决定性因素。他过分努力地坚持他的不可更动的铁板一块的演替体系的秩序，一个大自然本身也不总是遵循的系统，也就很值得引起争论了。在这些方面，克莱门茨的批评者们做了大量合理的解释。

　　另一方面，他的学科的优点在于它始终极其明显地维护着文明施加给生物群落上的那种扰乱和伤害性的影响。真正可以去追究一下责任的是，克莱门茨把现代人从自然中隔离了出去，让人成了自然领地的外来者，成了一头在一个瓷器店里四处冲撞的公牛。不过，从一种比较积极的角度看，顶极生态学使人们对一个可以用来与文明相比较的世界记忆犹新。当他还是一个边疆的小男孩时，克莱门茨就已经241亲眼观察到那种原始的顶极秩序，而这个经验肯定是他产生那种强烈的人和自然之间的隔离之感的主要原因。当然，在美国人们总是强调自然和文化之间的差异的。它在文学和社会思想中被戏剧化地理解和一再使用着，甚至被当作了一个民族意向的基础——尽管是一种双重情感，把自然轮番地指派成要被征服的对手和应被赞美的救世主。但是，在任何情况下，一个野性的自由自在的大自然的形象，已经深深地印刻在美国人的意识中，这比欧洲人可能形成的印象真实得多。而这一形象的持续不断的号召力，则有助于使克莱门茨的生态学在美国人看来是有说服力的，甚至是有真实依据的。

相反，坦斯利可以承认文明已经完全改变了自然演替的过程，但却继续贬低这一点的重要性。在他看来，自然和文明之间的差异在一个早就住满了人的英国是不很明确的。如果再没有别的什么，坚持这种差异就将使生态学家失去一门研究学科，因为在几个世纪里，在大西洋的另一边，几乎早就没有克莱门茨的顶极状态的完整存在了。不过坦斯利对顶极派的背离，并非只是简单地要为他自己和他的同仁求得在他们的更彻底的人为世界里安全工作的保证。在他把人类起源顶极提高到同样受到尊重的地位的背后，就是大平原农场主对那种认为自然的方式是最好的看法的否认。从根本上说，坦斯利就是不愿意接受任何一种由纯粹的自然过程所达到的顶极状态，不愿把它作为人应尊重和遵循的理想。他的考虑不是把人重新塑造为自然的一部分，而是要平息由自然顶极理论所引发的中止人类帝国的合法地位的威胁。如果坦斯利是对的，而且在由自然达到的平衡和由人设计的平衡之间没有实质的区别——如果这两个系统至少在质量上和性能上是一样的，那么还能有什么理由去反对人对生物群落的统治，或反对人的帝国进一步扩大呢？换句话说，坦斯利的论题的作用将会取代生态学成
为一种衡量人的扩张性增长的科学检验。他说，克莱门茨的气候顶极

标准肯定要被一种环境相对主义所取代；因此将不会存在与那个可以被科学地评价的人工环境相对抗的外部模式。标尺会被弃之一旁，人将再次随意设计他自己的世界。

＊　　　　　＊　　　　　＊

约20年后，这一环境价值观的冲突比30年代表现出来得更为明确了。1956年，堪萨斯大学的一位农业史学家詹姆斯·马林，提出了最深刻最明显的论点与"反顶极"学派相会合。他不是一位科学家，但他的思想获得了许多科学上的认可。当马林在40年代深入生态学时，他早已是美国关于草原农业特别是小麦种植方面的著名学者了。经过10年的研究和写作，他出版了《北美的草原》，这是一部自沃尔特·普雷斯科特·韦布在他的经典性作品《大平原》中所尝试过——尽管不准确——以来，第一次由一位历史学家努力把生态学与一个地区及其文化的研究结合起来的有代表性的论文集。而且，就在韦布极力倾向把牧场而不是农场当作一个比较能与短茎草原环境相适应的经济体系的时候，马林则开始精神抖擞地卫护起拓荒的宅地者们。他坚持说，农夫无论怎样都是英雄。在辩论中对韦布这一边很不利的是，他在1931年就发表了自己的著作，正是在尘暴年代到来前不久；这样，它就缺乏反对农业帝国及其不能适应区域生态学的最有说服力的证据。马林则相反，他不能回避那段历史，而必须予以正视和说明，事实上，他是实实在在地被它缠住了，以致在几十年中，他的中心任务变成评价农场主在尘暴年月中的作用，并且为了卫护他们受到抨击的名声，不仅要对付韦布，还要对付那些"热诚的自然保护主义者"和生态学家们。最重要的是，正如很快他就意识到的，修正者的目标要求的是直接否认顶极群落的理论。结果，不仅是韦布，弗雷德里

克·克莱门茨也成为他抨击的对象。㉖

243　　　　马林对草原地区生态历史的兴趣，在1952—1956年达到高峰，刚好是旱灾又重归这个地区的时候。降雨甚至比30年代还少，而且尘暴再次与昏暗而使人透不过气来的乌云一起，遮蔽了中午的阳光。联邦观察家们把这个再次出现的问题大都归咎于一个事实：即大平原的农场主们，再次受到第二次世界大战和朝鲜战争期间的好价格和爱国主义号召的鼓舞去进行"竭尽全力的生产"，甚至在脆弱的边缘土地上也是这样。显然自肮脏的30年代以来，人们几乎就从未接受教训，但这个区域却设法在最低限度上避免了一次新的尘暴灾祸。这一形势的侥幸转折在马林教授那里所唤起的，与其说是如释重负的叹息，不如说是胜利的欢呼。他声称，这最近的一段历史说明，顶极保护主义者们过分夸大了30年代的悲剧，以致错误地认为在高平原区域是不应有农业的。他尤其痛恨1937年由佩尔·洛伦茨为农场安全保障管理局拍摄的文献片《破坏平原的犁》，认为它是给农场主的好名声留下污点的耸人听闻的宣传。马林写道："再没有比《破坏平原的犁》引起的对30年代尘暴的指责更荒谬的愚弄易受骗公众的谎言了。"他认为，从另一个角度说，农业经营——尤其是大规模的机械化——是向前迈进的"建设性一步"。大平原从中受益而非受害。他强调，即使偶尔有一点飘荡的泥土，大自然也需要开垦，以保持生气和丰饶。㉗

　　超极顶极状态的概念，为自然保护主义者反对机器和农场主的公案提供了一个科学的依据，因此，在马林看来，弗雷德里克·克莱门茨的影响是这个"歇斯底里"的反对进步的阴谋的最终根源。诋毁顶极理想成了马林的主要目标，1953年他曾这样表示：

那种习惯的或者传统的关于自然状态的概念——即那种神秘的理想化的状态必须被摒弃，在那种状态里，自然的各种力量，生物学上的和物理学上的，都被看作是处在一种实质性的未被人干扰的平衡状态中。

他认为，数百万英亩土地上的气候结构是不会不中断地延续下去 244 的，倒是极少数的很小的"核心区"才是相对稳定的。所有其他的草地早就一直处在一种整体的变迁，一种永久的无常的混乱之中。当白色人种初次来到这片平原时，他们发现的不是一个完美的平衡，而是一个骚动着的世界，正等待着使其稳定的力量。按照这种观点，现代农业第一次有可能使一个地区具有秩序、平静和和谐。只有那些原始崇拜主义的生态学家，因为被那种认为在未被文明玷污前的自然处于完美无缺状态的神话所蒙蔽，才会看不见这个事实。[28]

就如野牛用它们在泥土中的打滚骚扰了草甸，草原犬鼠用它们杂乱无章的街市扰乱了草甸一样，农场主们也同样翻耕了这片土地——但这是其他动物的"自然耕种"方式的一种文明化的翻版。在任何一种情况下，按马林的看法，其结果都是"草地植被的长时期的茂盛"。尘暴一向都存在于大平原的自然现象之中。它们是自然的经济体系的一部分，而且就其自身而言也未必就是反常的；至少，不符合 30 年代在 10 年旱灾期间找原因时所依据的那种认识的角度。早在 1830 年，他继续写道，一个名叫伊萨克·麦科伊的传教士观察家，曾从堪萨斯的中北部报道了一次严重的飞尘，几十条其他的例子也能在当地报纸上看到——全都发生在草甸被破坏之前。马林声称，一点不差，正是这种真正的风蚀过程建造了一种丰硕而肥沃的土壤。在大平原地区，土壤缺乏别处可见的明确的层次或轮廓，去掉一英尺或两英尺表层的土壤，并不会造成实质性的损坏。而且被风吹洒起来并落在别处的表土，如在内布拉斯加的肥沃的黄土山丘，还能够成为一种有用的礼物。这种不断来回吹动尘土的过程，是大自然百万年来不断更新改善这片土地的主要方式。㉙

和英国的坦斯利一样，马林也对在生态学中存在着一种反对文明的偏见感到不快，这种偏见认为"只有文明人是邪恶的"，因此没有在道义上去改变自然秩序的权利。自然保护主义者一再重复对现代人在草原上进行"欺凌"活动的指控尤其使他愤怒，部分原因是这种指控包含的意思是，自然并非仅仅是一个东西，它具有个性，它是雌性的和易受到伤害的。他也绝不会接受任何一种印第安人和白人在环境影响上的差别。他认为，自从福尔松人*杀了第一只野牛开始，人类就已经成为草原生态学中的一种分裂力量。随着16世纪马的不断引进及其最终合并成为一种新的平原文化，原始人就成了特殊的分裂力量了，大肆屠杀所有其控制下的猎物。此外，来自伯克利的地理学家卡尔·索尔也支持马林的观点，即草原并不是雨量降低的结果，而是印第安人每年放火烧草以改善狩猎条件的结果。索尔从小生长在密西西比河的布满浓密森林的沿河地带。他抱怨道，原始人和现代人都同样痛恨树木，只要可能，他们就要毁掉树木。他断定，再没有什么可以说明像大平原所展示的这样一种"植被的巨大破坏"了："一片贫瘠的集合物，而不是充分发展的有组织的家庭或社区。"在很早以前，弗雷德里克·克莱门茨就曾承认，火，不论是否是印第安人点的，都可能至少在"交错群落"，在森林和

---

　　　*　福尔松人（Folsom Man），据说是在上一个冰川时代曾在北美居住过的一个民族。——译者

草原间的狭窄的无人地区，是一种决定性的因素。但是，索尔——马林在这一点上完全和他一样，虽然他不可能喜欢别人毁坏他家乡的牧草——却在寻求让火成为控制上千英里宽的地貌的主人。当然，这样一种人造的草原起源，将会阻止所有回归自然的怀旧情感，压制所有借"顶极秩序"对其他人类干涉所进行的抵制。㉚

这不是一个逐点去回答所有马林辩词的地方；但每一点或多或少都在几个地方被科学家们和其他人成功地反驳过了。而且我们至少在这儿可以说，如索尔和马林所断言的那样，认为顶极群落是变化终结的观点，肯定是不符合实际的。自达尔文开始就没有一个人会真正认为自然的任何一部分都是完全或永久稳定的，当然克莱门茨也不会这样认为。246克莱门茨指出，一个最终的顶极，只有在没有重大气候变化的情况下才能出现。最终隐藏在马林对顶极理论的反对下面的是一种个人动机，他几乎没有真正针对事实或想象的问题以及自然中的稳定或变迁的程度做过什么研究。就像他所卫护的农夫一样，马林拒绝受生态学规划的限制。在他看来，遵循自然而不是征服自然就是屈服于决定论的枷锁。即使假设草原-野牛生物区系已经处于演替体系的成熟阶段，就像克莱门茨所说的那样，人们所面临的也仅仅是一个事实，而不是一种裁决。马林坚信，是人，而不是自然，在创造着规范和价值。如果符合人的目的，他就可以并且应该迅速地去改变草原，并在那里创造一个他自己的世界。当然，促使那种文明适应其生物环境，无论是出自个人利益或是道义，都不是一种真正的决定论者的立场。沃尔特·韦布在写作《大草原》时得到过类似的罪名，不过他义正词严地否定了这种指控。他坚持认为，毫无疑问，美国的农业和机构都必然无例外地要在某种程度上适应西部的环境。而且，更重要的是，他认为，牛仔的饲养经济体系要比农场主的更适合于顶极草原的条件，农场主的技术损害了和谐，并强制土地接受一个外来的存在。和顶极群落保护主义者们的意思一样，韦布结论的内在含义是，人类可以选择他们将遵循的路线；去适应而不是去改变，并非就一定是决定论或宿命论，相反，那可能是一种高度文明化的成熟的意愿和自我约束的练习。[31]

环境保护主义的自我克制伦理观，从未认真地被这位农夫所采纳。一般来说，他是用另一套锁链——即那些技术决定论的锁链——把自己捆绑住了，他处在一种从自然力量的控制下赢得自由的幻觉之中。马林过分地依赖机器反而不能使他从自然中得到挣脱。他欢喜若狂地说，"可发明创造的头脑和灵巧的手"拒绝因焦虑枯萎的土地遗产或关于尘暴的宣传而受到束缚。他断言，各种各样的自然保护主义者全都成了悲观主义者和批评家，因为他们对技术失去了信心。他们对由人类管理不善而造成的资源破坏的恐惧是完全没有根据的，按马林的看法则是：

247

　　　人解决问题的潜力尚未耗尽，而藏在地球上的资源被带到使用范围里的潜力，也远超过了人的力量所能想象的程度。当前形势的关键不在地球，而在于决定把自己的潜力付诸行动的人的思想。

于是马林宣传起关于人们熟悉的丰饶的扩张说教了：无论是自然还是美国文明都不是一个已经完成了的产品；变化是各自的法则；机器在这种法则下，即便不是完美的表达，也完全是正常的。大自然是一个丰富的消耗不尽的仓库，足以为那些有进取心的人去发掘。[32]

尽管马林对技术在大平原上的美好未来信心十足，他却不能在没

有某些限制的情况下去为他的生物进化论福音说教。作为大草原的忠
实儿女，他和韦布以及克莱门茨一样痛恨来自森林潮湿地区的美国人
那种持久不变的倾向，即把大平原看做一个贫困的环境，缺乏某些
为人类造福所必需的基本因素。他认为，每个地区都有它独到的特
点、优势和弱点；新来者在着手去改变它之前必须学会去欣赏那种特
点。但是，至少在一个场合，马林忘却自己已经写到了哪里，以致于
写道："人在任何一块这些占地区的成功程度，可以根据他使自己的
文化与维持而不是破坏环境平衡的要求取得一致的能力而定。"他这
时也在强调，草原生物区系应该向它的人类入侵者提出一套约定，它
们将可以界定不同的地域文化，一种能对这个世界做出唯一特殊贡献
的文化。似乎从此刻起，决定一个地域文化形式的必定是自然，而非
机器或人；而且归根结蒂，自然所特有的不稳固的平衡也必须得到
尊重。③

　　在这种自相矛盾的地方，马林暴露了他真正的想法。就他给顶极
模式所散布的小麻烦而言，他是不可能真正地挫伤它的真实性质的，
即使在他自己的思想上。在白人到来之前，似乎确实存在着某种人们
可以称之为自然平衡或顶极状态的实验例证。那种秩序并非是完全稳 248
定的；它有上下浮动，有它的不完整性和滑动量。别的自然力量总是
试图去搅乱它，有时会取得暂时的成功。但是，尽管如此，几百万年
的进化早在大平原上产生了一个运转得非常出色的体系——一个文明
人就其天赋而言将总是难以与之相比的体系；一个总是要让他冒着以
自身幸福为代价的危险去干扰的体系。另外，不论尘土在30年代前
是否就可能吹落到艾奇逊或阿马里洛的街道上，任何遁词都不能消解
一个简单的凄惨的事实，即在大平原的历史上，自其被欧洲人发现以

来，还从未有过任何事接近于在尘暴年代发生的毁灭性灾难；而且，在那以前，天然生长的草从未那样迅速而粗暴地被扯碎过，从而使那么多的泥土暴露在风吹日晒之下。马林可以对许多细节进行攻击，他却不能真正抵赖这些基本的事实，因为他经历过这些情况。事实上，这些情况已经被大书特书过了，足以使整个国家了解并有所体会——在惨淡的天空中，在尘土的气味以及沙子的滋味中，在令人晕头转向的夹带尘土的风暴中，在那些路上或接受救济的逃难者的无望无助的面孔中。

然而，这一切并不是说，马林就那么容易消失了。他的观点尽管有着明显的弱点，却代表了一种对生态学的顶极理论及其环境信息的有力挑战。在他之前还未曾有人庄严而有效地宣布拒绝克莱门茨和他的学派——这一拒绝是以历史研究为依据的，但是毫无疑问，也并非没有科学背景。因此，他在生态学者和自然保护主义者中有着明显的影响。只举一个例子，他的著作成了森林生态学家休·劳普——哈佛大学在马萨诸塞和纽约的森林管理员——的主要根据。在1964年的一篇文章《生态理论和自然保护》中，劳普把马林关于原始草原的观点用到了东部落叶森林上。他的结论是纯粹的马林教条：那种欧洲人来到之前的原始森林是稠密的充分成长的和丰硕多产的描写，是一个神
249 话；稳定的顶极理想是夸张的；而传统的环境保护主义者过分地被资源匮乏所吓，在他们的资源管理上过分小心了。按照劳普的观点：

> 进入本世纪，生态学的和自然保护的思想几乎全部包括在一种或另一种可以说是封闭的系统中，在所有这些系统中，都要达到某种平衡或近于平衡。地质学者们有他们的准平原；生态学者

们想象出一个自我永恒的顶极；土壤学者则提出一个完全成熟的土壤剖面，它最终将失去它的所有地质渊源的痕迹，而成为一种自身平衡的生物。给我的感觉似乎是，社会达尔文主义以及由19世纪的经济学家们为社会所创造出来的完全竞争模式，都是建立在一种朝着某种社会平衡而缓慢发展的基础之上的。我相信，在所有这些领域中都有证据说明，这些体系都是开放的，而不是封闭的，同时可能也不存在不断的走向平衡的趋势。相反，就我们的知识和能力所领会的现状而言，我们应该从大量的不确定性、灵活性和适应性的角度去进行思考。

在这段分析中存在着许多事实，但也夹杂着大量偏见和曲解。劳普试图证实，生态保护主义者们要给砍伐和改变生物群落加以过多的限制。按他的看法，这是一种胆怯的不科学的政策，更为重要的，是一种不经济的政策。[34]

除了马林和劳普，其他批评也在一定程度上表现出对克莱门茨及顶极学派丧失了信心，但从另一方面看，在英美生态思想上，它仍然是一个有影响的传统。事实上，在近年来的许多学科教科书中，顶极观念甚至一直没有被怎么修改。当然，那种研究确实没有按照某种传统的绝对的方式，使顶极理论成为真实可靠的；有很多人，他们过于迅速地假定科学总是可以给他们一个最后的毫不含糊的结论，而他们也会没有一点遗憾地得到满足，可是演替-顶极模式，就如我们一直被提示的那样，是由那些混乱的主观的所谓人类价值的东西纠缠在一起而成的。大概不会有最后的或令人佩服的答案来解释顶极状态是否曾经存在或根本没存在过的问题，至少不存在总能由科学单独给予的 250

答案。顶极群落的问题是一个持久的谜。

但是，虽然有各种各样过分和尖锐的批评，顶极理论作为一种模式仍然存在了那么多年，其坚韧性必然也一定程度上证实了其真实性——至少能够暂时中止对自然的无限制的干扰。即使不是一种结论，它也可以拿来作为一种教训，促使科学逐渐转向顶极理论的某种观点。例如，R. H. 惠特克，虽然基本上也是在这个理论上的一位修正者，却仍然赞同克莱门茨的观点："通过演替，群落从一种分散的仅利用一小部分可用的环境资源的早期生物状态，进而发展为一个在可承受的基础上最大限度利用资源的成熟群落。"同时，还有像惠特克这样的生态学家，也并未被反顶极论的批评所说服——在一个天然的草原和一个农场主的玉米田之间不可能区分出实际的差别。一切区分，从某种角度上看，都可能是武断的；但是"区分"并不一定处处是对的，每一个区分都会有例外。那种有关自然经济体系是一种令人惊异的成就的思想也未被推翻。对于那些寻求和情愿从非人类世界中去接受指引的人来说，自然的理想仍然存在，而且基本上和过去一样真实可信。㉟

通常，在顶极理论被忽视或被贬为一种理想的地方，其唯一保留下来的准绳就是市场——赋予美国肮脏的 30 年代的真正标准。而且，正如资深草原生态学家 H. L. 香茨 1950 年所指出的：

> 从生态学或生物学的角度来看，现在用经济标准来决定土地的最佳利用绝不是一种好办法。经济学曾使我们剥去煤层上的表土，并使富庶的藏着金沙的峡谷变为石头地。极其相似的方法给我们的是，原来耸立着红杉森林的地方现在成了光秃的苔藓和地

衣覆盖的山丘；曾出产洋松和香柏或铁杉的地方成了布满蕨类的
原野；在原来由冰垂草或爱达荷田边草构成浓密植被的地方，现
在是长着毒麦的大片丘陵；在曾经为价值极高的牧草覆盖土壤的
地方，现在长出拳参和穴草；而一度有着齐膝的茂盛植被的山
脉，现在是近乎裸露的土壤。小麦持久不变的高价格使高原地区
的草覆盖率大幅度下降，土壤到了几乎裸露的程度——一种潜在
的尘暴。

有时，香茨自己就是克莱门茨理论的批评者，但他仍然相信，为　251
了最大可能地利用这个地区有限的降水量，大自然在大平原上所发展
出来的系统，要比人造出来的更为优越。他认为，虽然异常的事物在
某些地区可能是不可避免的，但在另一些地区，人们可以保护自然的
顶极状态不受侵扰，它可以作为一种启示，告诉人类设计者们尚不知
道的真理。至少，那似乎是一条比较安全的路线，而且也可以以一种
谦恭的德性去推广。㊱

还有其他一些为顶极理论得以在美国思想中持久存在所作的解
释。首先，甚至马林自己随时都可能无意中滑入克莱门茨的那种对
文化区域主义者有着巨大吸引力的信念中。区域主义，甚至像马林
的这种情况，对千篇一律的人类化景观从海岸这边向另一边海岸广
阔延伸的期望，基本上是持反对态度的，因为根据这种期望所有当
地的和区域性的生态学和文化上的独特性都在这种延伸中被灭绝了。
如果对某一区域特性的忠诚在美国是持久的，或许英国在那方面也
是那样，生态顶极论的某些说法就肯定会得到信任了。区域主义摆
动在两根链条上：即自然地理和文化遗产。在顶极理论中，像韦布

和马林这样一些区域主义者，都有指向地方同一性的坚实而有用的路标。虽然区域主义者必须承认，人类除了生态学家和植物地理学家认可的属于他们的主观意愿以外，还有更多的自由选择，但两个群体都希望知道，气候和在联合之中的物种，是怎样一直影响着一个既定群落的发展。㊲

同样，顶极理论还是具有魅力的，因为它可用来构建一个从演替到成熟的模式。它认为，一个易于接受新思想的大自然的学者，迟早可以学会怎样形成一种人与土地间的和谐，一种人在其中也同样兴盛的成熟的或顶极的状态。怀抱着那种希望，北达科他的生态学家赫伯特·汉森，1939 年在他的美国生态学会主席演讲中称，要保证大平原的人"通过犁的使用和小麦种植"去适应他们的环境是不可能的。其他的土地使用模式将不得不付诸实践，包括放牧。他接着说："拓荒者们经常使情况变得对下一代不利，而不是像本来应该的那样，更为有利；因为他们不是让这个群落逐渐向稳定发展。"汉森所设想的，是人和自然之间相一致的均衡———一种对草原来说既是文化的又是生物学上的顶极阶段。

> 美国正在从它的拓荒阶段进入更先进的阶段……生态学的特殊贡献就是探索出和环境的关系，以使人运用这种知识，连同从其他学科中所获得的知识，能够明智地为挽救平衡和稳定，为一个"丰裕的生活"所应有的目标以及建造一个远远超越我们今日所梦想的文化而奋斗。

对一个生气勃勃的稳定的大平原地区的所有期望，都将寄托在这

个为生态和谐而探索的成功之上。㊳

在黑色的、红色的和黄色的云早已重返大地，向日葵和蓟花重又开始拥有这片布满尘土的不毛之地以后的很长一段时间里，关于顶极群落保护的论争依然在继续。对于草原，和对于其他任何环境一样，许多问题都不是容易解决的。甚至就在今天，看见一个尘土魔鬼旋转在一个肮脏的没处躲避的提着小箱子的农场主头上，也并非不寻常，这个农场主只顾忙着在一家市内银行结算他的分类账，而不关注他的土地的情况。

但是，如果所有的美国人都不曾从尘暴中学会如何用真正的朴素谨慎的态度在大平原生活，很多人还是从顶极生态学者那里学到了一个概念：那片拓荒者们认为单调和无用的、空无人烟的长着粗糙草根的草地，对它自己的事情颇为明白。而且，一个大问题仍然留在我们不断扩张的技术文化中得不到解决：人能够和应该在多大程度上使自己适应自然？或者，他能够或应该在为了自身的目的而改变自然的秩序中走多远？大概我们全都是一些不可挽救的"边缘"生物，从未在黑暗潮湿的森林里或是在大平原的广阔天空下的旷野中有一个完整的家，总是在努力把这两种地方倒换成一个肯塔基式的有成荫的橡树丛作点缀的田园草场。但是，现在我们也知识，在不得已的时候或地方，我们也是有卓越适应能力的动物。

253

生态学家在 30 年代所辩论的尘暴，是美国在适应自然的经济体系上一个最严重的失败。它是罗伯特·弗罗斯特的观察中有一定真实性的不幸证明："在土地属于我们之前，我们是属于土地的。"生态学家们警告道，它有可能再次发生，除非某一天会注意到他们的劝告。这里，他们的论点有多少可靠性并非一个决定性的主要问题。比较符合我们目标的是，作为肮脏的 30 年代的这次环境危机——在我们历史上最明显的一次——的结果，新的专业生态学家们发现，他们自己首次充当了全国的土地使用顾问。这段插曲为在美国更为科学地酝酿一场自然保护运动埋下了伏笔，那是一个将在下个十年中鼓动起来的运动。

第五部分

一门学科的道德观：伦理学、经济学和生态学

　　在生态学的历史上，我们所关注的中心一直都是道德上的：我们尤其注重的是这门学科如何形成了人对其本身在自然中的位置的看法。现在应该明白了，在它发展的每一阶段中，这一特殊思想的探讨范围总要追及对那个问题的相互冲突的答案：时而田园式的，时而帝国式的。近些年来，这个伦理学问题显得比以往更引人注目，也更经常被人提及，而生态学者们依然不能取得一个唯一的、双方都满意的答案。

　　生态学在道德上的双重性深深地影响着自然保护运动。1920 年之前，自然保护的理论和实践是以进步主义的功利主义意识为主导的；1945 年以后，自然保护则变得更加服从于以生态学为依据的保留政策。在这两个阶段之间延伸出一个决定性的转变阶段：一个辩论的、专业反省的时代，在个别情况下，也是个人信仰激烈转变的时代。经常出现的情况是，争论中有关道德上的教训是由科学家们从特殊的环境问题中引发出来的。第十三章将概述这一变迁的时代以及一个有关的例子：长期以来有关控制食肉动物的辩论，与同类的其他问题一起，导致了奥尔多·利奥波德的极有影响的生态伦理学思想的产生。

　　也是在这个阶段，"自然的经济体系"这个名词获得了一种新的内涵。新近所谓的"新生态学"的出现，带来了一种以热力学和近代经济学为基础的环境模式。对生态系统概念的分析是新生态学最重要的依据；它表明，即使从这个被认为是完善客观而严守中立的关于自然的描述角度看，道德价值观也是题中原有之义。生态系统中能量流动和使用的定量新技术，支持了旧的功利主义或管理道德——一种偏见——对此的探讨，将在第十四章中进行。

　　最后一章的重点，除了科学方面的有限考虑外，还有与各种各样

20世纪哲学、社会学、政治学甚至是宗教上的倾向所形成的其他联系。在艾尔弗莱德·诺思·怀特海、威廉·莫顿·惠勒生态学小组以及其他人的著作中，有机论复活，点燃了重建人与人和人与自然的共同体的希望。在生态学上，这种有机论的共同体理想和一种比较实用的功利主义之间的分歧仍未解决。在当前的"生态学时代"里，伦理–经济的辩论继续存在。依作者之见，我们的基本任务是现在就要在这两种道德方向中进行选择，从而决定，这门生态科学能够和应该把我们领向何方。

第十三章　一种猛兽的价值

　　在美国西部，咆哮的荒野依然在咆哮，但是它发出的音质和信息已经改变了。在欧洲人定居的 300 年中，狼一直统治着这个偏僻的地方。它是一个有着深色的灰眼睛的恶魔，它的嚎叫震撼着美国人的想象——大自然凶猛而有力地公然蔑视人类统治的象征。然而，在 20世纪初期，除了阿拉斯加和明尼苏达西北部的一两个与外界隔离的凹地之外，那个凶残的幽灵消失了，那深远低沉的歌声在全美国都听不到了。今天留给我们这个怪诞的音响世界的是那个狡诈的龇牙咧嘴的骗子：厄尔郊狼 *Canis latrans*，即小小的"草原狼"。它的高音哀号在月光下的牧豆树或干枯的灌木山坡外回响，分散在四处的同伙的嚎叫与它呼应着；空中好似充满了它逝去的亲戚的声音。古老的印第安人神话说，"郊狼兄弟"将是最后一种活在地球上的动物，实际上，它已经在寿命上超过很多它最早的伙伴——狼、美洲豹和灰熊，还有大部分野牛和糜鹿。只要郊狼还在这块土地上游荡，荒野也将会发出声响。但这将是一种充满警觉的机会主义的声音，而不是毫无畏惧的野性的呼唤。

　　厄恩斯特·汤普森·塞顿和弗农·贝利估计，原来北美一带的
狼分布范围达 700 万平方英里。在白人来到之前，这个地区的狼多达 200 万只——每 3.5 平方英里一只。到 1908 年，狼的数目减少到 20

万只，其中只有 2000 只生活在密西西比河以西，而这里一度是它们
最繁盛的地区。到 1926 年，亚利桑那报告说，那里已再没有发现过
狼了，怀俄明所能发现的也只有 5 只。两年之后，上万只猛兽在西部
被杀，但其中只有 11 只灰狼。1929 年，联邦食肉动物控制办公室的
报告甚至没有提到这个物种。也不再有山狮。不再有灰熊。尸体数字
证实，几乎全都是郊狼以及少量獾子、美洲野猫、狐狸以及臭鼬。

　　将荒野的信息继续传送下去，这对一个像郊狼那样小的动物来
说，似乎是一个沉重的负担，不过它至今一直做得很好。它把自己的
地盘从草原和大平原扩大到巴罗角、阿拉斯加以及新英格兰北部和好
莱坞的山丘。但在这些年里，它也失去了某些基地。例如，在德克萨
斯、怀俄明、内华达以及爱达荷的广阔地区，夜晚死一般的寂静——
这些地方曾经是郊狼嬉戏喧闹和唱歌的地方，现在却再也看不到听不
到它们了。看来，它的才智和勇气并不总是足以使它摆脱狼的命运。
它同样受到追猎，而且是用更有效的技术武器：毒药枪*（郊狼捕器），
飞机射手们随身带着杀伤力极强的步枪，拌有氟代醋酸钠——如普遍
为人所知的 1080 合剂和一种至今所发明的最有杀伤力的毒药，仅一
磅就足以杀死 100 万磅动物的生命。最近一个时期，美国每年至少有
90000 只郊狼被这类手段所杀；从 1915 年到 1947 年，已有近 200 万
只郊狼被灭绝。尽管郊狼有其成功之处，但是它现代的日子显然并不
好过。它虽然未曾像狼一样使人恐惧，却被白人所痛恨和蔑视，它被
追捕的程度大概超过了任何一种其他的动物。[①]

　　郊狼是一种典型的猛兽。与它的另一个亲戚——摇尾乞怜的看家

----

　　*　指使用氰化物弹丸的猎枪或气枪。——译者

狗不同，它与人保持着一种警戒的距离，而且似乎还会袭击农场主的鸡或牧羊人的小羊。当然，只是在家驯的世界里，它才可能因此而被260 贬到掠夺者的地位；在自然的非道德性的经济体系中，它只是一种食肉动物，必须至少部分地靠获取肉类生活，而不是只吃青草这种比较清淡的食品。但是，随着新世界农业经济的到来，它不可避免地成为一个被遗弃者与一个人在控制和设计能力上难以对付的挑战。不仅如此，它还最终被看作一个道德上的越规者，一个罪犯，一个必须用任何可用的手段去根除的"猛兽"品种。这可能是真实的，正如 J. 弗兰克·多比所认为的："同情野生动物，那种理性的同时也是感性的同情，在传统的美国生活方式中，一直都不是一个重要部分。"但是我们国家却在对野生动物的反应上制造了差别，挑选喜爱者的同时也区别出了敌人。这里，正如在其他事情上一样，英美人的思想呈现出一种特别倾向的道德主义，在这种情况下，把每个物种都列入一个绝对的道德分类目录中：好的或坏的。几种野生动物，主要是鸣禽，被宣称是好的，其他的则只具有作为打靶练习的价值。而"猛兽"，在美国人的道德字典中一直有最坏的解释，是一个为测定那些物种邪恶深度所准备的名称。这些物种基本上都是一些带有尖牙和利爪的动物：食肉类的，包括狼、美洲豹、熊以及列在最后的——郊狼。从新英格兰的清教徒首先把一笔悬赏置于它们头上开始，大部分食肉动物就被看作不可饶恕的穷凶极恶的仇敌，它们除了被完全灭绝外，别无他途。因此，在像佛蒙特州有的这类法律中，就把有碍捕捉狼的行为视为与强奸或抢劫同罪。由此也就出现了西奥多·罗斯福对一个被围困并被射杀在大峡谷峭壁上的美洲豹的诅咒式的描述："这个害死马的大猫，鹿的毁灭者，秘密凶手之王，带着一个怯懦和残酷的心，面临着它的末日。"作为"不受法律保护者"中的最后一名，郊狼一直是美国所热衷的道德主义的热点对象；而它顽强的幸存，则表现出一种愤怒的、对人在自然之上的绝对权威的抵抗。②

　　但是，在20世纪，郊狼与其他的猛兽和食肉动物一起，开始被许多美国人从极不相同的角度来看待了。某些人并不把它看做一个被逐者，而是把它看做生物群落中有用的成员；事实上，它的个体利益常常是与整个生态秩序的安全相平行的。少了食肉动物，意味着一个自然经济体系的严重失衡；就是说，一个没有郊狼或狼或美洲狮的世界，是一个陷入混乱的世界。从这个角度看，猛兽的存在不仅是荒野幸存的保证，也是整个环境健康的保证。而一个坚持灭绝全部食肉动物和其他不想要的物种，并且用它自己的发明去替代它们的位置的社会，其自信心——大概更多的是自以为是——并不能证明它是合理的。

　　从另一个角度看，这种新的为猛兽所作的辩词，已经植根于生态学的基础。它处于20世纪环境思想朝着一个更广阔普遍的生态意识转变的最中心。和顶极群落思想一样，大约在同一时间——30年代——它获得了公众的注意。这个为食肉动物的辩护是由一群职业生态学者们所领导的。而且他们在急于从伦理价值观上教育公众的同时，也从他们的科学原则上去教导公众。为猛兽正名的史实因此也是美国自然保护转向一种生态学观点的史实：一种不仅以科学为基础，也以依存和宽容的道德哲学为基础的态度。

＊　　　　＊　　　　＊

　　关于美国全国性的自然保护运动的兴起如何结束了一个浪费、贪婪和在边疆过度开发的时代，又如何为下一代挽救了森林和野生动物的情况，已经有人写了很多了。自然保护常常被当作美国对世界改革运动的一个重大贡献而受到喝彩，有关它的思想最终输出到了大不列颠和其他国家。从一个有限的程度上看，这一切都是真的。除这种解释外，一般还需说明的是，在几十年中，这个为资源保护所进行的斗争的重要特征，是一个为消灭野生动物而精心策划的宣传运动——是在整个人类历史上所做的这类努力中最有效、最有组织和最有财政支持的一个。这种毁灭性质绝不是出于偶然，它是一个由有相当领导地位的资源保护主义者所明确划定的政策以及一个由他们确立和实施的政府规划的一个中心目标。正是这个政策，在20世纪早期灭绝了狼，而且那个资源保护主义理想还一直在——现在依然是——鼓动着一个反对郊狼的战争。

当保护主义初次成为全国性的著名事物，而且使它的目的符合于公众思想的时候，它就是进步政治运动中的一个重大表现。进步主义主要是一个革新政治、管理大企业公司和纯洁国家道德的改革运动。它的规划的另一个重大目标则是对公共领土内的自然资源进行更有效的管理。为这一努力而呼吁的主要人物之一是西奥多·罗斯福，1901—1909年的美国总统。在他的任期中——而且是比较明显地，超出了进步主义的意识——推出了一个去谋杀猛兽的官方规划以使美国免受蹂躏。从某种角度说，在这个进步的自然保护主义中并没有多少新意，大自然的主要价值仍然是作为一个物品为人取得经济上的成功服务的。不过，为了实现它们，旧的态度被赋予了更为广阔和有效的含义。这是联邦政府的资源首次被引入与反对食肉动物有关的问题中。不是依赖那些毁灭猛兽的边疆人，而是政府自己当仁不让地着手去灭绝食肉动物。③

被指派去执行这个使命的机构是农业部所属的生物调查局。生物调查局成立于 1905 年，它的前任机构可以追溯到 19 世纪 80 年代，包括老的昆虫处和经济鸟类与哺乳类动物处。在这个官僚机构蜕变的过程中，一个始终不变的部分是担任过所有这些机构领导的人：C. 哈特·梅里亚姆，即"生命带"概念的创始者和一位在鸟类的食物习惯及其对庄稼的危害方面的权威。在很多年里，梅里亚姆的工作只是集中搜集了数字庞大到 25000 个的鸟胃；可是他的真正野心是比较纯粹的科学方面的。在他辞职之前，他曾竭力把"经济"这个词从他的机构名称上拿下来，并使它成为一个比较公正的研究机构，主要关注的是野生动物的地理分布。但是生物调查局，和与它类似的美国地质调查局一样，从来没有脱离一种实用性的倾向。例如，1901 年，梅里亚姆把控制鸟害的问题转向了各种哺乳类动物，尤其是大平原上的草原犬鼠。他敦促使用的方法是拌毒药的谷物。牧牛人长期以来使用毒药去杀狼，而梅里亚姆显然是第一个从联邦官方角度公开推荐杀害动物方法的人。

在梅里亚姆离职后，生物调查局甚至开始把它的精力更集中在有明显经济价值的科学方面。来自国会方面要求看到效果的压力——那种常见的政府向科学提供经济支持的回报——进一步驱使这个机构更积极地考虑国家利益，特别是农场主的经济状况。在这点上，农业与靠耕地养活其家人的单纯自耕农的社会之间的距离还相当遥远。为巨大的国际市场提供商品，这是一件大买卖，但政府中的某些人则怀疑每年都会有数量极大的利润损失在野生动物上。结果，1906 年，生物调查局开始作为一个各州奖励体系的咨询中心来发挥作用。它加速了自己在防止昆虫危害庄稼方面的工作，还开始出版关于食肉类动物习惯的小册子，提出对付每个物种的最好的线索和毒药使用方法。1907年，国家森林里生物调查局指挥毒杀了 1800 只狼和 23000 只郊狼。

这是一个很快就扩大到国家公园的方针。④

　　然后，在1915年，生物调查局开始进行一场甚至更直接的、詹克斯·卡梅伦称之为打击不良典型的"超级战争"。经过近三个世纪的试验，奖励制度并未证明能够清除土地上的害虫和猛兽。因此，生物调查局决定，现在必须做的是，由一支经过特别训练的政府猎手、捕兽者和放毒者所组成的部队打一个干净彻底的战役。那一年，国会为了雇用这支专业队伍捕杀私人土地和公共土地上的狼而拨款125000美元，这正是几个物种灭绝的开始。到1931年，生物调查局四分之三的预算都拨给了食肉动物控制项目。到40年代初，每年几乎有300万美元花在消灭食肉动物和啮齿动物上；到1971年，联邦和州协作联合的灭绝项目，在内务部新近更名为娱乐渔业和野生动物局的野生动物服务处的领导下，花费了800万美元。名称每隔几年便要改换，因为政府的官僚政治习惯如此。预算逐步增加；而许多食肉动物也被无情地推向了灭绝的境地。⑤

　　这类事件的原因大约有一部分是政府受到了有钱的畜牧联合会的压力，尤其是那些西部的牧羊人，他们对狼和郊狼有着一种几乎是难以理解的仇恨。他们的羊非常不幸，是一些脆弱的动物，是很难养活和抵御无数可能发生的不幸的，但是他们家庭的生计则完全仰仗那些羊的安全。加剧他们困境的是，许多大畜牧公司的规模大大超出了他们的牧羊人管理和保护全部羊群的能力。生活在植被稀少的土地上的西部的牧场主，并不是按照古代的优秀牧羊人的传统，把他们的羊群圈起来以保证它们的安全，而是把它们赶到公共牧场上任其自由自在地游荡。然后这些牧场主们便要求政府去清除土地上的潜在危险。他们想要——从他们的观点来看是需要——看到西部被治理成一种人工的生态秩序，永不受食肉动物的危害，成为一个抒情诗般的有着成千上万只哞哞叫着的牛羊的牧场。借助于联邦政府的食肉动物规划，这个愿望准确地转变成了政策。西部的确很快就保证了羊群的安全，并使牧羊人获得利益。至少是到第二次世界大战之后，下跌的市场——而不是郊狼——才使美国饲养羊的数目降到了1910年总数的大约一半。根据损失统计报告，一年的支出高达2000万美元，这似乎是从国家经济的最佳利益出发，用一支政府捕猎部队来保护养羊业的代价。然而，到60年代初，情况则变得不可能再用高损失去为食肉动物控制作辩护了：例如，1962年，在加利福尼亚国家森林土地上，损失的羊的价值是3500美元，而食肉动物控制项目的花费则超过了90000美元。在半个世纪之后，牧场主们突然发现他们自己处于守势，被迫接受在公共土地上使用毒药的终止。尽管在这同时，他们在牧场上驱逐了几百万猛兽。⑥

* * *

不过，彻底消灭食肉动物的战争，并非仅是畜牧团体的经济需要和政治手段的产物。起到更重要作用的力量，是进步资源保护主义领导人所赞同的那种对待土地和野生动物的态度。这些人出于一种极为强烈的道德上的使命感，要去清理他们周围的世界，而这种愿望还包括清理伴随着经济和政治腐败的自然环境。没有他们的道德热情的榜样，生物调查局可能仍一直在搜集鸟胃和绘制生命带的地图。在西奥多·罗斯福执政的年代里，情况不同了，生物调查局开始对这富有进取性的改革哲学有所反应。大概进步主义对"食肉资本主义"的夸张性的批评，也协助了生物调查局去支持西部反对食肉动物的战争，甚至向许多顽固的西部人推销这种思想。它声称，自然和社会庇护着必须从土地上驱逐出去的残忍的掠夺者和犯罪者。诸如1908年的弗农·贝利的《消灭狼和郊狼》之类的小册子开始出现，重点强调这些动物带来的经济损失，并把它们描述为极其凶恶但又懦弱的怪物；各种照片展示出它们舞动着的四肢，低垂的头，闪着残忍狡黠之光的眼睛。从政府的资源保护主义的领导人方面来说，这一讨伐并非仅仅是对有实力的畜牧业的支持；更重要的意义是他们期望着建立一种野生动物管理的理论，在这一理论中，利益和道德是紧密联结在一起的。从这两点考虑，食肉动物从此就成了"不受欢迎者"（*persona non grata*）。詹克斯·卡梅伦解释道，计划"首先是抑制不良的有害的野生动物，然后则是保护和鼓励野生动物中有利和有益的类型"。这些自然保护主义者，全力以赴地重新组建一个自然经济体系，这种体系将充分体现他们自己认为是理想的那种自然应该具有的形象。⑦

266

进步主义的自然保护观的主要设计者是吉福德·平肖，一个在罗斯福时期任总林务官，并在1905年组建了美国林业局的宾夕法尼亚人。在他的自传《开疆拓土》中，平肖给资源保护主义所下的定义是"一个从人类文明角度出发的基本物质方针"，同时又是"一个为了人的持久利益开发和利用地球及其资源的政策"。这个国家如何实现充分而持续的繁荣，是在他为公众服务的整个生涯中一个占主导地位的问题。在华盛顿，没有一个人比他更无私或更献身于改善国家的福利、道德和经济状况。但他对自然的功利主义偏见也是毫无疑问的。平肖强调，在一个按照传统的掠夺并搜刮一空然后滚蛋的边疆人的方式去浪费其自然宝藏的社会中，繁荣会永远失去保障。他需要一个从长远着眼的精心管理的规划来替代，这个规划将把资源开发置于一个完全理性和有效的基础上。这种管理的目的将不是私人获利或者进一步的财富集中，而是全体公民的最大利益。国家森林委员会——平肖是委员之一——在1897年的报告中认为，在美国保留和扩展的公共土地，在西部则是全部，都不应由于进一步的占领或使用而缩减。"必须在国家的经济体系中发挥它们的作用。公共领域里的保留地必须被用来为国家的利益和繁荣做贡献，不然它们就将被完全丢给了居民，而这整个保留地的制度也就废弃了。"这种观点平肖是完全赞同的，尤其是在强调"国家的经济体系"上。保护国家的经济体系，而不是自然的经济体系，是他的自然保护哲学的主题。朝着这个目标，他建设和指导着林业局，同时指挥着一支特种部队，这是一群把追求实际的职业责任感与一种对他们的爱国主义事业的极其认真的献身精神结合起来的年轻人。[⑧]

平肖把森林保护说成"树的农业管理"。他的管理人员们将重新 267 在伐光的土地上栽种树木而不是挖掘林地，就如同一个农场主每年重种庄稼一样。"林业就是管理树木，以便使一次收获接着一次收获。"

> 因此，林业的目的就是让森林最大可能地生产出，无论将是何种最有用的产品或服务，并且在一代接一代的人和树的延续过程中不断地生产它们。多年过后，一个管理良好的农场产出会越来越丰盛，一片管理良好的森林也一样。

与弗朗西斯·培根和莱斯特·沃德一样，平肖也认为这个世界非常需要治理，而且他确信，科学能够教会人们改造自然，使它发展得更有效率，收获更丰硕。他不会像德国人那样发展到集约种植的程度，或像他们那样把林场按照他们规定的程序建成流水作业的工厂——因为在美国没有足够的人力去管理过分密集的有着极其广阔空间的大自然。但是他将坚持，一切可再生的自然资源，尤其是森林和野生动物，在未来都可发展到像庄稼一样，由熟练的专家们去进行种植、收获和培育。而且他也像所有优秀的美国农场主一样，能够看到土地的价值主要在于它可以转化为利润。[9]

在平肖的自然保护哲学之后，隐藏着一个可以一直追溯到18世纪的环境传统：即进步的科学农业。从"萝卜"汤森和阿瑟·杨的时代起——他们曾教导英国怎样在以前只长一片草叶的地方长出两片来——进步农业总是在提倡一种自然保护主义。它的倡导者们对于密切管理水和林地曾经有着重要影响。他们提醒前代的人注意土壤侵蚀的威胁，研究出等高线犁地，发明化学肥料使土地更加多产。在美国，他们建立了大量由土地赠予*而成立的大学，在这些大学里，大学生们受到明智使用土地的训谕。因此，当平肖宣称他正在自然保护主义的战场上"开疆拓土"时，他忽略了两个世纪的拓荒时代。更准确地说，他自己的贡献，是把进步农业的传统带入到公共土地的管理上，特别是森林管理上。和他的前辈们一样，他使得改进了的"效率"和"生产力"成为自然保护中占主导地位的价值观。那些词，事实上对他来说已成为神圣的标志，浸透着可以把树桩转化为美德和美丽的座位的潜在魔力。在进步农场主乐意看到一片按照伸展出去的等高线犁过的田野和在地平线上相毗连的栅栏的地方，平肖则愿看到他的修剪整齐的树，看到它们伸出来的繁茂的树枝，看到它们的竞争者的败退。因此，无怪乎林业局在农业部中找到了它永久的安身之地，农业部是由农艺学和生产力论的专家所统治的。从本质上说，进步主

---

　　* 即 land grant college。19世纪，联邦政府在西部专门拨出土地建立州立大学，以促进当地的教育和农业。——译者

义的自然保护，就是把进步农场主的技术应用到美国所有落入联邦政府管理范围的土地上。

*　　　　*　　　　*

在进步农业的历史上，野生动物从来未引起很多的注意。它们不符合农场主的生产目的，因此即使不被当作一种威胁，也会被认为是无用的。不过有几位农学家早就提出过鸟类在控制虫害中的有益作用，甚至某些专家还倡导过一种在生态上比较敏感的农业经济体系。例如，在美国有约翰·洛兰，他在 1825 年出版了《在务农实践中得以协调的自然和理性》。洛林特别批评了农场主，因为他们破坏了大自然通过腐殖质的积累和微生物或细菌的分解活动建造土壤的方式。亨利·梭罗 1860 年的文章《森林树木的演替》也是对生态学和科学农业两方面的贡献。而后，1864 年乔治·珀金斯·马什，一个后来成为美国驻意大利公使的佛蒙特乡下人，发表了《人和自然》，一部至今在英语国家中仍影响极广泛的关于土地管理的著作。马什是从他自己的实践经验和对新英格兰农业的周密观察以及他对旧大陆的自然博物学者、地质学者、森林学者和水文学者的著作的广泛阅读两个方面来表达他的观点的。"动物和植物生命的方程式是一个太复杂的问题，以致人的智慧不能解决它。我们永远不可能知道，当我们把一个最小 269 的小卵石投入有机生命的海洋中时，我们在和谐的自然中所造成的干扰范围有多大。"马什这样警告道。从对野生动物的关注的角度上，他劝告农场主宁可在谨慎上犯错误，也不要去冒险根除可能最后被证明是一个美好事物的物种。

但是马什对土地使用的看法不同于吉福特·平肖在几十年后所采取的态度。实际上，20 世纪早期，在平肖领导下出现的自然保护主义规划就很少注意生态上的复杂性。那是一个旨在把人可以从中获得明确的直接的和最近利益的重要资源的生产力提高到最大限度的规划。丰富而持续的树木供应，是林学工作者一心一意要达到的目标，而不是保留树木在其中生长的更为复杂的生物基础。必须说明的是，这种策略曾经一直是科学农业自始至终的推动力，因此它也非常容易传到它的后代——自然保护的观点中去。⑩

平肖自己对野生动物似乎一直没有什么兴趣，除了作为猎手时而与他的上级西奥多·罗斯福去捕获一个猎物。而且其他自然保护主义者们也发现，很难为鸟、鱼或哺乳动物建立与平肖的树木耕作规划相似的规划。他们想要创立一个"猎物管理"专业。正是这群人，在20世纪初介入了生物调查局和10多个新的州立野生动物管理规划。到19世纪80年代，原始森林中可猎杀的野生动物在很多地区几乎已全部被消灭光了。这些自然保护主义者的希望是使这些物种恢复持续的发展，使它们能够起到它们的作用，即便不能在国家的经济系统中起作用，起码也能起到引人愉悦的作用。具体来说，他们对未来的憧憬很多是与鹿联系在一起的。通过明智的管理，这种动物可以比任何其他动物更好地幸免于文明的冲击，从而为猎人在边疆的户外生活提供一种情趣。在一个其他动物都在减少的世界里，鹿是"大猎物"。于是猎物保护便意味着通过给猎人发放许可证，限制猎取量，规定更严格的狩猎季节，改善栖息地和提供"保护区"和"猎物保留地"——在那里种鹿可以保持良好的健康，以最快的速度在全国增加鹿的数目。更应提到的是，这也意味着消灭食肉动物，因为它们最终都是人在射杀经验和获取肉类上的竞争者。它"浪费"了本来可转化为银行户头的资源。它对牲畜所犯的罪行使它成为一个利欲熏心的社会不能容忍的存在。一句话，对它来说，没有任何值得保护的理由。⑪

真正在公共土地上开始猎物管理是在罗斯福执政期间。从1905年起，几个国家森林的一部分被划为保护区，在这些地方，食肉动物要尽快地被消灭掉。很快，这种管理方针就开始显示结果。例如，在北亚利桑那高原，1906年，卡伊巴布森林区被划作大峡谷国家猎物保护区，当时鹿的数目只有4000头。18年后，它的数量已增加到近100000头。从表面看，这是生产力图表上的一条极其了不起的曲线，是进步主义猎物保护的令人炫目的胜利。但是，在第二年，上千头鹿因为营养不足而突然死去，头数的急剧增长导致了食草量过高，食叶量过高，树可触度的增高（鹿食取它所能达到的高度上的小树枝）。根据欧文·拉斯马森的说法，"草场被损坏得如此严重，以致20000头就是一个过多的数目了"。1924—1925年和1925—1926年的冬季，损失了总头数的60%；到1939年，卜伊巴布森林中鹿的头数由于饥饿和捕猎下降到只有10000头。从此以后，亚利桑那的这段故事便成了美国猎物管理上轰动一时的事件。在半个世纪里，它一直是说明认真进行资源错误管理和部分持生产力主导论的自然保护主义者在生态学上的无知的典型事例。但是1906年，猎物专家还没有预见到这一点。甚至近至1918年，当数量过多的鹿导致的草场损害第一次被个别林学家们意识到的时候，官方也没有采取行动用来修改这种在自然景观中培育单一资源的政策。⑫

鹿是一个极其适合18世纪自然模式的物种。和某些动物不同，271它们似乎没有抑制自身繁殖的先天能力。因此，通常需要某种来自外部的力量来维持它们的数量与栖息地的平衡。或许导致卡伊巴布森林中鹿数暴涨的因素有很多，但毫无疑问，缺少食肉动物的抑制是最重要的。从 1906 年到 1923 年，政府狩猎者遍布这个地区，杀死他们能发现的所有食肉动物，而且像往常一样，他们是以一种完全彻底的精神去工作的。在 1916 年到 1931 年，他们捕捉和射杀了 781 只山狮，30 只狼，4889 只郊狼和 554 只美洲野猫。直到 1939 年年底，他们仍然在执行着自己的使命，尽管一场生态灾难早已被制造出来了。一个管理项目一旦被制定出来，它就成为合理的，不可能被突然中止；而鹿在变虚弱的状态下，比以往更需要受到不受敌人侵犯的保护。另一方面，根据一个尽人皆知的观点，土地不可能维持无限丰富的"合意的"野生动物资源。现在人们都一致认为，鹿必须保持在它们生存地区的承载能力之内；而这是一项人类的狩猎者能像已经匿迹的食肉动物那样进行的工作，因此他们特别急于去承担这项任务。于是，在卡伊巴布高原有了一个新的人为的生态秩序，和美国的其他地方一样——是一个由野生动物管理者设计建造，同时也需要他们常年进行管理的生态秩序。⑬

*　　　　　*　　　　　*

在野生动物管理的早期，农业部还没有与林业领导吉福特·平肖相对等的发言权。卡伊巴布森林的这段故事，不过是一种广泛散布的自负倾向的结果，而非一个精明领导人的主意。但是，在 1933 年，一本很快便成为野生动物专业的圣经的书出现了：这就是奥尔多·利奥波德的《猎物管理》。利奥波德的著作立即成为这个新兴科学领域的基石和整个进步主义环境理论的巅峰。他曾就读于耶鲁林学院，这是一所用平肖家族的钱在 1900 年建立的学院，因此也被看作权威的自然生产力论的专业中心。在新墨西哥州和亚利桑那州工作了一个时

期，主要是促进猎物管理而不是促进林业之后，利奥波德于 1924 年

迁往威斯康星州的麦迪逊市，成为美国林业产品实验室的副主任。他对野生动物的兴趣被再次证明要浓厚于林业局对他的任命；1928年，在体育器械弹药工厂实验室的资助下，他开始研究中西部北方的猎物状况。1933年，他担任了威斯康星大学新设立的猎物管理讲座的教授职位——在农业经济学系专门讲授他的课程。

和许多林学家一样，利奥波德也认为应把科学农业的原则扩展到对自然的更深层的管理中去。他声称："有效的自然保护，除了公众的意见和法律外，还要求一种对环境的慎重而有目的的操作——如同林业所采用的同样的操作。"鹿和鹌鹑这些受到青睐的猎物被他当作"庄稼"，他认为它们应该从野生的角度上被培植和收获。这种农艺观是他1933年自然保护项目的基础，正如它在先前30年中一直是平肖的理论基础一样。⑭

在《猎物管理》中，利奥波德进一步阐明了这种把自然作为"资源"的观点，认为这是一个要被重新组合和管理以适应社会需求的领域。他解释说，管理的目的是"为更大的生产力"而改造动植物的生活区，同时意味着成熟的正在生育的动物要按这种情况下的比率去生产另一种成熟的动物，或者另一些成熟的可除去的收获物。他继续道："像一切其他的农艺一样，猎物管理也是依靠控制各种抑制种兽的自然增长或生产力的环境因素来生产产品的。"因此，他书中的很多篇幅都用来讲述用数学上的精确性来辨别那些限制因素。

科学家们明白，在生产力的诸因素可以被经济地利用之前，必须首先发现和了解它们；这是一个不仅要提供生物学上的事实，而且还要根据事实建造一种新技术的科学任务。

　　对于这位野生动物专家来说，科学是一个可以从田野上梳理出更
273 多庄稼的耙子。但必须要加一句，利奥波德并没有只按美元和美分来
计算可猎取动物的价值；在他那里，猎物还代表着一种原始的拓荒者
的历史。他希望普通公民们通过狩猎可以保持对这一历史的信念。为
了这个缘故，他坚持，管理之手应当轻轻地触动自然的秩序——不要
撕裂它而后又用一种过于明显的人工化的整洁的方式把它们放回到一
起，而是要精巧地指导它的各种力量来保持猎物的活跃、警觉和不可
捉摸。但是，虽然利奥波德在土地控制上追求自然主义以及一种粗放
的低集约的管理方式的理想，却不能脱离人们习以为常的农艺方式太
远。使地球更多产，是他在猎物管理中的愿望，同时也是任何一个最
新式的威斯康星的农场主的理想。因此，他的书强调从经济学角度来
看待自然。⑮

　　显然，卡伊巴布保护区的经验并未动摇利奥波德对进步主义环境
保护立场基本正确的信念。他坚持进行反对肉食动物的宣传，并继续
把控制它们的数目当作猎物管理者最有效的策略之一来推行。然而，
他已经相当缓和了他一度对自然界食肉动物存有的刻骨仇恨。例如，
1920 年，他曾表示要坚持到底，直到"新墨西哥的最后一只狼和山狮"
死去。5 年之后，他就开始发出一种稍微不同的声调；至少他开始怀
疑，从生态学的而不是经济学的观点来看，全部灭绝的方针是否真正
明智。但他对那种疑惑的回答却拖延了很久；在它发展到从根本上粉
碎他的职业性傲慢之前，还有四年多时间。因此，从某种意义上看，
《猎物管理》是一个时代性错误。从利奥波德个人的角度看是这样，从
很多其他的自然保护主义者的角度看，更是这样。个别人受卡伊巴布
森林惨败的影响比利奥波德还要大，他们在他之前就已经怀疑让食肉

动物有时在四处转悠一下是否就一定不好。他们开始问，在人类与自然的关系上，生产力与效率是否是唯一重要的价值标准，并对自然保护主义的农业"收成"偏见及其执着的人类中心论打上了问号。他们在担心——这也正是利奥波德自己此时所担心的——进步主义管理的 274 生态后果。他们开始转向一种不同的对待自然的道德价值观。

对绝大部分人来说，农艺学精神仍然是很坚定的，因此反对郊狼和其他猛兽的战争还在无节制地继续着。不过，在 20 世纪 30 年代中期，一种从生态学的角度对待野生动物的态度已开始在美国出现。利奥波德在转向这一新态度上表现得相当迟缓；但是一旦转过来，他便以其雄辩和准确性为优势，迅速成为这个新生态学的重要方面的权威之一。在很多大学生仍然从《猎物管理》中吸取平肖的教导时，利奥波德自己已在向老自然保护主义学派所坚持的大部分东西发起了攻击。为了充分了解利奥波德的转变及其代表的一个更广阔的运动，有必要考察一下那些早期不同看法的踪迹，去追踪传统环境价值观的藩篱上的那些裂痕扩散的过程。[16]

*   *   *

毫无疑问，许多普通人一直不同意自然保护主义思想及其灭绝食肉动物的方针。有许多雄辩的高知名度持不同意见者，如约翰·缪尔。缪尔创建了塞拉俱乐部，而且直到 1914 年去世时仍在以一种辛辣而尖刻的激情反对平肖的哲学。但是最早的值得注意的来自生物调查局和猎物专家的关于猛兽这一具体问题的专业批评，发自 1923 年在费城召开的全美哺乳动物学会的年会。很多科学家，包括加利福尼亚大学的约瑟夫·格林尼尔，都对食肉哺乳动物在美国的消失和用来灭绝它们的方法提出了警告。他们指出，生物调查局是在进行"现代毒药战争"，却几乎未深入研究它的环境后果。那种对在第一次世界大战战场上使用毒气的普遍厌恶可能在这种批判中起了作用。而且许多反对使用毒气的哺乳动物学者的反应也没有和他们对第一次大战的丑恶记忆一起逝去。在1923年的会议上，以及以后的四分之一多275 的世纪里，在这个学会每次年会报告中都能找到对根除肉食动物的批评，同时也有政府和畜牧业辩护士们的辩词。[17]

例如，1924年4月，美国主要的动物生态学者之一查尔斯·C.亚当斯，在学会年会上做了关于《食肉哺乳动物的保护》的报告。1925年，《哺乳动物杂志》开始刊登正反两方面关于生物调查局食肉动物规划的文章。1930年，学会为它在纽约市美国自然史博物馆的5月会议组织了一次"食肉动物控制讨论会"。发言人包括生物调查局的副局长W. C. 亨德森和该局的资深生物学家E. A. 戈德曼；也有代表爱尔伯尼市纽约州立博物馆的C. C. 亚当斯，加利福尼亚大学的E. 雷蒙德·霍尔和约瑟夫·狄克逊，约翰·霍布金斯大学的A. 布雷热·毫厄尔——全都是政府灭绝政策的批评者。在30年代，学会的一个关于食肉哺乳动物控制问题的委员会，派出科学家深入野处，和生物调查局的官员们合作，对政府猎手和捕捉者进行调查，并汇报毒杀的有害结果——对在毒杀目标内的和非目标的两方面物种的影响。直到1950年，在黄石公园的会议中，哺乳动物学会仍然表决并批准了对华盛顿的肉食动物政策的批评决议。这次会议的结论是："我们的毁灭性技术已经足够了，我们需要一种能成功地使我们与当地的动物和植物共同生活的技术。"这一陈述是持异议的科学家在这次辩论之后的基本立场。[18]

1925—1950年，哺乳动物学会是生物调查局在社会团体方面最主要的对手。但是一些个体的科学家，还有非科学家，也联合起来寻求建立一种新的人和食肉动物间的关系。就这方面来说，学会中有些科学家，其中某些人就是生物调查局的雇员，是维护大范围毒杀活动的。因此，这并非只是一场出现在科学和政府之间的辩论，而是在对待自然上矛盾的伦理观之间的摩擦，每一方都把科学当作最有效的权威支柱。毫无疑问，很多争论集中在对经济考虑的敌对看法上，关于群落动态方面的技术性争论上，以及对特殊利益政治插手科学领域的谴责上。但是，争论的根本点，和平常一样，是在道德价值上——尤其是人在自然界的位置及其作为一个物种在众多物种中的权利。"生态观点"成为政府批评者们的战斗口号。按照这种观点，他们打算用一个以科学为依据的对待野生动物的政策，去替代一个仅以经济标尺为基础的政策。而且，更重要的是，那个词组通常意味着一种人和猛兽之间的新的共存伦理。

对生物调查局及其支持者最易于进行的指责，就是他们在赋予自己消灭所有的食肉动物、啮齿动物以及其他猛兽的使命时过分热情了。他们早已经宣布了全面战争，全然不顾其代价或必要性；而他们的批评者却一致认为，把任何物种的彻底灭绝作为一个政府目标都需要反对。密歇根大学的生态学家李·戴斯在1924年写道："我不提倡无限制地鼓励或到处都繁殖食肉哺乳动物；但是我肯定，在任何一个动物区系中，任何一个物种的灭绝，不论是不是食肉的，从科学角度看都是一个严重的损失。"生物学积压了太多未解决的问题；而食肉动物本来是能够为这位不关心其灭绝的科学家提供答案的——在这一点上，很快就有了一致意见。另一方面，要为这样一个提议寻求支持也是很容易的，即：在国家公园和其他不可能由人挑起冲突的偏僻区域，为食肉动物提供一个有限的避难所——类似印第安人保留地。C. C. 亚当斯写道，"只有偏远隔绝的或贫瘠的土地"是适合大的食肉动物群落的。而且，根据1916年建立起来的国家公园管理局提供的信息，这些区域为把美国人安全地带进食肉动物的生活区提供了最好的机遇，在这样的地方，所有的家庭都可以去看他们的食肉动物，而不会有什么丢掉一只胳膊的恐惧，就像到动物园去一样。"我们大概是地球上最富裕的国家"，亚当斯指出：

277

> 在北美养活100只山狮的花销算得了什么？它会动摇美国的文明吗？我们的国家森林、公共领地以及国家公园有几百万英亩土地。其中某些地方可以按照这样一种方式来管理，以便这类动物中的某一些可以被保护下来并吃到鹿肉！

这个主意肯定是有说服力的，因为到了1936年，在国家公园里对食肉动物的屠杀已近尾声。这个决定受到了生物调查局的有力抵制，它的野外人员开始深入公园之内进行秘密的偷袭，不择手段地猎取猛兽。而且后来在公园的边界上发现到处都布置着装有氰化物的郊狼捕器，也不是罕见的事情。但是，建立有限的保护区而不是全面灭绝的思想获得了支持。[⑲]

生物调查局的高层官员们最终开始同意接纳这种保护政策了。虽然它在让它西部的狩猎者接受这种妥协方从未取得真正的成功。该局在保护上从未像它在毁灭那些食肉动物上那样积极有力。资深生物学家斯坦利·扬，本人曾经是联邦猛兽工作人员，后来成为美国最受敬重的食肉动物学者之一。他也不得不承认，在这个大陆最偏远的部分，"那些大型食肉类动物可以在不和人有直接冲突的状况下生存"。但是，关于国家公园的情况，他就不大肯定了。他认为，这些地方被建立起来，更多地是为了保护狩猎物种，而不是给食肉类动物以庇护。而且他在关于食肉动物的道德特征的评价上同样保留着顽固态度：狼是"百分之百的罪犯，为嗜血而凶杀……所有的狼都是凶手。它们既是杀害牲畜的凶手，也是杀害野生动物的凶手；而且这种凶杀，并不是只根据所谓的叛变行为而行使的"。然而，在生物调查局的雇员中，并非只有杨一个人为了狼的一切恶行而赞成这些说法。在他那些已成为现时标准的关于主要食肉动物的系列研究中，他一再强调，他绝不希望看见它们永远离开这块土地。只要少数狼能够发现某些被上帝抛弃的角落，在那里绝对没有与人类为敌的机会，他便情愿为它们提供庇护所。他在1930年写道："尽管关于狼的一切都是坏的，我个人仍然认为，这种动物是最伟大的美国四足兽，并经常希望它只要稍稍改变一点自己的方式，那么，人的手就不会不断地举起来投票反对这种食肉动物。在我看来，它是'食肉动物之王'。"在这种情绪的驱使下，生物调查局的政策制订者们渐渐地离开了他们要彻底消灭的目标；到了30年代，他们便坚定地将"灭绝"这个词换成了"控制"。但是，尽管这可能是一个比较谨慎的试探性的理想，控制食肉动物基本上仍意味着无论在什么地方，人们想要利用这块土地作农业或狩猎用，它们就要被全部消灭。杨继续坚持说，大型食肉动物"在现代文明中是没有位置的"。[20]

　　要相信食肉动物应该有比露天动物园多的生存空间，它们也可能在一个文明世界中充当一个有价值的角色，这是一个更激进的建议，肯定会遇到官方的抵制。但是某些科学家确实对此起了很大作用，他们从一种"自然平衡"的古典理想中，抽出了一种功利主义理由来保护那些甚至已造成了经济损失的食肉动物。他们坚持说，所有的食肉动物，大的或小的，不仅是对野生的食草类动物如鹿也是对有破坏性的啮齿动物如鼠、犬鼠、小鼠和田鼠的一种重要的抑制力量。当然，大多数啮齿动物都不受人们欢迎，因为它们一直摆出一种威胁人的健康和财产的架势。因此，发现郊狼是专以这类害兽作美味佳肴，就能够为这种小型犬科动物提供一个有用的甚至是不可缺少的社会角色。没有这样一种有效的天敌，啮齿动物就可能遍布这个世界，这样就不得不用更多的毒药来解决其他毒药制造出来的不平衡。从根本上讲，自然的虫害控制系统要比生物调查局所设计的任何东西都安全、有效和便宜。这种说理的构思是由很多生物学家提出的，开始于 20 年代，用来反对政府的各种灭绝项目，它也将作为一种典型来为一个重要的自然保护主义新类型——生态实用主义服务。对自然抑制因素和平衡的保护，起码要尽可能多地保护它们，就能使社会免于各种笨拙的替代物的风险和花销。从这方面看，食肉的猛兽就开始被看作一种有价值的起着稳定作用的力量，而不仅仅是按名称保存的奇珍。[21]

279 　　但是，生物调查局并无意让它的批评者们在实际的经济要求方面占上风。它随后的自卫范围包括了从掩饰证据到坚持贬低郊狼作为啮齿动物天敌的重要性等。1929 年，奥劳斯·穆里，生物调查局自己的一位野生动物生物学者，被局领导问到他对自然界的平衡如何受到食肉动物控制的想法。不幸的是，穆里的五页纸的回答赞同那些认为生物调查局正在自然秩序中制造混乱的批评者的意见。这封信很快就被埋入生物调查局的卷宗，穆里自己也被派到离圣路易斯的一个野生动物会议很远的地方去，而他本来已被安排在会上发言。1936 年左右，他的文章《论怀俄明州杰克逊各地郊狼的食物习性》，在总部被有意地遗失在曾经令他的信消失的同一个难以发现的卷宗中。这样，从生物调查局的队伍内部就不会有进一步的批评了。同时，生物调查局还竭力把每一个细小的、他们发现可证明郊狼对啮齿动物群落的作用不足取的证据，硬塞入公众的看法中去。在 1918 年到 1923 年被政府捕兽者所捕获的郊狼的胃中，发现了约 40000 件东西，经研究，确认其中大部分所含的都是兔子、绵羊或山羊的肉，以及诱饵、牛肉、腐肉和青草、莓果。W. C. 亨德森注意到："家畜、家禽和猎物的总数超过了啮齿动物类。"因此他得出结论，是现有的食品供给和疾病，而非郊狼，才应是抑制啮齿动物最重要的因素。㉒

　　搜集如此庞大的证据也许是给郊狼和其他食肉动物在自然平衡中的价值做定论的最好方式。但是，从对立双方的角度看，这些事实都掺杂了主观情感却是无可辩驳的。如果你是一个狩猎爱好者，那么食肉动物就是对可猎物数字的严重抑制因素，是一个必须从自然界灭绝的"种族杀手"，如果要猎物生存下来供户外娱乐用的话。如果你是个政府捕兽者，希望有一个安定的工作，那么显然，郊狼和狼吃的就只是猎物或牲畜，而从不会去碰啮齿类动物。但是如果你反对的是毒杀政策，那就没有问题，食肉动物主要是靠获取有害的啮齿类动物为生，不会影响猎物的数目，而且也极少会费神去杀绵羊或小牛。即使在今天，要确定食肉动物对捕食动物数量的长远影响，也绝非易事，这大概是因为这种关系在地方和地方以及物种和物种之间的变化都太大了。一切关于这个问题的结论，肯定都可以在自然的经济体系的某个漏洞中找到，而确凿的数据则极易被经济的或道德的价值观弄得目全非。㉓

　　大概是因为他们感觉到自己的立场是难以自持的，所以生物调查局的辩护者对整个自然平衡的思想所持的态度更多的不是否认，而是顶多把它当作美国野生动物政策的一个不可靠的指南。例如 E. C. 戈德曼在 1925 年的一篇文章《食肉有哺乳动物问题和自然平衡》中提出："由于这个大陆已整个被持枪弹的欧洲人占领。在他们清除森林，并在所有的地区内永久定居下来，自然的平衡早已经被粗暴地推翻了，再也不会被重建起来。"1930 年，《新墨西哥自然保护主义者》一书的编辑就这一点直言不讳地说：

> "自然的平衡"是一个华而不实的词组，我们也曾高度重视过它，直到我们发现它不包含任何意义。……自然从来没有一次在一个既定的地点中长时间处于平衡之中。总会发生某些情况去干扰现时的统治。有时是郊狼对一片未垦土地的侵入，有时是消灭了一定的物种而留下了其他物种的气候灾祸，而且一度曾是人来到了这个大陆……感情主义者则会说，郊狼与他一直很欣赏其用处的猎物和鸟一样，享有生存的权利。凭感情说，那个逻辑没有错。但不幸的是，我们这些在打猎的野蛮人就是不想要郊狼，我们就是要猎物和鸟。我们情愿去稍微冒一下冲撞自然母亲的平衡的风险，以便满足我们在那个问题上的嗜好。

那最后一句话无意中泄露出了真情。尽管他直言已不存幻想，但这个人却发现难以完全放弃在自然中有一种平衡的传统的思想；不论是否曾经真正达到过这种平衡，它却是一个有用的，大概也是不可缺少的概念。和那个关于顶极阶段的思想一样，自然的平衡，连同它存在的所有那些问题，还不得不代替任何更好的东西去发挥作用。生物调查局的辩护者们似乎已意识到这点，甚至就在他们攻击这一思想的时候。[24]

更迫切的问题是，人是否应该尊重并遵循自然平衡的力量，或者，人是否能够忽视它们而无危险。如何回答这个问题取决于人们对人类管理技能的信心，也取决于人为了获得那种向往的世界是否情愿去冒险。反食肉动物这一派认为，人只有在一个被更彻底地改造了的环境中才能够幸福。"为什么打乱自然的平衡，即改变事物的自然状态，总被认为是坏事呢？"一位害虫控制工作人员问道，"难道人不是一直根据他控制自然和利用自然的平衡以利自身的直接程度来生存和改善他的生活水平的吗？"E. A. 戈德曼在 1925 年再次敦促说，因为已经不可能在美国重建那种原始秩序，人可能要面对这样一个事实：需要"切实可行地考虑担当起在所有地方有效地控制野生动物的责任"。过去的干预，似乎会，而且必须证明未来的更多干预是合理的。过分担心自然的平衡是阻碍进步。1948 年，当时生物调查局的领导人艾拉·加布里埃尔森坚持认为："在任何情况下，支配着食肉动物控制的种类、范围和方向的是人类利益，而不是生态平衡的理想或食肉动物的权利。"[25]

这样，当为食肉动物的辩护被设立在生态稳定和人类自身利益的纯粹实用主义的基础上时，它就遇到困难了。那些希望把食肉动物当作啮齿动物和食草类动物增长的抑制力量而保存在周围的人，持有强有力的例证，但它可能受到那种以特别强调放牧和狩猎上的财务损失为借口的反对。尽管从生态上的考虑，人们可能会提出一种更谨慎的控制规划，人的野心仍然要由一种生气勃勃的要把猛兽从这片土地上清除出去的竭诚精神而获得最大的满足。由于这种困境，某些批评者开始把他们保护大型食肉动物的理论，转向非经济学的立场：狼、郊狼、美洲豹和熊，甚至在它们可能妨碍人类目标的地方，现在也被说成具有一种生存上的道德权利。根据这种观点，野生动物管理的目的就是在人和他的食肉动物竞争者之间找到一种最好的妥协，一种将意识到双方都是地球共同体的成员并寻求他们之间的和解的妥协。于是，在呼吁从生态学角度上确定野生动物政策的背后，出现了一种伦理学的，同时也是经济学的推动力。

282

＊   ＊   ＊

几十年来为这一共同体管理理想呼吁的重要人物是奥劳斯·穆里。他出生在明尼苏达，曾在密歇根大学学习野生动物生物学，此后于 1920 年作为一名田野生物学者来到生物调查局。在这之前，调查局的研究人员与其猎手和捕兽者的比例为 10：1 强。他用了很多年在美洲大陆北部的荒野中漫游，从拉布拉多和哈得孙湾到阿拉斯加。在阿拉斯加，奥劳斯在他的哥哥阿道夫身边工作，后者在 1939 年开始进行关于麦金利山国家公园的灰狼的具有划时代意义的研究。1927年，奥劳斯和他的妻子玛格丽特，被生物调查局派往怀俄明州的杰克逊各地，研究麋鹿的生活史和影响其安全的各种因素。奥劳斯为调查局在国家麋鹿保护区工作了近 20 年，而且在这期间自始至终——事实上是直到 1963 年去世——用某种方式设法站在一种与官方的猎物生产理论无关的立场上，扮演着一个宽容而不受人注意的独来独往者的角色。这样一位性情温和的人能在那么长的时间内和那么多的同事处于争执状态，是很不容易的。不过，在那 20 多年里，在一直坚持通过他的努力去使生物调查局从反食肉动物的偏见转向"生态学观点"方面，他可是足够勇猛的。[26]

穆里在他一生中的任何时刻都不曾反对过人类对自然界的一切干预，也不予反对过控制食肉动物的一切努力。他承认管理的必要性，特别是在一种或两种动物给为上中等水平的生活而不断奋斗的小农场主或牧场主带来严重损失的情况下。激起穆里的正义感的，是生物调查局方面挑起对所有食肉动物的失去理性且毫不妥协的仇恨的做法。在1929年给该局局长的一份备忘录中，他特别指出，在政府资源保护主义者教导民众在杀害候鸟时要克制的时候，他们也散发"令人眼花的广告，描绘血腥的令人厌恶的，敦促人们去灭绝食肉动物的场景"。他写道："以仇恨的情绪去杀不令人喜欢的动物，似乎是完全 283 没有必要的，也是不合情理的。"一年后，他向这位局长建议："总之，应该对野生动物感到同情，而且我们应该尽力去发现在那些名声不好的物种中可能存在着什么样的好处。"很简单，穆里喜欢猛兽。他偏爱那些大型食肉动物，而且承认"我还喜欢在周围看见那些所谓有害的啮齿类动物。""我不喜欢因为动物吃食就不要动物。"他对布雷热·豪厄尔解释说："如果一个动物吃到危害我的程度，我会报复的，但是只到摆脱这种处境的程度，而且不抱有仇恨。"他公开对塞拉俱乐部的米尔顿·希尔德布兰德说，他希望特别保护的是那些有害的食肉动物，"它们是一些真正受到威胁的动物"。在离开调查局——或者最好说是它的后继者，渔业和野生动物局——后不久，他给该局副局长克拉伦斯·科塔姆写了一封信，讲了他所批评的要点：

　　我认识那些比我们局对郊狼宽容得多的牧人，我认识很多宽容得多的猎人。我认识大量希望有一个宽容的世界，一个野生动物也可分享其产品的世界的人。对像郊狼这类动物，很多人愿意考虑其有利的一面，精神上和科学上的价值，尽管也考虑其破坏性的一面。这是与我们的官方立场相对立的。

显然，穆里在20年中的抗议是不曾取得真正的效果的；关于全面灭绝的谈论早已结束，至少在高级官僚阶层中是如此，但是猛兽却依然是猛兽。对于这个机构的野外工作人员来说，更常有的看法是，惟一的好猛兽依然是死猛兽。㉗

从渔业和野生动物局辞职之后，在50年代的大部分时间里，穆里是荒野协会的一名理事，后来又担任主席。他在联邦政府野生动物机构的那些年，从1920年到1946年，与哺乳动物学会鼓动讨论的年代正好相近。而且就更多的联系而言，这些年月目睹了一个向普遍的生态意识的新时代逐渐过渡的时期。尘暴的经历是这种新的自然保护主义理论兴起的重要因素；食肉动物问题则是另一个重大因素。在这个阶段的末期，公众已或多或少准备好去注意蕾切尔·卡森和巴里·康芒纳的呼吁。他们这两位和较早的科学活动家们如克莱门茨、穆里以及C. C. 亚当斯一样，按照生态学的教谕去寻求一种新的人和自然间的关系，一种新的环境伦理。

＊　　　　　＊　　　　　＊

从实际效果来看，穆里和其他与他持有同样信仰的人可能没有立即取得胜利。但是他们把一位平肖派的重要狂热分子争取了过来，这个人被广泛认为是美国野生动物管理的奠基者：奥尔多·利奥波德。利奥波德1948年在与威斯康星的一场丛林火灾搏斗中死去，因而基本上属于从功利主义到生态学方式的保护主义转变时期的中间一代。而且就在死前不久，他完成了他最有名的文章《土地伦理》。比起任何一篇别的作品，这篇文章更标志着生态学时代的到来；事实上，它也将被看作一种新环境理论的独特而极简明的表达。它同时带来了一种对待自然的科学方式，一种高水平的生态学上的老练和一种生物中心论的、与占主导地位的对待土地利用的经济学态度相对立的公有伦理。

利奥波德的转变，正如前面已注意到的，并不完全是在走向大马士革的道路上的一个突然的觉醒*。甚至就在他还完全表现为生产力论形象和热衷农艺的时候，他就开始偏离进步主义的思想框架了。例如，在他为森林局工作的早期，就赞同一种真正非平肖式的思想，即同意某些公共土地可以被保留起来作为荒野或无道路的区域，用保护来防止一切未来的开发。1924 年，主要是通过他的努力，在新墨西哥的希拉国家森林中，有 50 万英亩以上的区域就这样被划定了。在《猎物管理》问世 9 年之后，非常明显地，利奥波德对自己的环境控制理想变得比以往更感焦虑不安。他努力强调，对于同土地的一种较先进的关系而言，收获只是个开始；一个更高级的阶段必然会在"人的道德进化"中的某一天到来。

20 年的"进步"给普通老百姓带来了一张选票，一首国歌，一台福特车，一个银行账号和对他自己的高度赞赏，却没有带来 285 在高密度中生活而不玷污和剥夺他的环境的能力；他们也不相信这种能力，而不是这种密度，是对他是否已文明化了的真实考验。猎物管理实践或许是发展一种满足这种考验的文化的方式之一。

---

* 大马士革是一个容纳了多种宗教信仰的城市。这里作者的意思是指一种信仰的转变。——译者

然而，他还是未能为自己准确地说明那个更有作为的文化或态度应该是什么样的。因此，他只好对"自然保护正在探求的那个新的社会观念"含糊其辞了。[28]

在同一年，1933 年，利奥波德还发表了一篇题为《自然保护的道德》的文章，对他自己的探索正在向何处发展，给出了某种概念。在这篇文章中，他继续谈论"被控制的野外文化或者'管理'"、收获以及"工业林业"，而且他还批评了那种认为土地仅仅是财产、必须按照它的主人所喜欢的不论哪种方式使用的态度。他解释说："土地关系仍然是严格的经济上所享有的特权，而没有义务。"这篇文章的小标题是"生态学和经济学"。他已经开始把这两者作为不能完全共存的东西来考虑了；他正在从一种资源供求的保护主义观点转向一种"要使我们的机械文明与它赖以支持的土地和谐起来"的企望——一种"宇宙的共生"企望。[29]

根据利奥波德的传记作者苏珊·福莱德的说法，这个向着生态学立场的转变，直到 1935 年还未全部完成。这一年他和其他人一起组建了荒野协会。也在这同一年，他亲眼看到了集约的人工化的德国管理方法，对此，他是那么厌恶，以致他甚至对自己在被管理的情景上的倾向也变得谨慎起来。也就在这处于转折点的同一年，他在威斯康星州的巴拉布附近发现了一个旧的被遗弃了的木屋，在那里，直到去世，他都在闲暇的时间里过一种吉尔伯特·怀特或梭罗式的生活——一个乡村自然博物学者，住在一种远离技术文化的地方，探求如何增强他对地球的依附及其过程。此后，利奥波德主要考虑的是重建一种与自然的个人的共存关系的必要性，而不是那种大规模的非个人的由一群专业精英所进行的资源管理。[30]

巴拉布岁月的成果是他的《沙乡年鉴》*，一套乡村自然历史随笔，286
是1949年出版的遗著。对一个现代的、管理过分的世界的失望，是
这些文章所坚持的主题。他表示："在这种情况下，可能没有什么比
稍稍轻视一下过多的物质享受更有益的了。或许，这样一种价值观
念上的转变，可以通过对非自然的、人工的并且是以自然的、野生
和自由的东西为条件而产生的东西进行重新评价而获得。"他自己那
120英亩的农场，尽管因为几十年粗暴的开发被糟蹋得很厉害，现在
却也冒出一丛丛橡树和松树，是一个乱蓬蓬的但却是令人高兴的自然
将要二次来临的预示。但是在别的地方，除了在美国中西部他周围的
那样一些地方外，土地都掌握在受过州立大学和大学补习部教育的有
科学头脑的农场主手中，他们被教会如何使农业产量达到极限。史前
大平原所有的多种多样的植物和野生动物被替换了，他们把这些土地
变成标准化的玉米，或者小麦，或者大豆的产地——并称之为"洁净
农作"——就像利奥波德自己曾一度想要在一个完美的无狼的世界里
养殖鹿一样。"我们是不是已经了解自然保护的第一原则就是保护土
地结构中的所有部分？"他提出了疑问，"不是，因为甚至科学家也
尚未完全认识它们。"利奥波德对那种管理得过分严格的情景的失望，
甚至影响到他对科学的忠诚。他现在已经感到，就他的观察来看，典
型的专业研究者们是过于狭隘了，以致不能掌握自然的整体性，而这
一点，对于一种较广阔的自然保护实践应该是最本质的。在《沙乡年
鉴》中有一篇文章的标题是《自然的历史——一门被遗忘的学科》：

---

*　　*Sand County Almanac*，中译本书名初为《沙乡的沉思》，（译者：侯文蕙，
东方出版社，1992年版），后为《沙乡年鉴》（吉林人民出版社，1997年版）。——
译者

此文呼吁转回户外的整体观念的教育，转回科学向业余的和头脑清醒的自然爱好者们开放的方式，这种方式对在荒野中获得的愉悦感更加敏锐。他担心，在实验室和大学里，通常所教的都是"科学为进步服务"。在仅仅追逐物质进步方面，这是与那种正在严格管理着世界的技术心态沆瀣一气的。这种情况势必要同管理上的偏见一起得到改变。㉛

287 在终究成为他的最后一本书的书中有一篇重要的文章，那也是利奥波德就人在自然中的位置所说的最后的话，即《土地伦理》，大约是在 1947 年年底或 1948 年春写成的。它的主题详细论述了在别的地方比较简洁地表述过的思想：最根本的就是，关于自然保护中的经济权宜考虑得不当。例如，在《沙乡年鉴》前言中，他就指出：

> 保护主义已逐渐沉寂了，因为它是与我们的亚伯拉罕式的土地观念所不相容的。我们蹂躏土地，是因为我们把它看成一种属于我们的物品。当我们把土地看成一个我们隶属于它的共同体时，我们可能就会带着热爱与尊敬来使用它。

利奥波德思想上的"土地伦理"，准确地说是一种人和所有其他物种之间的生态共同体的感情，它代替了"那种沉闷的仅仅从经济上考虑的对待土地的态度"。先前的道德标准一直只涉及人对他的其他同类的职责，诸如他们至少证明要有同胞感情、共同利益和相互间的支持以及"一种尚未完成的共同体本能"等。而今，利奥波德强调的是，人自身存在所要求的那种合作的公有关系的范围，要扩大到包含所有生命。这样一种生态伦理将使人从地球的主人的角色改变为"它的普通成员和公民"。这是一种彻底的民主理想，就其方式而言，是一种与进步主义改造世界的愿望一样的乌托邦空想。由于这种观点，利奥波德几乎完全脱离了平肖式的自然保护派，因为这个派别的立场是他们感到"无法禁止激烈的行为，他们的意识是农业式的"。相比之下，新的自然保护"所体会到的是一种生态学意识的振奋感"。[32]

经过了这种个人转变的长期过程，利奥波德接着又返回到怎样对待食肉动物的问题上来。在那种动物秩序的命运上，存在着一个他的生态伦理的最终实用性问题。容忍山雀是极容易的，甚至也可以容忍花园里的蛇以及田野里的老鼠；况且，它们的多产足以抵挡除了最粗暴的人类的干预以外的任何力量。但是，具有讽刺意味的是，食肉动物是极难抵御人的力量的；结果，它作为生物行列中的一个必要成员的命运，就悬于人是否愿意高抬贵手的千钧一发之中了。在《让德河》中，利奥波德写道：

> 与土地的和谐就像与朋友的和谐，你不能珍视他的右手而砍掉他的左手。那就是说，你不能喜欢猎物而憎恨食肉动物；你不能保护水而浪费牧场；你不能建造森林而挖掉农场。土地是一个有机体。

为了让猛兽作为有机的大自然中的一个合法部分而被认可，利奥波德是不愿意把这个案例仅仅置于实用或功利主义的基础上的。不论是食肉动物为农场主控制了啮齿动物，还是仅仅吃了没有价值的物种，都没有抓住要害。利奥波德认为："比较坦诚的理性观点是，食肉动物是这个共同体的成员，因此没有任何特殊的力量有权为了一种符合其自身的利益，不论是真的或想当然的，去灭绝它们。"[33]

生态学在一个非常古老的概念——天赋的权利上，为利奥波德揭示了一种新的内涵。这种思想，在英美文化中是很强烈的，在历史上曾被用来（如在《独立宣言》中）使个人或民族反对统治势力的自我辩护合法化。它强调，根据自然的真正常规，特定的不可剥夺的权利是属于所有人的。然而，天赋的权利从来不包括自然的权利。但是，生态意识把这些概念扩大到所有的物种，甚至地球自身。生存的和自由的——大概还应有追求幸福的——权利，必然属于所有的生命，因为大家都是生物共同体的成员。但是，与先前对天赋权利的那种请求不同，这不是由一个被排除的少数派提出的或强加在统治阶级头上的要求；而是它要求由那个有实力的精英，为了那个不能说话的低下阶层，做出一个道德上的决定。把确定其自身行为的判决权利授予统治阶层，向来都是一种信念所为，而且就只因为这个道理，自然的权利就必然总是处在危难之中。不过，从某种意义上说，虽然这种信条来自人类的冲动和奇想，但它也有其自身促人行动的力量。利奥波德警告道，人只有意识到整个地球家族的权利，他才可能发现自己的生存正在遭到环境崩溃的威胁，这在以前已经发生过了，最近的如尘暴年代。

不过，在利奥波德的土地伦理中有一个弱点，但他从未真正怀疑过：即它过于牢固地与生态学这门学科连接在一起，以致不能摆脱一种经济上的偏见。在所有的学科中，这个领域无疑是最接近他的那种怀旧的与整体的同一性相结合的自然史的理想。然而，就在利奥波德把生态学当作跳出那种狭隘的经济学对待自然的立场的途径的同时，生态学却正在按另一个方向朝着它自己在现代技术社会中的位置移动着。它在准备变成抽象的、数字化的和还原论式的。而且，生态学家们的不断增长的忠诚，接受了进步主义的农艺学的各种保护主义概念，即利奥波德想不再强调的那些概念：效率、生产力、产品、收成。到了40年代后期，生态学已经准备好扫除曾被堆在它的角落里那么久的所有有机论的、共有化的陈旧概念，而采用一种新的锋利的机械论作为它对待自然的主要立场。当然，利奥波德是不可能知道这一切的，但它将很快使他的"生态意识"成为一个最不稳定的，大概也难以支持的目标。

但是必须说，在科学与道德价值观之间的这些矛盾，从某种程度上说，在利奥波德自己的环境思想中已经很明显了。对他最清醒的认识是，他从未完全脱离对自然的经济学观点。从很多方面看，他的土地伦理仅仅是一种比较开明的长远考虑；一种稳定无限制的物质财富扩张的手段，正如他在《自然的历史》中所许诺的。尽管他放弃了让土地仅生产最想要的庄稼的愿望，他却继续用农艺学的术语说话；于是这整个地球都变成了一种被收割的庄稼，尽管没有一种是完全由人来种植和栽培的。出于一种"健康的功能"上的考虑，总的生产力和稳定性替代了对直接的商业性回报的欲望。而且，当他开始把土地当作"一个独特的有机体"来看的时候，他坚持将土地描绘为"一种生态机械装置"，人在其中只是作为一个重要的齿轮。他在一篇没有注明日期的文章中写道："保存每一个齿轮和轮子，是一个有知识的工匠的第一防备。"这种在主要比喻之间的游移不定，可能被归结为随便或肤浅；但是这样一种辩能忽视了一个事实，即"有机论"和"机械论"已经活跃了至少三个世纪，而且在那段时间里，一直被看作一种基本上反神学的世界观。也许可以这样来看，利奥波德有意调停这些对手，终于使用了一种新的保护主义综合法。他的读者们不得不自己去评价这种调停成功的程度。不过，他确实中止了从细节上检查这些历史上相对立的价值观之间的意向的缺点，他也没有直接和充分地讲述是否真正有可能找到一种万全的解释。简言之，就他承负的任务而言，他绝不是一个他本来可以是的哲学家。最终，他可能会从普遍的生态学意识的角度，使一种基本的和不可避免的暧昧和冲突缓和下来。支持各种不可调合的自然保护派别的人们都会发现，他是一个可以接受的先知——直到他们开始把土地伦理思想应用到具体境遇中。[34]

* * *

　　因此，郊狼和狼是否可能被允许在文明的美国有一席之地，似乎要视经济学是否能继续支配环境价值观而定。猛兽未来的安全寄托于一种向以生态学为基础的保护主义哲学转移的可能性上——利奥波德、穆里以及很多其他的科学家和野生动物爱好者都这样认为。然而在这一点上，似乎没有一个人会怀疑，生态学自己也在向一种经济学状态发展，即它把老的农艺学保护主义的真正术语吸收到它的理论结构之中。那个科学理论上的发展过程现在就必须予以考察。

第十四章　生产者与消费者

"从生物经济学的角度讲，植物世界有责任为其相对称的动物世
界制造食物。"1910 年时由一位不怎么出名的作家宣扬的这一组织原
则表明，"自然经济"并不是一个空洞的词组，它提供了认识在一切
生命中存在的中心动力的线索：生产、加工、消费。大自然完完全全
是一个经济体系。根据这位名叫赫尔曼·莱因海默的作家所说，所有
生物都是"商人"或"经济人"，它们必须通过劳动来谋生，要么生
产食物，要么提供服务，而且它们必须彼此结成商业关系。在自然的
经济体系中，如同在人的经济体系中一样，"一个已停止生产创造的
共同体是不能逃脱赤贫的"。因此，莱因海默写道：

> 每天，从日出到日落，遍及全球的数不清的（动植物）试验
> 室、工厂、车间和企业，不论是陆地上的和海洋里的，还是地底
> 下的和地表上的，都无时无刻不在忙忙碌碌，各自为有机界的总
> 财富基金做出自己小小的贡献……

为了确保"足以维持和延长生命所需的生产效率和能源储备能永
远持续增长，以及以最少的有机物消耗生产出最多的有机物和社会所
需的有用物质"，大自然在不断地完善它的劳动分工。每一种生物都

成为某一行业的专家，成为整个工作单位中的一个结合完好的齿轮、地球大工厂装配线上的一个技工。[①]

莱因海默的想象后来被证明要比他自己曾认为的更富有预见性。他的著作《合作进化：生态经济学的研究》虽然不久就被人们遗忘，但是，在半个世纪之后，该书却成为领导生态学理论潮流的生态思想方面引人注目的先驱倡导者。例如，1967年加利福尼亚大学的昆虫学家罗伯特·尤辛格就曾把一条典型的河流描述成一条"装配线"，它可以把能源和物质传递给沿河的有机物，以运用于生产。他解释说："像任何工厂一样，这条河流的生产受制于其原料的供应和将这些原料转化为制成品的生产效率。"如果生物的资金紧缺起来，那么"生物的产出就会减少"。这里所用的比喻并非是偶然的或碰巧的，它们表明了我们时代的科学的生态学中的一种共同倾向。在他们的理论模式中，生态学家们把大自然变成是现代公司工业系统的一种反映。而且在很大程度上，今天的生态学已变成"生物经济学"：经济学中一个性质类似的或者甚至是从属性的分支学科。[②]

正如莱因海默的著作标题所显示的，他的这本小小的著作是20世纪之初为批驳达尔文的生物学所做的众多努力之一，即认为合作而不是竞争才符合自然的实际。莱因海默理论的特殊之处在于，他将生态的集体主义同经济生产的必要性联系了起来，那是一种在自由资本主义的早期并不那么明显的密切关系。我一直试图说明的是，每一代人都有自己对自然秩序的描述，这种描述总能同样多地揭示出人类社会和大自然及其各自的不断变化的关系。而且这些描述总停留在支离破碎的问题上，常常导致相互并不一致或不协调的并列。这就是在20世纪中叶生态学思想领域中达尔文主义的命运。它并没有真正地被批驳倒——在自然科学教科书中仍然有大量虔诚忠实的阐述，生存竞争仍然是一种有说服力的思想。而且在很多方面，基本的生态学观点已转向一种激进的不同的角度，这样的观点使得达尔文主义并没有错误293到陈旧过时和令人厌倦的地步。出现于20世纪中叶之前的"新生态学"，是通过一套完全不同的见解，即由技术发展而形成的现代经济秩序的形式、过程和价值来观察自然的。

＊　　　　　＊　　　　　＊

现代经济体系的特点类似于变成"第二自然"的观点。我们很清楚地意识到，我们现在处于一个错综复杂的协作社会，自给自足似乎已是过时的观念。而且，尽管所有热情激昂的正式讲话都大谈竞争的优越性，大概在当今的英国或美国的企业家们中，却几乎没人会相信这种老话了。限制真正的"自由企业"是一种现代经济管理的宏愿，无论是在社会主义制度还是资本主义制度下都是如此。因此，相互依存与协同互助的美德就具有了新的意义，因为没有它们，复杂的工业企业就会像驶进阴沟里的重型货车一样步履维艰。但这里必须指出的是，今天的相互依存几乎总是被简化为一个经济学术语。协同互助一词被生产和消费的各个部门理解和注意——这就是我们所说的社会一体化的全部含义，而且也是我们花时间去做的事。我们也将会看到，整个生态学是如何完全具备了这些价值标准的。

现代产业体系的第二个方面是把效益和生产力优先作为人类追求的目标。自18世纪工农业革命以来，这些目标就一直在英美文化中处于支配地位，而且今天也毫无疑问是我们时代占统治地位的价值标准。除了极少数例外情况，那些不能满足这些目标要求的或者有碍于其至高无上地位的任何目标，都极少有机会被广大公众或其领导人认真对待。在上一章里，已经阐明过这些思想观念在美国进步主义时期，即从19世纪90年代到第一次世界大战期间，如何对自然保护主义产生了决定性的影响。越是到最近，它们在社会和生态影响方面也变得越加偏颇，但也逐渐在自行衰亡。这种变化是同职业经济学家的影响上升到一种神谕般的力量相一致的。正如1936年约翰·梅纳德·凯恩斯写的："经济学家和政治哲学家们的思想，无论是在正294确的时候还是在错误的时候，都要比通常所理解的强大有力得多。的确，这个世界是由极少数人统治的。"③

现代经济的一个深层次的特点在这里则将变得更为切题：管理者素质的开发。没有训练有素的管理人员的指导和控制，无论人类还是大自然都是不可能幸存的，这已是一个被广泛认可的命题。这种对管理的信念是技术苦心经营的较为重要的成果之一：最终每个专业都开始显得过分复杂而使外行人难以理解。那种极力提高生产、重新组织世界以取得更高的经济成就的内在动力，也导致了对社会计划、个人管理和资源控制的自然而然地依赖。放任自流是令人恐惧的，它将导致发展停滞、贫穷、懒散和混乱。技术的规则是事情总是能做得更好——而且必然会更好。这是惟一的也是最充分地认识我们这个管理日益加强的世界的理论根据。

从生态科学的文化效应衍变史的角度来看，生态科学会开始振兴发展，并且从大自然的角度来阐述现代社会的这些主要特征，是可以预料到的事。这个过程并不是因某一突发事件而产生的，而是随着这门科学不断走向成熟，并且获得更悠久的相邻科学领域的认可而发生的一种不知不觉的变化。早在20世纪30年代，H. G. 韦尔斯和朱利安·赫胥黎就极为明确地把生态学描述为"经济学向整个生命世界的延伸"。这种思潮的发展方向是至关重要的。经济学并没有从生态生物学中取得任何可能的启示，以使其更明白环境对人类社会工业增长的限制。相反，倒是生态学把经济思想运用到对大自然的研究之中。在随后的40年里，这种单向的影响模式一直没有变化。这正是20世纪中叶人们所熟知的"新生态学"的基本特征。④

为新生态学奠基的科学家是剑桥大学动物学家查尔斯·埃尔顿。1927年，埃尔顿出版了他的第一本重要专著《动物生态学》。朱利 295安·赫胥黎将该书作为具有很大希望对动植物"工业"进行更有效管理的工具介绍给了科学界。埃尔顿自己将他的学科描述为"动物的社会学与经济学"，宣称它比动物学的任何其他分支都具有更大的实用价值。不过，他的更直接的目的却是理论上的：将现有的生态知识全都融合进一种新的群落模式中。埃尔顿所关切的是自然的群落——它们的运转、分布和种群组成。而且，虽然他用了整整一章的篇幅来阐述主要以弗雷德里克·克莱门茨的研究为基础的生态演替，但是，他对这种"动态学"的研究兴趣远不如对生态群落发展的各个阶段存在的结构和功能的兴趣大。在学术界的各个方面，一种对这种机能分析的重视，正在取代19世纪对进化论和历史学的兴趣。对埃尔顿来说，对其他社会学家也一样，这种群落的形式及组织构造已成为核心问题，而且直到现在，英美生态学家仍赞同这种观点。由于埃尔顿把自然群落描述成一个简化了的经济体系，20世纪的生态学发现了它唯一最重要的范式⑤。

在概括总结自达尔文以来生态学的发展方面，埃尔顿的著作甚至比尤金尼厄斯·沃明的著作更为重要。在某种意义上，他是在给传统的自然研究做这类结论上的补充，但是，《动物生态学》也提出了一些使其不仅仅是达尔文主义的补遗的崭新概念。埃尔顿以自己对加拿大和斯堪的纳维亚原始的贫瘠生态群落的研究作为基础，提出了在全球任何地方都能适用的自然经济的四条规律。

　　第一条规律他称之为"食物链"。在每一个生态群落内，植物都通过光合作用把阳光转化成食物，形成一条食物链中的第一环。可以说，食物是自然经济序列中的基本资本。剩下的食物环节——通常不过是两三个，而且几乎从不超过四个——包括食草动物及其天敌。一条典型的北美洲橡树林中的食物链可以把橡果、鹌鹑和狐狸或者橡果、鼠类和鼬类动物联结起来；但是，光靠这些橡树为生的鸟类和动物就有 200 余种，因此，其潜在的食物链数目是相当大的。这种食物链的思想可能起源于 18 世纪的那个受人青睐的比喻——"伟大的生命链"。不过，应注意到，那个旧的概念把所有的物种都排列在一个单一的巨大的阶梯上，在这个阶梯中，位于最顶上的物种是最高尚和最尊贵的。与此不同，埃尔顿的食物链仅仅限于经济意义，它们与生物分类学毫无关系。这种食物链在大自然中可以找到成千上万个，所有食物链都能显示出一种共同的模式，但没有两个食物链在任何方面是完全一样的。食物链的底层而不是顶部是最为重要的一环：植物使整个系统的存在有了可能。埃尔顿指出，任何生物群落中的食物链总和构成"食物网络"——一张相当复杂的由纵横交错的经济活动线路组成的图案。这样的网络在人口相对比较稀少的北极区最容易进行分析，而在生命形式丰富多样的温暖湿润的热带，是几乎不可能弄清楚的。⑥

　　在每一个食物链中，一定的角色必须要履行其职责。例如植物，就是所有的"生产者"。动物可以称之为是一级或二级"消费者"，就其依靠吃植物或其他动物为生而言。以生境之内丰富无比的植物为食

的这些动物，就像以大草原上的草为食的野牛和以海里的硅藻为食的
桡足动物一样，是这些经济体系中的"关键产业"。1926 年，奥古斯
特·蒂内曼就曾用"生产者"、"消费者"和"削减者"或"分解者"
等术语来描述特定生态环境中的生态角色；现在，埃尔顿将这些术语
广泛用于自然界中的每一个生物链。这些术语强调把生物物种联在一
起的食物营养的相互依赖性——求生的协作性——并且也成为生态学
由它而将逐步采取一种经济学导向的启示。[⑦]

　　埃尔顿理论的第二条和第三条规律是关于食物规模和物种分布对
食物链结构的影响。一般来讲，一种像大象这样大的动物，是不能以
又小又活蹦乱跳的昆虫那样的食物为生的；它需要比它能捕到的更多
的食物，而且在捕猎中还要消耗自身的能量。这就要求有更为丰盛、297
稳定而又易于捕获的食物种类。巨大的鲸鱼之所以能以微小的甲壳纲
动物为生，是因为这些动物数量极多而且又易于捕获。大自然的法则
注定了每一个物种都有一个适当的食物范围，而且这种法则也决定了
食物链的结构。埃尔顿注意到，"食物链之所以存在，主要应归功于
这样一个事实：任何一种动物都只能以一定范围的食物为生。一条普
通的食物链中的每一级都有使一种小范围的食物变得较大的作用，从
而就能够满足体积大一些的动物"。因此，食物链就变成了胃口越来
越大的不断上升的阶梯，在某个天敌拥有像蜘蛛那样的毒液或像狼群
一样的集体战术等这些特殊武器的地方除外。当然，即便如此，蜘蛛
也不能杀死和吃掉一头大象。唯一可以不顾这些规则的物种是文明的
人类，可以用人工的技术进行更有效的食物捕获。人类可以杀死地球
上最大的动物，也能够收集最小的谷物和种子，因而就可以吃到食物
链上较低的一级。但对埃尔顿来说，现代人类显然只是一个局外者，

不会卷入到这种自然的经济体系及其运转之中。

为了给食物链上高等级的生物物种提供食物，靠近底部的动植物必须要数量更多、再生更快。它们的繁殖能力是它们在这种经济序列中所处位置的一种功能：越小的生物就越是普遍存在。相反，位于食物链顶端的食肉动物一定比其猎物繁殖得慢，或者干脆因为无物可吃而死亡。它们还必须分布在很广的地域，尽量稀疏一些。正因为如此，每一只老虎都要寻找一个属于自己的山头，并且要防止其他老虎侵入，否则自己就可能会消失。对食物或繁衍的领地的划分和保护，保证了每一个成功的个体拥有维持生存的足够的基础。这种领地原则在鸟类和哺乳动物中肯定是普遍存在的，它们需要经常调整自身分布的密度以适应其食物供应。起源于这些不同的行为要求的相互影响的物种分布体系，被埃尔顿称为"物种数量金字塔"。一小块单独的土地可以为数百万微小的土壤微生物、数千种草类植物和昆虫、数百棵树、几十只兔子麻雀和松鼠提供生存空间——在其食物链顶端却仅仅只有一只鹰。当你往顶端逐级考察食物链时会发现，每一级物种原生质的总重量（"生物量"）跟其数量一道减少。例如，一只狮子一年可能吃掉 50 只斑马，但结果却是这个食肉动物整个自身的体重只有它的猎物的总重量的一小部分。位于食物链底部的植物占据着地球上有生命物质总和的最大部分。⑧

在食物规模规律和物种数量金字塔规律之后，埃尔顿的生物群落结构的第四个因素是"小生境（niche）"，从生态学上讲，"小生境"是物种分化和物种专门化的进化发展过程的结果。第一个提出这个具有现代意味的名称的是加利福尼亚的鸟类学家约瑟夫·格林尼尔。小生境基本上就是指达尔文在自然经济学中提出的"位置"或"职位"。

不过，是埃尔顿使小生境思想在 20 世纪的生态学中具有了重要地位。他把小生境定义为一个生物在生物群落中的"地位"或"职位"："它在做什么而不仅仅是看起来像什么"。实际上，通过强调生物群落的经济意义，他把小生境贬降为一种食物源的物质，即一个动物正在吃的东西。他解释说，所有的生物群落，都有相似的小生境模式"初步计划"，正如它们都有食物链的初步计划一样。例如，以海鸟蛋和被北极熊杀死的海豹尸体为生的北极狐，就跟非洲鬣狗占据同样的小生境，后者也是以驼鸟蛋和被狮子杀死的斑马残骸为生的。但是，在任何一个单独的生物群落中，没有两个物种能够占据同一个小生境，"竞争性排斥"是个颠扑不破的规律。物种数目增加带来的生存压力必然产生对食物的残酷竞争，其中只有一个物种能够最终取胜。[⑨]

这种排斥的概念，也是达尔文的生态学模式的实质，由俄国科学家 G. F. 高斯在实验室里得到了验证，他是用试管环境下的酵母菌和原生动物门来验证的。高斯在他的著作《为生存而斗争》（1934 年）中发表了能确证竞争是自然界规律的试验结果——一个来自马克思主义国家科学家的最具有讽刺意味的信息。埃尔顿在他著作的后几版中一一列举了这些试验，用以论证自己的竞争性排斥理论。但是，当其他生物学家开始举出几个物种同时共同生存在同一个食物小生境中的例子时——于是就否定了竞争排斥的普遍性——小生境概念不得不被延伸到再次包容所有的生物活动。例如，在一片云杉林中的所有莺类可能吃同样的食物，但每一个种类却依各自的特点在树上的不同高度筑巢：因此小生境作为一种行为模式而不是食物来源还是有其独特性的。但这种折衷使得整个概念如此一般以致几乎毫无用处，甚至成为一种反复的同义赘述：小生境就是生物物种，生物物种就是小生境。

299

因为所有的物种在定义上是不同的，又因为行为同基本结构一样是用于定义一个物种的，所以，似乎可以很明显地认为小生境肯定是不同的——无需一定是竞争性排斥的结果。从历史上看，有关小生境或物种位置理论的更为重要的问题一直是：小生境是自然界中先天注定、预先存在的需要充实的位置呢，还是仅仅只是对生物与其环境关系的一种事后描述。在这一问题上埃尔顿一直保持沉默，他的学生们也一直是如此。的确，小生境至今仍然是一种受人青睐的规律，特别是在具有竞争意识的生态学家中尤为如此。⑩

因为埃尔顿把自然界当成是一个综合的经济体系，因此在相当大程度上他还停留在达尔文的理论框架内。他的著作中对竞争理论的突出仅仅只是对这一较老科学的追踪。另外，在他的野外研究考察中还很重视对新领地的侵入及其产生的生态后果——这也正是查尔斯·莱尔的兴趣所在。而且埃尔顿还喜欢把他的研究课题看成是"科学的自然史"：在他利用实验室的试验数据和数学的精确性的同时，他也想运用该学科领域里的旧式的描述习惯。他的研究工作的基本长处但也是最终的缺陷，是它依赖的很多简单普通的日常术语，很多都是达尔文曾用过的。比如说，在自然的经济体系中把"食物"比作用于交换的货币或基础的思想。没有人会误解他的一般含义，但是，如果科学家们要进一步理解的话，就不得不将他的概念诠释为一种较易于受到普遍量化影响的概念。把这门科学的未来看作是一系列数学公式，要求一种与达尔文式的自然史较为彻底的决裂，这不是埃尔顿能够做到的。因此，新生态学将继续从埃尔顿的推理向建造一种科学的方向发展，这种科学将与物理—化学的作用过程有更全面联系。

在40年代中期，埃尔顿开始研究威斯姆森林的自然发展史，这是属于牛津大学的一块土地（他当时已在该校的动物学野外研究系谋得了一个职位）。威斯姆森林就像一个生态上受抑制的小岛：三面都被泰晤士河环绕。在这里，他想在微小范围内从事他的研究工作，这极像吉尔伯特·怀特在离南部不远的塞尔波恩从事的研究。埃尔顿在他的著作《动物群落类型》（1966年）中这样解释道："通过长时期地和完全地对诸如威斯姆森林这样的动植物栖息地的动态的了解，我们将能正视自然保护问题，并且理解在我们的庄稼地里和种植林中所做的事有哪些是错误的。"实际上，自1933年以来，自然保护就一直是他的著作中的一个重要主题。或许，引起他对此问题的关注的是1931年与奥尔多·利奥波德在关于生物循环的马塔迈克会议上的会晤。很显然那次会议对两人来说都是很重要的。后来不久利奥波德转向了自然生态观，而埃尔顿也开始引用利奥波德关于有必要树立一种"自然保护伦理"的话。从此以后，由于道德的以及经济的原因，埃尔顿一直坚持呼吁人类在地球上必须更加小心谨慎地生活。至1966年他都一直在担忧："在优先经济生产特别是田地上大量商品作物生产的情况下，人类环境本身可能会逐步变得暗淡而单调，并且被当作一座工厂而不是生活的地方。"威斯姆森林幸亏还不是一个工厂环境，的确，就英国的那个地区来说，它还是相当原始的。但是，在埃尔顿要求同自然界发生尽可能少的经济联系的呼吁中，最大矛盾是，他继续把生态群落描述成首先是一种由"生产者"和"消费者"组成的体系。而且，正是他自己，而不是其他人的研究，使得生态学向着"生物经济学"的方向发展。从他的科学理论到社会上对"经济生产力"的重视之间的距离实际上并不十分遥远。[⑪]

301

迈向新生态学的第二大步是由牛津大学植物学家 A. G. 坦斯利完

成的。在 1935 年发表的一篇文章里，坦斯利试图清除掉生态学中残存的所有有机哲学的痕迹，即刚刚在克莱门茨将植被当作是一种有生命的单一生物进行的描述中所表达的那种哲学。虽然坦斯利自己也曾一度把人类群体描述成一个"准生物"，但是，现在他认为这种有机体的谈论已经超过了科学要求的合理界限。对那种反复谈论的理论，如植物整体胜于各个部分之和，形成了抵御还原论分析的整体概念等，他统统视之为一种因过度兴奋的想象导致的杜撰。他写道："在分析中，整体无足轻重，整体仅仅只是各个部分的综合作用。"在他看来，一门成熟的科学必须把"自然界的各个基本单元"分解开来，必须"把故事分解成"各个单独的部分。它还必须把大自然当作严格的物质实体的合成物，融合进一个机械系统之内。只有对分别加以研究的各个部分的所有特性都熟悉的科学家，才能够准确地预测各部分联合起来的结果。此外，坦斯利还想从其科学术语中取消掉"群落"一词，因为他认为该词含义容易导入误区，并且太拟人化；他担心，可能会从这种术语中得出人类联系和自然中的联系是并列概念的结论。他强调，同处一地的动物和植物不能组成一个真正的群落，因为它们两者之间不存在超自然的联系；因此，它们之间也不会有真正的社会秩序。简而言之，坦斯利希望清除掉生态学中所有不易于量化和分析的东西，清除掉至少是自浪漫主义时期以来就已成为生态学的一部分包袱的那些模糊难懂的东西。他想把生态学从这种神秘模糊、道德说教般的"理论观点"的现状中拯救出来，使之成为有棱有角的、机械系统的、独一无二的一门学科，并使之能与其他学科完全并行发展。⑫

为了避免这些同有机体或人类群体含混不清的相似性，坦斯利提

出了一种新的组织模式："生态系统"。这个概念受到了物理学这门支 302
配性科学的强烈影响。物理学早在20世纪初就开始谈论能量"场"和
"系统"，把这些概念作为找到比传统的牛顿物理学可能达到的对自然
现象的更精确解释的一条途径。坦斯利表示赞同，生物的确是生活在
一个完全协调统一的单位之中，但这最好是作为物理系统而不是"有
机整体"加以研究。如果使用生态系统这个概念，生物之间的所有联
系都能够描述成一种纯粹的物质交换，即作为"食物"组成部分的诸
如水、磷、氮和其他营养成分的化学物质和能量的交换。它们是把自
然世界联为一体的真正纽带，它们创造出一个单一的由很多更小的个
体——大大小小的生态系统——组成的单位。生态群落这种旧式的概
念意味着地球上生物与非生物之间的完全割裂（浪漫主义遗产的一部
分）。相比较而言，坦斯利的生态系统概念把整个自然——岩石和大
气以及生物区系——都纳入到物质资源的共同序列之中。自相矛盾的
是，这个概念更具包容性，却因为它首先更还原化。实际上，坦斯利
一直认为生态学家们在生态学发展成熟时期之所以一直停滞不前，正
是因为他们还没有成功地使其学科符合物理化学运动的规律，而只有
这些规律才能真正导致向有用的知识发展。正如生态学家戴维·盖茨
最近所宣称的："生物学与物理学科之间存在的分野，几十年来妨碍
了对生态学认识的发展，而物理学家对生物学缺乏了解，却丝毫不
妨碍物理学的发展。"生态系统的发现有望结束这种分野。它标志着
生态学作为物理学科附属品的时代的到来。因此，生态学将不再作为
无所不包的生物学的一个种类，而是逐渐被吸收进物理学的能量体系
之中。⑬

生态系统模式同埃尔顿的生物经济学的联系并不是立即就显现出

来的。当时，坦斯利对生态学的新态度似乎在说明，一切都在转向重视生态系统中的能量流动转移。而这已经足够了！以后全部生态上的关系不得不从能量关系上来重新安排。生态系统并不创造或消灭任何能量，而只是在能量耗尽前进行转化和再转化。最为重要的是，这位生态学家不得不接受由鲁道夫·克劳修斯于1850年首次提出的热力学第二定律的指导。根据这一定律，所有能量都倾向于耗散或变得毫无组织和无法利用，直到最终整个能量系统达到最大的熵值：完全无序、完全平衡的终止状态。从能量学的角度来看，地球上的生态系统只是一条一去不复返的小河上的一个小站。能量都要流经它并最终消失到无边的空间海洋之中，却没有办法逆流而回。能量不像循环中的水，一旦通过大自然就永远无可挽救地消灭了。植物通过收集太阳能供自己使用而延缓了这种熵的过程；它们可以把能量——至少是一部分能量——以新的或再聚集的形式传递给动物；而动物反过来暂时地保存这种能量以供有序的利用。换句话讲，生态系统既可以比作储存流水的一座座水库，也可以比作是使水在重新放出流进激流前加以利用的大坝。但自始至终，水流的一部分渗透进土里，一部分蒸发到空中，而所有剩下的部分有朝一日必定会释放出来。只要太阳继续不断地供应能量，生态系统就能持久地运转下去。不过，当这种供应耗尽的时候，这个系统就崩溃瓦解了。[14]

能量在大自然中穿梭循环的思想并非没有它本身的神秘吸引力。比如说，人们可以发现，在这个体系与曾如此吸引过浪漫主义诗人的诸如瑜伽静坐、超奇能量和宇宙动力学等东方哲学之间，至少有着一种表面上的相似。但是，坦斯利的机械主义生态系统实际上同浪漫主义的生物学思想——歌德和梭罗的生命力思想之间毫无共同之处。的

确，这种思想与生态学发展史上的任何前人的思想都毫无联系，甚至
同 18 世纪不成熟的机械生物学也没有联系。它来自完全不同的母体：
即现代热力物理学，而不是生物学。对数学家来说，这是第一次发现
在生态学中存在着量化的机会。能量在流经生态系统的任何一点时都
是可以测量到的，就此而言，诸如碳或氮之类的地球化学物质的循环
也是如此。但在将生物界分解成易于测量和掌握的各个部分时，生态
学家也冒着消除所有剩余的不利于无限制操作的感情障碍的危险。把
自然界描述成一种生物或共同体，意味着人类的一种环境行为；把自
然界说成只是"一种熵过程的临时中止"，意味着一种完全不同的行
为，而且实际上等于把它完全从道德领域排除掉了。

　　坦斯利的生态系统，跟浪漫主义的生态模式不一样，却正好同工
农业把大自然看作是可利用的物质资源仓库的观点相吻合。科学与经
济学的融合，在向新生态学的下一步发展中变得更为明显。

＊　　　　　＊　　　　　＊

　　甚至在坦斯利的生态系统思想出现之前，科学家们就已经开始明
白能量是生态秩序的关键。他们尤其断定，能量作为自然界中的交换
媒介比"食物"更恰当，就像人类社会经济中的货币一样。早在 1926
年，在埃德加·特兰索试图计算出伊利诺伊州北部的玉米田在一个成
长期之内能积聚多大量的太阳能并用于作物生长时，就已预料到生态
学研究的这个新的发展方向。他想知道：农业自然消耗的能量情况怎
样？这种能量在用于生长过程时效率如何？为了弄清这些问题，他首
次研究了 1 公顷土地作物的纯生产量——收获后的作物茎秆和穗中包
含的葡萄糖总量。他计算出这个数字是 6687 公斤。他知道，生产 1
公斤葡萄糖需要 3760 千卡热量，所以他计算出整个 1 公顷的玉米需

要 2530 万千卡热量。另外玉米在呼吸作用中消耗了 770 万千卡热量，这样，利用 3300 万千卡热量就能生产出总量几乎达 9000 公斤的葡萄糖。然后他又算出，玉米蒸腾作用损失的能量（从作物散逸到空中的热量）达到 99000 万千卡热量，而作物接受到的外来阳光辐射能总量是 204300 万千卡。因此，他得出结论，玉米地的全部生产活动每年只利用了可用总能量的 1.6%，能够收获的实际玉米和青贮饲料只用了 1.2%——可见能量利用的效率是出奇的低。剩下 98% 以上的热量都跟扔进河里的废物一样消失了，一去不复返了！农民并没有把太阳能的大部分收进粮仓。[15]

此后 15 年里，特兰索关于能量结算系统的预示一直遭到其他生态学家的忽视。直到 1940 年，钱西·朱戴发表了他关于威斯康星州门多塔湖"能量获取"效率的发现。但与像玉米这类农产品的能量消耗不同的是，他试图得出那个自然湖的被他称作是年度"能量收支"的结论：该系统内每一层次有多少能量被消耗，又有多少能量以生物量的形式被吸收。朱戴发现，在湖里其他植物之中，最基本的植物——浮游植物群和湖底植物群——在其生长、新陈代谢和为其他生物生产食物时只利用了不到 0.5% 的外来阳光辐射能。因此，门多塔湖中的植物摄取太阳能的效率只有特兰索玉米地作物的 1/4（准确地讲，各自积聚能量的效率是 0.35% 比 1.6%）。很显然，这种方法包含着很重要的农业发展意义。或许像特兰索一样，朱戴开始探讨这些生态能量的功能主要是因为他对相对于自然界的人类种植作物的聚能效率感兴趣。或许他也留意在可能的条件下提高这两种效率。不管怎么说，他把特兰索已计算出的同类作物能量分析用于自然界是很有意义的。人们极容易看到在这种研究中正在起作用的农业影响：对农作物、生产、产量和效率的关注现已转化为一种既可测量自然界又可测量人工生态系统的应用更为广泛的生态模式。能量学的这个分支，因为其对能量获取和利用的生态效率大小的研究，已成为通向新生态学的第三步。⑯

＊　　　　　　＊　　　　　　＊

现在剩下的工作就是，将英国科学家埃尔顿和坦斯利与美国科学 306
家朱戴和特兰索的交错重叠的思想融合成一种关于以能量为基础的自然经济学的充实而全面的论述。这最后一步是在 1942 年迈出的，当时耶鲁大学的一个研究生，雷蒙德·林德曼，发表了一篇题为《生态学的营养动力问题》的科研论文。这篇论文或许已成为新生态学完全成熟时期到来的标志。这也大致与战后英美文化中"生态学时代"的开始相一致，与颇受欢迎的环境思想中生态学概念的广泛觉醒的出现相一致。但这两者之间并没有真正的联系，稳妥些说，普通大众中确实很少有人曾听说过林德曼其人或理解他已完成的工作。当他的论文发表时，他应该刚满 27 岁。但就在他的论文发表前不久，他却因长期生病而去世了，科学界失去了一位最有才华的新星。据他在耶鲁大学的老师 G. 伊夫琳·哈钦森所说，林德曼"与在他之前也同样如此做过的其他人一样，已经认识到，最有价值的分析方法在于把所有相关的生物学事件还原成能量术语"。哈钦森一直要把经济学运用到这种学术突破之中，因为这种新的科学范式的特殊性就在于能量已变成经济学术语这一事实。哈钦森指出："在这里，我们第一次认识到，生物群落（例如一个生态群落或生态系统）相互联系的动力体现在一种经得起富有成效的抽象分析法检验的形式之中。"⑰

林德曼研究的特定环境是明尼苏达州的雪松湖。这个湖泊系统一再被证明是能量摄取和利用过程的最佳范例。这主要是因为植物种群简单和生物量的测定相对容易。但林德曼的论文要比把这个湖当作一个孤立的例子的报告丰富充实得多，他想把过去几十年里所有的主要生态学理论，包括克莱门茨的向生态顶极群落演替的思想，融合进自然界中"能量利用"关系的宏大模式之中。而且他完全成功了。论文标题中的"营养动力"意味着是生态系统的食物或能量循环是整体新陈代谢。他指出，所有常驻的生物都可能组合成一系列多少有点不相关的"营养级"：普通的生产者、一级消费者、二级消费者、分解者。这里还可以运用其他一些术语，例如植物的"自养"，即一般通过光合作用制造它们自己的食物；动物和细菌的"异养"，即必须以其他生物组织为食。在明尼苏达的这个湖，生产者是大型水草和更为重要的微型浮游植物群落。以这些植物为食的食草动物——蝌蚪、野鸭、一部分鱼和昆虫、小桡足动物和其他浮游动物——充满了一个类似于陆生食草动物占据着的小生境。然后，依靠这些食草动物为生的是第二级消费者，包括其他鱼类、甲壳纲动物、海龟、青蛙和鸟类。鳄龟和鹗这两种食肉动物可能代表第三级消费者。最后一级是上百万数不尽的分解者、细菌和真菌类植物，它们生活在黏滑的底泥中，进行着把有机物质分解成可再循环的营养物质的工作。

在林德曼看来，关于这些营养级的一个最重要的事实是，在某一级上耗用的能量永远不能全部完整地转移到下一更高等级去。一部分能量总是会在转移中损失，如同热量会散逸到大气之中一样。林德曼的生态学的主要目标就是测量这些损失：对可利用能量在流经生态系统时的减损进行精确测量。也就是说，他想知道食物链中每一级的"生产力"和能量转移的"效率"。这种情况下的生产力不是指某一物种的数量，而是指任何一级营养级上积聚的生物量和维持这些有机物质所需要的热能。正如一个农民要计算他的每一英亩土地能生产多少蒲式耳粮食一样，生态学家肯定会获得每一营养级的"现存量"或产量，然后称其重量，计算这些作物生长所需的能量，而不管这是浮游生物、云杉林、苜蓿还是蚱蜢。但生态学家还必须估计作物中有多少能量/物质已经被食草动物（或鸟类或泥虫）消耗掉了，又有多少是 308 由作物自身生长或发展所耗用掉的。较宽松的估计是"毛产值"，指每一营养级储存或花费的全部能量/物质的总和。"净产值"是指在呼吸作用中除去耗用的能量/物质后剩下的能量/物质。两个数字都用卡路里（或千卡）来表示。不管为了哪一种目的，"生产力"都用一年中每平方米或平方厘米所用的卡路里数来表示。

一旦生态学家手头上掌握了所有营养级的这些生产力数据，他就能发现被获取的太阳能在流经生态系统过程中会发生什么变化。也就是说，他能够计算出生物的"生态效益"：它们能从较低营养级中利用多少能量，其中有多少又被它们依次转移到另一营养级，以及它们在新陈代谢中耗用掉多少。在雪松湖，林德曼发现，处于第一级的生产者只能获取太阳光直射到湖水表面能量的 1‰——甚至低于朱戴的门多塔湖获能效率，并大大低于特兰索玉米地的获能效率。余下的外来阳光直射能量被反射回空中。在这种初级生产中，超过 1/5 的能量消耗在植物呼吸之中。剩下的绝大部分即另外的 4/5——或者说是净产量——可用于食草动物之类的消费者。但林德曼观察到，食草动物只吃到植物净产量的 17%。其他都没有用或腐烂掉了。而在食草动物所享用的食物能量中，30% 用于它们自己的新陈代谢。然后就是食肉动物，它们仅仅消耗了 28.6% 的可供它们利用的食物能量。消耗得过多就等于是破坏它们食物基地的生存和有效再生产的能力；显然这28.6%就是它们能安全获取的全部能量。而食肉动物平均也要在呼吸作用中耗用掉60%的热量。它们不得不在捕捉食物时更加机动多变，因而它们的新陈代谢率在食物链中最高。

对林德曼来说，这些效率商值创造了能量流动中的两种主要模式。第一，生物在从较低营养级获取能量方面，随着一种生物在食物链中不断升级而变得越来越富有效率。能量转移的效率从锡达沼泽湖中植物获取太阳能的1‰，一下跳跃到食肉动物从食草动物净产量中获取28.6%的能量（是其毛产量的22.3%）。第二，随着食物链中物种升级，呼吸作用消耗的能量所占比例也越来越大，在林德曼的范例中，从植物的21%上升到食肉动物的60%。从这些结果可以发现，埃尔顿的物种数量金字塔为什么会是这样就比以往更加清楚明白了。从一个广泛的基础上，自然经济体系是在向上朝着能量逐步减少的方向发展着。劳伦斯·斯洛博金曾建议能量转移的平均效率应是约10%左右。在100卡的纯植物产量中，只能指望有10卡在食草动物一级，另有1卡在食肉动物一级。但是，正如林德曼及许多后来者的研究所表明的，这种平均值的变动幅度很大：从5%到30%，在任何生态系统中都不一致。[18]

最后，还有林德曼发现的能量流动的第三种模式，这种模式赋予克莱门茨的植物生态演替理论新的生命和可信度。在生态演替系列的早期阶段，生产效率急剧提高。这无论对一个光秃地带的殖民化还是对一个幼年的池塘都是如此。以池塘为例，在移植的初期阶段是贫营养的，这时期湖里有充足的氧气但很少有可溶解营养，因此而出现了在高山小湖中常见的那种相当清洁的水。很少有植物或动物能在这种环境中生存。然后，随着从周围流域涌入的营养物质的不断增加，池塘条件发生了变化，从贫营养性到中营养性，然后到富营养性，直到衰老枯竭。刚开始时生产能力急剧上升，但在最后阶段，有机物质的生产开始超过其能够被氧化的速度。氧气供应被耗尽——而没有氧气，生产效率很快就降至为零。这样一个富养化或衰老化过程不会在每个池塘或湖中出现，只有那些营养供给充足的地方才有。最后，随着衰老的水体聚积越来越多的营养物和岩屑，它又重新进入一个陆生生态系统的再生更新阶段。这个濒临死亡的池塘变成一片沼泽，并最终变成一片森林。而生产力又再一次开始上升。在这第二次植被的亚顶极群落阶段，生产力达到另一高峰，然后在顶极群落平衡时期内有一定程度减小。林德曼的雪松湖已达到一种衰老点，因此才有其低至0.10% 的光合作用效率。而门多塔湖，还仍然处于富营养性的早期阶段，其第一营养级的基本效率则是较高的 0.35%。

最近一些日子，科学家们争论说，一般来讲，陆地生态系统显示出比水上生态系统更高的生产力和效率，尽管也存在着重要的例外。地球表面 80% 的地区是海洋和沙漠，是产出最少的自然地区。某个地区缺乏营养物和另一地方缺乏水分都是限制性因素。沙漠生态系统，尽管所有因素都最不富足，但其中任何地方每年每平方米都能生产200—600 千卡的热量而海洋则是沙漠的两倍。相比较而言，在一片橡树或槭树林中，生产力上升至每年每平方米 3600—6000 千卡，在云杉林为 8400—13000 千卡，在热带雨林为 16000—24000 千卡。长期以来，人们知道，地球上最具生产力的自然生态系统是在热带地区，这里拥有丰富的阳光和降水。在温带地区的系统中，盐沼地、芦苇地和香蒲沼泽地生产力最高。至于人类自己的人为生态系统中，美国农

310

民的玉米或小麦地平均生产量为每年每平方米 7500—10000 千卡，比温带的落叶林还高，但相对于珊瑚礁或巴西热带丛林要差一些。亚洲的水稻田则更好一些；而夏威夷的糖料作物，终年生长，一年一度在充足阳光照射下的甘蔗生产可能是世界上的超级生产者——每年每平方米 26500—34500 千卡。但在所有这些生态系统中，不管是自然界的还是人工的，摄取太阳能的基本效率大致上是 1% 左右。地球上没有哪个地方的植物能有办法摄取到比这更多的太阳辐射能。而那些没有被利用的能量立即不停地消失到外层空间的黑暗的热壑中，再也无法回收。因此，只有在阳光照射下，才能翻晒出干草。当这种巨大的光熄灭时，世界上所有的食物制造厂都要停工。[⑲]

311

*　　　　*　　　　*

以上这些就是新生态学发展史的发展片断，即环境的能量-经济模式，开始出现于 20 世纪 20 年代，最终完成于 50 年代。完全可以说，这种模式至今在英美生态学界仍有广大追随者。在林德曼之后，学术界出现了一批新兴的志趣相同的数学生态学家，他们把自己的研究推向了"硬科学"的前沿。在战后赢得显赫声誉的学术领导人当中，有林德曼在耶鲁大学的老师 G. 伊夫琳·哈钦森、爱德华·迪维、戴维·盖茨、约翰·菲利普斯、乔治·伍德韦尔、罗伯特·麦克阿瑟，此外，其中可能还有最重要的尤金·奥德姆。并不是所有过去的旧模式都一一被完全地抛弃，事实也的确如此；但生物经济学范式却一直占据统治地位。在科学杂志中，生态学家以不断提高的准确性和深奥的抽象性报告着一英亩草地上田鼠的生产情况或一只蜥蜴在一棵树干上的"能量预算"。或许他们还描述了测量土壤中"营养储备"得失的最新方法。甚至梭罗的沃尔登湖也经过了测定，从而确定了其"总的能量收入"。简单地讲，生态学最终是作为自然经济学的一门全盛发达的科学而出现的，实现了两个多世纪以前似乎就有人提出的愿望。[20]

尽管乍看起来两者并无关系，但能量的确是打开通向经济学大门的一把钥匙。如果没有热力学，生态学家或许还在围绕一些描述性术语而支吾唠叨，要么争论原顶极群落是先于还是后于顶极群落，要么讨论一个物种种类比单优种群丛更多还是更少具有包容性。"自然的经济体系"仍将是一个内容零散不明确的短语。当然，对自然界中能量的研究并没必要采用一种经济学的框架。但经济学就是这样被吸收进生态学中的。而且，通过把能量流动思想融合进更大的经济学模式，新生态学具备了科学体系中唯一独特的性质，不再只是物理学的附属一支。如果没有经济学，生态学家作为一个独立的研究者阶层或许已不复存在；实际上，生态学完全可以宣称，在我们时代最具影响力的两门学科领域之间，它已占据了一个明确而可靠的显赫位置。

仅仅用科学世界的内在动力来解释这种事态发展模式是没有很强说服力的。显然，生物经济生态学的兴起在很大程度上应归功于更大的文化环境。在一开始时，进步主义的自然保护哲学的影响仍在起作用。在其早期，审慎小心的经济发展规划缺乏一种适合自然经济体系进程的切合实际的模式。1917年，威斯康星大学的政治经济学教授理查德·伊利把自然保护主义定义为处理生产问题的经济学的一个内容。但是，他当时还没有——吉福德·平肖也没有——完全科学地了解自然的经济体系在实际中是怎样运转的，也不知道有关它的生产效率的任何测量方法，也不懂得在总体上对待这个体系的任何数学方法。没有这样的科学指导，无论经济学家还是政府官员都不可能很有把握地提高土地的生产力。新生态学的科学家们弥合了这一差距，只是有点姗姗来迟。的确，他们的科学研究几乎完全适应了当今伊利或平肖的需要。很多人想使自然保护主义成为"应用生态学"；相反地，却普遍很少有人认识到生态学已变成"理论自然保护主义"。也就是说，这门科学开始反映了进步时期自然保护主义者极力倡导的对大自然的农艺管理态度。对新生态学词汇中的"生产力"、"效率"、"产量"和"收获"等术语的重要性我们又能作什么其他的解释呢？反过来，新生态学最终提供了适合耕种管理地球上的全部丰富资源要求的精确的指导原则和分析工具。缺少了它们，农艺管理保护就只得在反复试验的笨拙中蹒跚前进。㉑

此外，还有一些更为广泛的影响也对新生态学起了作用，使它能那样干脆利落地适应现代社会及其对自然界的期望。在最新的教科书里，达尔文主义占据着越来越小的位置；生态系统及其相互依存的营养级被突出为一种关于自然界秩序的更为时髦的观点。兴趣重点没有放在赤裸裸的生存斗争上，而是放在了整体的组合、地理化学循环和能量转换方面。作为一个现代化的经济体系，自然界现已变成一个公司实体、一串工厂和一条装配线。在这样一个调节完好的经济体系中没有给冲突留下什么空间。甚至连罢工也无法听到：绿色植物持续不断地为食草动物进行着生产，没有谁偷懒开小差、没有谁限产超雇、没有谁抱怨。在尤金·奥德姆设计的一张生态系统的生产流程图上，全部能量线路都精确细致地流动着，这儿合并那儿分开，循环往复到线路的起始点，跟着热力之箭举止文雅地流向出口点。一个交通管理员或仓库主管不可能要求比这设计更完好的世界了。在这个计算机操纵着各种组织、所有冲突不和都由细心的仲裁决定的时代，生态学也要注重自动化的、机器人般的和被安抚了自然界里商品和服务的流动——或者能量的流动，这可能是无法逃避的。

最后，还有经营管理的社会意识。在这里，生态学再次合上了时代的步伐。在某种程度上，达尔文和约翰·雷是不能理解的，新生态学家都在努力管理自然环境。长期以来，自然界的管理不善成为现在让科学家和在科学上训练有素的专家进行管理的充足理由。整个大学的科学计划都在"环境管理"的标题下进行。的确，生物经济学给未来的管理者们提供了大量可赖以工作的东西，尽管自然仍是秩序井然，但它还是存在着能量获取方面有待提高的落后生产力和严重低效率。培根式的使命感仍然存在。苏联当时权威性的生态学家 N. P. 诺莫夫承认说："研究生产力各因素的目的就是要提高改善它们。"他提议，这一最终目的的实现可能要"通过改变有机自然界、物种内容和比例，以及利用管理物种数量的方式"才行。美国森林生态学家斯蒂芬·斯珀尔在生态系统模式中发现了一种更易适应的自然界形式。他解释说："有益的管理要想方设法扩大给人类的回报，而过分剥夺只 314 是一种导致生态系统的生产能力在一段时间之后会减小的管理。"加拿大出生的肯尼思·E. F. 瓦特在他的著作《生态学与资源管理》一书中则论证道，新的生态学原则极其适合于那种"乐观对待有用物质的收成，……取得与生产能力稳定状态一致的最大量生产"的农艺管理愿望。[22]

必须说明的是，并不是每一个科学家都想成为地球管理者。而且有很多人在激烈批评人类社会要操纵大自然的目标。但是，把对管理意识的固有偏见，甚至把对服务于人类最佳经济利益的受控制环境的偏见都归因于新生态学这种机械的、以能量为基础的生物经济学，这并不是凭空想象。在这方面，H. G. 韦尔斯和朱利安·赫胥黎又都曾有过预言："受控制的生命"是 1939 年他们在一本书的章标题中所表达的技术专家治国论的观点。达到这一目标的手段不仅使生态学成为"经济学向整个生命世界的一种延伸"，而且"使物质和能量富有生机的循环尽可能迅速、有效和永无止境"。在很大程度上，这也是新生态学的目标。[23]

如果说社会及其经济学造就了新生态学家，那么这种影响也是双向的；我们还必须问新生态学家对自然的解释产生了什么文化影响。现代社会的人们严重依赖科学家来解释我们是生活在哪一种社会；而现在生态学家的回答是：经济社会。地球上的所有生物基本上都是作为生产者和消费者而相互发生联系的，在这样一个世界上相互依存，意味着一定要分享一份共同的能量收入。而作为大自然的一部分，人类一定要被视为主要是一种经济动物——他毕生都在追求更高的生产效率。在生物经济学领域之内，几乎找不到在吉尔伯特·怀特、梭罗或达尔文的科学理论中发现的那种田园牧歌式的亲密伙伴感觉。或许那种更深的亲密关系在这个科学时代里总被认为是一种时代性错误，是近代科学出现之前的未经启蒙的思维结构的遗留之物。或许科学本来就是一种离间疏远的力量，总是试图把自然界还原成一种只有经济关系方可理解的机械的或物理-化学的系统。这些问题肯定是些基本问题，下一章将很详细地予以阐述。

315　　新生态学似乎提出了一种关于自然界及人类在其中位置的极受束缚的狭隘观点。在那些自认有权解释自然，而且实际上也在解释自然的科学权威人士来看，把广受欢迎的环境思想拉入同样狭隘的生态经济学观点中似乎是有道理的。从这个有利的位置出发，生态学似乎就不会成为反对以经济学态度看待自然界的有生力量。要在自然界中找到一种实用的、唯物主义前景的倾向，即找到一系列具有现金价值的资源的倾向，似乎不可能像奥尔多·利奥波德和其他人曾经希望的那样被克服，因为这是一门本身就基于经济模式的科学。反过来说，对生态科学可能有的最好希望是，更细心地管理这些资源，在使收入最大化的同时保护好生物资本。在任何家庭里这当然都是一种完全切合实际的战略思想，地球本身也不例外。但利奥波德对他的土地伦理想得还要多些。他设想了一种"自然共同体"，以此说明一种更贴近普通人情感的田园牧歌式的梦想。要从生态系统能量学或从对环境的营养-动力分析中得到这种共同体的感觉是困难的，或许是根本不可能的。正是出于这一理由，共同体论必须在新生态学之外找到另一个理论支撑来源——不论这种理论是以其他某种科学模式还是科学以外的形式出现。

第十五章　相互依存宣言

　　"目光短浅偏狭，观察的深度就会有限。"英裔美国哲学家艾尔弗雷德·诺思·怀特海这样描述18世纪的科学思想。他强调，那个时代的主要思想家们在他们对待自然界的认识上，把笛卡尔、伽利略和牛顿的机械哲学僵化理解为一种教条主义的固定模式：所有人类经验都被简化为"一些具有明确定义的事物拥有的联系"。而且他们总是把这些关系限定为可测定和量化的实在的物质实体或群体间的冲突。科学的或机械的唯物主义就是怀特海给予这种抽象的模式的名称。它在大量经验之中仅仅选择了那些能够为物理-化学法则所解释的性质。结果，通过这种认识，整个大自然就全都显得是"没有意义、没有价值、没有目的"的了。而且，每一种植物或动物，每一个水晶或星际大气分子，都得遵循一种固定的程序，而"这种程序是由那些并非起源于大自然存在本身的外在联系所决定的"。怀特海坚持说，这种思想完全可以为自身追求知识而取得的成就及其促进的技术进步而感到自豪，但作为对这个世界的一种描述，他斥之为一种存心的盲目。①

　　在《科学与现代世界》一书中，怀特海宣称，这种对自然界的机械分析，从一个方面到另一个方面，统治了西方思想界整整三个世纪。而且在他刚刚从他的祖国迁移到美国的1925年所写的文章

中，他就预见到一个科学和文化"重建时代"的到来。还原论和物 317
理科学的那种无可争辩的权威性已经成为过去，在即将到来的时代
里，生物学和活生生的动物将要求受到更多的尊重。而且作为一种
必然结果，人类的自然观念也将重新回到对其丰富而具体的多样性、
其由自身所确定的自由、其特性的深度复杂性甚至神秘性、其内在
意义和价值方面的认识上去。简而言之，这将是一个有机论的时代。
因此，科学家们要重视过程、创造性、无限性、"一个整体的有机统
一性"和"对一个相互联结的共同体内安排的事件的认识"。最简洁
明了地讲，这三百年来科学所一直失去的而如今又在复兴的是至关
重要的相互关联景象。怀特海坚持认为，大自然的各个不同部分就
如同一个生物机体内部一样如此紧密地相互依赖、如此严密地编织
成一张唯一的存在之网，以致没有哪部分能够被单独抽出来而不改
变其自身特征和整体特征。一切事物都与其他事物勾连在一起——
不是像机器内部那样只表面上机械地联在一起，而是从本质上融为
一体，如同人身体内各部分一样。只有通过重新认识这种相关性的
深度，科学才能恢复其公正。②

要从根本上重建与生物的表现相一致的科学的自然观，以至于连
物理学家心目中的原子也能被看作是能穿越一定空间的脉冲式变形虫，
这并不是一次微小的变革。它就如同拣起了一根木棍，才发现手中是
一条活生生的、蠕动着的蛇。但怀特海发现了令人鼓舞的信号：这种
逆转性变化已在悄然进行，尤其是在自然科学的最新发展中。相对论
的新理论、量子力学的研究、物质的不确定性原则，所有这些都意味
着这个世界比早期科学家们所认为的要更复杂、更无定限、更无法预
知。在论述科学上的这些有机化倾向时，怀特海当初可以把理学界的

格式塔运动包括进去＊，这一学派试图把心理的功能当成是互相关联的活动的一种完形或模式，而不是当作一系列独立的观念、感觉和反应加以研究。他也可以把生态学作为一门成熟科学包括进去。无可置疑，这是一门使用"关系语言"的研究事物关系的学科。生态学自其最初阶段开始就一直如此，而在怀特海进行阐述的时候，它自身也日益意识到自己那把自然界看作一个整体而不是一系列分开的部分的独特的能力。的确，生态学的大部分主要的科学家最终都转而信奉物理-化学原理，但对其他很多学者来说，生态学仍然代表着怀特海详细阐明的有机相关性。众所周知，生态学至少是在逐步成为自然相互依存哲学的主要倡导者，这一点在30年代就已很明显，到60年代甚至更加广为人知，而怀特海自己也被客观地描述成这一运动的主要倡导者。③

在生态学及其他领域里有机论日益复兴的背后，存在着一个令人信服的道德因素，即怀特海在很多地方揭示过的那个因素。例如，在讨论浪漫主义学派——他的哲学前辈们——时，他谈到了诗人华兹华斯对机械论观点的"道德上的厌恶"："他感到有的东西被遗漏掉了，而被遗漏掉的东西恰恰包含了所有最重要的东西。"怀特海也这样抱怨过。大自然突然被科学的机械论者们从价值、道德和美丽等领域里驱逐出去了。这些特性没有一个在物质世界中是属于客观实在的，它们是"第二手的"或主观的特性，只能存在于旁观者的头脑中，因而与科学事业没有关系。④

此外，这种科学还教导人们说，人的身体和精神是"独立存在的不同方面，除了一些必要的互相条件反射外，各自随意存在着"。换

＊　亦称完形运动（gestalt movement），是由德国科勒及考夫卡等首创的一个心理学派，强调整体不是其组成部分的简单相加，而是其本身的特性。——译者

句话说，机械论哲学是作为个人主义的一种本体论翻版在起作用；因此，它对个人主义的社会道德给予了强有力的哲学支持，在英美世界尤为如此。这种影响在 19 世纪激进的以自我为中心的自由放任经济中被表明是最为恶劣的。这种科学归纳的唯物主义导致了另一种形式的唯物主义：一门心思集中于创造财富，而不顾及付出的社会代价。⑤

怀特海在《科学与当代世界》一书中的中心主题是，科学家所采用的分析方法——并不是他的研究在技术上的运用——存在着道德上的后果。在笛卡尔之后，伦理价值与审美价值同样一直被科学所广泛忽视，或者被作为与手头工作无关的东西而抛弃掉，无论在实验室还是在工厂里均是如此。因此，有机论终于成为在科学探索中恢复道德价值的运动。尤其是通过强调自然世界中的相关性特性，它教给人们一种相互依存的新伦理道德。怀特海宣称："真正的现实是完全彻底的患难与共。"他预言，科学理论中的这种意识将会清除掉西方文化中的道德恶果。⑥

生态学在怀特海对相关性的研究中并没有明显地以本学科的名义出现过。但是，在寻求说明他所指的这种特性的具体实例时，他选择了一个纯属生态学的例子。他把大自然的各个方面都比作拥有很多种类树木的而且都能彼此合作共处的巴西热带雨林：

　　一棵单独的树会自动依赖所有不断变化的完全不同的环境状况。大风会阻碍它的生长，气温的变化会使树叶龟裂，雨水会冲刷掉它周围的表土，树叶为了肥力的缘故而剥落并进而消失。你或许可以得到在独特环境中或者在有人类文明介入的环境中完好树木的单个实例。但是，在自然界中，树木繁茂生长的正常环境则是在森林中的树木群丛。每一棵树可能会失去它自己完美生长的某些方面，但它们会彼此相助以保证继续生存的条件。森林土壤得到保持和荫庇，其肥力所必需的微生物既不会干焦，也不会冻死，也不会被冲走。一片森林就是相互依存的物种组织的胜利。

这一例子同时也表达了一种针对环境挑战的实际解决办法，一种和睦相处的道德理想和对科学的一种警告——不要在其分析策略中把森林误解为树木。[⑦]

无限制的个人主义道德，连同科学的机械简化论，大约在怀特海来到美国的时候就开始遭到其他人的大量批评。刘易斯·芒福德自 20世纪 20 年代以来一直鼓吹"有机组织的理想"，以期能够恢复美国人的公共道德——这一理想受到了他的苏格兰老师帕特里克·格迪斯的生态植物学的影响。芝加哥大学主张新公有社会学的罗伯特·帕克及其学生们，也同样根据生态学的原则来设计他们的某些观点。而且那个时代的很多生态学家都愿意根据他们自己的科学对个人主义进行批评；尤其是 C. C. 亚当斯，他清楚怀特海、芒福德和格迪斯与自己工作的联系性，他宣称，生态学可以教给社会思想家们许多关于合作价值的东西。1935 年，美国西南部的自然博物学者沃尔特·泰勒宣称，生态学表明"自然界中几乎不存在粗鲁的个人主义"。他继续说道，生物共同体的表现就如同"一个由动物和植物严密组织起来的合作性团体……（它）比自己的任何一个组成部分都更接近于一个单独的生物"。一年后，泰勒在美国生态学会上的一次主席发言中提到他的理论中的几个关键性词语："一体化、统一性（Einheit）、相关性、协调性、综合性。"在所有科学中，生态学非同寻常地表现出"有机论"和"整体主义"。正如泰勒所指出的，美国农业部长亨利·华莱士最近提议说："今天非常需要一个《相互依存宣言》，就如同1776年非常需要一个《独立宣言》一样。"⑧

但是，在20世纪的前几十年里，一直为生物哲学阐述最多的生态学家却是怀特海在哈佛大学的同事威廉·莫顿·惠勒。值得注意的是，惠勒是个终身研究社会性昆虫的学者，而且他可能是世界上关于蚂蚁和白蚁的主要权威；他从这些微小的生命身上第一次认识到自我克制和自然相互依存的经验。在1910年马萨诸塞州的伍兹港举行的一次演讲中，他把蚁群描述成一个完全成熟的"生物体"——他相信这一比喻将被其他科学家们非常形象地加以引用。正如他指出的，一321个生物体可能是任何肩负着诸如营养、再生产和自我保护等所有身体功能的"复杂的、明确协调的因而也别具一格的活动系统"。一窝蚂蚁很容易符合这一定义。大多数蚂蚁担当着为整体收集和储存食物的角色，有选择的少数几个作为蚁群再生产的工具，最后还有一支防卫部队。很显然，跟弗雷德里克·克莱门茨一样，惠勒通过阅读赫伯特·斯宾塞的文章而得出这种生物有机组织的想法。而且，像那个维多利亚时代英国的多面天才一样，惠勒把生物整体分成层次系统。第一层是亚细胞一级的，即是指生原体"biophores"；然后是细胞；然后是作为一个整体的单个生物。接下来便是不同的社会团体，从蚁群到人类家庭到民族国家。最后一层次包括所有有生命物质的存在，是更大的生态种类。后几种团体被惠勒当作是"无所不包的"生物；它们与其他生命系统不同之处，仅仅在于它们的规模大小以及结合的松散程度不同。但在某种程度上全都显现出他最早在蚁群中观察到的生物相互联系的特性。⑨

通过惠勒的研究可以发现，生态学的研究还包含有另一种有机哲学：层创进化的理论*。这一理论完全被吸收进生态学理论之中，以至它的根源倒被人遗忘了。层创进化是劳埃德·摩根的思想产物，尽管其基本框架是被广泛涉猎的斯宾塞勾勒出的，而且也显示出浪漫的理想主义的残留影响。简而言之，摩根试图在直到20世纪之初还一直存在的机械论者与有机论者之间长期而激烈的争论期间寻找中接点。机械论者以哈佛大学生理学家雅克·洛布为代表，他们不能使摩根、惠勒及其他科学家相信生物的本质可以在试管中复制。包括亨利·伯格森和汉斯·德里施在内的有机论者，也未能给这位科学家提供什么可供合作的东西。他们提出的"生命力（*élanvital*）"和"生命的原理（*entelechies*）"**等术语似乎只是骗人的把戏，听起来了不起的标签是同无知而不是可测性假设连在一起的，层创进化论者走出这种死胡同的办法是强调自然界会以突然跳跃的方式进化。从物质之中，以一种未曾料到的创造力出现了生命现象，而从原生质体中又十分奇怪地322 突然出现了人类意识。这三个层次中任何一个层次的研究方法，都不能为其他两个所采用；每一个层次都要求有自己独特的研究方法。正如劳埃德·摩根所解释的，一次层创进化就使地球上出现一个完全崭新的事物，一个不可能退回到更低层次的事物。关于层创进化最重要的一点就是它在自然界中导致无法预知的结果。把不同物质集中到一起，置于适当环境条件下，也很难说究竟会发生什么：从无生命的物

---

    * 认为在进化过程的每一阶段上都有新的性质突然被创造出来。——译者

    ** 古希腊哲学家亚里士多德用语，意即实现了的目的，以及将潜能变成现实的能动来源。——译者

质中诞生生命，或者从原生质体的随意摸索中诞生思想意识。换句话讲，当 A 和 B 被混合放进同一个罐中后，其结果可能会是一个崭新的合成物，而不是一个纯机械的或加成的混合物：不是 A+B 而是 C。因此，层创进化理论对科学的因果关系理论形成了挑战，即认为结果可能在本质上完全不同于前因。阿瑟·洛夫乔伊在一篇关于层创进化的文章中推测说："正如我们这个奇异的星球历史上理所当然已经突然产生过的那样，物质潜在的生殖能力还会突然产生出更丰富的新类型的存在物，都是我们无法预见的和无法创造的东西。"⑩

　　对摩根的三层次层创进化理论——物质、生命与意识——热情的追随者们开始添枝加叶，直到这整个理论有面临严格分类压力而出现崩溃的危险。它似乎是指在人能看到的任何地方，都有新的互相作用的存在物，甚至会从原子颗粒最偶然的碰撞中突然产生。层创进化的结果，可以是像水——两种气体层创进化的结果——一样基本的物质，或者是像人脑一样复杂绝妙的东西。这些新层次中的每一层，都是一个不可缩减的整体，由各部分组成的合成物会失去它们各自以前的特征，而只有在它们新的环境中才能被人理解。J. C. 斯马茨 1926 年宣称：所有实体都是集成的、有来龙去脉的和层创进化的；"所有阶段必然产生的整体的前进发展——从最不成熟、最不完善、无生命的整体到最高度发展和有效组织的整体——就是我们称之为进化的东西。"很明显，在寻求代替机械唯物主义的探索中，怀特海并不是孤立无援的。的确，层创进化论者已广泛地、有时甚至是过分地使用了一二十年前怀特海为了更高的哲学利益而限制和加以改进运用过的有机论 323原则。⑪

　　正是威廉·莫顿·惠勒给了层创进化理论很明显的生态学特征。

他在1926年第六届哲学大会上承认，某些层次的突然出现是值得怀疑的，或者至少是显得不如想像的那么突然。例如，如果从生物学而不是从哲学的观点来看，意识似乎仅仅只是"最小层创进化"的长期积累过程的最后阶段。但是他相信，理由最充分的层创进化层次种类也就是那些最易被人忽视的：大自然中社会的和生态的群体种类，包括他的有机组织的蚁群。他坚持说，"联合可能被视为是层创进化的基本条件。"这些层创进化的群集层次可能全都是由一个类型组成的——自然界中传统的大小群落——或者它们可能是些异速生长的生物集合体，分别组织成猎物与天敌、寄生物与寄受主，或者是一个从不太优秀的层次中很反常地突现进化出来的共生联合体。而在这里，所有这些次层次都一起联结在生物群落、生态群落和达尔文的生命网络之中。在这更高层次上，跟在其他层次上一样，其组成种类因生态结合过程而得以改变，而在它们的活动中显现出新的性质。鹿能反映狼的存在（反过来亦然），鸟能反映树的存在，海草能反映潮流的存在。在每一个层次上，形成的新的整合模式是如此丰富多彩、包罗万象，以至其中任何生物都不能逃避它们的影响。惠勒观察到："实际上，没有真正离群索居的有机物，在生物中基本上都是群居性的。"因此，生态学上的层创进化作为自然界最引人注目的特征就又回到了怀特黑德那受人欢迎的相关性理论。[12]

在所有这些不同战略在共同的有机理论上趋向一致时，以往数次隐约出现的理想主义哲学的复苏变的明显了。例如，对层创进化思想来说，尤为重要的就是19世纪黑格尔的通过一系列质变努力达到尽善尽美的自然观。更通俗地说，整体论、有机论和融合论全都可以在更古老的理想主义传统中找到渊源。在单个共同体内"一"可包容很多内容。理想主义从来就没满意过这个仅仅是物质的世界，而且自柏拉图以来，就一直寄希望于最终达到一种完美无缺的精神的永恒观念。这种对超然性的追求在新有机论中很活跃。艾尔弗雷德·诺思·怀特海在谈论宗教时，把它当作是"站在直观物流之外、之后和之中的某种幽灵"。当然，他的有机哲学的动机部分地是想把科学同"永恒和谐"及宇宙之"爱"的神秘合力等古老信仰协调起来。⑬

不过，更为经常的是，新有机论者对于理想主义者的先验论论点并不是很明确，或者可能仅仅能只是有所意识而已。他们毕竟是科学家，或者是倾向科学的哲人，因此，他们就不满意理想主义者的某些空洞的词句。尤其是，他们受自己学科的限制，紧紧地盯着可观察到的物质世界，尽管这世界可能并不完善，但总比突然转去追求那种抵制所有分析的精神力量与和谐要好。也就是说，他们发现可以接受理想主义者的有机论，而拒绝或去掉他们对世界是被什么联为一体的解释。这种有选择的借用手法就是要表明，通过可证实的经验主义的方法，物质本身就可以展现那种理想主义者在自然界中观察到的深刻的、无法比拟的相关性。这就是怀特海、摩根、惠勒以及一大批有机论生态学家的主要愿望。

即使不能说服他们的同行，那种炽热的道德忧虑感也仍然能促使他们一往无前。不管其科学上的价值如何，他们需要理想主义者的有机论观点，以作为对其周围四分五裂的文明进行矫正的办法。惠勒在他研究的蚁群中发现了自然界中具有"自我中心的利他主义"这种令人欣慰的能力：生存竞争。"这一点往往被描述得过分可怕"，但这种状况掩盖了生物具有为了更大的集体利益和其他生物的利益可以约束它们自己的行为冲动的能力。正如惠勒所坚信的那样，在他可能仍生

活在一个社会"四分五裂"的时代，他也能从生物科学的实例中看到
325 "从生物学意义上修复更新"道德准则的希望；他能预见到即将发生
"高度的社会团结和更高的道德水平"的层创进化。有机论和层创进化
在生态学上的联接，使惠勒能够批评现代美国社会的孤行专断，同时
也能预告进一步的发展进化将纠正这种错误。很多人都已注意到，有
机论理想主义跟惠勒时代以前一百年的浪漫主义一样，总是在担心社
会秩序混乱、道德沦丧和社会分离瓦解。人类社会是混乱不堪和四分
五裂的，相反，自然界则是结合紧密的共同体，一个全球性的共生合
作的、能超越所有微小冲突的复杂的有机整体。这是一个汇合着各种
生气勃勃的思潮的领域，是一种生命力、一种灵魂的净化观、一种柏
拉图式的理想或者你所能想象到的任何一种精神。在关于有机联系主
题的这些量变中，生活在这个四分五裂时代的男人和女人们已发现可
以调整他们的文化的协调标准。⑭

对很多人来说，对于人类同自然界之间关系的不断改变的忧虑，
是重新探索有机科学的另一动力。自从工业时代之前人类与自然界之
间在农业上的亲密关系瓦解以来，生态有机论一直是使人与自然的共
同体从赤裸裸的经济关系中摆脱出来的一条可行的大道。在这一点
上，惠勒再次成为代表人物。在他为传统的自然博物学者辩护而批驳
当代同类专家的几篇文章之一中，他宣称，前者就像艺术家一样，

> 更乐于欣赏和理解而不是解释他所面临的现象。这或许说明
> 了他在接触和处理材料时那种非数学的和非实验性的精神。它或
> 许还说明了他对目前在我们大学的生物实验室里乱哄哄地忙碌着
> 的聪明的高级研究院的年轻人多少有点冷漠的态度。他感到，为

数不少的这些初学者都表现了几分对大自然的强盗态度，他们是
那样迫不及待地要袭击、劫夺或蹂躏她……

这种对生物的相互关系的认识明确而充分地体现了一种基本的道 326
德需求，并从这个角度向人类对待大自然的傲慢狂妄的态度提出了警
告。人类要成为自然界主宰的断言被视为个人主义的一种危险形式：
一个物种不惜牺牲其他所有物种来追求自己的利益。怀特海把人类社
会中的这种利己主义同机械主义哲学联在了一起，同样，怀特海也把
环境掠夺同科学对自然界进行的傲慢无礼的还原论分析联系起来。可
以说，所有这些都是"眼光偏狭肤浅的"结果。⑮

在威廉·莫顿·惠勒之后，生态有机论者的领导权就转移到了芝
加哥大学著名的受人尊敬的"生态学小组"手中，他们的贡献足以支撑
和维持几年后到来的这场运动。30 年代和 40 年代期间，这些科学家每
隔一周的星期一晚上都要非正式地聚集在沃德·阿利教授的客厅里，讨
论交换各自的发现和思想。他们中的核心人物阿利本人就是美国的一位
权威的动物生态学家。他是一个虔诚的有眼光的人，可以使整个团体
始终如一地忠于其使命：把道德理想主义建立在一种合理的科学基础
之上。阿利 1885 年出生于伊利诺伊州布卢明代尔附近的一个农场，终
生都受其母亲———个贵格会教徒的影响。他毕业于一所贵格会学院，
娶了一个贵格会教徒妻子，而且在他生活在芝加哥的 30 年间，始终是
第 57 大街宗教会议可靠而虔诚的参加者。从 1921 年到 1950 年，他一
直是芝加哥大学科学系的一名教员，而且在 1929 年被任命为美国生态
学会主席。在芝加哥时，他周围聚集着托马斯·帕克、艾尔弗雷德·爱

默森、卡尔·施米特以及来自邻近的西北大学的奥兰多·帕克等人。他们竭尽全力的合作成果就是那本权威性著作《动物生态学原理》。该书出版于1949年，是该领域的经典著作（现在大家一般都将其称作"AEPPS"，即各位作者的首写字母的组合）。该学术小组在著作中提到，现代生态学的生物群落概念是"生物科学对现代文明所做的富有成效的思想贡献之一"。当然，这也是他们在探求爱默森称之为"伦理学

327　的科学基础"时产生的一个重要灵感。他们在较早期的一些不太知名的著作中甚至更加强调这种探索。他们当时是公开地，有时是固执地，力求从自然界中找到一套适用于人类的整体主义价值观。⑯

　　他们都深信，大自然是一个无自主能力的世界。在生态秩序中，个体的分量几乎不存在；社会群体或种间群落是最为重要的。生态上的叛逆者是不可能徜徉在大地上去尝试它们分离的感觉的；实际上，甚至"孤独的狼"也是一种群居动物。要在大自然中维持生存就需要参与这个复杂的生物网络之中：即一种加入而不是脱离的精神。阿利喜欢列举关于毒药作用于鱼群的研究来说明这种合作性行为。当胶质银类药物引进生物的生存环境，这个群体作为一个整体吸收了这些毒药，其结果是其中没有一个个体达到致命的程度。在其他环境条件下，这种聚集一起的效果可能就会改变光度、水温或风速条件，使之达到更为有利和稳定的状态。阿利承认，那种对生长和生殖的有害影响可能来源于过分密集拥挤，但他又警告说，走向另一个极端，即认为越少越好也是错误的。在很多物种中，最小密度是成功地适应环境所必需的；因此，形成群集的生存价值常常是关键性的。这些友善的依赖密度的方式也可扩大到完全不同的物种：一个适当的例子就是围

绕珊瑚礁的很多种生物的"多类型"分群。在几乎所有的联系中，合作是完全无意识的——"一种自动的相互间依赖"——跟惠勒一样，阿利也将其视为"有生命物质的最基本的特征"。⑰

1941年9月，在芝加哥大学50周年校庆上，生态学小组倡议召开了一次关于"生物系统和社会系统融合的层次"的专题研讨会。其他的参加者还包括人类学家罗伯特·雷德菲尔德和A. L. 克虏伯以及社会学家罗伯特·帕克。在提交会议的论文中最广泛一致的观点就是："生物与社会不仅类似"，而且实际上就是同一种现象。正如雷德菲尔德对研讨会记录所做的总结那样，与会者一致认为："单个多细胞动物、纤毛虫种群、蚁群、家禽群、人类部落及世界经济全都是自然界大战略的具体例证"——向越来越大的融合演化发展着。即使是细菌，甚至黏菌，也被发现有"互相促进的方面"。面对自然界具有向更具免疫耐受性与协调合作性联合发展的强大压力的种种迹象，人类除了体面地顺从发展外几无选择。人类显然有可能会拒绝它，但他们将发现自己会被迫遵从爱默森的建议，把自己"同自生命诞生以来就一直指导生命发展的进化力量协调起来"。显然，被广泛引用的斯宾塞与黑格尔的名言在探求科学道德时仍然会发生作用。⑱

不久以后，实际上芝加哥大学整个生物科学系都从这个生态学小组那里接受了一股融合热，他们的同事拉尔夫·利利、C. M. 蔡尔德和拉尔夫·杰勒德，最后都提出了他们各自关于从自然法则中得到社会道德准则的思想。在他们三人中，杰勒德是最为热心的，他同阿利和爱默森一起，通过列举全部纷繁复杂的生态上的相互依赖情况，弄得芝加哥大学的学生们眩晕——如果说不是导致他们患幽闭恐怖症的话。杰勒德的思想并不是完全新的发明，但是他比别人做了更多的工

328

作，弄清了促使芝加哥的有机论者燃起如此巨大的道德期望的东西。他在一篇年度研讨会上的文章中总结道："在更高层次的融合中，人类社会的最终未来，不管它在当代社会学家甚至是历史学家看来可能会多么黑暗，在生物学家眼里，从生物进化的远景看来，都是充满希望、前途光明的。"这些话发表于1941年。仅仅几个月之后，美国就向希特勒、东条英机和墨索里尼宣战了。在一个轻率地走向战争和专制极权的年代里，生态上的相互依存无疑具有一种新颖而辛酸的意义。杰勒德承认，就全世界范围而言，利他主义还是一种极稀罕的东西，在最终达到"世界融合"及"现有冲突形式变得不可能出现"之前，肯定会发生战争、更多的战争。但是他警告说，直到那黄金时代到来以前，美国人必须懂得"孤立主义是一种生物学上的过时现象"。面对着层创进化或外来的威胁，生态群落模式全力以赴做出反应，自然界中不存在开小差者或逃避义务者。在生物学家看来，生命的法则注定了要么合作以自保，要么被敌人毁灭。[19]

对于像沃德·阿利这样性情比较平和的人来说，突然军事化的世界的幽灵，对他那种相信自然法则的善意的信念，肯定是一次挫伤。但是，他及芝加哥全体有机论者的反应是，尽管出现了暂时的挫折，他们依然坚信基于生态学原则的世界性融合不断加强的总体模式。毫无疑问，这些人有点强作镇静：如果他们大声呼吁坚持一个和谐世界的不可避免性，他们就可能会因此而把自己的勇气置于一种尴尬的绝无退路的境地，他们的社会也会如此。在第一颗原子弹投至日本后不到一年，艾尔弗雷德·爱默森还一直重申"武力显然是在引导着我们走向一个相互依存的世界统一体"。或许他内心是把新近成立的联合国当作另一个充满有机论希望的层创进化层次。这一前景杰勒德也曾

329

设想过，他更早些时候就一直坚持说人类正走向单一世界政府的更高阶段，或他曾称之为的"人类后生物（humanepiorganism）"。[20]

但是，对于促进进化发展和国际合作的理论来说，法西斯威胁就不仅仅是进一步的刺激。从反面而论，它也给出了关于集体一致性的局限性的严酷教训。已经非常清楚的一点是，社会融合的理想包含了一种意想不到的危险：出现极权主义警察国家的可能性是以有机论者发出的为整体而牺牲自我的同种呼吁为根据的。比如希特勒，呼吁纯血种的雅利安人把自己的一切都献给祖国更大的荣誉事业：这是否是相互依存的梦想所导致的？专制、丧失全部独立判断和反抗能力的受人摆布、机械呆板的公民也是由此而来的吗？面对纳粹主义这个例子，很多有机论者开始从融合理想往后撤退。那种国家类型根本不是他们或自然界用"相互关联性"所指的含义。他们的有机组织模式是指，或者应该指，很少有一种单一指导力量的那种中心化和控制化。现在，他们更全面地懂得了有必要保持一个能保护多样性、差异性和个性的公共秩序——换句话说，就是传统的英美个人自由仍能保持的一种秩序。正因如此，惠勒的蚁群理论不久就开始从这位有机论者的典型著作中消失了。强调物种间的生态群落要可靠一些，在这种情况下相互依存性存在于一种较少压制的形式中。

回到1920年，刚好是第一次世界大战之后，威廉·莫顿·惠勒就已经注意到有机组织学说中某些不太纯洁的方面。他曾宣称蚁山是人类社会的样板，但这次战争却给他充分展示了像蚂蚁组织一样的人，急于把其他一切人都驱入到一种更为有效规范的秩序之中。惠勒断定，有机组织为了它们自身能适应的利益会变得"过分融合"。他的反应部分地体现在希望看到地球上留下的未经组织的原始的荒郊野外地区：也就是人们为逃避过分群集融合而可能去的地方。

　　随着地球被人口更稠密地覆盖，越来越有必要保留部分地方的原始状态，也就是说避免人类的组织癖好，比如国家和城市公园或保护区，节假日期间我们在这里可以逃避管理者、组织者和效益专家及其所支持的一切，而回到真正懂得组织事务的大自然。

　　因此，更为自发有序的关于荒野的生态学成为一种从白蚁般的技术社会、从充斥着融合但没有丝毫真正相关性观念的世界中解放出来的途径。的确，惠勒的反应完全足以使他感到疑惑："那种人类永无休止地向着完美进步的乐观观念，或许是虚幻的。"他担心，随着文明的进步，个人作用会退化，直到人类可能降低到蚂蚁般自动机械的层次，成为完全没有个人意志的真正墨守成规的顺从者。[21]

　　芝加哥的有机论者们也不时地告诫说，不要过分融合。有人认为，只有自私的和侵犯性的个人主义才有必要超越，除此之外，个体应保留其独特性。1946年，爱默森更进一步提出，甚至一定程度的竞争也是可以接受的，只要不导致全面的战争，而且他还坚持可能达到竞争与合作之间的最终平衡。杰勒德在回击指控他顽固支持纳粹般的高压手段的一位批评者时坚持认为，社会联合并非必然导致高压统治和标准统一化，相反还有可能导致"差异性和自由探索"。不过，两位科学家都肯定了一件事：他们拒绝放弃基于有机组织规律的进化理想。从这一立场倒退就意味着倒退到科学的机械论及其全部的自私自利的道德祸害。有机相关性的理想必须通过某种方法获得一种科学基础，而在这个过程中自由的价值观念不会被损害。[22]

但是，在芝加哥的有机论者们还未完全弄清这个修正了的理想之前，他们就沉寂下来了。在沃德·阿利于1950年退休之后，生态学小组也解散了，而且自此之后再也没有听到他们无论是作为个人还是作为集体的声音了。或许是战后出现的绚烂的新世界，给他们的乐观主义增加了过大的压力，从而阻止他们进一步坚持下去；也可能是他们认定自己毕竟已完成了发展一门和平、和谐和准融合的生物学的使命。不管怎样，他们的突然沉默使生态有机论者在战后时期失去了重要的专业声音，而最后，这种对自然界的有机观点也退出了该学科的主流。像蕾切尔·卡森这样的几个颇受欢迎的科学家，曾试图设法使这种理想在50年代仍能流传，但是没有任何明显的理论形式，而且，尽管生态学小组（AEPPS）的教科书仍然被广泛使用，却很少有人真正注意其作者的更深远的融合论理想。　　332

到60年代，正统的科学思想实际上已为热力学和生物经济学所垄断。有机论者对关系性质的看法被纳入到新生态学家的生态系统模式之中，这些新生态学家与怀特海的"讨厌鬼（*bêtes noires*）"——18世纪的哲学一样，在方法上是相当还原论的。至少在最专业化的圈子看来，有机论中超生物学的理想化倾向已完全被根除：生态学终于头冲开乌云，脚踏坚实的大地，手触可测的事物。在生态学小组退出思想界之后，这门学科也得以彻底地清除一切道德化的色彩。有人认为，作为一个客观知识的领域，生态学不应该再插手研究纷繁杂乱的价值、哲学和伦理等各个领域。至于这门学问还能把这种精心维护的纯洁性保持多久，则是另一个问题：有机论总是有办法在最无希望的表面上找到立足之地。

　　虽然芝加哥大学的生态学方法不久就开始由生物经济学的务实的实证主义所取代，但是，通过科学来探索自然界相互依存的动力并没有消失。正好相反，众所周知的战后年代被称为是"生态学时代"的到来，基本上是按这一宏愿以流行形式所呈现的复苏。有机论总是拥有自己的外行倡导者，而且现在有很多人已信奉这一科学家们越来越不愿理会的信条。通过这种广泛的非专业性的热情，"生态学时代"恢复了有机理想主义者或神秘主义者对发现表象多样性背后生命统一性的乐趣。可以确信，这些新兴的整体主义者正急于为他们的事业争取像怀特海、惠勒和阿利这样的科学界权威的支持。他们争论说，准确地讲，科学能指明通向相互依存的自然主义伦理之路。而且，他们所知道和引用的生态学知识，经常是他们自己的创造或者是来自较旧的替代模式的混合物。很少有人意识到，他们正热心探索的这门科学
333 已经在科学的主道上拐了弯。

　　此外，生态学时代普遍流传的有机论道德侧重点与先前已略有不同。在这些追求相互依存的早期探索者们特别热衷于拯救人类社会的地方，新的追随者们则常常更多地关心改善人与自然的关系。他们把生态学看作恢复人类与自然界其他生物之间已失去很久的那种伙伴与亲密关系的途径。一个合作性整体或世界的关系或许是个有价值的目标，但今天看来更为迫切的任务是摧毁将人类与其余自然界分离开来的二元论。新有机论者说，在自然团体中，尚无某一种类自己单独建立一个独立完整自由王国的先例。人类专制至上的思想只是一种谬论，一种精神病患者为逃避现实而进入的虚无世界；的确，不存在任何可供逃避的生态母体。人类一旦接受了相互依存这样简单的科学事实，他们就会懂得遵从像奥尔多·利奥波德的那种共同体公民关系中尊重

生命的道德——人类与她的生物同类之间密切的遍及世界的亲密关系。跟许多生物中心论者、浪漫主义者和田园主义者一样，怀特海曾表达过类似的道德思想。每个时代的人都相信已经发现了世界上某些全新的东西——而且有时确实是对的。至少可以说，六七十年代的有机论者，在促进他们最常也是最喜欢称之为"生态道德"——即人与自然之间的以科学为基础的相关性意识——方面，已经超过了他们的任何一位前任。人类世界并不是一个只有自己的孤岛这种认识，还从未这样广泛地为人所熟悉。在很多人看来，这种认识就标志着"生态学时代"。

"生态学时代"是一种仍然在发展的现象，我们可能会因为过分接近它而无法全面认识其全部道德影响。但一个简要的提示就可能有助于总结这种相互依存思想在最近是怎样被理解和运用的。完成这新一步的关键人物之一是约瑟夫·伍德·克鲁奇，他逝世于 1971 年，时年 78 岁。克鲁奇的认识转变代表了英美文化中的一种很普遍的倾向。在克鲁奇最早的著作《现代趋势》（出版于 1929 年）中，他宣称 334 为了作为一个人而得到全面发展，就必须有意识地脱离大自然。他强调说，人类追求个性，但大自然并不欣赏这一品质，并在求生存的集体斗争中惩罚了这种品质。这一立场正好同 20 世纪 20 年代知识分子受孤立的心境相一致。不过，20 年之后，他发生了戏剧性的大逆转，转而认为，人类面临的更大问题不是趋于群居的动物生活中令人窒息的自私问题，而是现代人类与其在地球上的所有伙伴——其他物种被孤单地常常是极度孤单地隔离开来。"我们全都生活在一起"，1949 年他这样总结道，当时正值他完成梭罗传记的写作后不久。克鲁奇曾经是一个患有严重忧郁症的人文学者，现在则变成了一种泛神论者或伦理神秘主义者，沉醉于归属"某种大于自身的东西"的欢乐之中。反复阅读梭罗的著作可能是他思想发生剧变的部分原因；另一个主要的促进因素是他接受的生态学理论教育。他观察到："每一天，生态学都在弄清一些事实，因为这些事实表明，那些越来越相距遥远的相互依存现象不管是多么互不相干，对于我们来说却都是至关重要的。"克鲁奇的科学教学生涯给予他对于有机体的感性认识，但本质上是伦理性的：

> 我们不仅一定要作为人类共同体中的一员，而且也一定要作为整个共同体中的一员；我们必须意识到，我们不仅与我们的邻居、我们的国人和我们的文明社会具有某种形式的同一性，而且我们也应对自然的和人为的共同体一道给予某种尊敬。我们拥有的不仅仅是通常字面意义上所讲的"一个世界"。它也是"一个地球"。没有对这种事实的了解，拒绝承认文明世界各个部分之间政治上与经济上的相互依存关系，人们就无法更成功地生活。一个虽非感伤的，但却是无情的事实是：除非我们与除我们之外的其他生物共同分享这个地球，否则，就将不能长期生存下去。

在这里，科学直接导致了一种道德的觉醒：一种新型的生物关系与集体主义。克鲁奇非常清醒地意识到，"没有尊敬或爱"，生态学可能就"除了成为一种对什么都要更好地去赞美、去欣赏或去分享的精明探索以外，没有任何价值了"；但是他自己对科学的态度帮助他从追求自我转向追求"生命的共同体意识"。㉓

从克鲁奇及其他人受到的影响可以清楚地看到，生态学仍能导向对自然的谦恭，而不管该领域有多少权威的科学家在竭力使他们自己避免这种倾向。首先，在不断发展壮大的一门学科中，这种道德暗流的持续存在意味着，20世纪中叶的生态学是属于非专门化的头脑的——属于业余自然博物学家和自然保护主义者的——其科学的建树也是如此。像当年的梭罗那样，这些人决心不让这门学科全部为专家们所独占。对一个普通的自然学科的学生来说，生态学因为其易于接近的性质在各种科学中总是显得异乎寻常。观察其发展历程，它一直是在各种人的日常生活影响下形成的：农场主、猎场看守人、林学家、观鸟者、旅行者等。不仅如此，它还一直吸引着很多对科学解释持敌对态度的人。它一直是一门"颠覆性的"或"反科学的"科学。比如克鲁奇，在他通过生态学才多少缓和了对科学的敌对态度之前，他的学术生涯中大部分时间都在批评还原论和机械论的科学，尤其是行为心理学。像他这样的人，最后终于发现了一门他们可以信赖的科学，却不愿将这门科学及其对生物量及生产力的深刻分析再还给新生态学家。只要生态学仍旧控制在非专业人员手中，它就能继续传授有机群落的教义，不管它能不能接受实验的检验。

希望大自然给人们提示一条正确的道德价值的途径是克鲁奇的信念之一，当然也是生态学时代的信念之一。但新有机论者仅仅只是一连串胸怀大志的信仰者中的最末一批：至少自18世纪以来它就一直是英美文化中的一盏指路明灯。的确，在各种思想中很少有像关于自然的"存在"变成人类"应有的义务"的这类信念一样被不断重复。自从伊曼纽尔·康德武断地将两者分开以来，人类就一直设法将它们重新联结在一起，最近是通过生态学。同别人一起，拉

336 尔夫·杰勒德坚持认为，大自然中的明显模式或显而易见的趋势提供了人类"应有的义务"所需的全部指导。如果发现大自然是一个相互依存的世界，那么人类将不得不把这一特征看作一种道德宣言。通向更紧密统一体的进化趋势就像穿越密林的一条路，需要一个保证不离正道并沿着它穿越密林的探路人。当然，这种观点存在着一个严重缺陷，即不同的人会发现不同的路，有时彼此会自相矛盾：社会达尔文主义者找到一条途径，芝加哥有机论者则找到了另一条。在探求绝对真理中出现很多挫折的根源是，大自然首先是变化多端的——远比大多数道德自然主义者一直理解的更加变化多端。于是圣人说"首先要跟随大自然"。但是你走哪条道？你依据什么地图？你怎样保证不掉进沟里？

多年来，科学或许一直是这种道德自然主义探索中最常用的指南。从林奈和雷天才地创造出的生态平衡，到弗雷德里克·克莱门茨得出的顶极阶段，再到奥尔多·利奥波德的生态伦理，一直存在着科学能指点迷津的希望。甚至像克鲁奇和怀特海这样一直批评传统科学思想的人，也常常发现自己又回到了科学，发现科学的权威是必不可少的。如果说机械论科学产生了一种人人为自己的道德，那么可以设想的补救办法就是用有机论来改造科学，而不是一股脑儿地抛弃。

这里有个小小的想法，即一直是"应有的义务"塑造着"客观存在"，而不是倒过来。正如怀特海表明的，不同的道德需求就要求不同的自然观念和不同的科学。因此，基于科学证据的上诉是在结论是否正确的宣判之后而不是之前出现，道德冲动的最终来源仍然藏在人类心里。例如，就生态伦理而言，有人可能会说它的支持者们首先提
337 出了他们的价值准则，然后仅仅只是求助于科学给予论证批准而已。

如果他们站出来宣称，出于某种理由或者某种个人的价值标准，他们被迫促进人类与自然界之间更深层次的融合，即一种超越经济的相关性——而不顾所有上述科学争论的话，那多半可能是出于诚实。"应有的义务"可能因此而成其借口、成其辩词、成其信念，而不顾"客观存在"是什么。

那种更为直接的态度不时地被少数直觉主义者、神秘主义者和先验论者所采取。不过，大多数人并不是这样愿意相信自己内在的呼声，可能是因为缺乏自信，或者因为害怕这样完全个性化的选择活动会导致道德共同性的广泛瓦解。很长时期内也有人一直需要并寻求某些外来的和非主观的启示。随着宗教和传统在我们时代的影响下降，科学已变成一种普遍标准，而且对很多人来说，它仍然保持了一种绝对圣洁的气氛。它被看作客观真理的神示，完全能超越道德抉择的脆弱基础，因而也就成为完全值得信赖的知识之源和价值之源。其他人在注意到科学家们怎样经常显示其文化背景后，也会更怀疑其讲话的公正性，其信任度也就大打折扣了。但对科学来讲，即使是受到怀疑的某些东西也要寻求一定的真理检验。如果说科学不能单独地拯救社会的话，那么没有科学，社会也无法被拯救。科学模式中蕴含的道德价值准则不经检验不能被接受，但这些模式所提供的启示是必不可少的。

判断这些态度中哪种最正确，并不是需要考虑的任务。不过，这或许意味着，虽然"应有的义务"和"客观存在"是两个明显不同的独特概念，但任何将其严格分开的企图可能都是误导人的。道德框架之外的真理或事实，对人类理智来讲是没有意义的，即使有的话，也不会令人关注。不管是帝国论者、隐居山野者、有机组织论者还是其他什么人，价值准则总是会被编进科学的网络框架中。而当科学家们最坚决地坚持自己已完全剔除了一切伪劣，只剩可以证明的事实时，正如怀特海所辩护的，他可能因此而导致了道德上的后果。当然，有些科学比其他科学更明显更深地卷入了社会价值准则——生态学可能是最为典型的了。但所有科学尽管主要关心"客观存在"，却也在某些方面涉及"应有的义务"。反过来讲，仅仅展示不论及物质世界的道德幻觉，最终可能会是一项空洞的事业，当他的道德价值准则距离自然界现实太远时，人类则更加可能遭受挫折。或许也可以说，在没有超自然力量的指引下，对自然界的科学解释事实上是我们的道德观念剩下的唯一源泉。所有这些含糊其词和明显自相矛盾的存在状况表明，除了自然界，的确已无路可走。那么，更为明智的是，思想上明确保持"客观存在"与"应有的义务"之间的区别，而不是在两者之间构筑一堵墙。科学家和道德论者可以共同探讨他们关注领域联合的可能性，可以共同寻求一系列富有伦理意义的经验事实，一系列道德法则。

相互依存的生态伦理可能正是这种辩证关系的必然结果。实际上，它可能就是一种道德法则。上述各章的内容并没有用纯粹的对或错来解决这个问题，但通过理解其根源而解释说明了这种道德的含义。无论如何，如果这是作为我们时代的主导性价值准则的话，那么它就必须把这种道德意识同科学论证统一起来。或许也需要一种类似于克鲁奇的准宗教皈依来使人们认清自然界内外的"同一性"。这种发展是否可能在我们的文化中出现，史学家并没准备做出预测。在这里更为关键的是，过去的经历是否意味着科学与道德价值的这种统一是完全可行的。这一问题的答案是很谨慎的"是"。生态生物学，在通常比其他学科更注重一定的价值观的同时，还一直并仍然与很多人类的道德准则、社会目标和超验论的愿望有着盘根错节的关系。没有理由认为这种科学不能找到适合相互依存道德的理论框架。如果新生态学家的生物经济学不能做到，那么也将会有其他更为有用的大自然经济模式被发现。

第 六 部 分

生态学时代：科学与
地球的命运

在经过两个世纪的准备之后，生态学突然在20世纪60年代登上
了国际舞台。在此之前，各个领域的科学家们都已习惯于作为社会的
施舍者出现。人们期望他们能够为国家指出怎样才能增加实力，为广
大公民指出怎样才能增加财富。但是现在，科学家们却要在一个更为
紧张、更为忧心忡忡的时代里充当一种新角色，因为他们似乎掌握着
生与死的奥秘。尤其是创造出历史上最为恐怖的武器——原子弹——
的物理学家们，已经被一种氛围包围着，那氛围就如同古老的萨满教
僧操纵着邪恶神灵时的氛围一样。而生态学家，则是以脆弱生命的保
护者面目出现的。"生态学时代"一词出自1970年第一个"地球日"
的庆祝活动，它表达了一种坚决的希望——生态学科将只是提供保证
地球维持生存的行动计划。

遗憾的是，有太多争论不休的建设者们在决定这一行动计划。
在战后年代里，生态学取得了理论上的精深缜密、学术上的突出地
位和资金上的完全保证，但也失去了很多内部一致性。它陷入了各
分支领域的嘈杂纷争中，包括生态系统论者、种群论者、生物圈论
者、理论模式论者、森林和牧场主、农业生态学家、毒理学家、湖
沼学家和生物地理学家等。有人坚持认为人类的繁殖力是地球的最
大威胁，其他人则认为工业污染是最大威胁。他们至少在相当长时
间内或很广范围内，无法就世界的基本面貌达成一致意见。有的人
把平衡当作是自然界决定性的特征，其他人则批驳这种观点。他们
很难就自然界呈现多少稳定性和多少变化达成一致。他们永远难以
确定一个受到破坏的环境或健康正常的环境究竟是什么样子。因此，
生态学无法为困惑不解的广大公众提供自然中任何明确的令人信服
的标准。有的人甚至说，自然界就是一片混乱，唯一的秩序只存在

于人类大脑中。另一些人则怀疑科学是否曾完全理解自然界盘根错节的复杂性。已经开始的对科学寄望很多的这个时代，最终只能满足于很少一点：如果能够的话，至少给我们提供一些关于我们必须生活于其中的种种限制的可靠指示吧。

第十六章　拯救这个星球

1945 年 6 月 16 日，随着阿拉莫戈多镇附近新墨西哥州沙漠上空一团令人眩目的亮火球以及饱含放射性气体的不断膨胀的蘑菇云的出现，生态学时代开始了。当世界上第一颗原子弹爆炸、那天早上的天空突然由暗淡的蓝色变成耀目刺眼的白色时，该项工程的负责人、物理学家 J. 罗伯特·奥本海默最初感到一阵无法抑制的自豪。但不久《福者之歌》报上出现的一段沉郁的话语在他的脑海中闪现着："我已成为死神，世界的毁灭者。"之后的几年里，奥本海默尽管仍把原子弹的制造描述为"技术上的喜悦"，但他对这一科技成果运用后果的担忧却在增长着。其他原子科学家，包括艾伯特·爱因斯坦、汉斯·贝蒂和利奥·西拉德，甚至忧心忡忡地表示要决心控制住他们的研究所造成的这种可怕的武器，而且这一决心最后为很多普通的美国人、日本人以及其他国家的人所支持。人们越来越感到担心，尽管原子弹在反法西斯战争中功不可没，颇受赞誉，但它本身已成为我们人类手中可能不得不予以对付的更为可怕的力量。这是第一次存在着一种可能导致地球上很多生命死亡的技术力量。正如奥本海默所提醒的，现在人们通过科学家的工作已经认识到了罪孽。言下之意是在问，科学家们是否也知道如何去补救。①

显然，弗朗西斯·培根关于把人类帝国扩展到自然界，"对一切

可能有的东西发生影响"的梦想，突然间成了一种令人毛骨悚然的甚 343
至是自杀性的行为。原子弹对一直处于近代历史核心的征服自然的全
部计划提出了质疑。它使人们怀疑科学在道德上的合法性，怀疑技术
发展的混乱程度，甚至怀疑作为物质富裕与进步的基础，以人类理性
取代宗教信仰的文明梦想。这些疑问都不是第一次提出，但是原子弹
的出现促使人们产生了一种前所未有的紧迫感。对文明成果中存在的
阴暗面的怀疑不仅在科学家中间有，而且哲学家、诗人、历史学家和
政治领导人中间也有。

　　由原子弹引起的最基本的挑战是：授予人类如此巨大的力量之
后，是否还有足够的能力加以控制。其他现代新技术，从铁路到飞
机，都引起过异议，但都没有因此而明显地延迟应用。至少在现代欧
美文明史上还没有全面严格限制技术发明的先例。但原子的发现和裂
变却是史无前例的——根本不同于把铁路铺到加利福尼亚——因为它
涉及物质内部结构的知识，对这种知识的探索似乎是终极性的，如同
是一种神的力量。现在，人类在嘲弄上帝。人类是否在扮演撒旦的角
色——那位反叛和试图推翻天国圣殿的邪恶天使？神学家们可能对这
种情况进行过辩论，但最终必须面对这些问题的，是那些掌握着主动
权的新兴阶层，即科学家和技术专家们，以及支持他们从事永无止境
的科学探索的人民大众。他们之中又有谁准备限制对科学的探索和应
用呢？有谁在设法对以前无人成功过的这种最新式的和最恐怖的军事
发明进行严格有效的控制呢？如果没有的话，那么，培根的勃勃雄心
就必然导致死亡和毁灭，不仅包括全人类，而且包括所有生灵。

　　寻找补救措施的呼声出现得也不晚。在原子炸弹的威慑下，一种
称为环境保护主义的新的道德意识开始形成，其宗旨就是利用生态学 344

理论来限制运用针对自然界的以现代科技为基础的力量。恰当地说，这种思想始于开启原子时代的美国，1946年的夏天，在美国还沉浸在第二次世界大战胜利的余晖里的时候，科学家们就已经开始研究人造射线对环境的影响了。美国政府则计划在夏威夷南3000英里附近的马绍尔群岛试验第四和第五颗原子弹（第二、第三颗原子弹已投在日本广岛和长崎）。这里有一个美丽的绿蓝色环礁湖，比基尼环状珊瑚岛就位于湖中小珊瑚群岛的颈部，这里没有遭受过战争的破坏。美国军方挑选这里作为行动指挥中心的地点，在那里将进行一系列水下爆炸，以研究原子弹造成的环境影响。岛上的居民已全部迁走，新来了42000名观测试验的军事人员。这一爆炸会炸裂地下的岩石层从而导致一场世界性地震吗？爆炸引起的大海潮会从比基尼一直冲击到洛杉矶吗？海洋会因此发生火灾吗？人们大都担心这种神奇的新式武器可能造成灾难性的环境影响，因为它曾经炸平过整个城市、把人炸成齑粉并留下成千上万的残疾人。7月1日，一颗原子弹在湖中爆炸，掀起数百万吨海水、泥浆和船只残渣，形成1英里多高的白色水柱，不久溃落大海，搅起一个又急又猛的大漩涡，放射性淤泥填满了一个冲积盆地，强大气流形成的蘑菇云继续在上升。一群戴着橡皮手套和防毒面具的研究者拥上一艘船来到现场进行观察。他们发现，一艘目标船中的一头小活猪被炸了出来，漂流在漩涡中，但没有出现浪涛，海底也没出现裂缝。比基尼海滩上到处是乱七八糟的绳索、粗帆布、炸弯曲了的碎钢片、木板、轮胎、石油浮渣、生锈的啤酒罐、死鱼、棕榈树叶子，等等，但没有人员伤亡。据返回的营救官员说，爆炸损害是可以控制的，放射性物质不久就会消散干净。此外，政府派来了一群生物学家，研究放射性物质引起的变化。在此后的几年里，他们手

拿盖格计算器，徘徊在沙滩上，潜入湖水中，毒杀鱼类以研究放射性 345
物质对它们的影响。在原子时代的第一项生态研究中，他们希望发现
整个食物链所受到的影响。结果，他们发现与最初的印象正好相反，
在爆炸后至少五年内食物链中仍存在着放射性物质残余。附近海域的
金枪鱼的肥厚的肉中带有放射性物质，因此，吃了这些鱼的人也会带
有这种放射性物质。②

该岛后来仍是新式武器试验的好场所，包括1954年2月在纳穆
岛爆炸的美国第一颗氢弹。在85英里之外有一艘不知情的日本拖网
渔船"幸运之龙"号暴露在氢弹爆炸之下，甚至再远一点还有马绍尔
群岛的居民，他们跟那些日本渔民一样，忍受着呕吐、皮肤烧焦、损
伤化脓以及其他核辐射引起的疾病痛苦，其中有些人就将这样痛苦地
残喘余生。他们遭受的这一苦难成了国际新闻，但却没有引起美国公
众的关注。

比南太平洋的核试验更近、更具直接威胁性的核试验在美国西部
沙漠里也已开始了。由于害怕间谍窃取美国军事机密（当时俄国正在
试验自己的原子弹）以及担心海外试验费用高昂，美国军方把它的大
部分核试验计划转移到国内的内华达试验基地，拉斯维加斯北边的一
个与世隔绝的地方，1951年开始在这里进行一系列代号为"别动队
员"的核试验。就是在这西南的沙漠里，核技术再次取得了可怕的发
展。政府在这里建造了一座市郊式房屋构成的"死亡城镇"，城里到
处是坐在舒适椅上的栩栩如生的人体模型，以便确实核战争对其公民
可能造成的影响。核爆炸的火球不仅烧焦了人体模型和家具汽车，而
且烧焦了仙人掌和木馏油丛林之类的土生植被，只留下光秃秃的沙砾
地。在整个50年代，都不断有放射性尘埃洒落在大盆地，大批的羊

群被毒死，牧民们直接承受着核辐射毒害。这种伤害一直扩散到整个内华达和犹他州的乡村居民；放射性尘埃还向东吹到了丹佛、芝加哥和华盛顿。③

　　比基尼岛上的灾难、放射性物质（如锶90）对国内外大气的毒害以及无法改变的遗传性疾病如白血病的威胁，深深地打动了公众的心，这是一种纯粹的尘暴不可能有的冲击。这并不是相距遥远、若隐若现的问题，也不是那么容易一晃而过、置之不理的疑难，这是对美国人民基本生存权的威胁，而这一威胁恰恰是来自我们自己抗敌防敌的军事保卫者。截至50年代中期，美国的杂志上充斥着越来越大的原子弹的故事：每个原子弹都相当于数百万吨TNT炸药的当量以及它们对陆地和大气可能造成的影响。1956年，美国国家科学院发表了一份关于放射性尘埃的报告，但能给人们的安慰却十分有限。报告指出，大气层核武器试验至今并不比自然状态下的核辐射水平明显地高多少，公众在接受牙科和医学上使用的X光射线中受到的辐射量比原子弹还要强。但是，即便是最低水平的辐射也能造成严重的后果。此外，大力发展的利用这种核裂变来提供廉价电能的核电业还是一种更大的潜在威胁。科学家预测，核反应堆的和平利用长期发展下去，到20世纪末将会产生足够多的锶90，仅仅将其中1%扩散就能严重污染整个地球。对这些反应堆的核废料的处理需要加以最严密小心的监控。④

　　这大致就是比基尼岛试验后仅仅十年内出现的情况。但是，直到1958年，核尘埃对环境的影响才真正成为广大美国科学家普遍关注的问题。这一年，科学家们在圣路易斯成立了核信息委员会（CNI），其宗旨就是披露政府武器发展计划的秘密，并向广大公民发出警告：进一步进行核试验和发展核电会带来危险。该委员会成员之一是植物生

理学家巴里·康芒纳，他后来成为迅猛发展的环保运动的著名领导
人⑤。其他的科学家也开始加入到这种揭秘与抗议运动中来，而且有 347
越来越多的抗议来自生物学界。科学家们为核威胁的抗议活动开了一
种先例：科学家开始关注政治问题，鼓动公众舆论，并且呼唤一种新
的自然伦理观，因为人类承担的责任与所犯罪孽应该是成正比的。阿
拉莫戈多的核试验最终引起了空前有力的道义反思。

蕾切尔·卡森在科学家的第一次强烈抗议浪潮中并不是著名领袖
人物。她长期以来一直回避政治和世俗纷争。但跟其他普通人一样，
她亲闻了种种反应，开始忧心忡忡，慢慢地她也参与到抗议行列。当
她决定进行公开演讲时，已掌握了大量事实根据，她言辞犀利，因信
念坚定而慷慨激昂：世界已进入比历史上任何时候都要危险的时代，
科学家们再也不能像往常那样埋头科学研究了。卡森开始用写作来教
育人民怎样看待自然界面临的新的脆弱性，她最早提醒广大公众：一
种全新的有毒物质、由氯化烃制成的有机农药正在污染着整个地球。
她的著作被译成了二十多种文字，激发了全球性的环境意识。

卡森生于 1907 年，在匹兹堡昔日的郊区乡村长大。她依靠奖学
金进入宾夕法尼亚女子学院（即当今的凯瑟姆学院）学习，然后又进
入约翰·霍普金斯大学继续学习并获得了遗传学硕士学位。不过，对
她最重要的科学训练是暑假在科德角的伍兹·霍尔海洋生态实验室
里，在这里她发现了海洋生态学。她满腔热情又科学严谨地沉醉其
中，并将其大半生投入到对海洋生态的研究与乐趣之中。她在海洋中
发现的是一个广阔的未曾接触过的领域，其中的生命体是在一个完全
不同于陆地的环境里繁衍进化着。海洋似乎是自然界中一个未受损害
的部分，而北美大陆在她出世前就已被过分地勘测、开拓和处置过

了。如果卡森在早些时候出生，或许她会渴望着西进，进入不毛之
地。但是，这个瘦小羞怯的女人却成为了一名海洋生物学家，她徜徉
在东海岸波涛汹涌的海洋世界；凝视着潮汐浪涌；黑夜中还拿着手电
和小桶跋涉在海边沙滩上；有时还戴着密封头盔和通气管潜进深水
里。在引导美国人去思考面对浩瀚无边的海洋环境方面，没有人比她
做得更多。这是个占全地球面积 3/4 的大环境。

整个 30 年代，对这位在自然科学领域工作的妇女来说都不顺利。
她不得不独立承担母亲的生活费用，而且在 1936 年她感到有必要接受
当时还属商业部渔业署的一个初级水生生物学工作者的职位，后来这
个机构合并到内务部渔业与野生动物局，直到 1952 年，她一直都在这
个政府部门从事专业工作，并按照她自己的方式工作，最终成为几种
出版物的主要编辑者。当她的稿酬收入足够她用时，她就辞职了。她
的第一本书是《海风下》（1941 年），她的第二本书《我们周围的海
洋》（1951 年）给她带来了名声和一笔小财富，该书连续 80 多星期都
属于最畅销书之列，并获得了国家图书奖。第三本书《海洋的边缘》
出版于 1955 年。这时，卡森已经找到一种作为自由的科普作家的新生
涯，去探寻海洋王国的意蕴、美丽与科学尚未揭示的种种神秘。

除了原子弹，在很多方面，第二次世界大战都给自然留下了并非
有意的但却是破坏性的后果。卡森所在的政府机关也曾被动员，要求
加强对海洋环境的研究，以从中寻找有助于开发食品、进行航运和战
争防御的办法。在 1961 年出版的《我们周围的海洋》第二版中，卡
森谈到了因为战争需要产生的新技术所引起的变化。美俄竞相把核废
料倒进了海洋，核弹试验产生的尘埃漂浮在水面上。而这些物质对整
个生物链，从最小的藻类到最大的海洋动物到人类自身所造成的危害

影响却是无法预料的。她这样写道："尽管人类作为地球上自然资源的
支配者的历史一直是一件令人气馁的事，但人们大都乐于相信至少海 349
洋是纯洁无损的，是人类能力所不能改变和掠夺开发的。不过，令人
遗憾的是，这种信念被证明是幼稚可笑的。"比基尼岛的命运清楚地
表明了这一点。⑥

随后卡森又将注意力转向其他来自空中的致命有毒的物质，特别
是像DDT（二氯二苯三氯乙烷）之类的持久性杀虫剂；它们出自战争
年代，现正通过全球生物链广泛扩展，并渗透进海洋，甚至影响到南
极大陆的企鹅。卡森经过数年努力，深入研究了杀虫剂导致的生态恶
果，搜集了大量科学数据，并于1962年写出了一本完全不同于先前
出版的新书，书名就是不吉不祥的《寂静的春天》，该书对现代农业、
化学工业和应用昆虫学都进行了审慎的却又十分严肃的控诉。该书的
要旨——也是有争议的——是人类正因对其他生物种类的傲慢轻率处
置的态度而使自身生存面临威胁。

> 随着核战争毁灭人类的可能性的出现，我们时代的中心问
> 题……已变成整个人类生存环境正面临着一些具有无法想像的剧
> 毒物质的污染的问题——这些有毒物质积聚在动植物的细胞组织
> 中，甚至渗透到生殖细胞中。这会导致形成未来物种形态的遗传
> 基因发生变异。

卡森列举了大量事实来表明为什么必须限制使用更多的持久性化
学药品，但她更深层次的目标是感到有必要改变道德观念，对其他生
命物种不再发扬征服精神，而应转向尊重，认识到我们对它们的依赖

关系。她写道："控制自然是一个傲慢自欺的词组，始自生物学和哲学的最原始时期，当时人们认为自然界是为了人类的方便才存在的……如此原始的科学使用最现代和最恐怖的武器在转而用来对付昆虫的同时，也转而来对付地球。这真是我们时代的令人惊恐的不幸。"[⑦]

新近的女权主义学者们认为，卡森对征服自然的道义批判是出自长期强调合作与培育而不是征服与财富的"女性文化"。[⑧]当然，卡森在受到各种攻击期间曾赢得了许多妇女的支持；而许多对她的诽谤也仅仅因为她是一个女人。不过，公认对她的生活明显产生过思想影响的却是像艾伯特·施韦策和亨利·比奇洛这样的男人。而且成千上万的男人也跟女人一样把她看作主张对自然界采取新伦理的先驱者。当她56岁死于癌症时，她既不曾组织起政治运动也不曾看到像目前的新环境观已成人类共识的情形。不过，她曾尽力使"生态学"一词广为人知，并使环境保护主义成为一项不断壮大的全球性事业。[⑨]

在20世纪早些时候，"环境"一词主要是指作用于个体的外在社会影响（相对于遗传天赋而言）。环境保护主义则涉及一种信念，即"自然的、生物的、心理的或文化的环境"是塑造"包括人在内的所有动物的结构与行为"的关键因素[⑩]。但是第二次世界大战后，遗传与环境之争逐步丧失了其特征，环境的含义尤其突出的是人类周围的自然因素影响，包括植物、动物、大气、水和土壤。要知道，人类并不是他们周围环境的消极受害者——人类可以对环境产生烙印，可以与环境相互作用，可以对环境发挥影响。于是，任何关心保护生物物理环境免受污染、耗竭或退化的人就成为环境保护主义者。在不断改造甚至更新自然世界的前提下，科学技术更新换代，取得了长足进展。而环境保护主义者则反击说，不管这些科学技术如何使人难忘，人类为了生存或过得更好，都要保护自然界免受人类自身行为的破坏。自然界并不是一个与人类隔离的、像可以时时去观光的邻国一样的独立王国，而是一个庞大的、错综复杂的统一体，是一个人类必须毫无保留地予以依靠的、相互联系相互交流的、极易受到干扰的系统。

诚然，这种新的环境保护主义并不是在没有先例或理论准备的情况下就突然出现的。蕾切尔·卡森曾表示，她的思想得益于像亨利·梭罗和约翰·缪尔这样的19世纪伟人，他们赞美更原始的自然，并寻求与非人类建立更直接的个体联系。他俩都制订有一套个人摆脱文明社会圈子进入森林或山野之中的行动计划。但在一个拥有两亿多人口的国度里，充斥着无数盘根错节的破坏自然秩序的手段，要达到这种个人要求是很困难的。所以，环境保护主义不是一种私人间的关系，也不是一种退让，而是一种完全公开的约定——一种在法庭和议会大厅里要探求的用以保护即便是最大的都市中心也要建立的这种联系的行动方案。

其他先例还包括自然保护运动。在西奥多·罗斯福总统时期的林业界领袖吉福德·平肖领导之下，这一运动在20世纪初期获得了迅猛发展。但该运动的目标只是要求保留国家公园，保护野生动物，建立持续产出管理下的国家森林体系，保护国家的土壤和矿藏等。尤其典型的是，自然保护运动一直是敦促政府成为控制监督甚至直接拥有国土资源的运动。像平肖这样的活动家们认为，如果没有永久的自然资源供应，美国社会是不能持续下去的，他们担心资源耗费的短期行为可能会威胁到国家安全。另外，自然保护主义者倾向于把自然界看作是一系列各自独立的需要保护的地区——优仙美地峡地、一片松树林、大平原上一块遭侵蚀的农田。当环境保护主义刚兴起时，也保留了国土保护规划的某些同样的内容，比如说，支持 1964 年《荒野法》和许多保护濒危物种法案。但不管怎样，随着越来越多的公民们意识到自然与人的这种天然孕育的关系正面临威胁，而保护这种关系又需要更广泛全面的思考时，这个运动的核心也随之发生了改变。[11]

　　这种新观点的出现，很大程度上，要归功于新环境保护主义运动出现之前二三十年里的那些不甚出名的思想家，他们大多是生态学和地理学等领域的学者。他们第一次把环境看作是人类与自然界其他部分之间的一系列相互作用的关系。他们大都从全球的角度看待这些关系，极大地超越了自然保护主义者们有限的民族意识。他们的主张常常引自国外：比如，引自奥地利地质学家爱德华·休斯，发明了"生物圈"这个概念；来自法国和德国的地理学家们长期争论说，自然界只是人类活动中影响很有限的一个因素；以及来自包括查尔斯·达尔文、查尔斯·埃尔顿和阿瑟·坦斯利[12]在内的一系列英国自然博物学者的观点。在这一思想的萌芽时期影响巨大的美国人是奥尔多·利奥波德，他通过他的 1949 年户外散文集《沙乡年鉴》向广大读者灌输生态科学知识。50 年代前，这些思想全都融汇为一体，形成一种包容了自然科学和社会科学的综合的、交叉的新思想，这种思想可以称之为"人类生态学"。这种新思想既摒弃了环境决定论把文化归因为其自然环境的极端理论，也摒弃了技术乐天派无视其副作用的过激观点，而是教导人们，人类必须在自然的和道义的种种限制中生活。

　　新兴的人类生态学的各种例子在 40 年代后期和整个 50 年代层出不穷。在这一时期的人类学家中，工作在亚马孙河地区的贝蒂·梅格斯和美国西南沙漠地区的朱利安·斯图尔德共同奠定了"文化生态学"的基础。地理学家中，卡尔·索尔是个关键人物——这位知识渊

博的学者对与自然界关系十分紧密的人群生活进行了大量颇有影响的
研究。1948 年同时出版过两本重要著作，费尔菲尔德·奥斯本的《我
们被劫夺的星球》和威廉·沃格特的《生存之路》，两书就人类对周
围环境不断增大的影响进行了全球性透视研究。1955 年，上面提到的
这几位学者与来自不同学科领域和不同国家的许多学者们一起聚集在
新泽西州的普林斯顿，举办人与自然关系状况专题研讨会，以此纪念
19 世纪美国自然保护主义者乔治·珀金斯·马什。跟任何一个重大事
件一样，普林斯顿的聚会为环境保护运动准备了思想基础。[13]

　　以保罗·西尔斯的贡献为例。西尔斯是耶鲁大学自然保护研究项
目的主任、植物学家，曾考察过人口增长对全球的压力、农业用地紧
张加剧的状况和工业区造成的大气与水污染。他还注意到，人口不到
世界总人口 1/10 的美国却在消耗着世界一半以上的矿产品。他认为，
"人类要依靠其他生物而存在，这既是人类生存的直接手段，也是维
持生存所需保证的栖息条件。"[14] 西尔斯及其他参加 1955 年会议的人
都不把自己看作环境保护主义者，但他们对人类在全球环境中的位置
的专门考察，以及他们对环境现状总的忧虑，却有助于环境保护主义
形成一套明确的思想。

　　环境保护主义给人类生态学的丰富思想增添了一种危机意识，有
好几次接近于世界末日来临的那种恐惧感。环境正处于一种"危机"
状态。一直萦绕在像卡森这样的科学家心头的幽灵是死亡——鸟类的
死亡、生态系统的死亡甚至自然界本身的死亡，而且，由于我们须以
自然界为依托，因此人类也会死亡。尽管环境保护主义者为了减轻他
们心中的恐惧而时常以更富希望的、政治上更易接受的方式强调一种
"绿色未来"，到那时，所有城市、经济实体与生产技术等全都能在杂

353

乱纷繁的生活网络中；得到重新安排，但是，他们还是难以使自己相信公众的态度会很快发生变化，并足以避免这场大灾难。英国最著名的环境保护主义者之一弗兰克·弗雷泽·达林，在1969年BBC电台所播放的广受赞扬、影响深远的"里斯讲座"演讲中，尽管承认卡森的"充满激情的语调"令他很不舒服，但他也承认自己不是一个乐天派，而且出于政治上的原因，他不得不经常去"表达自己根本就没感受到的信念"，从而感到烦恼。[15]

1968年，在《寂静的春天》问世6年后，加利福尼亚的生物学家保罗·埃利希指出，他还听到了另一个定时炸弹的嘀嗒声，混乱无序与群体死亡已准备就绪："人口爆炸"。当时的人口已突破30亿，而且全世界正以平均每年2%以上的速度在增长，在很多贫穷国家里的增长速度达到3%，甚至更高。因此，不仅仅是科学技术，人类生物学现在也已成为最后紧急决战时刻的因素。托马斯·马尔萨斯的幽灵再次显现，警告人们人口数量和人口消费正接近极限，正如《增长的极限》、《生存行动计划》和《小的是美好的》等书中都重复着的一种预言，即担心丰富发达的工业文明作为一个整体可能正走向衰竭。根据作者们的观点，呈几何速率膨胀的经济发展，正消耗着更多的能源、土地、矿产和水资源，最终必然会超过地球所能承受的极限。如果把环境看作是一种持续不断的相互依赖关系而不是商品储存室，那么环境也就不只是一些可以用完耗尽的东西了。但是，环境保护主义者面对的却是传统经济学家、商界巨头、政治家和广大公众中广泛持有的根深蒂固的经济增长优先论的观点、构成现代经济制度基础的理论态度和现代文明的全部物质精髓。[16]

作为第一批卷入到环境政治之中的科学家，巴里·康芒纳的活动越来越活跃了，尽管他始终没有成为一名关于人口或资源匮乏的马尔萨斯论者。1963年，美国参议院批准了一项禁止空中核试验的条约，这的确使环境保护事业解决了一个重大难题，但康芒纳发现，还有很多其他危险正威胁着地球。他参加的核信息委员会变成了环境信息委员会，并出版了一本新杂志《环境》。他着手研究硝酸类化肥的有害作用，这种化肥可以从农田渗透到居民生活用水中，从而影响到人体血液的输氧功能。他还曾提醒美国人注意他称之为"美国环境危机中最令人注目的案例"——拥有12000年历史的伊利湖因受家用清洁剂中的磷酸盐的浸入而急速地富养化*，因此他坚持认为，对企业利润最大化的追求推动了这些新的有害产品的发展，而这些有害产品都应有更安全的而不是更有利可图的替代品。康芒纳在他1971年出版的《封闭圈》一书中强调，对于觉醒的广大公众来说，现在最有必要做的是，在知识渊博的科学家带领下，强迫政府限制整个美国在这些技术方面的发展和市场化。⑰

到了60年代后期，控制污染源的呼吁开始在政治生活中产生明显效果。1969年，美国国会通过了《国家环境政策法》，根据此法建立了一个新的政府机构——环境保护局，并要求任何可能对自然界造成影响的联邦投资项目都要上交一份"环境影响报告"。其他重要的立法还包括1960年、1965年和1972年的清洁水法，1963年、1967年和1970年的清洁空气法。在英国，1974年下议院通过了《控制污染法》，虽然这项公众健康与环境卫生改革旷日持久，但它还是表明人们对日益恶化的环境的担忧在与日俱增。那时期的污染物质已大为

* 即因化肥等物质使湖水营养更丰富的过程。——译者

增多，包括汽车尾气、固体废弃物、有毒金属、石油泄漏，甚至还包括二氧化碳增多导致的"温室效应"所产生的增温。[18]

对许多英美人来讲，发现自然界如此脆弱确实使自己感到吃惊不小，唯一能做出的恰当反应就是谈论来一场彻底的变革。就日常意义而言，英语中倒是增添了不少新词语，诸如"生态政治"、"生态灾难"、"生态觉醒"等。不过，这不是麦迪逊大街上不断变换更新的小把戏，而是在呼唤根本的变革。只举一例，塞拉俱乐部执行主席迈克尔·麦克洛斯基1976年总结道：

> 在我们的价值观、世界观和经济组织方面，真正需要一场革命。因为我们面临的环境危机的根源在于追求经济与技术发展时忽视了生态知识。而另一场革命——正在变质的工业革命——需要用有关经济增长、商品、空间和生物的新观念的革命来取代。

"压迫者"，正如这儿所意识到的，并不只是康芒纳提到的曾经是工业革命及其后大部分技术发明的火车头的资产阶级经济集团。与很多其他的环境保护主义者一样，麦克洛斯基正在向与资产阶级文明兴起相联系的一整套价值观念提出挑战——这是生机勃勃的中产阶级的世界观，是他们创造了技术、无限的生产与消费，促进了自身的物质利益，形成了个人主义并征服了自然。同样，政治学家威廉·奥菲尔斯也坚持认为，"现代工业文明的基本准则是……与生态匮乏不相容的，从启蒙运动中发展起来的整个现代思想，尤其是像个人主义之类的核心原则，可能不再是有效的。"整个文化的发展已到尽头，自然的经济体系已被推向崩溃的极限，而"生态学"将形成万众一心的呐喊，呼唤一场文化的革命。⑲

如果说推翻现代资产阶级文明已成为生态运动最根本的目标，那么，发现该运动最大的支持恰恰是来自美英中产阶级就具有某种讽刺意味了。这一客观存在的事实，全世界正在形成中的中产阶级都经常提起，丝毫不带一点愤慨。很多人要问，生态学的启示是否就是宣扬贫穷的好处？只能为那些至今一无所有的人所在意？也有人会问，出自中产阶级的环境保护主义者能够完成一场反对自己切身经济利益的革命吗？或者说，他们能真正进行这场将丧失其资产阶级文化完整性基础的温和、自由、切实的改革吗？难道可以想象在瓦特发明蒸汽机200年后的今天能够抛弃工业革命的成就？或者说历史的链条已使我们同自我发展的技术紧紧相连密不可分了吗？那么建立在生态科学基础上的新的社会秩序又将怎样呢？——广大中产阶级能心甘情愿地接受这样一种世界吗？或许最重要的是，至今仍生活在相对或绝对贫困中的亿万百姓希望在这种世界中生活吗？

这种活动及其对新秩序的探索在1970年4月22日达到了舆论顶点。那一天许多来自美国及其他国家的人都观看并参加了第一个"地球日"活动，这天是专门定为用来严肃反省地球环境状况的。设置这样一个日子是出自威斯康星州的参议员盖洛德·纳尔逊的主意，但主要活动组织者则是年仅25岁的反战活动家萨姆·布朗，他对地球的命运持有一种典型的充满世界末日恐怖感的悲观看法。现在，他想把学生在抗议越南战争和种族歧视时所用的各种手段用于抗议环境危机，但有些观察家认为，此项新兴事业远没这么严重紧迫，焚烧一张信用卡在某种程度可能并不像焚烧一张征兵卡那样显得激进。《新闻周刊》的一名记者报道说："尽管有亟待解决的环境的积弊，尽管至少有部分觉悟的数百万美国人集合到一起，但是，整个示威活动似乎都缺乏应有的热情。"事实可能真是这样，大多数美国人还没有为环境问题感到特别惊恐不安。他们还不能完全像很多科学家那样具有恐惧和悲观。于是，在很多地方，对不少人而言，"地球日"活动无异于一年一度的假日集会而已。[20]

巴里·康芒纳这个 1970 年"地球日"活动中最为忙碌的人，还是十分满腔热情、精神抖擞的，他在几小时之内就要对四所不同的大学校园里的听众发表演讲。在这天的巡回演讲中，康芒纳还有许多著名的伙伴，包括保罗·埃利希、勒内·迪博、拉尔夫·纳德、本杰明·斯波克，甚至还有颓废诗人艾伦·金斯伯格。不过，至少还有一个著名人物，是用一种关于这个问题的不同思想鼓动学生的。内务部长沃尔特·希克尔来到阿拉斯加大学演讲，他宣称自己赞成铺设从该州的北坡[*]往南 800 英里长的管道，以供应汽油给美国的汽车长龙。而大多数"地球日"活动的讲演者都呼吁公众减少开车，保护环境，并对汽车生活提出了怀疑——的确，这是对一种生活方式提出的怀疑，这种生活方式的基础是最大限度地消耗石油及其他自然资源，是也把增加个人财富、提高国家声誉当作最高的社会目标。

理查德·尼克松总统，虽然他自己并不是环境保护主义者，并在报导失实的情况下断然拒绝了在一所大学演讲的机会，但他还是呼吁人民要与大自然母亲和平共处。对一个还在东南亚进行着战争的人来说，说这话是很轻松的，但作为一种官方态度的变化却是引人注目的。卡森曾竭力反对的那句旧帝国时代的口号"征服自然"突然间在

---

　　[*]　在布鲁克斯山脉与北冰洋之间，位于阿拉斯加北部地区。——译者

全国都变成了一句空话，尽管此话背后的很多力量仍然强大如初。从阿拉莫戈多到"地球日"，这个国家才过了 1/4 个世纪。这段时期展示强大的武器以保护美国的自由、帝国主权和消费者的生活方式免受敌对集团侵犯，而在这段时期的终点，这种生活方式就成了一种巨大威胁，这一威胁来自内部，需要一种全新的防御。

终于，环境保护主义者寻求与那些同样要求文化变革的其他团体结成同盟。首先是女权主义者，他们当中有些人坚持认为，女人比男人更容易把握生态的相互依存性；其次是激进伦理派，主张赋予动物、树和其他自然物以神圣权利；再次是穷国利益辩护者，他们要求抗议富裕国家造成的环境破坏与倾倒有毒物质。1972 年，来自世界各地的、官方的或非官方的环境保护主义者，齐集瑞典的斯德哥尔摩，共同检讨全球环境状况，他们面临着一项非常艰难的任务——学会在一起共同工作，为了认识当前的诸如核扩散、人口过剩、消费过度、工业污染、资源枯竭等全球性问题，他们摒弃了阶级、语言、意识形态和宗教的差别，走到一起来了。

第一个"地球日"和斯德哥尔摩会议——一系列国际环境会议中的第一个，对美国媒体来说，就意味着 70 年代的 10 年将成为"生态时代"。如果说这个词语就意味着一个国家或全世界的每一个人都接受了卡森及其他生态学家的思想的话，那可是十足的笑话。即便是在英美科学家这样一个小圈子里，对环境危机的程度如何，甚至对环境危机本身是否存在都不能达成一致意见。不过，一个文明的新阶段确实是在一种若隐若现、迟缓蹒跚、混乱不规则的情况下出现的。现在，新闻杂志的封面也在用一种全然是美丽的地球形象来作点缀：一幅从美国宇宙飞船上拍摄下来的照片，显示的是一个闪烁光亮、斑斑点点的圆球，有棕绿色的陆地、宽广无垠的深蓝色海洋和旋转涡动的白云，一个孤零零的活生生的星球被空旷无边的黑暗所笼罩。那个孤独的星球，现在人们用一种先前的一代所不可能用的方式所了解的星球，实际上是一个小而脆弱的实体。尽管企业家们最终会把这一地球形象转变为一幅世界市场经济体系的画像，而且它所期遇的观念上的革命也将会因为正在复苏的民族主义而受到阻碍，但是，在一个时期里对很多人来说，这张地球照片仍是一个了不起的变革。这个星球似乎比人类历史上其他任何时候都要孤独、脆弱。表面上极其稀薄的一层生物——人类唯一的生存途径——比任何人曾想象到的都要稀薄脆弱得多。

新医生

第二次世界大战后，世界环境状况恶化突然加快，这主要是科学进步的结果。阿拉莫戈多的教训就是这样，再没有比这更有说服力的解释了。在过去二三个世纪里，或者有人会说，在我们有史以来的几千年里，人类的行为都不曾遭遇到如此激烈的变化。现代资本主义的意识形态或制度并不曾发生突变或飞跃，资本主义还是跟过去几百年一样，是技术革新的主要担保者，也是最大受益者，但它越来越需要科学来促进变革。科学克职尽责，知识迅猛增加，人类社会运用这些知识建成了史无前例的技术宝库。科学主要还是服务于工业资本主义，但是，不管科学服从于谁的利益，是公司企业、民族主权国家还是它自身，它都在迅速地改造着这个地球。

　　生态学时代引人注目的悖论之一是，广大公众开始追随一小群科学家来治理一般科学导致的创伤，甚至以此作为自己的理想。正如我们所看到的，生态学家是最早懊悔无限制地使用这种新的力量并呼吁更多的社会控制和个人责任的人。这是一种类似于亡羊补牢的战略。[360]但是不管他们的反应是如何姗姗来迟，都可以相信他们会激起对环境的新的关注。他们的任务就是教育广大人民关心这个十分危急的自然世界，向人民解释我们现在又在如何对待这个地球。担任这一角色的生态学家被广泛认为是维护自然界完整性的勇敢斗士。

　　这种角色可以从"生态学"一词突然被广泛使用反映出来。一夜之间，"生态学"一词出现在最常见的地方，并且显得最为引人注目，人们日常穿的 T 恤衫上、公司广告中以及桥梁的拱座上，都有这样的字样。而且这词正改变着政治与哲学语言，比如许多国家的政治组织都开始标榜自己是"生态党派"，但是没有人曾会组织一个以比较语言学或高等考古学来命名的政治组织。当几个大陆都开始出现以"深层生态"命名的富有哲理的运动时，其目标是促进生物物种"在生物圈内的平等主义"，当然并没有人要求进行类似的"深层昆虫学"或"深层波兰文学"㉑之类的运动。虽然一个走在大街上的普通人一般并不能毫无准备地说出生态学的含义，而且他仍将按自己的准则安排生活，但他还是愿意由该领域的权威们来标定历史的特定时代。

　　在这种对生态科学的广泛热情背后，可以看到一种希望，不但可以提供一大堆有趣的事实，而且可以指出一种道德启蒙的捷径。这种希望不完全来自公众，而首先来自著名的生态学家。例如，回溯到1935 年，保罗·西尔斯曾要求美国人认真对待生态学，在他任教的大学里加以推广普及，并使之成为他们管理过程的一部分。他指出：

> 在大不列颠，在规划合理开发利用这个帝国尚未开发地区时，每一步都要请教生态学家，从而……结束了随意开发的时代。在那里是有希望的，但是没什么迹象能够表明我们自己国家的政府已意识到生态学必须在长久规划中发挥作用。[22]

西尔斯建议美国雇用几千名生态学家来为全国的公民提供运用土地与环境恶化方面的咨询，他认为这样的专家咨询将保证整个国家的生物可持续性。后来，西尔斯又补充说，这些专家应该教给美国人民"那些特别能包含自然保护全部含义的主要知识和思想要点"[23]。换句话说，生态学家的主要责任应是指出"人们在这个大陆上已经造成的失衡"，并引导人们回复到某种近似于自然界最初的健康与稳定状态。[24]

虽然美国人并没有真正听从西尔斯的全部建议——只有少数几个生态学家确实受雇于县级政府，其办公室正好与税收员和司法官员相邻——但是他们在这方面确实迈出了惊人的一步。《国家环境政策法》通过后，美国到处都可以发现有生态学家在工作（在通过类似立法的其他国家也有），他们撰写环境影响报告，检查人们对环境的破坏，或是在听证会上作证。1964 年，生态学家拉蒙特·科尔曾抱怨他的同事"极其惧怕会卷入公共事务"，还抱怨道，"只是稀罕的是，在很多人从事西部的控制食肉动物的项目时，他们却表现出真正的仇恨迹象"。但是，在巴里·康芒纳的照片得以发表在 1970 年的《时代》杂志封面上（被称作"生态学的保罗·列维尔"*）以后，而且又有那么多生态学

---

* Paul Revere（1735—1818），美国爱国志士。——译者

家在基层社会的政治活动上变得积极起来时，这些抱怨就显得空泛无力了。[25] 甚至在英国，那里的科学家特别蔑视喧嚣混乱的政治活动，情况也在发生变化。曾经写过一篇精彩的关于黄褐色猫头鹰及其猎物的研究文章的牛津大学鸟类学家 H. N. 萨瑟恩，在英国生态学会发表的一次主席讲话中，也劝告同行们要研究对付"我们现代文明正面临的危机——人口太多而食品及生存空间太少，而且就在我们所处年代里，这种不平衡正在可怕地加速发展"。他发现："除了生态学家外，谁还能提供证据来建议自然界中人与自然资源之间保持最佳平衡呢？……362 不管哪一层次的环境保护都需要征询我们的意见，但情况并不总是这样。所以，正是我们自己必须采取主动。作为阿瑟·坦斯利学派信徒之一的英国剑桥大学植物学家 G. 克利福德·埃文斯，在同一学会的主席发言中，把地球比作一袋未经雕琢的钻石，他认为，生态学家的工作就是劝告人们不要把整袋钻石都扔进炉子，一夜就烧光了。[26]

不过，要承担这种新的领导责任，生态学家不仅需要更积极主动的思想意识，而且还需要大量的财力支持、研究设备、大学职位和旅行机会。他们要想服务于这个时代的话，还必须取得统一的理论认识。环境问题是广泛而复杂的，从在不破坏土壤和地下水的情况下如何养活迅速增长的非洲农民，到为美国城市寻求安全可靠的能源；从净化飘荡在各大洲的工业废气，到拯救濒危的印度虎与阿拉斯加驯鹿。如此重要的问题需要宏伟的蓝图规划。生态学家需要传授给公众的不能仅仅是猫头鹰捕食老鼠的动态学。他们必须向人们表明，地球的各个部分是怎样共同组成一个整体的，并分清是哪些东西决定这个整体是健康的或有病的。

来自北卡罗来纳州的两兄弟，尤金·奥德姆与霍华德·奥德姆，站出来提供了这种统一的理论，并向生态学家提供了一本治理这个地球的综合科学手册。尽管他俩谁也不曾有康芒纳或卡森这样的名气，但他们还是成为其他他人所需要的学术领导人。特别是尤金，通过《生态学原理》这本十分成功的教科书为该领域指明了方向，这本书第一次出版是在1953年，霍华德是该书的合作者，1959年和1971年又出过第二版和第三版，不同的版本均被译成了20种文字出版。按罗伯特·伯吉斯的说法，这本教材"取得了巨大成功，其逻辑性、概念、综合性和把数学当作通用语言加以运用均对教学与科研的发展产生巨大影响，可能是过去30年里任何单个因素所无法比拟的"[27]。霍华德个人的主要贡献是一本名为《环境、权力与社会》的书，出版于1971年，跟尤金一样，他的作品是很多的，也是极有影响的。总之，他们兄弟俩合在一起比战后任何其他的人对这门科学的贡献都要大。

363　　　奥德姆兄弟是著名区域社会学家霍华德·W.奥德姆的儿子，他们的父亲曾任北卡罗来纳大学社会科学研究所所长，而且还是一名社会改革家。他俩从父亲那里继承了一套思想习惯和许多个人价值观。跟父亲一样，他们相信关于世界的整体认识，而不是陷于过分狭隘的零碎分析。跟父亲一样，他们希望能看到和谐广泛存在——在昔日四分五裂的南方出现和谐，在一个国家内部出现和谐，在国家之间出现和谐，在人类与自然界之间出现和谐——而不是到处充斥着痛苦的、不相容的争斗。生态学所以能吸引这兄弟俩，是因为这似乎是一门专门研究和谐的科学，一种在自然界之中发现的和谐，它为一个更有生机的、协调和谐的人类共同体提供了一种模式。[28]尤金曾在伊利诺伊大学维克托·谢尔福德指导下攻读哲学博士学位，维克托曾是弗雷德里克·克莱门茨写作《生物生态学》（1941年）一书的助手，也是美国生态协会保护自然区域规划活动的主要人物。[29]他的兄弟霍华德同一时期就学于耶鲁大学的 G. 伊夫琳·哈钦森，一位英国生出的杰出科学家，对生物地理化学、对在康涅狄格州的池塘里和作为一个整体在生物圈中所发现的碳、磷、氮元素排列非常有兴趣，并且他还是雷蒙德·林德曼的导师。奥德姆兄弟在完成各自的博士学习后回到了南方，尤金到了佐治亚大学，并创建了生态研究所，霍华德到了佛罗里达大学。他们在学业上走向成熟正是在环境保护主义刚刚兴起之时，他们自己也变成了活跃的环境保护主义者。

在合作完成那本教材之后，兄弟俩于 1954 年前往南太平洋的埃尼威托克环礁——西太平洋的马绍尔群岛西北端的另一部分，从 1947 年起美国曾多次在此岛进行过核武器爆炸试验。霍华德受原子能委员会之聘参加了试验工作，因为他的博士论文研究的是锶的生物地理化学特性。他发现，在海洋里的锶四百万年来一直保持一种稳定的水平，尽管人们都在猜测原子弹正在对这种稳定性造成什么影响。在埃尼威托克环礁，他们检测分析了珊瑚礁的新陈代谢，这是一种由海藻和腔肠动物整合协作而形成的生物体———一种可以在自身营养成分极少的水体中有效吸取营分的单一生物。珊瑚礁是一种极好的范例，可以从中看出这种整合是怎样发生的，是如何消耗其能量储存并利用其营养的，也可以了解"由于整合而涌现出来的新特征"是如何形成发展的，这些"涌现"特征是两种或两种以上的物种整合协作之后产生的。几年后，尤金把这一领域的研究视为促成自己思想成熟的一段学术经历：

364

  太平洋中的珊瑚礁，如同沙漠中的一种绿洲，可以作为我们人类现在必须上的一堂实物教学课，从中可以学到自养生物（即绿色植物）与异养生物（以植物、其他动物或碎屑等为食的生物体）之间、社会领域中的生产者与消费者之间的那种互惠共生现象。物质与能源利用的有效循环是这个资源有限的世界得以维持生机的关键。[30]

他们来到这个岛上主要是为了帮助政府了解核武器可能对环境造成怎样的影响，而不是为了让世界增加财富。但原子能委员会的有力支持使他们得以在隔离完好的实验室里进行广泛的生态学原理研究。当佐治亚州建起萨凡纳河核武器工厂时，尤金又从同一来源得到了支持，得到一笔资金在工厂附近建了野外实验室。他在佐治亚州的盐碱滩、潮汐口和荒地里进行的研究，跟他在太平洋的岛上一样，是研究流过生态系统并使其变得活跃、充满生机的太阳光的力量。[31]

奥德姆兄弟认为，如果要让生态学研究具有任何实用价值的话，就必须形成统一的生态系统理论，并用数学的、统计学的术语加以精确地描述。这样一种理论必须是整体性的，而不是还原式的。尤金有一次抱怨道，在科学技术研究中"充斥着还原论，以致超个体的系统无意中遭到忽视"。科学家"也不能对目前急需关注的更广泛的问题做出回答"。通过集中精力研究生态系统，他相信该领域马上就能从分歧中达成统一，并能提出一致的理论说明。他解释说，生态系统是生态学中的基本机能单元，涉及"一个既定区域内的任何一个包括一切生物（例如'群落'）在内的单位，它与自然环境相互作用，从而便于能量的流动能在这个系统内达到具有非常明确特点的营养结构、生物的多样性和物质循环（例如，生物与非生物之间的物质交换）的目的"。[32]换句话说，生态系统对奥德姆以及这个词的发明者坦斯利来说，涉及的不仅仅是生物，它包括生物和非生物两方面。奥德姆的教材第一部分，也是最长的一部分，预见性地论及了生态系统及其所属各个组成部分，包括能量转换、生物地理化学的循环、人类群落、物种群体等。这部书写道，所有的自然万物都组成一种等级结构，位居顶端的是生态系统。只有理解了这最高一级结构，才能以最好的方法去理解地球是如何组成的。

不过，当尤金试图说明一个生态系统究竟是什么时，却发现要得出任何一种统一的看法是何等的艰难——可以说，比专门研究单个物种的生物科学要困难得多。他列举了五个生态系统的例子：一个池塘、一段"河流流域"、一片草地、一个试验用的"微型生态系统"和一艘宇宙飞船。第一个是最容易观察到的，因为池塘有明显的界线，自19世纪以来就已成为综合科学研究的对象。㉝一段河流流域同样容易确定界线，尽管称其为一个生态系统似乎是使流水而不是太阳能成为系统构成的有机要素。而草地尽管很容易亲身去体验，却没有这样一系列明确固定的界限，尤其是有人认为动物能悠闲地出入于这片草地的时候。相反，一个试验用的微型生态系统却有非常清楚明确的界定边线，是由烧瓶、烧杯和试管等仪器界定的，但这很难说是一个自然构成的实体。同样，宇宙飞船也是人类的创造发明，是工程机械的产物而不是自然进化的结果。那么，它怎样才能具有作为自然界的基本结构之一的资格呢？很明显，使宇宙飞船成为一个生态系统的是为宇航员准备的自控"生命维持系统"，其中，维持生命所需的全部东西都分类包装进一个单独的容器里。但是，如果说一个生态系统的全部含义就意味着任何生物都需要的一些气体和营养物质的话，那么就将有无数个生态系统——地球上每一个单独的生物都是一个生态系统。池塘或草地是什么东西的生命维持系统呢？密西西比河流域又是谁的生命维持系统呢？把任何生态系统均视作是自然界的基本单位就像是建造一艘宇宙飞船，那仍然是人类创造的产物。按此逻辑和定义，所有生态系统在生态学家眼里最终都只是一种抽象概念。

奥德姆从分类学的困难转向描述生态系统的发展历程。他坚持认为，所有的生态系统都有一个共同点，就是具有"发展策略"——一种能够给整个自然界及各个单独的组成部分以总体方向的发展规划。当然，"策略"一词意味着生态系统也是能够为自己确定目标并能努力达到目标的有意识的存在，尽管奥德姆并不是很想突出这种结论，他只是认为生态系统和生物一样是自我调节发展的实体。它们的策略就是"在有效的能量供给和占优势的自然条件所决定的界限内，尽可能达到大而多样化的有机结构"。[34]他相信，每一个单独的生态系统或者是正在向目标发展，或者就是已经达到了目标。这一策略是十分明白清楚、极易观测的，目标就是达到健康有序的状态，即他所说的"内平衡态"。这种状态根本不像是18世纪的自然学家在自然界中发现的那种永恒不变的秩序。对奥德姆来说，内平衡态更像是人身体内的健康平衡，各种感染在不断地打乱着它的平衡，引发各种疾病，但同时身体也在组织抵抗，并驱逐出侵袭者。同样，生态系统也常常被扰乱，但总是围绕着一个唯一的稳定点波动。一种健康正常状态总是处于无穷无尽但很成功的斗争中以保持着这一稳定点。[35]

生态系统的健康还要求系统内各种生物之间达到互惠共生与协同合作状态。它们从起初紧张的互相竞争向更协同共生的关系方向发展，就像珊瑚礁一样。可以说，它们知道，要共同努力合作来控制自己所处的周边环境，并使之成为越来越适合的栖息地，直到它 367 们可以保护自己免受干旱水涝、严冬酷暑、寒冷炎热的重袭，可以以最佳的效率吸收所需营养。换句话说，自然界的统一原则就是生物学会了要协同合作才能控制周边的自然界，以求最大的效率和互惠互利。

尤金·奥德姆可能比他的前辈弗雷德里克·克莱门茨使用了更多新的不同术语，甚至可能对自然界进行过完全不同的描述，但是，他并没有违背克莱门茨的基本观点：有机自然界的法则就是使物质存在的混乱状态变得有序与和谐。他在描述"生态演替的表格模式"时运用了"成熟生态系统"这一概念，取代了"顶极"阶段理论。当生态系统达到内部稳定点时，它用在增加生产上的能量是较少的，而把更多的能量用来保护自己免受外界变化的冲击：也就是说，在这个区域的生物数量处于稳定状态，既不增加，也不减少时，系统的重点放在维持原状上——即维持一种没有增长的系统现状。而发展初期普遍存在的到处繁衍、生殖迅猛的小型生物（即所谓的具有巨大生殖能力的r-选择物种）让路给更大更稳定的生物（即K-选择物种，K指的是一种平衡状态）。[36] 后者的生长速度要慢一些，但在稠密紧张的环境中生存和保持稳定的能力要强一些。K-选择物种的出现会导致出现一个更复杂多样的生物群落——即更多的物种在一起生存；而且并没有营养物质流失出去，诸如氮、磷、钙等全都在生态系统内永远循环，而不是排出系统。这些特点都是环境成熟或健康正常的重要表证，而且所有这些全都可以进行精确的测量，并建构数学模型。

　　在很大程度上，生态学的这个统一理论讲述的是一个并不疯狂但难以预料的剧烈变化的故事。生态系统的确在变化，天天在变，但从长期来看，它们还是显出明显的连续性。奥德姆认为，在地质学时代很久之前，这个世界可能比今天更为混乱。从古生态学这一新的亚学科的角度，他回顾了地球曾经经历过的深刻变化。举例说，先是光合作用的出现。这一过程将太阳能转化为生物量，并且大大增加了大气中的氧气浓度。生物进化就开始起作用了，无数新生命形式演化而出，多种复杂的多细胞生物游到海洋表面，最后爬出海面栖息在陆地上。在古生代中期约三四亿年前，这些生物释放的氧气已经增加到占大气的约20%。尽管在古生代晚期又急剧回落，但最终又恢复到这一水平，而且在过去的一亿年时间里，都能保持"振荡稳定状态"。不过，奥德姆提醒说："人类生产的二氧化碳与灰尘污染可能会使这种不稳定的平衡越来越'不稳定'。"㊲

　　所以，在自然界经历了大部分荒蛮时代之后，直到现在，只有人类才成了最严重的干扰因素。生态学家奥德姆毫不犹豫地呼吁采取防止这种干扰的政策。在他的教材的最后一章里，他阐述了"人类生态学"这一课题，其意是采取一系列政策以规范人类行为。这些政策包括：允许家庭计划生育、控制出生率、允许堕胎以减少人口；完整的地区土地使用规划；改变税率以限制经济增长；发展一种所有资源都能精确循环的"宇宙飞船式经济"；等等。对奥德姆来说，这些政策也是他的科学的组成部分——也就是说，它们被认为是从生态学的统一理论中按逻辑演绎出来的。这位科学家已变成一个社会规划者，试图将整个社会"生态化"。显然，如果这些政策被某些国家真正加以执行的话，那么，将在政治、经济和文化方面出现一场全面的革命。

生态学的目的就是把自然界当作一种社会的模型加以研究。同自然界本身的发展策略抵触太多的东西将为此付出昂贵的代价：营养 369 物质的严重短缺，生物物种的减少，生物群稳定性的丧失。生态系统一旦遭到损害，那随之而来的将是人类的深重苦难。那种损害的最可能的根源对奥德姆并不神秘：正是人类自己在加速生产对己有用的产品，并且极不明智地在冒着危险破坏着自己的生命维持系统：

> 一般来讲，人类一直致力于从土地中获得尽可能多的"物质生产资料"，其方式是发展及维持生态系统的早期演替类型，通常是单一的农业经营。但是，人类当然并不是仅靠食物和纤维就可以生活的，他们还需要二氧化碳和氧气保持着平衡比例的大气层、由海洋和广阔植被所提供的气候保护以及文化与工业需用的清洁用水（那是没有生产创造力的）。很多生命循环的基本资源，更不用说供娱乐和审美需要的资源，基本上都是由缺乏"生产创造力"的土地提供给人类的。或者说，土地不仅是一个供应仓库，而且也是一个家——我们必须生活于其中的家。[38]

奥德姆把自然界看作一系列成熟的或早期的平衡生态系统，这使他十分坚决地支持保护土地，使之尽可能接近于天然状态。在第一个地球日那天，广大公众的注意力曾一度从环境危机转移到阿波罗 13号宇宙飞船危机上。在从月球返回地面时，宇宙飞船出了差错，飞船的一侧发生爆炸，威胁到宇航员的生命，在随后紧张的几个小时里，在成千上万人的屏息关注中，宇航员们设法爬进了登月舱并扔掉了飞

船，这才安全返回地面。几年后，尤金·奥德姆根据这一事件把我们
面临的环境形势模型称为"宇宙飞船式地球"。在这里，我们的生命
维持系统也正在遭到破坏，但在这种情况下，我们并没有随身携带的
登月舱可以爬进去逃脱灾难。我们不得不继续待在船上并且要设法修
好它。他提醒到，地球不像阿波罗13号，是一个"生物再生产系统"，
即它有自身恢复原状的能力，而不像一架机器。不过，我们的困境比
宇航员可怕得多，因为我们既没有逃离的可能性，也没有足够的知识
来修好它。阿波罗事件提供了一个可怕的隐喻，一个梭罗或达尔文不
可能理解而只有战后时代才能逼真描述的比喻。可是，它真正说明了
370 什么呢？那个我们受之坦然的地球生命系统是美国国家航空航天局的
工作能够复制或支付的吗？毫无疑问，这正是这位生态学家想要表达
的意思。而且他还暗示说，如果人类能够设计阿波罗宇宙飞船，能把
人带往月球并能带回到地面，那么人类就应该能够计算出地球的运作
机制并使其保持正常运转。[39]

　　正如生态系统这个概念已经使生物和非生物之间的界限模糊不清
一样，它也使机械论和有机论的比喻之间的含义迷惑不明。地球是活
的还是死的？会像生物那样生病或是像机器那样发生故障吗？它需要
医生或工程师吗？尤金·奥德姆试图两意皆用。而他的兄弟霍华德却
是一个地地道道的宇宙飞船工程师，他把地球描述成一组复杂的"模
拟电子集成电路"。霍华德总是对电学兴趣浓厚。于是，他在描述地
球生态系统的统一理论时，就把一切事物都看作能量系统，生物差不
多变成了电路的接线箱。在一个正在发明计算机和大谈控制论的时
代，他不失时机地把地球恰当地比作一个巨大的电子设备。

　　不过，他对自己设计的自然机械模型的现实意义并不是模棱两可

的。他急于成为彼得·泰勒曾称作的"生态专家治国论者"，主张用技术手段解决环境问题。⑩生态系统生态学中的这种趋向还在早期生态学尚以生物经济学形式兴起时就有过描述。霍华德反复阐述过这种倾向："自然管理是生态工程学"，他写道，它意味着"与自然界的合作关系"。他的言下之意就是"为了人类和自然界的共同利益对自然系统进行全新设计"。换句话说，他将要给这个星球重新装线，改变其电路。他就像一座电钮控制的工厂的操作员，想凭借手指的力量来控制能量在森林和海洋中的循环。他认为："如果辅助性的矿物燃料和核能资源最终失败的话，这种能量循环控制将是人类的光明前景之一。"在破坏性的 1973 年石油禁运之前，霍华德·奥德姆就已经清醒地警觉到现代社会完全依赖矿物燃料作为能源的危险。他懂得地球上丰富的能量已经有了巨大的损失。他预言道，在将来具有良好的生态知识之后，人类会设计这样一个世界：人类能从太阳摄取无穷的能量，并使所有生态系统都能这样摄取能量，还能更安全更和谐地生活。⑪

　　奥德姆兄弟的统一理论的大多数信徒可能都跟尤金一样虔诚地转向保护大部分的自然界免受破坏性影响，而且像他一样确信有足够的科学理由这样做。他们强烈呼吁，我们必须保护世界正濒临危险的生态系统。我们必须保护大黄石公园生态系统、切萨皮克海湾生态系统、塞伦盖蒂生态系统的完整性。我们必须保证物种的多样性、生物群的稳定性和钙的再循环。我们必须保证这个世界对 K-物种更加安全。然而，奥德姆式的复杂逻辑可能极易导致相反的政策。两兄弟在表示尊重自然界的固有秩序的同时，还表达了一种对科学技术、对阿波罗飞船的制造者的高度赞美；这种赞美如此之强烈，以致他们的生态学本来也许会使征服地球的传统梦想失去支持，但现在，具有讽刺意味的是，却可以借环境保护主义的名义去追求探索。帮助这个地球无穷尽地提供能量和食物吧。保护宇宙飞船式的地球免遭破坏吧。让它永远生机勃勃吧。使这个世界能安全地进行太空冒险竞赛吧。

生态系统生态学已得到足够的资金从事研究，特别是来自政府提供的研究资金，这一事实表明，"有效管理"这个信息，已响亮地传达到了上层人物。原子能委员会，对奥德姆兄弟一直非常慷慨，甚至还雇用了他们的学生到橡树岭国家实验室和其他联邦部门工作，但对促进堕胎法或限制经济增长的税务法以及其他生态系统理论的"釜底抽薪"方案却没什么兴趣。曾为高校生态学研究提供过经费的美国海军研究局也如此。同样的还有在 1950 年冷战初期建立的国家科学基金会——该机构将使美国的科研拥有世界上最富裕的资金，但它开始对生态学科进行资助时却无意支持尤金·奥德姆的政治提案。所有这些机构都把环境问题看作纯技术性的，而不是政治性的或文化性的，因而也就需要熟练的技术指导。

当对生态事业的这种理解在资助者心目中占据主导位置时，美元和英镑在 60 年代和 70 年代像泛滥的江水流进干涸的土地一样涌向生态系统研究领域。1961 年，国际生物科学联合会提出一份《国际生物学规划》，很多国家可以参加进来，共同进行紧张的合作研究。这个确定的方案预测，不久之后科学家就会知道怎样修正"全球有机物质和资源的生态平衡表，以便通过增产节支来改进平衡表"。提高世界生产力是一个十分重要的目标，每个国家都应有所作为。曾长期在非洲工作并大力推广水坝与灌溉的运用但此时已经退休的英国生物学家巴顿·沃辛顿担任了《国际生物学规划》的科学负责人。美国的行动要迟缓一些，部分原因是强大的分子生物学组织的抵制，他们十分嫉妒生态学对科研基金的不断增强的竞争力。不过，生态学家们在分子生物学家之前看到了《规划》的希望，在尤金·奥德姆的热情支持下，他们抓住了这一时机，欢迎分子生物学家们加盟以使整个国家能够团结一致地参加这次国际性科技攻关活动。在 W. 弗兰克·布莱尔和弗雷德里克·E. 史密斯领导下，生态系统的研究专家们主持了美国的《国际生物学规划》。他们开始了雄心勃勃的研究计划，主要针对六个关键性的生物群落区或大型生态区域，包括草原、沙漠、落叶林、针叶林、冻土带和热带雨林。这些项目并没有全部得到资助，但已得到资助的项目都得到了十分丰裕的资金。位于科罗拉多州的科林斯要塞以东约 30 英里的草原项目是最大的也是最成功的。从 1968 年到 1976 年，这个项目从国家科学基金会总共得到了上千万美元的资金。位于田纳西州橡树岭国家实验室附近的落叶林项目也干得不错。美国的生态学家们总共得到了五千万美元资金用于他们的生物群落区研究。用于这上面的钱是值得的吗？意见是有分歧的，有人说值得，并提出有许多新的出版物可作为例证，另外有人怀疑我们是否真的增加了更广泛的生态学知识，并想知道，如果确实有了任何生态学知识的话，所有的研究在平原和森林的真正利用上起到了什么作用。拥护者辩护道，很多研究生都是通过《国际生物学规划》开始他们的学术事业的，而且作为一个培养西尔斯这样的基础性专业人才的基地，这个《规划》是取得了巨大成功的。不过，据布莱尔所言，取得的主要成就更多的是理论上的："是作为生态学研究一个单位的生态系统概念的发展"。[42]《国际生物学规划》背后的雄伟计划是，先在区域一级水平上全面了解生态系统，然后扩展到整个生物圈，以改善全球的资源管理。当 1974 年该计划终止时，这些计划还有很多工作尚未完成——

说实在的，永远也不会完成了。跟先前相比，地球也没有丝毫的改善。

越来越多的生态学家开始对《国际生物学规划》所主张的整个做法表示异议，《规划》主张总体上的"大生物学"，并由政府提供巨额资金支持，但其许诺远比实际带来的成就要多。他们认为这决不是科学进步的方式，而且非常怀疑任何雄伟宏大的综合计划，认为越大越糟。批评家们强调说，不要老想着去描述整个"系统"，也不管它是草地生物群落系统、池塘生态系统，还是整个地球系统，科学都应该着眼于非常细小的部分并从那里获取确有助益的知识。理论必须是离散而细致的。最重要的是，理论必须提出一些可以试验、证明或反证的预测。生态学还是一门很弱的学科，其原因不在于它缺乏持续的资金支持，而是因为它缺乏稳定的理论，它所研究的庞大而无法验证的抽象概括和不可能得到解决的问题太多了。批评家指出，完善的理论应该简单化、抽象化，奥德姆兄弟基于全球的统一理论思想就没有做到这一点，他们的工作与其说是科学还不如说是超生物学。

反对派中的核心人物是罗伯特·麦克阿瑟，这位生态学家在自然科学界因其"超凡智力"而充满神奇的魅力、广受赞赏。他对奥德姆兄弟关于物质与能量通过空气、海洋和珊瑚礁共同进行大循环的理论没甚兴趣，却想发现动物群落聚集的详细模式。他感到，生态学必须以研究物种之间的相互作用为主，研究重点应放在物种统计、物种数量变化、物种竞争、动物捕食习性、物种散居、地理分布等方面。研究物种的数量越少，研究就越有成效。同所有关于东部落叶的模型相比，关于阔叶林中莺类的内在关系的精密细致的研究将揭示更多关于动态生态学的可靠知识。科学家应该就莺类怎样划分栖息地提出假说，并且在其他地方的其他物种上验证这些假说。"预测、预测、再预测"是麦克阿瑟的信条。提不出可以验证的预言的生态学还算不上是一门科学。他在寻求一种建立在研究范围更狭窄、更数学化和具有更强预测能力基础上的理论生态学。

麦克阿瑟是 G. 伊夫琳·哈钦森在耶鲁大学的另一个研究生，他于 1957 年完成了关于缅因州森林莺类数量管理的博士论文。后来在宾夕法尼亚大学和普林斯顿大学任教，在那里，他建立了一个很强的生态学教学和科研体系。哈钦森传授给他的一系列问题都跟给霍华德·奥德姆的不同，霍华德曾是哈钦森早期的研究生班学员。奥德姆学习的是俄国科学家弗拉基米尔·弗纳德斯基提出的宏观"生物圈的"传统中生物与化学之间的全球性联系。而麦克阿瑟则倾向于另一学派，即实验人口学派，如意大利的维托·沃尔泰拉、美国的艾尔弗雷德·洛特卡和雷蒙德·珀尔、俄国的格奥尔基·高斯和澳大利亚的 A. J. 尼科尔松。最重要的是著名的"洛特卡-沃尔泰拉方程"，它描述了简单化的实验环境下捕食者与被食者之间的相互影响。所有这些前辈都曾想用数学方法阐明两种或更多的相互作用的物种之间是怎样达到一种平衡状态的，无论是捕食者与其被食者之间、寄生虫与寄受主之间，还是同一食物的竞食者之间，都是如此。同样重要的还有英国鸟类学家戴维·拉克，他就自然调节发表过影响深远的研究论文，并且附有很多物种数量起伏变化的图表和鸟类根据环境条件调节产卵量变化的图表，而麦克阿瑟还在读研究生时就已开始自己进行鸟类的研究。这些对自然界平衡至关重要的统计关系引起了这位年轻科学家的极大兴趣，于是他也参与进来，揭示其中的奥秘。[43]

麦克阿瑟深信，任何生态群体包括同聚一地的动植物群体的基本结构，是由生物的相互作用决定的，而不是由像气候之类的外界偶然因素决定的。如果他是正确的话，那么，这种相互作用就是可以描绘和预测的，而且生态群体的结构也同样可以描绘出来。这样，自然界看起来就如同一架机器，他还坚持说，真正的科学总是"倾向机械论"的。[44]如果他是错的话，那么生态群体就只是一种偶然的产物，无法进行任何科学解释。最后，他找到了验证自己思想的办法。大多数陆地和海洋的生物群体都是与其他因素复杂地缠结在一起的，很难分析其机制。科学需要实验室的各种实验，实验室的条件是可控制的，比如高斯所作的试管里的捕食者追逐被食者的实验。但试管里得出的结果与现实情况相距甚远，无法使人完全相信。麦克阿瑟需要一个较为天然的实验室。60 年代中期，他同来自哈佛大学的研究伙伴爱德华·O. 威尔逊一起，在加勒比群岛中找到了一个理想的场所。这里岛屿众多，有大有小，有的离大陆近，有的离大陆远。通过对不同岛屿进行考察比较，这位生态学家能够找到很多问题的可靠答案，如物种数量增长与物种密集的关系、海洋中物种的多样性、生存空间的竞争、生态平衡的条件等。加勒比海对麦克阿瑟和威尔逊来说，就如加拉帕戈斯群岛对达尔文一样，是一个生物进化与生物地理学的微观世界。他们可能不像达尔文那样提出那么多开拓性假想，他们在考察研究中除了一叶小舟和一张舒适的吊床外别无支持，但他们的工作改变了生态学发展的方向。

在众多成果中，麦克阿瑟和威尔逊发现，栖息于一岛的物种数量依赖于岛的大小——像古巴这样的大岛就比小岛拥有的物种多——而且还依赖于其位置，离大块陆地较远的岛屿拥有的物种就比离得较近的岛屿要少。更有趣的是，物种的数量总是能达到一种生态平衡点。如果一个岛被剥露了，就会有新的物种开始到来并重新占领这块栖息地，如喀拉喀托火山就是证明。在1883年，这座山被火山灰覆盖了；但是，物种的数量最终会达到一个稳定的点，某一物种数量不会永远持续地增大，种类也不会无限制地增多，只能达到一种饱和点，再多就有灭绝的危险。在重新繁荣之后，昆虫、鸟、蜥蜴等物种的成分看起来与先前已大不相同，因为生物群体的确切组成是依不断变化着的环境而定的，但物种多样性的程度却总是一样的。能够生存的物种数量取决于该地区的恒定承载能力，因此，物种数量是稳定的、可预测的，并且可以用数学方程式来表示。忽略掉具体的物种，这是无关紧要的——而集中精力关注生物群体结构的恒定模式。

这就是这门更复杂、更理论化的生态学期待已久的学术成果，但是，很多人疑惑不解，一门较好的科学是否只意味着把更多的精力用于证明一些较小的思想观点。所有的复杂的数学等科学手段怎样才能帮助保护地球免遭退化？的确，对这些可测性科学假说的探索本身似乎也能导致环境恶化。麦克阿瑟和威尔逊在他们的专题论文末尾发出呼吁，要彻底处理好那些岛屿上的试验室。

世界上很多地方都有非常多又非常小的岛屿：例如，很多热带国家的长满红树林类植物的小岛、加勒比海的沙岛、印度洋上的小岛、加拿大湖泊中林木密布的岛屿及湖泊本身、热带草原上的硬木树区、冻土带和高山顶上的针叶林地。在这些面积很小的地区，是有可能人工或用毒药消灭生物区内的成分或整个生物区域，或者增加成分的。像"喀拉喀托山"这样的微型实验区可以随便制造出来，并进行完全充分的复制模仿，同样可以产生统计学上的那种可靠效果。[45]

令人恐惧的想法源自温带地区。我们为解剖而犯谋杀罪，华兹华斯曾抱怨过，但他不知道，为了证明几个有趣的方程式，整个生物区都可能被毁掉。

这一设想付诸行动了，1966—1967年，为了研究物种移民化的过程，威尔逊和丹尼尔·西姆伯洛夫着手在佛罗里达群岛中的整整7个"试验性小岛"上"剿灭了全部动物"，这些小岛平均直径约15米，全是红树林类植物分布区。他们必须杀死岛上的全部动物，主要是昆虫和蜘蛛，以便追踪观察来自其他岛上的新物种来此迁移生存的进展速度。他们手握树枝驱打动物，但无法全部剿灭，因此他们就在这几个岛上覆以帐篷，里面注入一些可以使某些植被变成棕色但不会长期有害的熏蒸剂甲基溴。在随后的一年里，他们一直监控着来占领这些岛屿的新物种，直到他们收集到足够的证据来证实麦克阿瑟-威尔逊理论：不再有新的外来物种能来此立脚的平衡态是常规的结果。[46]

于是，生态学从探询一些关于全球生态系统的无限宏大而无法解决的问题，向对动物群体之间关系进行精确的试验、向对动物数目进行精确的统计方面发展着。同时，那些在建筑物边上画上"现在是生态学时代"字样的热心于生态的广大青年们，还几乎没有发现这就是生态学正在走的路。他们希望治理好这个地球，并且越快越好。他们对人口学家的细节资料没有兴趣，对罗蒂斯克生长曲线、竞争性排外、生殖对生物密集的反应、灭绝动物的方法等统统没有兴趣。在那些执着的生态学家中，麦克阿瑟这个名字可能是能令人

激动而且富于挑战性的，但是，他不属于那种公众熟悉的或者愿意
向他征询如何处理全球性危机建议的人。他的一位狂热崇拜者曾写
道："麦克阿瑟对生态管理领域几乎没做什么贡献，我认为他是宁愿
不赞成用生态学理论去指导生态管理、生态审查报告之类的。他似
乎觉得，从精神上讲，自然界充实了自然博物学者，于是也充实了
整个世界，因而可以从中获得和平与真理的更大丰收，远远强于从
森林中伐取木材。"[47]或许的确如此，但是麦克阿瑟对"更大丰收"
跟对木材一样无动于衷。

　　当然，数学理论学派争论说，是他们正在把"真正的科学"发扬
光大，而没有置身于广大公众不幸热衷的世界观和纯粹的比喻之中。
这是一种错误的区别。麦克阿瑟也以一种比喻的方式来思考问题，他
只是没有意识到这与其他方面的不同。正如他曾宣称的"机械化倾
向"一样，他把自然界比作一架机器。这一事实的重要性并非没有引
起其他科学家的注意，包括芬兰动物学家于尔耶·海拉，他一直认为
"科学离不开语言风格"，也就是说，科学不可能不以隐喻的语言思
考问题。而隐喻则反映着世界观。海拉特地说明，麦克阿瑟与威尔逊
关于岛屿生物地理学的研究工作，尽管在努力寻求一种生态学上中性
的定量分析模式，但仍然是基于"夹杂着物质微粒说和机械因果论的
机械决定论的世界观"，因而完全又回到了牛顿和笛卡尔的路上。这
一世界观长期以来以理性进步的名义，将复杂的自然界还原成"机械
的、一对一的因果链组成的网络"。就麦克阿瑟而言，他唯一使人感
到新奇的是他在群体生态学研究中体现的才华，他还有效地吸引其他
科学家步其后尘，并使很多同行抛弃了奥德姆作为统一理论的整体生
态系统思想。[48]

378

不过，在校园之外，生态学仍然意味着是一种全然不同的世界观——一种与环境保护主义和奥德姆思想相联系的关于世界的更全面的有机的图画。但似乎可以说，其中的奥德姆思想也最终因来自其他领域的更宏大的理论而黯然失色。这一思想受到最先进的技术、最新式的科学的惊人影响，而且矛盾的是它也受到最古老的异端信仰的影响。广大公众开始听说，地球上的所有生物都聚集一起组成一个名叫盖亚的唯一共同生存实体。她年高德昭、温柔慈祥，她是大地母亲，手中掌握着我们的命运。人类只是盖亚中的很小一部分，可能是有危害的一部分，但这一部分既不能离开她而生存，也不能做任何最终的伤害。对很多科学家来说，盖亚这个概念是彻底错误的，但值得注意的是，它的发明者却是一位杰出的科学家，她曾提出过一种得到大量证据支持的假说。因此，盖亚最终成为生态学时代里最引起广泛争议的科学隐喻，超过了尤金·奥德姆的"地球宇宙飞船"和霍华德的"集成电路板"，而且至少对某些科学家和很多普通公众来说，也使罗伯特·麦克阿瑟的"机械论的"还原探索相形见绌。

盖亚这个概念是在加利福尼亚州的帕萨迪纳的喷气推进实验室里诞生的，60年代后期，一群科学家正在这里通过探测航天器来探测金星和火星上是否有生命存在。人们知道怎样确定生命的含义吗？更何况是通过遥远的自动检测来寻找生命呢？这是个客观存在的基本难题，无须理它。参加探测者中有一位瘦小、精明的英国人，詹姆斯·拉夫洛克，生于1919年，这时约50岁左右，曾获曼彻斯特和伦敦大学的化学与医学博士学位，此后则漂泊不定。在20年中，他曾做过英国国家医学研究院的正式科学工作人员，然后来到美国，先后在哈佛、耶鲁和贝勒大学里短期讲授过工程学、生理学和控制论。同时，他成为一名发明家，发明过很多设备，包括探测大气中微量元素成分的设备——一种观测行星污染状况的很有价值的器械。他的发明专利所得的收入使他无需从事学校教学工作，而成为威尔士乡下的一名自由科学家，并不时地出来当当顾问。现在，他又为美国喷气推进实验室的难题提出了一项创造性解决办法。

拉夫洛克最为熟悉的正是关于大气气体构成的科学。他总在思考为什么地球的大气层与金星及火星的大气层差别如此之大？金星火星的大气层几乎全由二氧化碳（占到95%—98%）组成，而地球的大气层中只有不到1%是二氧化碳。另外，我们地球的大气中79%是氮，而其他星球的大气中氮只占2%或3%，在我们享有着高比例的氧气时，其他星球的氧气却是很稀薄的。与其他星球相比，地球还有一些特别不同的地方，比如地球表面的平均温度，就远远低于它在太阳系位置所应有的温度，根据地球的位置，它的表面应该是滚热的，但实际上它的平均温度却是令人舒适的13摄氏度，特别适合于生物生存。实际上，地球上有很多因素都特别适合于有生命的有机物生存，这一事实早就被劳伦斯·亨德森注意到了。[49]如果大气中含氧水平突然下降，那么，我们所知的生命就将死亡；如果含氧水平上升，那么燃火就将失去控制，因而生命也会消失。物理学家们对这种令人满意的适度状况所作的解释却是单薄而缺乏说服力的——根据他们的解释，行星上出现生命本身就是一种难以预料的偶然。这似乎表明，事物有时会违背热力学和化学的基本法则，但这种情况并未降临于金星和火星。拉夫洛克总结说，这种情况之所以出现正在于生命本身。生命不仅仅是不可思议的自然环境的受益产物，而且其本身正是一种使自己不可思议的积极力量。他并不比生物学家对生命有更多的解释，但他

380

认为，只要哪个行星上的大气条件成熟，就能够找到生命。地球上第一次出现生命形式是在 150 万—300 万年前，而且自那以后，大气构成已经改变了，而气温却一直保持稳定。因此，生命并不是骑着地球这个巨大石球穿越太空的无足轻重的过客，而是一种非同凡响的力量，可以将这个石球变成宽敞舒适的家园——我们四周唯一这样的家园。

　　生命与大气共同进化的现象，尽管拉夫洛克比其他任何人都理解得深，但对科学家来说并不很难接受。可当他试图给这种现象命名时，却引起了人们的疑问。他本想采用一个别人不会反对的"高技术"拼合词，但在与他的威尔士乡村好友、作家威廉·戈尔丁讨论之后，他选择了"盖亚"一词，是希腊大地女神的名字，该词词根源自地理学和地质学。盖亚意味着所有生命都具有一个人所具有的全部特征。当然，这并不完全是拉夫洛克想说的那种含义，但他喜欢把"盖亚"描绘成一个单独的人，喜欢用代词"她"，而且还谈到"她"有能力"学会"怎样处理事情。当他不那么诗兴盎然时，他想说的是，三千万左右物种为了它们的共同利益而齐心合力地去控制地球的各种化学反应，它们这样做并非出于有意，而仅仅是出于一种求生的本能。那么，盖亚是一个为物种独立活动的合力影响而假想出来的词语吗？或许，她是一种新的存在物，一种巨大的超级生物，一个地球上最大的生命体？拉夫洛克倾向于后一种看法，但他对此却含糊其词，很不肯定，而科学界是讨厌这样做的。

　　1969 年拉夫洛克在普林斯顿科学会议上第一次介绍自己的假说时，只有两位听众对此产生了兴趣：瑞典化学家冈纳·西伦和美国微生物学家林恩·马古利斯，后者以其关于生物协同进化的新观点而闻名于世（她论证说有核细胞、真核生物都是从细菌群进化发育形成的）。马古利斯是后来一系列会议上拉夫洛克的主要支持者。他俩一起广泛地搜集整理有关科学数据，从实验室的研究、计算机中的模型到对飘浮在海边的微生物的实地考察和大气化学中最重要的物种进行研究。他们得到的启示用最简单的话讲，就是"一个地区的动植物及其周边环境组成了一个能单独地自动抵制不利生存变化的体内平衡系统"。毫不奇怪，这一启示吸引了尤金·奥德姆，他在后来的著述中也引用盖亚之类的语言，并且最终有机会让很多其他领域的学者周知，尤其是在一次有几十名自然科学家和科学哲学家参加的大型会议上。[50]

广大公众第一次接触到拉夫洛克的思想是通过 1979 年出版的一本书《盖亚：关于地球生命的新视角》，随后 1988 年又出版了《盖亚时代》。这些书都用简单明了的语言来阐述科学问题，但拉夫洛克还涉及伦理道德、宗教信仰和环境政策等现实问题。他相信，这种思想假说的内涵是深刻的。如果真是这样，那么，生命的最基本规则就应是合作与共生，而不是各自竞争。"盖亚"表明，生物必须相互依赖以维持生存，高级的生物需要有最低级的细菌才能生存。拉夫洛克的这种推理存在着一个来自他本人的逻辑上的缺陷：他推测说，在生命出现的头十亿年里，占主体的生物藻青菌生活在几乎没有氧气而充满甲烷的环境条件下。它们生产出比海里的复合物分解所需的更多的氧气，因此，富余的氧气就增多了，成为其他大部分生命形式的致命污染源。在这种新的环境里尚能生存的生物急剧地进化，而逐渐变成了占主体的生命形式，而藻青菌则散退到没有氧气的个别地区、沼泽泥塘的泥水里和动物的肠胃里。所有这些发生的时候，盖亚在哪里呢？当一套生态系统取代另一套生态系统这种灾难性的剧变发生时，生物互惠共生现象又在哪里发挥作用呢？拉夫洛克把这一事实作为生命具有惊人适应性的例证，但是，他似乎没有意识到，这一事实已暗暗削弱了他早先的结论，即一个单独的生命力量为了生存会卓有成效地努力，以尽可能地完善周边生存环境。[51]

置这些困难于不顾，一些虔诚的人们就把盖亚当作一个与上帝一样的神，当作是一种从地球扩展到整个宇宙的神奇的和谐力量。拉夫洛克对这种想法感到惊异，但却表示同情。他很清楚，自己不是个基督徒，而是一个坚定的不可知论者。他承认自己对盖亚有种虔诚的感情，只是他发现，在原始宗教信仰仍然存在的乡村环境里大都存在着这种感情。他观察到"在像爱尔兰西部和某些拉美国家的农村这样偏远落后的地区，仍然存在着一种信仰，即地球是有生机的，而且应受到尊敬"。正是因这种感情，他才离开了现代化的都市文明，来到一间乡间小屋，思考着这样的问题："如果我们再也听不到鸟儿穿过现代交通的喧嚣的叫声或者呼吸不到甜美的新鲜空气，那我们怎么可能去尊重这充满活力的世界呢？"如果说是异端倾向促使他及其家庭来到威尔士的话，那么，这些倾向同样可以使他敌视当代的"人道主义的异端邪说和对人类利益独有的那喀索斯式的热爱*"。他哀叹自己在城市里看到的对人类健康与福利的过度重视，哀叹源自城市的"对自然界过分严重的支配性"。自然界并不是一个神圣的有感知能力的存在，他同意同行的这一观点，但是，"对我来说，在精神上同样不能接受的是物质主义世界这一明白无误的事实"。"盖亚"成为了一个关于生物学的可试验性假说，尽管是高度理论化的一个深刻而神圣的感情对象，但并不是一种新的神学教条。拉夫洛克在其工作中并没有克服那

---

　　*　源自希腊神话，因爱恋自己在水中的影子而憔悴致死的美少年，死后化为水仙花。——译者

种深刻的双重情感。㉒

正如我们所看到的，这种双重情感在英美文化里是极为古老的。拉夫洛克步其同乡吉尔伯特·怀特的后尘，来到离威尔士不远的塞尔波恩的丛林和草原中探索考察大自然。正如18世纪曾发生过的那样，现代科学精神又一次与田园牧歌式的自然虔敬结合起来了。环境保护主义者发现这种结合十分诱人，而且他们使拉夫洛克成为受人敬爱的理想主义者，一个淳朴的白发苍苍的生态学时代预言家。

不过，拉夫洛克从多方面都发现战后的环境保护主义是一种有缺陷的感情。他感到环境保护主义过分关注于人们的健康，而不是盖亚的健康。他观察到，环境保护主义者主要担忧的是来自工业、汽车、杀虫剂、含氯氟烃（它能消耗高层大气中的臭氧层）、原子弹和核电站的污染，但他认为所有这些还算不上生物圈最严重的威胁。他指出，污染对盖亚来说是自然的。自然界每年自己产生的一氧化碳水平都在数百万吨以上，可见最致命的有毒物是大自然制造的，而不是实验室里制造的。氧气——新鲜空气就是其中之一！只有从人类及大多数其他动物的角度讲，氧气才是一种称心合意的气体，现在的大气才值得保护；对某些物种来说，氧气是一种剧毒，而且对所有物种来说，包括那些进化发展需要氧气的物种来说，氧气都在慢慢地烧掉他们的细胞，破坏体内再生与恢复功能，最终会带来死亡。如果说早先的生物已习惯生活在一种危险的气体中，那么，它们也能学会在当今的有毒废物和核辐射中生活。

我从未把核辐射或核能当作是不同于自然环境不可缺少的正常部分外的东西。我们的原核细胞祖先就是在这个由一颗恒星大　384

小的核爆炸产生的行星大小的尘埃团块上演化来的，这是一颗能包容产生我们这个星球及我们自身的各种要素的超级新星。

拉夫洛克甚至进一步说，我们这个时代最不可想象的最恐怖的灾难——超级大国间的一场全面的核战争——对盖亚来说也都不是致命的打击，尽管从人类利益着眼他很害怕发生这样的灾难。在次要一些的问题上，他藐视那种认为工业文明整体上就是一个错误并注定要失败的忧虑。他写道："工业区很少生来就是那种丧失自然本性的荒漠，即像一些职业灾祸预言家们引导我们所展望的那样。"即使是在英国、日本和美国最喧闹、污染最重、自然面目最少的地区，生命仍在周边蓬勃发展，等待时机重新占领失去的领地。从历史的长河来看，工业文明只是一个小小的临时性干扰因素。除此之外，拉夫洛克发现有迹象表明工业文明是一个像盖亚一样的自我完善的实体，并且会注意到自身造成的影响并重新进行不断的修正。因此，我们一定不要用一种认为"回归自然"是可能的或者是应该尝试的错误希望，去对科学技术进步产生过分的反应、过度调节或者用不同的方法去妨碍它。[53]

"在这个什么都可能有的最佳世界里，所有事情都是相互联系的。"启蒙思想家潘格洛斯博士这样告诉他的学生康迪德*。詹姆斯·拉夫洛克有很多潘格洛斯思想，和谐是他的主导原则。科学技术与大自然的和谐正是他在个人生活中所追求的。他是个热爱机器尤其是计算机的发明家，并且总是充满希望地看待新的发明。政治舞台中的和谐

---

　　*　潘格洛斯博士是伏尔泰的讽刺作品《老实人》中的哲学家，此人认为世上一切都臻于至善，康迪德即书中的老实人。——译者

则是另一种希望。他对经济企业不怀敌意——实际上，他还曾就职于国际石油公司——无论它属政治左派还是右派均如此。的确，从总体上讲，他是一个生活在还很需要努力改善的喜悦祥和的国度里的喜悦祥和的人。最后，不管出了什么样的差错，总是有一种来自空间的、超脱的和哲学的观点，来说明盖亚有沉着冷静的适应性，能协调她手中的一切。

然而，拉夫洛克也是一名环境保护主义者，是英国生态党（后来更名为绿党）成员，一个忧心忡忡的人。他警告说，迫于不断增长的人口压力的农业发展是摆在地球面前的最严重威胁。为了养活迅猛增长的亿万人口，一个个国家的农民们都正在对生命维持系统结构进行"生态灭绝式"的攻击破坏——其程度连工厂老板和原子弹制造者们都无法比拟。铁铧犁成了比计算机或汽车破坏性更大的工具，链锯造成的可怕威胁远胜于氢弹，因为农民和牧场主们正是充分利用着这些工具，在大规模拔掉草地和砍光热带雨林，而这两者都是盖亚的构成主体。在其他地区，原始的过度放牧正在造成比任何先进技术可能造成的更大的危害，在非洲、拉丁美洲和美国西部制造着干旱尘暴区。蕾切尔·卡森关于现代农业的破坏性和正在临近的寂静春天的危险的论点是正确的，拉夫洛克对此表示认可，但氯化杀虫剂还不是全部的甚至最严重的威胁。疯狂的农用土地扩张是更大的威胁，是阻碍生态进化过程的。如果人类曾想征服大陆架，从中获取各种动植物——盖亚最需要的有机物的话，那么，随之而来的将是一场实实在在的巨大灾难。这些正是拉夫洛克主要担忧的，尽管这些似乎并不能引起很多城市环境保护主义者的关注；他们没有意识到供给他们的食物所付出的生态代价。

当然，拉夫洛克所选择的令人担忧的方面也是有偏见的。它们主要集中在那些以与放射性污染和工业废料污染明显不同的方式对他个人产生过震动的威胁。在迁居威尔士的秀丽山水间后不久，拉夫洛克发现，他所选择的这个绿色和平与鸟语花香的避难所正变成一座农业综合经营工厂。他所喜爱的长满各种野花和野草的田野被耕犁翻过和重新种植成为产量更高的单一作物区，而昔日栽成树篱的成排灌木被砍掉了，以便于更大的农用机器操作。"决意再找一个环境不可能这么快改变的地方，"拉夫洛克一家又向西迁到德文郡北部保威尔克勒克的茅草屋顶的村庄，在这里，他们发现了他们所希望的那个比较长久的避难地。对他们来说，"英国乡村里最新遭到的破坏就是现代历史上几乎史无前例的一种文化艺术的故意破坏行为"。正如农学家所做的那样，科学家在这场破坏中也扮演了一个角色，同时还包括那些形形色色的政治家和土地所有者。他们都是盖亚的敌人，尽管他们并没有意识到自己有错，特别是没有认识到自己的动机就是一种罪恶。拉夫洛克感到，他所钟爱的乡村已不是原始的生态系统，它的大部分已是被人类改造过或重新改造过；吉尔伯特·怀特所在的时期才特别创造了令人深感满意的风景艺术作品。在他看来，那种乡村遗产正是说明人类可以怎样在整个自然界中和睦相处，并帮助盖亚协调内务的例证。而如今，这些遗产正消失在现代化的力量之中。

因此，拉夫洛克从他对田园风光强烈的个人感情中——奇怪地夹杂着对航空时代科学的热情——得出了一种生态伦理，并向全世界宣扬布道。他最终更像是康迪德而不是潘格洛斯，他认为我们必须共同培植我们自己的庭园。整个地球必须作为我们共同的庭院。养育我们周围的所有形式的生命应该成为人类的一项新兴工作。盖亚的生命力并没有要求人类充当这一角色，不管我们人类做了什么，它照样继续发展下去，但我们人类要想生存下去，则必须靠学会怎样与大自然协调共处，并治理好我们自己造成的创伤。我们有必要把这个世界看成是一个我们自己只是其中一个从属性角色的生物。

在拉夫洛克最后出版的一部著作里，他承认：地球因为人类的行为而满目疮痍，因而需要最好的治疗，尽管自蕾切尔·卡森时代以来环境保护主义者一直在这样讲，但拉夫洛克以前却从没表示过赞同。盖亚并不像他曾宣扬的那样坚不可摧。他写道："让我们忘掉人类的忧虑、人类的权利和人类的痛苦，而把注意力集中在我们这个可能已病入膏肓的星球。我们是这个星球的一部分，因此我们不能孤立地看待我们自己的事情。我们与地球联系紧密、息息相关、忧喜与共。"⑭他最后承认，污染同农业一样，对全球系统是"很大的压力"。因此，现在最需要的是一门能运用医生——一种环境医生或乡土医生的所有医术和实际经验的新兴星球医学。

拉夫洛克在他的关于盖亚的著述中，列举了生态学时代里生态科 387学的实践努力与提出主张的动机之间的种种矛盾，科学家必须马上成为一个过着田园牧歌式生活的人、一名田园医生、一名地球技师、一名权威的盖亚救星，而且还应是巨大的地球共同体中的一个次要的、自我谦恭的成员。地球已成病体，而且是我们人类造成的，这已是第二次世界大战后日益广泛的说法。它有赖于把地球看作一个单独的有生命的生物，否则，用"生病"和"健康"来描述整个地球又有什么意义呢？把地球视为一个生物的思想并不是新提出来的，它可以追溯到史前文化中；但它却是现代生活中重新诞生的概念。具有讽刺意味的是，这个痛苦而古老的有机星球的形象正是来自高空中宇宙飞船所携带的高度清晰的自动照相机透镜。

第十七章　令人不安的自然

　　如果观察者总是影响着被观察者，不时地、经常地去改变它，那么，被观察者也会改变观察者。在 20 世纪的最近几十年里，地球的生物物理环境跟卡罗勒斯·林奈和吉尔伯特·怀特时期相比已经发生了很大改变，人类社会、经济状况、科学团体及其关于自然界的主导思想都已发生大的改变。与过去相比，整个世界似乎更是处于一种变化的氛围之中。截至 1985 年，人口数量正接近 50 亿，每 40 年就翻一番。所有人都影响着他们周围的环境，只是程度有所不同。自然景观变成一幅模糊不清的活动画面。道路上奔跑着约 5 亿辆汽车，同时空中则有不同国家的飞机疾驶而过，如同日常见到的阵阵流星，通信卫星能在瞬间之内把摩加迪沙街头上的战斗新闻传到洛杉矶。人们从这各种交通和通信设施的角度所看到的是动荡中的自然。平均每年约有 1100 万平方公里的热带雨林和其他森林遭到破坏，这种破坏可以从空中跟踪到，而且显然未能在地上受到阻止。同时，还有越来越多的婚姻正走向破裂，越来越多的机构信誉扫地。目睹所有这些令人惊奇的变化仍在不断发生，科学改变了对许多事情的看法。人类已经变成自然环境中一个极其令人不安的因素，与此相应的是，生态学家开始发现自然环境本身也是个令人不安的事物。

　　在第一个"地球日"那天，在原有自然中被留下来的那些东西，即处在尤金·奥德姆那美丽合理的生态体系中微妙而和谐的力量，与漫不经心、贪婪无比地进行破坏的人类之间的伟大斗争似乎已经到来。但20年过去了，生态学却丧失了原有的明确含义。大自然似乎更无理性、更不稳定、更不和谐了。如果在那儿还有任何模式出现的话，那么，它也要比早期的生态学家们所设想的情况难以辨别得多。各种新思想影响到各种生态学家。虽然罗伯特·麦克阿瑟并不赞同从整体出发思考问题的奥德姆兄弟关于科学应怎样发展的思想，但是，他跟他们兄弟及其共同的良师伊夫琳·哈钦森一样，相信不管从哪一层次着眼，大自然都是倾向平衡的。自然最正常的状态就是平衡。这种一致的观点开始分裂了。新一代的生态学家开始怀疑所有旧的思想、理论和比喻，甚至宣称自然界本质上就是不稳定的。

新闻记者们并没有完全察觉到这种转变；在他们谈论石油泄漏、核电站事故和二氧化碳污染的时候，他们继续用"打乱平衡"和破坏"生态"之类的口吻谈论着。同样，很多科学家和土地经营者们也仍然坚持自然关联性与秩序之类的语言。在1986年英国生态协会对其成员进行的一次民意测验中，70%的应答者把"生态系统"列为他们行业里用以理解自然世界的最重要的概念之一；的确，它排在第一位，超过其他19个概念。其他诸如生态演替、能量流动、自然保护之类宽泛的整体性概念包揽了排名前列。大多数应答者都来自英国，而且他们都特别偏爱"实践整体主义"，这包括了大量的动物学家、自然保护论者和地理学家，却极少有已在美国很多大学研究机构中占统治地位的"理论还原论者"。因此，食肉动物与被捕食动物之间关系的概念，就只能与人口循环一起列在排名之尾。[1] 可是，仍然如此广泛流行的生态系统概念还能像它过去那样表达一个世界的稳定与秩 390

序的同样含义吗？根本不可能，因为生态学领域的很多权威学者已经在摆脱奥德姆的影响，摆脱把生态系统看成是一个处于内平衡状态的完全统一的整体思想，甚至在摆脱这个词语本身。

英美国家在这个领域里新近出版的教科书清楚地表明了这种趋势。英国最为流行的教科书可能是由迈克尔·贝贡、约翰·哈珀和科林·汤森写的，因为他们把生态研究分成了三种不同的等级层次：单个的生物、某种物种的种群和生态群落；它们共同组成多种种群。生态系统并不明显地属于其中哪一级。在长达600页的教科书里，他们只用了一个单独的段落来谈论生态系统概念，并且只是将其视为一个无足轻重的概念。同样，英国作家 R. J. 普特南、S. D. 拉滕也随意提到过生态系统，但他更侧重于把物种间的竞争视作生态系统的核心观念。美国最畅销的初级教科书作者保罗·科林沃克斯和学界新人彼得·斯泰林也持同样的观点，他们在1992年版的入门教科书中，用了600页中的不到40页论述生态系统，但大部分篇幅还是用于描述自然选择、资源搜集、食物网和群落随时间而发生变化之类的内容。更接近于奥德姆思想的是斯坦福大学的保罗·埃利希和乔纳森·拉夫加登研究小组，他们把教科书分成四个不同等级，从单个生物到物种种群和生态群落，再到生态系统（虽然奥德姆是把这个秩序倒过来，即从高级到低级）。还有罗伯特·里克莱夫斯，他的那本最畅销教科书出版过几个版本，也保持了这种传统，极力赞成自然的基本秩序论。不同作者有不同的侧重点。此外，可以感觉到的是，该领域正在偏离统一理论，即那种寻求把生物和非生物都联合统一成一个单独的、紧凑的、平衡的、有序的系统的理论。[②]

导致这种学术派别分野的明显问题是，生态演替的结果是否是一

种稳定状态。当一个新的物种种类进入某一景区并取代了原先的物种　391
时，生态学家就说生态演替发生了。一片松树丛林取代白杨丛林，或
者说橡树与山核桃林取代长满长茎草的大草原。如果这种演替次序是
开始于光秃秃的石头之上，那么，这种演替模式就称之为"初级演
替"；当植被受到干扰但土壤未被破坏时，如一场大火吞没一片草原
或一阵飓风铲平一片树林，生态学家就称之为"二级演替"。③不管是
哪种变化，最终都能达到终极的静止状态。生态演替如同穿越一段狭
长曲折道路那样到达平衡点，也被称为演替顶极或体内平衡状态。因
此，燃烧掉处于演替顶极的森林，就意味着使生态演替退回到早期
的、更落后的和不稳定的状态。

　　传统的观点就这样过时了。在 1973 年，《阿诺德植物园杂志》上
发表了与马萨诸塞州奥杜邦协会有联系的两名科学家威廉·德鲁里和
伊恩·尼斯比特的一篇文章，对这一传统观点提出了严峻挑战。他们
根据对南部新英格兰的温带森林的观察认为，生态演替过程并不能说
明什么问题。生态构成内部一直在发生着无法测定方向的变化，而
且会永远变化下去，根本达不到任何稳定状态。他们没有发现在时
间轴上不断向前发展的证据：没有生物量稳定化的趋势、没有物种多
样化的趋势、没有动植物群落紧致化的趋势，也没有生物对无机环境
的控制的趋向。的确，他们发现没有哪种生态系统符合尤金·奥德姆
给成熟的生态系统所定下的标准。他们坚持认为，不管处于什么树龄
的森林，都仅仅只是树木和其他植物组成的飘忽不定、变化不测的嵌
合体而已。他们强调："绝大多数生态演替现象都应理解为，是由物
种为适应不同的选择压力而出现的生长差异，或者分布差异、存活
而引起的。"换句话说，他们可以看到大量单个的物种自行发展，但

是，他们没有发现物种间存在着必然发生的秩序以及任何达到有序的
"策略"。④

　　他们为了支持自己的观点而列举了一批著名的权威学者，其中有
几乎被人遗忘的亨利·格利森，他于1926年就在一篇题为《植物联
合中的个体概念》的挑衅性文章里对弗雷德里克·克莱门茨及其演替
顶极理论提出了挑战。格利森争论说，我们生活在一个经常波动、极
不永恒的世界之中，而非一个倾向于稳定的世界之中。他认为不存在
自然界平衡或稳定与均衡状态这样的情况。每一个植物的联合都仅仅
只是物种按一定途径进行的暂时结合，今天在这儿结合一会儿，明天
又在它们去什么地方的路上结合。这种结合纯粹是无规律可言的。他
写道："每一个植物物种都有自己的规则"，同其他物种竞争获取生存
资源。我们在大自然中寻找合作，却只能发现竞争。我们寻求有组织
的统一体，却只发现松散的个体和部分。我们希望秩序，但我们看到
的全是物种间的疯狂竞争，各自最大限度地追求有利自己的好处，而
不顾其他物种的利益。⑤

　　格利森是通过沿着密西西比河旅行考察冲积林——北美变化最快
的环境之一——得出上述结论的。毫无疑问，在这儿他是正确的，这
样一个易遭洪水泛滥的地方是永远不会达到生态演替顶极状态的，而
且这一离散的统一体很难隔离并加以鉴别；但是，值得怀疑的是他将
这一特殊环境广而延之到整个自然界是否正确。另外，他选用政治性
很强的术语"个体主义的"来描述全部自然界，这使他跟有些整体主
义生态学家一样有比喻过头之嫌。尽管存在着这些导致早期生态学家
拒绝接受他的结论的弱点，但德鲁里和尼斯比特最终还是恢复了他曾
失去的名誉和学术理论。他们对演替顶极理论的挑战，最终也变成了

某些科学家欢呼为生态学上新的革命性范式的核心理论。

1977年，又有另外两名生物学家约瑟夫·康内尔和拉尔夫·斯莱蒂尔继续攻击演替顶极理论或稳定状态思想，他们否定了过去的传统观点：构成生态演替第一阶段的先到物种组成的统一群体为其演替者准备了基础，就像一群丹尼尔·布恩*开辟了文明之路。根据康内尔和斯莱蒂尔的理论，先来者在大多数情况下会设法表明自己先入为主的权利并且会成功地加以捍卫。在后来者经长时间殖民开拓之后它们才会让开。只有当先来者死去或被自然干扰破坏了，因而放松了它们曾经垄断过的资源时，后来者才可能找到立足点并逐步站稳脚跟。[⑥]

随着对传统思想的批评越来越强烈，"干扰"一词开始越来越频繁地出现在科技文献中，并且谈论得更为认真。包含着这种极大的外在变化的"干扰"，在奥德姆思想鼎盛时期谈论得并不普遍，更不用说在克莱门茨或其他学术创始人时期了。而且这一词语几乎从来没有同形容词"自然的"同时使用过。而现在，情况好像是科学家们在翘首期待着发现干扰的迹象——特别是那些不是由人类引起的干扰现象——他们到处搜寻，发现到处都有这种迹象，在原始的自然界里就几乎从未清静过。火是普遍提到的干扰源，而且实际上由于提到火太普遍，好像自然界总是在冒着火焰似的。常见的还有风，猛烈的飓风和龙卷风，撕裂树林，刮倒树木。还有微生物、害虫和食肉动物的繁衍扩张也是如此。而且火山爆发也被认为是干扰因素之一。还有冰川的融化、干旱的肆虐也是。尤其是气候不稳定引起的后几种干扰源，最新一代的生态学家们尤为关注。

393

---

* 美国著名拓荒者。——译者

最新一代的后奥德姆时代的生态学最重要的著述之一是由 S. T. A. 皮克特和 P. S. 怀特 1985 年编著的一本文集。虽然该书最新版本的作者中有些就是研究生态系统的，但生态系统一词在这里已失去了大部分原有实质。实际上，有两个作者开始就抱怨有太多的科学家相信"均匀同质的生态系统是一个事实"，而真实的情况是"真正一切自然产生的和人为干扰的生态系统都是环境条件的拼合体"。他们写道："从历史来看，生态学家认识到干扰的重要性及其产生的异质性总是太迟。"造成这种情况的理由很清楚："大多数理论的和实际的工作中占主导地位的都是平衡论。"为了推翻这种观点，作者把读者们带到南美洲、中美洲的热带雨林和佛罗里达南部的大沼泽地，以证明处处存在着不稳定——一个湿润的绿色世界正经受着持续不断的干扰，或者如他们喜欢说的是一个有着大大小小"烦忧"的世界。另一篇文章甚至把北美洲的草地描述成一个总遭扰乱的环境，一个"有动态的、结构细密的拼合体"，这一拼合体因獾、袋鼠、营冢蚁等生物的共同作用，连同火、干旱及风雨的侵蚀而总处于一种混乱状态之中。这些不同的文章都坚持的共同观点是：演替顶极论已完全过时，生态系统概念也已丧失光彩，代之而起的是不起眼的"拼缀"概念。自然界应被看作一幅包容各种结构和颜色的有生长力的植被块组成的可变性画面，一床名副其实的由生物拼缝成的大植被，在不同的时间和空间里不断发生着变化，对永无休止的扰乱因素接二连三的攻击做出反应。这一植被的缝线永远不会维持长久。[7]

394

这一新画面也跟格利森曾做过的一样，来自很短一段时间的实地考察，要使其更加令人信服的话，这个画面尚需更长期的观察材料。这些材料就埋葬在冰盖退去后留下的冰川湖的沉积物里。北欧学者率先对这种沉积物进行了发掘考察。他们创立了一门叫"孢粉学"的新学科，研究化石花粉，这种像骨化石一样的东西能用来揭示自然界的历史。这一领域的美国权威学者是明尼苏达大学的玛格丽特·戴维斯，她深知根据这种沉积档案可改写北美洲森林史。标准的植物分布图长期以来一直标明：这片宏大苗壮的落叶林王国的分布遍及目前美国东部的落叶林、环绕五大湖的混合林、加拿大北部的北方林以及最北面的寒冷苔原王国。但从历史的角度来研究，这些地区跟人类社会的各地区一样，并非是永恒的。戴维斯把第四纪时期，即冰盖在北纬地区进退的最近 200 万年作为她研究的时间期限。如果有人能用延时摄影法摄下这一时期内明尼苏达州或马萨诸塞州的变化史，那么，他将可以展示戏剧般的故事。在最近的冰川高峰时期，即 18000 年前，冰层覆盖了地球陆地的 1/3，而且因为海平面下降，大陆架都裸露着。³⁹⁵甚至热带地区也受到冰川周期的影响，尽管不是很激烈。全球的植被不得不适应这种冰层或更寒冷更潮湿的气候。动物可以飞或走到更适宜的地带，但树木却迁徙得很慢，而且有些物种比其他物种更慢。整体主义生态学家长期以来一直认为，需要互相帮助并生活在一起的物种必须一同迁移，而且，当冰盖退去后，又一同返回来。但戴维斯并没找到这种公有社会的证据。它们只能是四散逃命。可以肯定，树木自然比动物更不需要互相依赖，它们似乎只能与对手互相争夺生存空间。在这个大寒冷期中，它们充分地表明自己是典型的个体主义者。

随着气候再次开始变化，迅速地变暖并融化着最后一批冰层，新英格兰南部又一次显现出参差不齐、混乱无序的局面。先是冻土地带出现星罗棋布各种池塘湖泊，然后云杉树掺进来一段时间，然后在

8000 到 9000 年前松树和白桦树也一起来了，使这个地区类似于今天的安大略。然后是佛罗里达北部和低洼的密西西比河流域残留着的落叶林开始蔓延过来，每个品种都从不同的移植路线在不同时期蔓延过来。山核桃木约在 4000 年前来到这里，1000 年后栗树也来了。[⑧]

气候是造成有机的大自然极度不稳定的主导性原因。克莱门茨相信长期的气候规律，坚持自己的草原演替顶极理论，但根据戴维斯及其他孢粉学家的观点，他一直是错误的。不过，戴维斯并没有留意詹姆斯·拉夫洛克之类的科学家运用的时间尺度，这种尺度表明地球的气候在数千年乃至极长时期内一直是相当稳定的，从星际空间的角度看，冰层只是一张很大的一成不变的图表上的小小的标志。戴维斯的沉积档案资料不赞同这一观点，她的时间表太短，而这些标志却显得特别的大而且不规则。她写道："在最近的 50 年或 500 年或 1000 年，也就是任何人会声称的'生态时间'里——在任何一个时间段里，当气温都没有在平均值附近对称地起伏，都没有处于一种稳定状态……只有在最长的时间尺度里，如 10 万年，才有一种周期性变化趋势，而且这个周期是不对称的，其平均值远非今天这样。"[⑨]这一结论的证据很多，可以争论的只是对它的解释。确定自然界是"稳定的"还是"不稳定的"，完全取决于观察者所站立场、所选择的时间尺度和所运用的术语。稳定性是否就意味着某一特定地区物种的持久不变？那种持久性可以在几月、几十年、几个世纪、几千年或者永久时期内测量到吗？或者说，它意味着一种恢复力的特性，一种生态群落在遭受了不管有多频繁的灾难性干扰之后的恢复与重组的能力吗？北美一些地方几千万年来落叶林一直生机勃勃的事实可以作为稳定性或不稳定性的证据吗？[⑩]

　　站在北美的同一背景下来看除气候外的其他因素，科学家就能得出不同于戴维斯的结论。20世纪60年代中期，两个森林生态系统专家赫伯特·博尔曼和吉恩·利肯斯，在新罕布什尔的白山国家森林公园的哈伯德河地区，组织进行了一个试验项目。这一地区在200年前被白人殖民者占领，并反复砍伐过，现在又长满了各色树木，如糖枫、黄桦树、红云杉和胶冷杉等。受尤金·奥德姆启发，他们挑选了六个小"水域生态系统"，研究它们的物种构成、营养循环、生物区系生产和土壤侵蚀等。其中一个被除掉植被，以观察光秃秃山坡对河流流量的影响，其他生态系统则未被触动。在随后几十年时间里，哈伯德河研究在美国因其数据准确、论著丰富、方法多样而最为著名。他们还给予奥德姆的稳定状态理论很大的支持，大大超过了对格利森-戴维斯完全无序理论的支持。对该地区森林几百年来，而不是几千年的考察表明，除了欧洲人的斧头砍伐之外几乎没有灾难性干扰的迹象。雷电引起或印第安人造成的火灾并不常见，而且飓风也很少抵达这里。甚至森林被殖民者砍伐干净后（几乎每一棵树都被砍掉），397 最终都恢复了原状，表明了几个世纪以来一个成熟的生态系统的特性。在这种总体稳定中，研究者们发现存在着不规则小区，区内有些树木比一般的要幼龄一些，这致使他们将其描述为一个"移动拼合体稳定状态"。这一词语正好取自奥德姆和克莱门茨的批评者，却重申了自然平衡的传统思想。⑪

　　关于自然变化多端的教科书成为很多互相冲突的解释者手中的圣经，他们可以从其中的某一页，通常是在同一章节里找到一段话作为他们公开宣称信奉的经典或教条。不过，尽管存在着这些有争议的不同教材、不同地方和不同程度，但统一的看法还是开始逐渐形成了，开始强调干扰的客观存在。森林生态学的主要权威丹尼尔·博特金，曾为哈伯德河实验设计过计算机系统，他十分令人信服地概括了这种新观点：

> 直到前几年，生态学中占统治地位的理论，总是要么假设要么作为一个必要的结果接受一个有高度结构性、井然有序、自行调节、状态稳定的生态系统的严格概念。现在，科学家们知道，在局部和区域的层次上……即从种群和生态系统的层次来说，这种看法是错误的。现在，在生物圈中大多数时间和空间范围内出现的变化都显得是内在的和必然的。

博特金写道："在自然界中，在我们能够寻找发现持久性的任何地方，我们也发现了变化……我们看到的是一幅总是在不断变动的画面，在很大的时间和空间范围内变化，个体的生死变化、局部的破坏与恢复、从一个冰川时期到另一个冰川时期出现的对气候的更大幅度的反应和更慢的土壤变化，还有各冰川时期之间的更大程度的变化。"[12]

当然，现在科学家们已经熟悉了冰川世纪和干旱、个体的生和死、相当长时期的狂风和烈火，尽管绝大部分沉积的证据是新的。但直到最近，他们都没让这些干扰因素损害他们关于动植物平衡联系的理论。他们看到了这些力量但却把这些力量当作相对次要的因素而忽视了它们，因为它们对占优势的自然秩序没有决定性威胁。那么，奥德姆之后的一代学者为什么如此重视这些同样的变化，而且常常只能达到发现其中的不稳定性的程度呢？这只是因为新的科学证据不断被发现，还因为更深刻的文化变化？

支持前一种解释的证据重点来自不断发展的种群生物学领域，即来自那些并未受过生态系统分析训练的生态学家。当种群生态学家看着森林时，他们看到的只是各种不同的树木，并一一清点它们——如此之多的白松、如此多的铁杉、如此多的枫树和白桦。他们坚持认为，只要他们了解了构成森林的所有物种，并且能用精确的定量性术语描述其丰富程度的话，那么，他们就等于了解了这个森林的一切。它不具备"层创进化的"或生物的固有属性，不必去建立某些整体大于其各局部之和，或需要整体主义的理解。如果存在着生态系统或生物群落的话，它们只不过是由个体物种活动产生的附带现象而已。拥有了可跟踪种群盛衰的计算机，拥有一系列新的理论模型、逻辑曲线、描述资料的各种方式，它们给生态学带来了数学上的精确性，而这是值得关注和深思的。

另一方面，在生态学领域中，比正在兴盛中的种群研究理论更多的其他理论仍在不断发展着。生物种群学家中的老前辈罗伯特·麦克阿瑟，曾用同样的手段却得出了完全不同于其后继者的结论。对他来说，跟后来的种群学家一样，物种之间的竞争一直是生态学的基本原则，就如同也是总体上是生命的原则一样，而且，任何生态群落的结构主要都是由这种竞争决定的。但是，麦克阿瑟认为，这种竞争总是能使自然界的运转机制出现完善协调的平衡。生物物种的前后变化运动，如同固定的钟摆摆动一样，它们的这种竞争性相互作用的动向是可以准确预测的。新一代的种群学家不同意这种思维方式。他们坚持认为在生态群落中发现的任何结构都仅仅是种群相互作用的产物，而且他们还坚持认为，他们没发现有什么平衡存在。在他们察看某一地

399

区的种群生活史时，他们看到的只是混乱的变化波动，不是像钟摆那样有规律的变化运动。种群的兴盛与衰落极不稳定，如同股市价格、汽车销售和裙子的长短一样。生物群落在同样的环境条件下也不能令人信赖地展示同样的结构。于是，他们开始坚持说，我们生活在一个千百万生物疯狂地互相碰撞竞争的不平衡的世界里。

新一代种群学家的领导者之一约翰·威恩斯，解释了他是怎样因为"狂热地信奉各种关于具有竞争性组织的平衡的生物群落的流行观点"而开始其研究工作的，"但是，我现在怀疑这一理论的很多内容，而且现在我相信，我们对生物群落的模式与发展历程的了解远不像我们想象的那么多"。甚至可以说，种群相互之间独立性极强，以致它们根本不可能展开竞争。它们的数量可能不是取决于争夺有限营养的压力，就像处于皮氏培养皿那种严格封闭和控制的环境里互相的竞争性的细菌；而是取决于非生物环境中完全无法预测的变化。根据另一个持反对意见者罗伯特·科尔韦尔的观点，自然景观有时看起来就像"一个混乱不堪、令人困惑的地方，在这里，干扰、天敌、生物化学、生命历程和生物行为同各种最初的竞争者一道充当着主导性角色"。对新一代种群学家来说，这就是这个世界所显现的方式，因为在很大程度上，他们是用变化了的眼光看待老问题的。[13]

对竞争主导平衡这一生态学模式最坦率直接的批评来自丹尼尔·西姆伯洛夫，他是佛罗里达群岛亚动物志专家。在他看来，反对派提出的那个基本问题远比任何人想象到的要大得多，一点不亚于是否把生态学置于真正的唯物基础之上这个问题。他像在他之前的其他很多学者一样强调，科学依赖于唯物主义世界观。这意味着要摒除其中的所有非唯物主义的因素，如"柏拉图的唯心主义和亚里士多德的本质主义"，它们把生物物理的大自然看成是基本的永恒的本质不完善的体现，就像上帝头脑中的理念，或者像奥德姆脑子里的生态系统。每一种超有机的、整体主义观念都必须从生态学中排除掉，因为 400 它们不具备唯物主义物质基础。西姆伯洛夫说，准确地讲，这正是亨利·格利森20年代里试图做的事情——反对生态学中还残留着的陈旧理念——他对"个体主义"的呼吁，成为清除唯心主义垃圾堆的一把扫帚。但西姆伯洛夫又继续声称，麦克阿瑟的生物学中也存在大量陈腐垃圾。尽管他毫无疑问是唯物主义者和还原论者，但他的思想因为信奉机械决定论而受到损害。任何严密的因果理论，不管其占统治地位的假设是什么，是有机论还是机械论，都是非科学思想的残余遗迹——陈旧的唯心主义的阴暗面。麦克阿瑟跟奥德姆或克莱门茨一样，也试图把自然界看成是一个所有部分都完好紧密地结合在一起的单一协调的画面。艾萨克·牛顿爵士也曾干过此事。任何虔诚地谈论一定原因总是准确地产生一定结果的人都会这样。相反，真正科学的唯物主义是不接受决定论的，因为物质在本质上是不确定的，不可能完全用精确的微积分加以限定。自然界既不是一部简单的机器，也不是一个萦绕在这部机器中的缥缈模糊的幽灵。互相对立的两种比喻之间长期的争斗结束了，双方都黔驴技穷而失败了。现在可以说，自然界遵循着偶然性原则，而不是必然性原则。[14]

西姆伯洛夫最常挂在嘴边的是，所有理论、抽象观念和假设，在生态学中都是值得怀疑的。因为所有这些都带有一种形而上学的味道。所有这些都试图将凌乱不堪的自然界简化成一个单一的包罗万象的概念，尽管"它们最显著、最根本、最鼓舞人心的特色正是生物种群与群落的个体特征"。活生生的自然世界本质上是一个独特的、不可捉摸的个体事件组成的世界，它把生物学同物理和化学等分裂开来，从而使物理学家很难理解生物现象。他写道："将来我们不会有足够的知识和洞察力来列出像大多数物理学家或工程师所列出的那种预见性方程式。"⑮

401　　　有人进行过不懈努力，以使生态学的研究领域成为物理学的一门分支学科，成为自然科学中有竞争力的耗费巨大的课题，成为像《国际生物学规划》这样的太空时代的大型项目，这一切努力在西姆伯洛夫看来都是误入歧途的。在他坚决反对这些努力时，他思考的范围显然不只是自然界。当他承认自己受到让所有权威的预言都落空的大自然的"鼓舞"时，他实际上已暴露了意图。一个随机偶然的世界，意味着一个自由的世界，人类社会也跟大自然是一样的道理。生态学中占统治地位的学术传统之所以使他反感，在很大程度上是因为它们反映了这样一种他不愿加入的社会和科学领域：僵化、教条、井然有序、自以为是、官僚主义。

　　当然，西姆伯洛夫有一套他自己关于整体的全面描绘，他自己的一套抽象观念。他把自己的生态学称作是"概然论（probabilism）"科学。他宣称："关于这个世界，能得出的最完善的结论只能是一种概然性的结论：自然世界（或其中某部分）状况的概然性分布，或者对某些事件可能出现的后果的特定统计性分布。"概然论者相信相对的而不是绝对的真理。知识中的必然状态是不可能达到的，因此，我们所能指望的一切就是自然界会以这种或那种方式表现的一种可能性。概然论讲的是一种赌徒语言：比如，人们可能会说，有2/3的可能今后10年会比已过去的10气候更暖和；如果某一地区的铁杉过去曾消失过的话，那么有4/5的可能它还会消失。人们还可能会说，生物体一般来讲会如此如此表现，但在一定情况下说这话的科学家也不能完全相信它果真会这样。他只能讲个大概。[16]

西姆伯洛夫承认，大自然存在着某些"严重的干扰性"因素，其中，有那么多无法预测，有那么多不得不依靠机遇，还有那么多自由和散漫。生活在一个失去平衡、不可捉摸的世界里的这种想法会引起人们的恐惧，推翻人们根深蒂固的观念，威胁着人们的安定性。但这就是很多像他这样的年轻一些的生态学家开始接受的大自然面目。在接受这种观点的斗争中，他们的英雄是查尔斯·达尔文，上一世纪最伟大的革命者，生态学史上最重要的人物，一个彻底的唯物主义者。达尔文也曾用他们关于自然界的这种令人不安的思想引起人们的恐慌。他不得不同顽固思想及其支持者有组织的宗教当局作斗争。不过，他成功地把生物学建立在一个新兴的、更现代化的基础上。他的通过自然选择的生物进化理论，既否定了创世纪之初上帝创造的、作为固定实体或理想模式标本的物种概念，也否定了有机自然界类似于行星在自己轨道领域里运转那样的如同一架精确平衡的机器的古老形象。他展示的是，生物进化是一个比传统思想或通常比喻所能允许的更加参差不齐和更为随机的过程。没有人能预测下一步会有什么新物种进化出来。这个世界是永无止境的。

把达尔文看作生态概然论之父这种评价似乎也不完全有道理。达尔文确实推翻了把物种看作神赐计划中的理想模式标本的思想，并且坚持用纯粹的唯物主义术语来解释一切事物，而不借助于神秘的存在于灵魂中的神念力量或者主宰宇宙一切的宇宙之魂或者一种鬼使神差的精神力量。但是尽管如此，达尔文也不是个真正的概然论者。也就是说，他并不认为自然界是以不遵循严格单一的因果联系原则，而以随机的方式不断进行着基本上是随机的变化。的确，他的观点比较准确地预示了一个世纪之后罗伯特·麦克阿瑟的那些思想，认为竞争生存是自然界中占主导地位的过程，而且相信竞争总是能产生平衡与秩序紧密交织的结构。

不过，达尔文已经成为几乎所有人心目中的生态学领域的崇拜偶像，成为很多互相竞争的生态学家都想拉到自己一边的学术权威。他的名字早些时候曾被列入奥德姆的生态系统生态学的批评者行列之中。这一范式在功能主义者看来，既稳定又完善，似乎已是非达尔文主义了，而且开始向 1962 年 G. H. 奥里恩斯首先提出的"进化生态学"转变。生态学不应该仅仅是描述一下生物与周边环境间的相互关系，或者是解释一下事物是怎样运行活动的，而必须说明它们是怎样成为如今这个样子的——为什么会出现这种关系以及怎样出现这种关系的。在科学发展到这一步时，整个进化论的研究都处于强盛的复兴时期，也被称作"新的综合"，其中，达尔文的自然选择理论和格雷戈尔·孟德尔的遗传学已结合到一起变成一个单一的研究主题。生物学家现在相信，他们拥有一整套理论用以认识有机物的生命。他们可以提出比达尔文所能提出的更完善的理论来解释，比如为什么会首先出现动植物的变异——即通过有性繁殖进行基因重组。他们还改良了达尔文关于为什么有些变种能够生存下来而另一些却不能的解释——周围环境的选择性压力。虽然后一题目完完全全是属于生态学的，但生态学家们却迟迟不肯加入这一新的综合中来，而让基因学家长期垄断。现在，已落后的生态学家们非常后悔，正如约翰·哈珀所宣称的，"通过自然选择的生物进化理论是一种生态学理论——建基于或许是由所有生态学家中最伟大人物所进行的生态观察。这些理论已被基因科学所采纳并且已发扬光大；而生态学家，谦虚一点说，已快忘了这些理论明显地出自何处"。但是没过多久，达尔文突然从阴影中显露出来，他的面目真正为生态学家所认识。伊夫琳·哈钦森1965年出版的论文集《生态剧场和进化剧》，其题目就完美地紧扣住了刚刚被唤醒的对达尔文主义的兴趣：生态学家必须把进化论戏剧正在其中上演的剧场当作自己恰如其分的研究范围。

重新发现达尔文也等于是重新发现竞争性斗争是生物学的主题，而且这就促使生态学家去到处寻找物种竞争，而很多人却一直坚信大自然所体现的主要是一种利他主义与相互合作精神。科学必须回复到残酷的血淋淋的战争状态。那么又会出现一系列意味深长让人心烦的问题：如果生物竞争在促使生态剧场成为现在这个样子的过程中的确十分重要，那么，科学家们应该寻求哪一层次的生物组织呢？是哪一种实体在真正进行着竞争，即谁是这种戏剧表演中的真正角色呢？是生态系统在相互竞争吗？是生物群落？或者说其实只有单个的生物？如果生态系统被认为是生态学中的关键实体的话，那么，同生态系统竞争的又是谁呢？——是其他的生态系统吗？除非存在着两个或 404更多的生态系统互相争斗以占有某块领地的情况，否则，生态系统又怎样能首先成为一种真正的实体呢？是进化的力量造成的吗？就此而言，这个地球上所有生命组成的整个系统，即盖亚这样大的系统，又怎能被认为是真正的实体呢？是自然选择的产物吗？有的批评者争论说，盖亚在这个地球上没有竞争者，从逻辑上讲也不可能有。如果没有竞争，如果没有整个地球这一级的竞争者，那也就不会有选择进行。而如果没有选择的话，那就会没有进化、没有存在也没有实体。早期的生态学家曾试图回避严格的还原式的达尔文主义逻辑，而提出超个体的实体通过"适应"周边环境而不是通过竞争产生；也就是说，它们通过自己不断地与周边环境协调适应而不是通过与对手竞争来进化发展。但在1966年，坚定固执的新达尔文主义生物学家乔治·威廉姆斯驳倒了这种想法，他表明，即使是适应环境也只有单个的生物才能做到，而不是群体。他强调说，不存在"群体选择"这样的事。如果他是对的，而且大多数生态学家已相信他是对的，那么，这将是对所有整体主义生态系统思想的毁灭性打击。

转向达尔文的进化论是过去二三十年里生态学的主要特色，尽管"转向"这个词几乎没有表现出这一时期里生态学中动荡不定的多样性，也没有反映出曾深深地影响到科学家们信念的针对合作与竞争、整体与局部、种群与生态系统的激烈论战。新达尔文主义本身就被列为首先要争论的问题。它的支持者们把以合作为核心的生态学贬斥为最糟糕的科学，正如乔治·威廉姆斯嗤之以鼻的，这种生态学试图从自然界中寻找到对其合乎道德的观点——"热爱你的邻居"——的支持。但是，正如我们所看到的，这场论战并没有以对温和的整体论的彻底胜利而告终，因为打着达尔文自然竞争旗帜的人们，不久就被后来的一大帮狂热的自称是达尔文主义真正继承人的人所压倒。他们打算在旗帜上印上"任意"和"随机"的字样，即便这样做就意味着涂掉"竞争"、"平衡"和"稳定"的字样。对他们来说，达尔文主义的逻辑最终导致的结论就是，这个世界总在创造形成之中，永远不可预测。如果说单个的有机物的确是关键的角色，而且如果这种观点越来越无须争论的话，那么，我们就无从知道各个个体究竟会干什么。自由就是规则。

在西姆伯洛夫、威恩斯和其他学者主张的后新达尔文主义之后，在生态学界又继续进行着一场关于谁应高举达尔文旗帜的争论。类似于随机性和不稳定性的概念广泛出现于数学、自然科学和社会科学之中，在人文科学中也是如此。这表明所有发达的工业技术社会的世界观发生着变化。这完全是在发现无序杂乱，在某些领域甚至是庆祝无序杂乱。许许多多人都开始声称，所有自然万物、所有人类生命，从根本上讲都是飘忽不定、断断续续和不可预测的。这个世界充斥着令人惊奇的事件，而且总是直冲我们而来。乌云在我们头顶上积聚，眼看就要下雨了；突然间乌云消散了，雨也没下，让气象预报者们感到局促不安、羞惭不止。高速公路上的汽车突然碰撞在一起，交通控制人员一下陷入狂乱，他们所有的计划都会出现差错。一个人的心脏年复一年有规律地跳动着，却突然开始断断续续地无规律跳动，而医生却诊断不出原因。一个乒乓球在桌面上可以跳向任何一个没法明确的方向。每粒和所有很小的雪花从天空中飘降下来，都会变成彼此完全不同的形状，这归因于它们所处条件的细微差别。所有这些正是自然界最难以正确估计和不合逻辑的地方。如果说任何科学知识的最终检验标准就是它预测事物的能力的话，那么，尽管科学已经取得很大的成功，在这一点上，它没有通过检验。

弄清这种失败的含意成为自称"混沌学"的这种全新类型探索的使命。有人说，这预示着思想界会出现一场相当于量子力学或相对论的革命。跟其他那些理论一样，混沌学理论摒弃了自现代科学创立之日以来形成的理论信条。实际上，现在正出现的不是两三个在不同学术领域起作用的单独的理论，而是一场革命，一场反对17、18世纪的科技大革命带来的各种经典科学中的原则、定律、模型及其运用的革命。[17]

在整个近代时期，科学界都认为大自然是一个有着简单、线性和合理秩序的完全可控制的系统，尽管其少数表象却刚好相反。这一系统最恰当的比喻就是钟，那可能是近代时期最主要的机器。大自然就跟钟一样准确地嘀答嘀答地连续运转着。艾萨克·牛顿爵士也相信这种形象比喻，并且曾试图写出一些数学公式来描绘在这个机器中运转着的所有齿轮和轮子。法国数学家皮埃尔·西蒙·德·拉普拉斯也表示同意，他许诺说，只要告知他全部事实材料，那他就可以十分详细地描述出钟表机械的程序。如果能置身于大自然之外观察，他就可以描绘出一切东西运转的所有轨迹线条、运转速度和必然会发生的碰撞。也就是说，他就可以变得像上帝一样，完全掌握全部事实。对 20 世纪的某些科学家和哲学家来说，计算机的发明似乎使人类更容易接近于掌握那些神一般的知识，况且，如今的计算机已开始能揭示用纸笔计算的人无法觉察的让人惊奇的混乱秩序。即使是最简单的方程式也能在电脑屏幕上导致看起来随意可动的十分复杂的动画。不管出于什么理由，实验数据显示，或是超科学的文化趋势，在经历了周围的世界如此转瞬即逝、无法预测、令人惊慌的变化后，科学家们正开始注意他们长期以来一直设法回避的现实。大自然远比他们曾经意识到的，或者正像有人暗示的，实际上比科学能够意识到的要复杂得多。[18]

407　　　跟盖亚一样，混沌（chaos）也是一个来自古希腊异端宇宙观理论中的已不再使用但又能抓住先锋派科学家们想象的词语。如果说大地女神很久前就把生命与秩序带到这个世界上的话，那么，混沌就一直处于其对立面：一个混乱无序尚占统治地位的领域，一个创世以前就存在的黑暗地狱，一个诅咒亡灵去住的地方。混沌是坏的，盖亚是好的。在没有完全弄清现代科学的来源的情况下，科学本身在某种程度上被认作盖亚的产物，是带着强烈的，无可怀疑的信念，在宇宙规律和秩序的良好统治下成长起来的。根据那种信念，科学家把自己看作"自然法则"的发现者。不过，他们现在也开始怀疑自己是否错了。或许自然界不管怎样还是受那种原始的无规则力量所控制，而秩序仅仅是人类的梦想。不是从混沌中兴起秩序，而是混沌本身从黑暗中冒了出来，打乱了秩序。

对混沌的科学研究（如果我们可以这样讨论如此广泛的一套思想的话）开始于1961年，当时马萨诸塞州理工学院[*]正努力在计算机屏幕上模拟天气和气候模型。在这里，气象学家爱德华·洛伦茨提出了现已闻名于世的"蝴蝶效应"理论，该理论是指，一只蝴蝶今天在中国的一个公园里扑打扇动了空气，可能会改变下个月出现在北美一个城市上空的风暴系统。科学家们称这种现象是"对初始条件敏感"。其含义就是，输入中的细微差别可能很快就会变成输出结果中的巨大差别。由此必然产生的推论是，即使拥有全部的人工智能设备，我们也无从知道在某一地方或某一时间正发生着的每一个细微差别；而且，就算是我们知道了这些差别，我们还是没法弄清哪一种细微差别会在结果中产生哪一种特定的巨大差别。我们应该注意哪一次公园里的哪一只蝴蝶及其羽翼的哪一个特别的扇动呢？我们应注意几千英里外的哪次风暴、哪次洪水呢？只能说可变项太多了，以致不能描绘出全部影响、原因和结果。因此，科学家必须明白，大自然从本质上讲，其运行过程是非线性的。天气是这一事实最为典型的例子：天气 408 显然就是非线性的。超过很短期限之后，比方说两三天，天气预报就

会没有那张印着天气预报的报纸值钱了。

对生态学领域来说，"蝴蝶效应"所包容的含义是深刻的。如果另一大陆上的一只昆虫翼翅的简单一扑就能导致纽约市出现一场急骤的倾盆大雨的话，那么，这又会对大黄石公园生态系统造成什么影响呢？对于互相撞击的全部力量，生态学家又可能知道多少呢？或者说知道多少关于这些力量对某块土地、某个生物群落的影响呢？就外来力量而言，他们放心忽视的又是哪些呢？他们又必须特别注意哪些呢？甚至现在正发生着的会改变我们后院的动植物结构的，又可能是哪些遥远的、看不见的和很不重要的变化呢？这些就是混沌科学提出的挑战，它大大改变了很多科学家的想像。

不过，尽管这些新观念已经变得非常流行，但是，生态学家却是对它们产生兴趣的最后一批人，而且只有几个曾完全转向混沌科学。而明显可以辨别出的向这种新思维方式的转变，是在1974年，罗伯特·梅，一位澳大利亚的物理学家，来到普林斯顿大学生物系并最终取得了罗伯特·麦克阿瑟原来在系里的位置，发表了一篇关于生态学的文章，其题目就有"混沌"一词。[19]他承认，他同其他人一直试图为各种不同的种群建立数学模型，那只是生物参差不齐的生命历程的不完全的模拟。例如，他们没有充分解释东部硬木森林中的舞毒蛾或近北极地区的加拿大猞猁循环为什么会非周期性地突然蔓延。野生动物种群常常不会遵循某些简单的模式，如增加、饱和、竞争、拼斗与平衡。可以肯定的是，人们可以发现很多稳定点和稳定的循环，但是，也可以发现到处都是混沌的影响。

在此前一年，梅出版过一本书，推翻了生态学中最古老的和最广为接受的观点，即生活在某一地区的物种类型越多，它们之间的联系就越复杂，这一系统也就越稳定。查尔斯·埃尔顿曾是最早支持这一观点的人之一，他用北纬冻土地带作科学证据，那里物种很少，但 409 远远不及地球上大部分生物物种生存的热带地区稳定。自然保护论者曾经发现这一观点在直观上是正确的，因此他们曾呼吁保护物种的多样性，以作为保护一个稳定环境的关键。与上述观点相反，借助计算机上理论模式工作的梅发现，物种越多，这个系统就越脆弱。他注意到，"面临着超乎常规的干扰"的这样一个生物群落会易于被压垮而崩溃。首先，热带雨林似乎是永久性的集中体现，但实际上它们是十分脆弱的，以致有人开始称其为"不可再生资源"，因为它们一旦被砍倒，就不会自行再生产了。相反，很多简单一些的生物群落却常常能够在干扰反弹，然后自我恢复。比如在美国，东部沿海的沼泽草地——网矛属交错性植物区系，长满大片同样的草，类似于农业上的单一经营，因此应该说是极其不稳定的，但实际上，尽管这些草地遭受气候变化的种种侵袭，却显得相当稳定。梅警告说，他并不主张把多样化的大自然改造成产业化的玉米或小麦产地，因为后者并不具备自然界单一作物的"进化系谱"。

只有我们已能更好地理解制约着动植物关系的原则时，我们才能更好地保护大批原始的生态系统。它们是独特的实验地。即使完全不顾正当的道德与审美艺术的考虑，我们也有实用性理由来提出疑问：从本质上讲常常不稳定的农业生态系统，为什么越来越普遍地取代经历过长期进化历程的自然生态系统。

虽然那时候梅还继续使用生态系统这个概念，但是，他随后对混沌行为的研究却越来越集中在独立物种的种群中存在的稳定性与不稳定性。

　　1985年，梅在伦敦皇家学会上发表Croonian演讲时，直接针对吉尔伯特·怀特关于塞尔波恩村周围物种移动的事实提出了一个问题。怀特曾逐年记录了村子里雨燕的数量，总是发现有8对。两个世纪过去了，还有6对雨燕总是有规律地出现在这里，这是一个十分显著的自然稳定性的例子。另一方面，1781年怀特在他的果树林中并没发现黄蜂，但两年后却发现了"数不清的"黄蜂，这是个一直流传至今的自然不规则性的例子。重要的是生物物种并不全都能显示同样的系统模式。有的在数量上能保持很长一段时间的稳定性；有的一代代波动很大，但总是围绕着一个稳定的长期标准；还有的每年都出现急剧的变化，没有明显的标准，即使是天气状况非常稳定的时候也是如此。这些表明物种的基因构成，以及对环境的反应中，都存在着混沌的因素。所有这些物种差异对大自然的结构都有影响。梅一直相信每一个单独的物种模式都是"确定的"，即具有可辨别的原因，而且他还认为，即使是非线性的不规则事物总有一天人们也会发现其可辨认的边界，从而科学也就能构造出它们的数学模式。但物种间的差异，使得生态科学远比长期以来人们想象的要复杂得多。[20]

　　后来，梅从美国迁到英国，成为标准的大学生态学教材中最常被引用的人物。他的追随者们在研究中试图跟踪并抓住大量物种中的非线性特征，不管那些特征是在加拿大食肉动物中还是在人类的病毒中，试图以此使其研究课题符合混沌理论。他们当中有威廉·谢弗，他虽然最初是麦克阿瑟的学生，但也跟梅一样，对生物种群波动的无法预测的反常情况感到震惊。他写道，虽然一直受到教诲要相信"所谓的'自然平衡'原则",也就是"种群处于或接近于平衡状态"的思想,但是,生态模式看起来却开始显得完全不一样。他描述自己被迫冒失地涉猎其他自然科学领域,以便寻求同其他科学领域中混沌理论发展的联系,以使自己从过去的研究局限中摆脱出来。他自己开始承认,生态学家永远不能完全准确地详细说明一个生态系统在任何既 411定时间里的状况;因此,他们也就永远不能作出长期的预测,不能说明生态系统中的不同物种究竟会发生什么变化,是对外来干扰作出的反应,还是物种自身的行为动力。但是同其他领域的学者一起,他们能从这些状况中提炼出科学。㉑

可见,新的混沌生态学并不是完全转向混乱无序的思想,或者转向完全不确定论哲学,或者转向某些蒙昧主义者那样的对科学本身的否定。相反,生态学家正在说的是,如果生态系统中没有秩序,那它就将比他们所认为的更难以定位和描述,而且,其不确定性中总是存在一种不可靠的因素。或许他们中间有人已开始感觉到,作为观察者,他们自己总要站在他们正观察着的现场,并以他们的存在影响着观察。科学不能像犹太教和基督教共有的上帝一样,漠不关心,相距遥远,超然公正,永远置身于大自然之外,他们必然要在这个整体之内得到发展——永远看不到这个整体的全部,只能看到闪现在观察者面前并对观察者做出反应的某些部分。但对科学的追求将不会因为这些困难而被放弃。梅及其他学者不会放弃所有寻求合理秩序的梦想。这个想法太坚定了,竟成了一种信仰;太重要了,竟成为他们生命的使命,因而不可能突然抛在一边。所以,他们虽受挫折但并不泄气,继续寻求着混沌的界限与外延,即不规则中的规则。正如伊恩·斯图尔特所理解的,混沌理论所依靠的数学开始把秩序与混沌当作是基本

决定论的两个明显的表现形式。[22]自然界的存在有多种状态，有的井
然有序，有的混乱无序，共同联成一个连续的系列。如果说和声与不
和谐能共同组成美妙的音乐，那么，秩序与混沌可能也能联合成美妙
的数学与美妙的生态学。

现代科学艰难地向前发展着，从一种理论到另一种理论，从一
种奇想到另一种奇想，从学术突破到新的突破以及一年一度令人窒息
的诺贝尔奖颁发工作等。继混沌论之后，最新最时髦的一套理论当属
"复杂理论"。它很可能会成为又一个关于物质与能量、时间与空间性
质的宏大全面的跨学科理论，一个能将物理学、生物学甚至历史学、
人类学、经济学等联系起来进行一种单一的科学探索的理论，而且再
412　次有大批生态学家参加研究这种潜在的共同特征。复杂理论，据一种
解释说，就是"处在秩序与混沌边际的新兴科学"。这种理论指出，如
果自然界像显示出混乱无序的基本能力的话，那么，秩序也就不得不
需要加以承认和研究了。自然界中不可能存在任何内在的支配一切的
广泛秩序，但存在着大量的迹象表明，在一定条件下，变化可转换成
秩序，秩序又可转换成变化。基本因素还是一样的，只是它们不停地
自我调整组成新的模式，就像万花筒一样不断地从一个闪光点到另一
个闪光点旋转着。因此，我们决不能把生态系统想象成镌刻在地球表
面上的永久性实体，而只能看作时常翻新、时常不同的、永远变动着
的可变模型。生态系统形成于草地或珊瑚海进化发展的喧嚣混乱之中，
就跟各种王国、帝国和文明兴起于人类社会中经常的变化骚乱中一样，
然后又都走向瓦解。像汹涌激流中出现的旋涡一样，这样错综复杂的
系统不可能永远存在；但是，在这些系统还存在的时候，它们就能显
示出一种动态的内聚、稳定与秩序的惊人能力。那是为什么呢？所有

这种错综复杂的系统有什么共同的组织原则呢？有时突然出现某种秩序、结构和组织又作何解释呢？那种秩序是怎样和为什么在各处都经常以如此混乱无序的面目持续存在的呢？

复杂理论的出现，使得理论科学界激烈争论的问题形成了完整的循环。首先，基本上倾向于自然界平衡的思想受到挑战并被科学家们抛弃，不平衡成为实际存在的一种更真实的状态。然后，平衡又开始作为自然界内存在的需要解释的广泛可能性而重新出现。最新的理论发展又把科学带回到古老的认识，特别是长期被忽视的这种观点：自然界中存在着种种无法解决的矛盾，而且不知怎么地它们又融合成一种统一的运动。正如经济学家布赖恩·阿瑟指出的那样，复杂理论的发现重新恢复了像中国的道家学说这样古老哲学中的智慧，道家学说 413 认为："道生一，一生二，二生万物。"*㉓

在科学界，对这些接二连三的、一浪接一浪的思想所包容的功利与道德上的含义进行整理，至少跟整理这些思想本身一样困难。比如说混沌理论，用伊利亚·普里果津和伊莎贝尔·斯坦格的话讲，是促进了"自然界的再生"，促进了更平等的人生观，还是促进了"人与人之间和人与自然之间的一套新兴关系"？㉔或者说，这一理论是否导致现代人因担心大自然正变得越来越难以理解而更加脱离自然界、陷入怀疑与沉思之中呢？在以如此众多的不规则性为特色的大自然里，还有什么值得崇拜和尊敬的呢？如果大自然果真有此特色的话，那么，人类又该如何作为呢？如果总是有这样多的自然干扰继续存在的话，那么，为什么人们还要对再加入多一点的干扰——给它加上一

---

*　这句话出自老子的《道德经》，原文为："道生一，一生二，二生三，三生万物。"——译者

点他们自己的新布局表示担心呢？为什么不同蝴蝶一起去公园里自由
舒展翅膀，而不用自责会造成任何特定的危害？在到处都是自然动荡
和不测之祸的情况下，"环境危害"这个短语究竟是什么意思呢？战
后兴起的保罗·西尔斯、尤金·奥德姆和蕾切尔·卡森等人都参加的
环境保护运动，或者在此之前的自然保护主义传统，是否仍有任何的
意义，还能提供方向吗？

　　生态学家们似乎在应该向人们提供怎样的对待地球的建议问题上
出现了分歧。一部分反映某些新的不平衡思想的生态学家，开始向把
生态学与环境保护主义当成一回事或同一问题的这种公众感觉提出了
挑战。有的生态学家对保持这个星球的健康状态产生了厌烦。在一项
瑞典进行的追随英美国家流行做法的生态学研究中，托马斯·瑟德奎
斯特总结道：生态学领域的最新一代学者们

　　　　似乎把生态学研究只当一种乐趣，而不关心包括拯救人类这
　　样的实际问题；他们在数学和理论方面显得十分精巧，他们宁愿
　　待在室内坐在电脑前进行计算，而不愿去野外旅行。他们是个体
　　主义者，厌恶大型生态系统工程的思想。的确，从生态系统生态
　　学转向进化论生态学，似乎反映了60年代政治上觉醒的一代向
　　80年代"雅皮士"这一代的转变。[25]

　　上述特点不应适用于每一位致力研究斑块动态学、区域扰动，或
捕食者-被食者链方面的科学家，但这一说法确实是人们注意到了奥
德姆之后一代中的很多学者存在着一种明确无误的倾向，即把自己从
环境改革中分离出来。就像从统一生态系统理论中分离出来一样。对

有些科学家来说，以高度的个体联合、经常的干扰、频繁的变化为特色的自然界，在思想意识上明显地要比奥德姆的包含了合作、集体行动和环境保护主义等涵义的生态系统更令人满意。

美国在此方面的代表人物是保罗·科林沃克斯，颇受欢迎的新达尔文主义生态学的入门书《为什么大型猛兽稀少？》的作者。他在关于生态演替的那一章里，开始就用了这样一些政治性很强的术语："如果规划者真正想控制我们，以便能够扑灭所有个体的自由，能够在我们的土地上随心所欲地干他们想干的事，那么，他们可能会决定，农场质量很差的地区全都应该恢复成森林。"很明显，总的来说他对土地利用规划和森林恢复规划或者对整个环境保护主义并没多大热情。科林沃克斯非常清楚有必要使自己同塞拉俱乐部之类的团体保持一定距离。然后，他在那一章的结尾以揭示性的、充满自信的口吻说道：

> 现在，我们能够……用简单的、事实上是达尔文的方式解释所有植物演替中发生的令人惊奇而又可预测的事变。发生在生态演替中的每一种情况都是因为，所有不同的物种都把寻求生存作为它们可能达到的最佳目标，并且各自都有自己的独特风格。貌似共同体财产的东西事实上是综合了所有这些一小块一小块的私人企业的结果。[26]

显然，如果这位作者是有所指的话，那么给人的感觉就是陈旧的社会达尔文主义又复活了，正在走进科学殿堂，而且至少可以说，与奥德姆一代的某种疏远或许可以归因于，在科学家中存在着一种反感他们认为威胁到资本主义与自由主义价值观的某种东西。

415　　　不过，其他一些人则从生态学领域最近的不平衡趋势中得出了有些不同的结论。丹尼尔·博特金是实行一套全新的缓和的环境保护主义政策最有说服力的提倡者之一。为建立"面向21世纪的新生态学"，他建议推行一种在改造和支配自然上较为友好的环境保护主义。他把自然世界比作是一个正同时演奏几部乐曲的交响乐大厅，"每部乐曲都有自己的节奏与韵律"。他倡议说，人类应把自己置于大自然的指挥者的地位。"我们被迫从这些乐曲中做出选择，而我们仅仅开始倾听和领会这些乐曲。"如果自然界中存在着任何可以听到的秩序的话，那必然是我们取得的成就。他特别强调："21世纪的大自然将是我们创造的大自然。"受生态学理论最新发展趋势的启发，人类已得出一种新的地球论："我们人类只是其中一个有生命力的不断变化的系统的一部分，我们可以接受、利用和控制这个系统的变化，使地球成为一个舒适安逸的家园，既为我们每一个人，也为我们整个文明世界。"

像科林沃克斯一样，博特金指责早期阶段的环境保护运动对现代技术与科技进步是一种激进的、有时是充满敌意的抵制。他相信，我们需要生态科学，并将以"积极的和建设性的方式"使生态学向经济发展靠拢。战后时代的环境保护主义"本质上是不合作的运动，从这个意义上讲是消极运动，是把我们文明的阴暗面暴露在周围环境面前"。现在，科学发展表明，这种令人沮丧的消极否定态度是没有根据的，应该代之以"使建设性的对我们所处环境表示的积极关注与科技进步结合起来的"新态度。㉗

上述这些建议在生态学上构成了新的宽容——一种新的对比早

期环境保护主义所能允许的能满足人类对权力与财富的更大要求的容
忍态度，一门比西尔斯、康芒纳、卡森或奥德姆他们着重于保护自然
平衡的生态学更宽容的科学。博特金及其他学者的以干扰为特性的生
态学承认人类的要求是应与地球一起经受的首要考验，而且他们列出
的能接受的要求是很广泛的。他们否认说，无论过去还是现在，自然
界中都没有发现过什么强有力的行为指南，或者说甚至没有很多理由
限制人类的愿望要求或者抵制科技社会进步。但是，他们的"面向新
世纪的生态学"在实际运用中，尤其在应该进行哪种自然保护的问题
上却时常是十分模糊不清的。博特金在对关于人类社会的干扰中哪些
好哪些不好的问题上提出的唯一指导意见是，观察节奏平缓的变化比
观察激剧变化"较为自然合理"，因而较为理想。他警告说："当我们
用新型方式以反常离奇的节奏操纵大自然的时候，我们一定要谨慎小
心。"㉘但是，这一警告究竟是什么意思呢？在如此烦躁不安的天空之
下，哪些属于离奇反常的激变或新型方式呢？

　　早些时候，主张自然平衡的理论家们很自信地宣称，他们能够
确定人类的哪些行为是安全可靠的，而哪些又是不可靠的。他们最
标准的建议一直就是只从自然界获取健康的生态系统可持续的产出，
而不损害到整体的恢复力或稳定性。科学家们认为，他们能够比较
容易地确定这种产出应该是哪些。他们只需要先确定生态系统中稳
定状态的种群水平，然后在不影响系统的完美平衡的情况下，计算
出每年能捕多少鱼或者能砍伐多少树或者能吸收多少污染。人类必
须学会怎样在不触动固定资本的情况下从自然的经济体系中提取利
息。不过，现在什么是正常的收益或产出这种概念已变得越来越模
糊不清了。博特金指出，正是对这种自然种群稳定性的错误自信才

（右侧页边）416

导致加利福尼亚沙丁鱼的过度捕获——从而导致了50年代这一行业的彻底崩溃。㉙

　　如果说鱼及其他生物的自然种群处于如此混乱无序的变化波动之中，以致科学家都不能有把握确定最大持续产量目标的话，那么，他们还能发现一个更灵活的"最佳产量"标准——一个允许具有更大的可供出错和波动余地的标准吗？这正是大多数专家针对这一新的思想倾向提出建议的依据所在：你可以从大自然中自由地获取你所需要的全部产品，但是要以更慢的节奏去做，以免加重某一系统陷于随机变化中的压力。但这时，科学专家们还得寻求安全的最佳节奏，而这一目标是无法达成的，如果我们不能应付那些更基本的挑战。这些挑战是由近年来关于忍受着那么多干扰、那么多难以预料的干扰的混乱自然界里，什么是最理想状态的生态思考而带来的。

　　正是在这一点上，应用生态学发现，它自身随着偏离统一系统理论或竞争平衡理论而变得越来越支离破碎了。无论从直观上还是经验上看，生态学都有弄不清健康正常的环境是什么样的危险。如果这正是生态学中不平衡性与混乱无序范式的最后结局的话，那么，日益广泛的环境保护主义最终一定会发现自己在迷惑和不确定中游走，而且缺乏科学的指导。然而，80年代后期和90年代初期以前，奥德姆与麦克阿瑟之后的一代科学家开始发现了他们使环境保护主义走向复兴的路。对他们中的大多数人来说，一项新的事业出现了——生物的多样化，即对"生物多样性"的保护。生态学家开始强调，不管是什么未确定的理论，我们都必须阻止任何或某些动植物物种在人类手中灭绝，而且，日积月累下来的生物种群知识，尽管其兴衰变化大而随意，却能帮助我们做到这一点。即使我们不能严格地确定健康的生态系统究竟是什么样，或者对地球来说健康的内平衡状态是什么，甚至不能确定相互竞争的物种之间明确的平衡稳定点，但是，我们至少也能运用新的生态学眼光来拯救衰落的生物物种、种群、群落及生态系统免于毁灭。生态学如今已变成是对不断变化的物种丰富程度的相当复杂的研究，现在必然要成为一个阻止令人惊慌的动植物物种减少趋势的工具。

　　尽管经过了几百年科学探索，却没有人真正弄清楚全世界究竟有多少物种。300万似乎可以肯定是一个最小值，而最大数目可能多达3000万，甚至1亿。光是覆盖辽阔的热带雨林可能就是数以千万计的昆虫物种的栖息家园，它们在远离人类的地方过着自由的生活。每年都有1%的热带雨林因为农业尤其是牧业需要而被砍伐干净。于 418 是，每年都有很多不可替代的生物物种在科学家们尚未发现之前就已消失。近年来物种灭绝的速度可能是过去的1.5亿年里地球这个生物群落区所经历过的最快的，20世纪最近10年里物种灭绝速度高达平均每年10000种。广大公众也开始日益担忧物种灭绝，尽管一般来讲他们更担心的是失去像山地大猩猩、印度虎或俄勒冈花斑猫头鹰这样充满神奇魅力的物种，而不是那些不怎么吸引人但实际上又是灭绝量最大的物种。几乎到处都可以看到动植物王国里越来越可怕的情景：物种灭绝速度不断加快，以致生物进化过程出现倒退。数百万年甚至几亿年自然选择的作用因为人类数量的爆炸性增长而被抵消了。

　　发现过大量虽缺乏魅力，但仍特别吸引人的、可爱的昆虫的一个学者是哈佛大学的生态学家爱德华·威尔逊，正如我们提到过的，他

是罗伯特·麦克阿瑟的同事与朋友。威尔逊成为世界上生物多样性
保护事业中最活跃的领导人之一。他多次到南美热带地区以及佛罗
里达南部的红树林岛考察工作，并且为那里的美丽与勃勃生机感到激
动兴奋。现在，因为存在着丧失这些珍宝的危险，他开始呼吁有必要
建立一种全新的自然保护伦理，一种受奥尔多·利奥波德的土地伦理
启示产生的但侧重于保护单个物种而不是生物群落完整性的伦理。他
写道：

> 每允许一个物种灭绝就是一次失败，对我们大家都是不可挽
> 回的损失。现在该是建立一种全新的、更强有力的道德理性的时
> 候了，以弄清动机形成的真正根源，并且理解在怎样的环境里，
> 在什么情况下，为什么我们要珍爱和保护生命。构成这种深厚的
> 自然保护伦理的可能因素该包括那种对学习的渴望和偏爱，这种
> 渴望和偏爱可以大致归结为对生命的热爱。

419　　热爱生命被认为是人生来固有的一种热爱其他生命形式以及关心
它们生存的倾向，是一种有道理但纯粹是推测性的见解。这种倾向可
能演化成一种文化上对其他生命形式的全新的保护主义者的伦理，这
无疑是一种很有希望的思想。然而，用这种道德思想将科学家和广
大公众组织起来已成了威尔逊个人的伟大使命。1986 年，他在华盛
顿组织并主持了国家生物多样性论坛，同年，还建立了保育生物学
协会。㉚

保护物种多样性的紧迫感不断在加强，牵动了很多种群生物学家
以及生态系统生态学家甚至实际上是各行各业科学家的心。其中，最

杰出的领导者之一迈克尔·索尔解释说，许许多多的科学家都在设法走出他们为自己建造的狭小的学术象牙塔，参加一个更广阔的理想与道德的社会团体。保育生物学提供了一个更宽广的保证，可以避免知识分子的清高与孤僻。自利思想也促动了很多人，因为他们在很多地方的研究场地都正在被社会经济的高速发展所损害。[31]不管出于什么动机，科学家都试图在他们中间达成一种新的共识：不管他们在社会进步、技术发展、自然平衡、在自然界中是合作还是竞争占据统治地位、是混乱还是有序占据主导等问题上可能存在着什么分歧，但是，保护生物多样性已变成一种统一性的责任。所有其他的社会与环境威胁，包括环境污染、资源枯竭等，与此相比都要黯然失色，并且需要做出强烈的科学反应。威尔逊警告说："认为我们的后代会有原谅我们的一丝可能，那将是愚蠢的想法。"[32]

在 20 世纪 90 年代之前，在经历了如此多的紧张复杂的理论争论之后，生态科学才发现，跟第二次世界大战后的二三十年相比，它对现代科技文明的意义的认识处于一种更不明确的状态。不过，令人惊讶的是，生态学还发现自己在围绕着一种新的自然保护理想不断调整组合；这种新理想如果不是准确地出自一种全新理论，至少也不会与其他理论相抵触。很明显，道德的理想往往能够出人意料地使自己摆脱事件的繁杂以及理论的不确定性。当一套有关环境的观念与价值原则逐渐凋萎时，另一套就开始取而代之。生态学于是强调说，大自然 420 桀骜不驯，无法预测；大自然在深层次和重点问题上是无序的。大自然就是一种川流不息、丰富多彩的差异性展示。大自然，尽管拥有种种奇妙的令人不安的手段，具有为我们所不理解的持续不断的能力，但仍需要我们的热爱、我们的尊重和我们的帮助。

历史的无序

在上述各章节里我一直提及的科学，并不是一种单一的、庞大的、永无止境发展的力量。它不是很多科学支持者所描绘的那种单调乏味的知识探索，也不是如其他人所宣称的一如既往地沿着"客观的边缘"向前发展，更不是某些批评家所称呼的一种纯粹的"空幻"。所有这些说法没有一种能完整充分地反映科学事业永远变化的真实性。科学跟任何人类活动一样，充斥着许许多多的分歧、冲突、争论和个性差异。没有如此变化多样的事业是永远不可能容纳如此之多的思想或如此之多的自然模式的。正是因为这种观点的内在多样性，科学才大大地扩大了我们关于自然世界以及我们在其中的位置的视野。科学就是一间开有许多门的房屋，有的门导向一种自然观，有的门导向另一种自然观。但是，正如哲学家威廉·詹姆斯描述他的新罕布什尔的避暑别墅一样，这些门总是对外敞开着。㉝

生态学是这种兼容并蓄的科学探索中更有意义的分支之一。经过两个多世纪的发展，生态学已提供给我们关于大自然的广泛而丰富的见解，而且所有这些见解都能体现某种程度的真理。很多生态学家过去的思想今天仍有影响。人们还能不时地听到卡罗勒斯·林奈或吉尔伯特·怀特的思想，听到早期帝国论者或淳朴乡民的思想，听到设计完美的自然平衡思想；而有时候又能听到浪漫主义生物学的、整体主义有机论的和梭罗的具有颠覆性的与大自然的精神交感的回响。这无一不是过去思想的延续。20 世纪后半期的生态学，不管其自认为有多突出的新东西和有效性，它总是不可避免地是其悠久综合的思想传统的产物。如果没有认识到是受惠于传统思想，没有认识到传统思想的多样性与矛盾性，我们就不能在深入理解当代关于自然的思想方面取得长足进展。

不过，尽管回荡着如此之多的来自过去的声音，人们还是可以发现，生态学在这段时间里显现出强劲而且明显的趋势：它对大自然的描述彻底地历史化了。这始于19世纪，但是在过去的20年里大大地加快了，直到生态学变成了历史学的一门分支。我的意思并不是说，历史仅仅只是大学里的一个系或学科，或者仅仅只是人类成就的一种纪录。我说的意思是，历史是对过去的更广泛的意识，既包括自然界的过去也包括人类社会的过去，是一种过去与现在如何不同的意识。换句话说，历史是对关于随时间流逝而出现的变化、发展、进化和转化过程的关注。这种历史化如何改变科学是斯蒂芬·图尔明和琼·古德菲尔德所写的《时间的发现》一书的主题。他们指出，"我们大家今天理所当然接受的大自然画卷，有一个引人注目的不能被任何研究科学史的人所忽视的特色：它是一幅历史化的画卷。[34]"这一新画卷在1810—1830年期间开始被发现。科学家们在此期间开始意识到，地球上镌刻着多长时间的痕迹以及在这段时间里发生了多大的变化。一个由固定的多层次关系组成的静态世界开始让位于另一种自然：进化、偶然、变革、冲突、有时伴随剧变灾难，总之处于一种不断变化的状态。地质学是第一门发现时间涵义的科学；包括詹姆斯·赫顿、威廉·普莱费尔和查尔斯·莱尔在内的第一批伟大的地质学家，全都是地下历史的编年史家；他们寻找着在白垩层和旧红沙石上镌刻着的以前自然界面貌的历史记录。

在科学家开始发现地下历史的同一时代里，现代历史学也发现了自己的根，这并不是巧合。像那些新近发现的、原来埋在地底下等待着发掘分析的化石一样，过去历史上伟大的政治帝国也不得不被发掘出来并加以解释。曾经历过很多有着深刻内在联系的变革的一代人不

422 禁想知道，下一次激变到来前会有多长时间。对古代帝国的最狂热的
研究者之一托马斯·杰斐逊呼吁每一代人都发动一次变革。人们保证
说未来在任何事情上都和过去不一样，而过去只是未来的一面镜子，
充满着需要得到解释的奇异陌生的遗迹。于是，像吉本、麦考利、米
什莱、冯·兰克、班克罗夫特和帕克曼这样的历史学家，撰写了关于
历史意蕴的有说服力的长篇沉思录。

　　现代史学研究——这种历史研究因为在记录着无数已灭绝物种的
遗迹的化石中发现悠久的人类历史而变得引人入胜——与自然选择的
进化的理论出现在同一个世纪里，这也不仅仅是一种偶然的巧合。查
尔斯·达尔文把生物学变成了历史学——动植物争夺生存空间、扩充
新的生活范围、改变已形成的物种体系的历史进程。根据图尔明和古
德菲尔德的说法，达尔文的《物种起源》一书"打破了迄今为止一直
研究自然界静态秩序的科学与研究人类社会发展的历史学之间人为的
界限。因此，19世纪最强劲的两股学术潮流就这样合一了。不管人们
怎么看待地质学、动物学、政治哲学或者古代文明研究，无论如何都
可以说，19世纪是历史学的世纪，是以一幅崭新的有生气的世界画面
为特征的历史阶段"[35]。

　　但对达尔文以及19世纪的其他思想家来说，变化永远不止这些。
变化总有目的，它有一个积极的变化方向，通常称为进步。达尔文
把生物进化描绘成一颗欣欣向荣的生命之树，意思是说，变化是连
贯一致、可以控制的，就像生物的生长一样，其某一局部增长甚至
彼此取代，但不影响其整体保持完整。一旦生根，生命之树就能永
远持续地生长下去，直到覆盖全球。大自然也像人类社会一样，讲
述着经常变化的历史，但观察者还是能从其中发现一种良好的秩序

与模式。

从这种新兴的历史化的生物学中诞生了生态学，尽管直到19世纪90年代生态学才被认为赢得了一门学科的地位。作为在历史与发展意识的伟大世纪末期出现的一门新兴科学，怎能不是历史的呢？生态学的创立者们，包括厄内斯特·赫克尔和尤金尼厄斯·沃明，而且还有20世纪早期的亨利·考尔斯和弗雷德里克·克莱门茨，他们全都强烈意识到生物学与地质学的过去，意识到时间之箭永不停歇地飞驶。不过，跟达尔文一样，他们相信变化决不是杂乱无序或者漫无目的的。变化废除了旧秩序，但也能创造新秩序。尽管遭受过上千次灾变，自然界仍具有其规律性，具有持续很长时间的巨大连贯性，这给人以一种正常稳定状态的景象。

尽管图尔明和古德菲尔德直到最近还一直对过去的历史保持着不断增长的兴趣，但是他们把历史分成了两个各自明显不同的部分，一部分是关于人类社会的，另一部分是关于其他自然世界的。前一部分，即人类历史，是第一个放松秩序意识，然后蜕变为杂乱无序的叙述。在经历了像大规模屠杀犹太人和原子弹爆炸这样的历史创伤，或者像性革命与全球贸易这样更温和的变化之后，人类历史就变得混乱不堪、无法预测，有时甚至是严重破坏性的。同时，历史意识的第二部分即自然界的历史，无论对科学家还是对普通人来说，似乎都还是井然有序、可以预测和有节制的。人类面临的最大挑战，正如60年代广泛流传的生态文学中所阐明的，就是从人类的自我破坏力中拯救人类历史，并使其与更稳定的自然历史形成一致。

我年轻时就抱着这种观点成长起来，其他很多历史学家和生态学家也是如此，而且还能找到大量的有利证据和有力的理由来论证这种观点。我们在这个星球上书写着的历史已变得比任何时候都具有破坏性：破坏了生物物种，破坏了生物群落，破坏了生态系统，而且还破坏了我们人类自己的安全与幸福。很显然，我们需要一种跟我们一直追求着的生活方式不同的生活方式。但是，大自然能够毫不含糊地、清楚明确地提供这种生活方式吗？大自然能够给我们提供一套重新调整人类历史发展方向的支配一切的规范吗？

424　　　　如果让我来撰写美国60年代——正是奥德姆的思想鼎盛时期——的历史的话，我就会把这个国家描述成正在经过一系列可预言的"发展阶段"而走向成熟的状态，其特点包括：较低的生产净值、较高的稳定性（例如抵制外来干扰）、较高的多样化、封闭的矿产资源循环、良好的营养保护以及低熵值等，但同行们将会怀疑我会滥用一些什么材料。跟自然界不一样，这个世界上的民族国家正如大家所了解的，会"得到发展"，但却永远不会达到稳定状态。60年代的美国当然是一个高度发达的国家，至少就工业发展而言是如此。但是，它的人口却在增长，没有稳定下来；它的资源在枯竭，它的城市在燃烧，它的街道上挤满了反战的抗议者，它的很多领导人遇刺身亡。观察到这些变化的人们可能会发出疑问，为什么美国社会的历史就应比一片橡树一片核桃树林的历史混乱无序得多呢？为什么过去几千年的人类活动看起来就比过去亿万年里的其他物种活动更加不稳定呢？

　　但是现在，正如我们所看到的，科学家已放弃了那种自然平衡观，而创造了一种新自然观，这种新自然观明显地像是我们必须生活于其中的人文环境。我们不再坚持自然界或者社会成为一个稳定的实体。所有的历史都已变成干扰的纪录，而这些干扰是来自文化和自然两方面，包括干旱、地震、虫害、病毒、接管公司、市场丧失、新型技术、犯罪率上升、新联邦法律，甚至还包括法国文学理论对美国的入侵。

对时间的新发现中最重要的认识之一就是，无论是过去、现在还是未来，所有思想都基于特定的历史内容。这一新发现包括了政治家、企业家、科学家甚至还有历史学家的思想——即涵盖了所有思想。我们把这一认识称为历史主义原则，或者历史的相对主义。依此推论，这种认识使我们对过去那些无法分享我们现代文明成果的人们更为客观，也更为同情；同时，这种认识也可想会使我们避免盲目地相信当前的观点看法。如果像历史主义所强调的那样，我们必须用过去的语言来解释过去的历史，那么，我们也必须对毫无保留地接受支配我们思维方式的条件保持警惕。

本书各章节的目的是把生态科学包括在历史主义范畴之内，认为生态学思想只具有相对的有效性，它们必须吻合于并扎根于它们所处的时代。[35]科学不能像过去那样经常地不进行这种历史分析，而科学家也不管是出于某种意愿还是某种实际训练，都不能把自己的自然观同其他精神生活孤立开来。在所有的学术努力中，可能都有一定的不受时间限制的试验，以检测某种逻辑和经验的正确性，但也存在着从环境文化和感受深刻的个人经历中衍生出的重点与选择的偏向性。生态学历史已经表明，要甄别这种倾向性是多么的不可能。任何这种行为的努力以及将自然界同其他人类环境分开的努力，都会导致理性与道德分离的理论，其中科学意识只能冷酷地抽象地研究一个远离人类需要与关注的大自然。的确，跟任何其他思想领域相比，科学都不能说具有绝对真理、永久性、可靠性和全面性。正如阿瑟·洛夫乔伊曾经提到的，所有思想的发展历史都有助于认识到"各个时代是怎样试图夸大自己时代里的发现或再发现的规模与意义的，如此夸大其词令人

425

眼花缭乱，以致无法明确地辨别其局限性，反而遗忘了自己一直反对之前的那些夸张中尚存的真理性的一面"[57]。毫无疑问，这种贬损过去抬高现在的倾向，在一个人需要增强对自己观点的自信时，是一种有用的东西，科学家在这一点上可能并不比其他任何人更感到有愧。

在论述如此多之后，历史主义哲学教导我们，必须试图写下我们被历史困惑的历史。也就是说，我们必须设法理解作为我们新近观点的特色的那种对激剧变化的偏爱。这种偏爱是怎样来的？明显的答案就是来自发展越来越迅猛的激剧社会变革的经历。追溯到几十万年前的最初的几代人，也经历过种种变化，但情况完全不一样。据克劳德·利瓦伊·斯特劳斯所讲："原始社会心理的典型特色是它的永恒不变性，其目标就是用历时与共时两方面的完整性来把握这个世界。"后来，在农业主导人们日常生活的捕猎与采集社会里，关于变化的认识仍停留在比线性稍强一点的循环周期上；对当时的人来说，年复一年的农作物生长收割周期远比长期的人类生命进化要真实贴近得多。大自然看起来像是一种永恒不变的秩序，是创世之初上帝创造出来或者自动形成的，而且从未改变过自身的本质特征或者内在联系。不过，这不是我们现代人认识这个世界和历史的方式，理由就在于我们这个已经改变的物质与文化环境。[38]

我们生活在由现代资本、科学技术和经济唯物主义等力量引起思想革命的时代里。对这些力量的描述太复杂，以致在此无法深入详细论述。但是，尽管卡尔·马克思和弗里德里希·恩格斯有点夸张和过于简单化，但他们在赞扬现代资本主义创造出对变革的新热情和对时间的新态度方面大部分还是正确的。

　　　生产的不断革命化，不间断地扰乱所有社会条件，永恒的不确定性和对代代更新、完全不同的激动不安。所有固定不变的、新近形成的关系，连同它们原先的秩序和长期的偏见与看法，统统一扫而空。所有新形成的东西尚未僵化之前就已变得过时无用。所有固定可靠的东西都化作过眼烟云，所有神圣的东西都被亵渎滥用。[39]

马克思和恩格斯主要考虑的是资本主义对在传统的农业环境转变为现代城市环境时社会群体思想的影响，但是，我们也要看到，他们的描述也是非常适合于我们理解自然秩序的。一度似乎非常稳定可靠和不可动摇的生态整体意识，连同所有其他思想都将化作过眼烟云。

马克思和恩格斯十分欢迎这种新的变革意识，的确，他们紧跟伟大的历史哲学家格奥乐格·威廉·弗里德里希·黑格尔之后，在此变革意识基础上创立了自己的辩证唯物主义理论。马克思和恩格斯相信，逐步摧毁关于时间与秩序的传统思想对把人们从过去的偏见中解放出来是必要的。所以，在他俩身上，无法找到多少对保护任何古老的自然观的关心以及对环境保护的任何关注。但是，他们预言说，终究有一天，人类历史将进入一个永恒不变的乌托邦式的无阶级社会。不断的经济危机的无序状态将结束，而且社会最终也将达到一种关系稳定、平衡公正的稳定状态，那时候自然界也将存在于某种平衡状态之中，只是是在科学技术的高度严密的控制之下。这一预言在最近几十年里似乎表明已是错误的。实际上，在第二次世界大战之后，变革的速度不是放慢了，而恰恰相反，是大大地加快了。此外，我们没有看到普遍公正的成就，而只见到全球性不平等的加剧。今天，对很多人来说，光荣地结束资本主义混乱状态的社会主义梦想已经破灭了，

并陷入了一片混乱之中。^⑩

工业资本主义，大肆渲染过对所有对手的胜利，预示过建立一个永无止境地追求财富的"新世界秩序"，但是，没有提出过任何可以达到社会、经济或者生态方面的稳定状态的希望。它们压倒一切的观点是永不停息的变革、无限的可能性和无止境的创造力。看到它的历史，我们可以展望，全球性的资本主义将继续促进没有限制的经济与人口增长，将继续刺激穷人们不断增长的无法真正满足的欲望，而且将加剧现在本已严峻的对自然界的要求。这一经济文化的影响将毁掉我们尚存的任何支离破碎的稳定、秩序和正常的观念，而且，我们只得屈居在这个变革已成为支配一切的生活原则的世界上。

所以，从这方面来讲，我们历史学家能够解释将自然界变成我们社会的一面镜子的现代倾向，以反思资本与技术的无限能量。而且通过提供这种解释，我们可以使自己摆脱对这一新的正统观念的愚蠢而毫无保留的信任，正如历史分析法把我们从以前的正统观念中解放出来并促进批判性思维一样。有了这一历史主义原则为后盾，我们就能够以怀疑的态度和独立的意识来探讨突出干扰的最新生态模式。如果它们不纯粹是全球资本主义及其意识形态的反映的话，它们也仍然能高度和谐地与重新调理地球的力量共处。侧重于竞争与干扰的最新生态学，与弗雷德里克·詹姆森曾称之为的"后资本主义的逻辑"是一致的。^⑪

但是，只要我们粗略地考察一下生态科学与其文化经济条件之间的联系的话，我们还会随意相信其他因素吗？答案可以是"会"，但也可以是"不会"。历史相对主义哲学教导我们要避免教条主义的思维，但没有指导我们要坚定信仰。它不能真正使我们的时代及其他任何时代的学术倾向变得没有价值，而且也不能提供可以相信的新的秩序观念。相反，历史主义最终要么会导致彻底的怀疑与悲观；要么会导致接受人类创造出的任何思想和任何环境都是完全合理的。根据历史主义的逻辑，迪斯尼乐园跟黄石国家公园一样一定是合理的环境，一块小麦地跟一块草原一样合理，一个3000万人的超级都市跟一个小村庄一样合理。每一个都是历史的产物，因而彼此一定完全平等。每一个环境都能提供可供探究和认识的独特动力学；任何历史动力学，就像任何其他信条或惯例一样，对兼容并蓄的历史学家来说是彼此一样毫无差别的。

如果对人类或自然历史的研究要求我们采取这样一种严格的历史主义立场的话，那么，我将乐意加入到那些呼吁全面摒弃已成为日益堕落的世界观的现代历史意识的人流之中。我将接受现代思想的尖锐批评家爱德华·戈德史密斯提出的观点，他呼吁摒弃最新的生态学，并回复到史前和现代文明前的意识，回复到现代历史思想出现前的民间神秘的世界观。[42]但是，这种全面的摒弃此时此刻是不可能做到的，也没法要求我们这样做，接受现代新事物及其历史观并不是要求我们毫无保留地接受所有新事物或者采纳极端的历史主义观点。我们能够了解历史的发展，至少可以回溯人类200万年的历史，其他自然界几十亿年的历史，而无须完全陷入时间的迷宫之中。现在，我想提出几个结论，几个对我来说是我们过去的生态学知识——人类社会与自然知识——都似乎能够允许我们得出的结论。这是一些超越我们当今条件的结论。对我来说，它们的客观真实性，是我们可能达到的，是有确凿的证据和理由加以支持的。而且，这些结论涵盖了自然界和人类社会两个方面，因为我们不能在这两方面之间人为地设立不可逾越的障碍。

　　第一，我们有充足的有根据的理由可以说，有机的大自然尽管都各自进行个别的努力，但都得按相互依赖原则来运转。的确，它只能按此原则来运转。没有其他物种的帮助，任何生物或物种都没有机会生存下来。约翰·缪尔曾说过："当我们试图单独挑出某一物种时，就会发现它与系统内其他物种紧密联系着。"[43]战后时代发现了这一相互依赖原则的新证据。如果把任何一种生物个体或一个生物种群单独送到外层空间，而没有其他种类有机物的任何服务，比如从土壤肥料到氧气生产，那么，它（们）将不会生存下来。它（们）需要生活与发展伙伴。

　　可以肯定，有段时间很多人忽略了这一真理，甚至开始想象，他们完全可以单凭他们高度发达的技术来生存。但刚过去的几十年已粉碎了这种梦想。现在已经很清楚，我们在现代文明中发现的所有变化都仅仅只是那种相互依赖模式中的变化，而不是相互依赖本身这个事实或其中内容的变化。我们称之为第二次世界大战后时代的环境保护运动已基本上是一种意识到我们必须依靠其他生命形式而生存的重新觉醒，我们别无选择。在这一点上，历史发展并没有使我们的处境同最遥远的古人有什么区别。只是由于人类的智慧与适应性，我们学会了怎样更新我们的依赖对象，改变我们依赖对象的地理布局——比如说，北美洲印第安人已学会买和吃中美洲的牛肉以取代加拿大驼鹿——但是，我们还没有学会怎样在一片死寂的星球上生存。

　　我们的生态依赖性的全部含意正在渗入经济界和政界领导人的头脑，而且，他们正在逐步背离自己雄心勃勃的关于征服地球和免受自然界力量侵害的宣言。其结果，濒危物种灭绝已成为全球性关注的大事，并在国际性条约中得以体现。社会团体、国家及各个地方都不再盲目自信他们在没有这些物种的情况下还能生存下去，即使这些物种中很多在人类生活中仅仅起到一种非常遥远、不着边际、毫不起眼的作用。同时，意识到我们对整个生命结构网的依赖，有助于促进对他人的依存意识，尽管对我们来说他们大多是陌生人，但同我们一起处于同一困境之中。再者，依存的形式可能会发生变化。朝夕相处共同求生的团体一致性，可能会转化成某种更大或许其效能更差的东西，转化成一次引起全球人民关注的机会——旋即成为他们所在地的疾病、暴政、贫穷或森林破坏等灾害受害者的命运。因此，所有有生命的事物联成一种相互依赖的共同体这一事实，并没有因为新近急速发生的变化以及变化引起的很多不确定性而丧失其正确性。

第二，对过去历史的研究已经揭示出今天我们可以加以学习的成功的适应性模式。它们自身并无多大价值，但重要的是从自然界中吸取教训，应用于人类所选择的价值观念。自然界可能提供不了可供我们遵循的全面的、足够的准则，也提供不了我们能够发现的任何出类拔萃的优点，但是，可以提供大量的模型，我们可以依据这些模型达到我们想达到的目的。例如，如果我们想飞，我们就可以从经历几千万年发展完善的鸟儿翅膀中找到模型。如果我们想阻止土壤侵蚀或者抵抗干旱，我们就可以从长满牛尾草的草原中找到模型，这种草原能够比小麦等单一农作物储存更多的雨水，从而能安然度过一段足以完全杀死一片人工种植的农作物的严重干旱期。我们可能不会把这种 431 模型当作从历史中学到的教训，但是，它们全都是过去经验的产物，而且从历史主义考虑，正是生物学家揭示了它们是如何产生的，正是通过生物进化过程，我们才能够说展示了生命的智慧。

同样，环境历史为在充分利用自然资源方面比其他方面都要成功得多的人类社会也提供了现成的模型。例如，如果社会寿命在我们的价值等级中处于很高的地位，如果我们作为一个人或一个生物物种希望活得尽可能长一些的话，那么，我们会在过去的历史中找到大量有用的可供我们学习借鉴的事例。无论是过去还是现在，我们都不能找到在所有方面都很完善的社会，或者找到我们仅仅使其完全复兴而免于灭绝的例子，但我们可以找到可以学习和借鉴的模型。它们就存在于美国的国土之内以及世界的每一个地方——这种社会已在相当长时间内设法使自己适合于周围的环境，它们对自己周围的动植物造成的伤害小得多，它们可能也需要一些我们现在所缺乏的必不可少的空间知识。它们或许最终逃脱不了时间的魔掌，但是可能要比我们更容易承受住考验。我自己作为历史学家的研究表明，这种持久性的社会，不管是基于捕猎采集技术还是农业技术，都有一个最主要的特点：它们创造各种规则来制约自己的行为，其中很多规则，有时是完全有意识地制定的，有时则是体现在民间习俗中的，但都是基于熟悉的局部经验而形成的。它们并不想摆脱自然界或社会团体而独立存在，也不怨恨那些对个人创造性的限制，或者让每一个个体完全自己决定如何行为。刚好相反，它们接受了很多针对自己的限制，并且彼此坚持执行。它们执行规则的方法可能不符合我们现代美国人的隐私标准和公正标准，也可能与我们当代强烈的个人权利意识不相吻合，而且理所当然它们会抑制创造力或积极性。但是，通观历史可以发现，拥有这些规则并加以强有力的执行似乎是长期的生态生存的必要条件。

　　怎样利用这些取自其他时期和地方的模型来弄清适合于我们的价值或标准是一个非常困难的问题。很明显，不管从生态上讲它们如何不健全，我们也不能把我们所有的麦地都只变回须芒草的草原，也不能把工业资本主义变回到古老的高山村庄或者澳大利亚土著居民的露宿地。我们不可能简单地在时间上倒退并且重做已经发生的一切。从这个意义上讲，我们是时间的因犯。但是，我们能够以更尊重的态度看待过去历史的记录，要承认，我们最新进行的变革大部分可能都不长久，而我们当中存在的某些古老的东西事实上却值得尊重和模仿，要承认正是古老的东西才是明智的。

第三，历史表明，变化不但是真实存在的，而且是多种多样的。所有的变化不是同样的，也不是均等的。有的变化是周期性的，有的则不是。有的变化是线性的，有的则不是。有的变化半天之内就可完成，有的则要上千年。我们不把某一特定种类的变化看作绝对标准，就如同不把特定的平衡状态看作标准一样。冰川曾流经伊利诺伊州的事实并不能为从该州开采煤矿的公司提供正当理由。我们明白这一点，但有时我们会因为谈论所有变化都是"自然发生的"而感到迷惑不解。从较宽泛的意义上讲，这种说法是正确的，但也是没有意义的。没有人会真正认为不管那是什么都是对的，或者不管发生什么都是好的。我们懂得，自然界中发生的变化，有的对我们既有利也有弊，有的变化我们虽然不能阻止发生，但不得不加以防备。真正的挑战是确定哪一种变化符合我们开明的自身利益，而且与我们最严格的伦理推理相一致，总之要记住，我们不可避免地要依赖其他生命形式而生存。

从这种历史意识来看，环境保护已变成一种努力，以防止生物世界内发生的种种变化与我们在经济和技术方面不断发生的变化不相一致。这并不是一项要把自然界封锁起来放入博物馆以永远将其冻结的计划；相反，却是一种行为模式，是立足于这样一种观念的模式：应站在我们价值体系的高度上来保持变化的多样性，而促进多种生命与 433

多种变化和平共处是一件应做的合理的事情。电脑元件革新的速度可能适合于竞争性的商业社会，但不适合于或不相容于红杉林的进化。有的事物需要更长的时间成长或完善。有的事物不像别的事物那样适应快。自然界和人类社会的历史都表明存在着种种差别。今天，各领域的历史学家都不会再宣布：存在着一种单一的普遍适用于所有物种、所有社会、所有地方的有关变化的说法。"历史"已让位于"历史剧"。每一个历史剧都需要空间来充分演出，以展示其故事情节。这正好就是现代环境保护观念必须达到的目的：提供空间，或者留下零零碎碎的大块地段，或者保留某一区域内的空隙，以便让全部丰富的地球上的历史剧能同时上演——伴随着海滨城市发展史的珊瑚礁发展史，伴随着政治斗争史的热带雨林发展史。这种试图保持变化多样性的战略似乎可能是荒谬的，但是，它是建立在关键的和有根据的思想基础上的。我们不得不适应变化而生存，甚至我们可能就是变化的产物，但是，我们并不总是知道——的确，我们并不总知道——哪种变化至关重要，而哪种变化是致命的。

　　我相信，以上这些都是关于真实世界的结论，对自然界和社会的综合研究导致我们今天得出了这些结论。这些结论之所以能完全站得住脚是因为，它们是以知识和推理为基础的，而不只是基于个人的想象。不管我们是否选择向过去学习，过去却是我们现实中最值得信赖的导师。我们再也不会把自然界定位成某种通过完全公正的科学研究可变得易于理解的永恒完善状态，也不会有新发现和权威性典籍加以倚靠。只有通过认识经常变化的过去——人类与自然总是一个统一整体的过去——我们才能在并不完善的人类理性帮助下，发现哪些是我们认为有价值的，而哪些又是我们该防备的。

注　释

第一部分

第一章

① 华盛顿·欧文:《英国的乡村生活》，出自《见闻录》（纽约，1961年版），第70页。

② 塞西尔·S. 埃姆登:《吉尔伯特·怀特在他的村庄》；沃尔特·约翰逊编:《〈吉尔伯特·怀特日记〉简介》；埃德温·韦·蒂尔:《塞尔波恩的夜莺》；《荒芜的乡村》，出自奥斯汀·多布森编:《奥立弗·戈德史密斯诗集》（伦敦，1927年），第28页。

③ 吉尔伯特·怀特:《塞尔波恩自然史》，第134，208—209，217，328页；查尔斯·F. 马勒特:《一叶知秋——塞尔波恩的吉尔伯特·怀特》。

④ 怀特:《塞尔波恩自然史》，第49页。

⑤ 同上书，第22，57，174—175，350页。

⑥ 同上书，第43，77，128页。

⑦ 同上书，第186—187，226页。

⑧ 同上书，第57—60页。关于田园主义，参见布鲁诺·斯内尔:《阿卡狄亚:一种精神背景的发现》；J. E. 康格尔顿:《1684—1798年英国田园派诗歌理论》（佛罗里达州，盖恩斯维尔，1952年）；伊丽莎白·尼奇:《维吉尔和英国诗人》（纽约，1919年）；利奥·马克斯:《花园中的机器——技术和美国的田园思想》（纽约，1964年），第88—107页。

⑨ 怀特：《塞尔波恩的丛林：一个冬天的故事》（1763 年），见 R. M. 洛克利：《吉尔伯特·怀特》，第 126—127 页。

⑩ 保罗·曼托克斯：《18 世纪的工业革命》；E. J. 霍布斯鲍姆：《革命年代：1789—1848》，第 2、9 章；乔治·特里维廉：《英国史》，第 601 页。

⑪ 阿瑟·扬最有名的作品是《乡村经济》（1770 年），是继其《致英国人的农夫信札》（1767 年）之后的续作。另参看肯尼思·麦克莱思：《农耕时代——华兹华斯的生活背景》（康涅狄格州，纽黑文，1950 年）；W. G. 霍斯金斯：《英国风景的历史》（伦敦，1955 年），第六章。

⑫《吉尔伯特·怀特生平及书信》，第二册，第 275—286 页；弗朗西斯·达尔文编：《查尔斯·达尔文生平及书信》（纽约，1898 年），第一册，第 426 页；詹姆斯·拉塞尔·洛厄尔：《园中相识》，载《书斋窗》（波士顿，1871 年），第 1—23 页。

⑬ 约翰·巴勒斯：《吉尔伯特·怀特的书》，出自《约翰·巴勒斯文集》第七卷"伏案研读"，第 178—179 页；《塞尔波恩自然史》"介绍"（1895 年），第 viii 页；洛克利：《吉尔伯特·怀特》，第 125 页。

⑭ W. W. 福勒：《塞尔波恩的吉尔伯特·怀特》，第 182—183 页。

⑮ 弗朗西斯·哈尔西：《回归自然——自然作家的兴起》，载《美国评论月刊》第 26 号（1902 年 11 月），第 567—571 页；彼得·J. 施密特：《回归自然——美国城市的桃源神话》；菲利普·希克斯：《美国文学中自然史短论的发展》。

⑯《回归自然》，第 306 页；巴勒斯：《敞开的门》，载"伏案研读"卷，第 242—243 页。又见《科学和文学》，同上书，第 49—74 页。

⑰ 巴勒斯：《科学的壮年》，收于《约翰·巴勒斯文集》第 17 卷，《高峰时代》（The Summit of the Years），第 64—67，73—75 页。关于赫德森，见理查德·海梅克的《W. H. 赫德森研究》；罗伯特·汉密尔顿的《W. H. 赫德森：地球的视野》。缪尔语引自道格拉斯·斯特朗的《自然保护主义者》（马萨诸塞州，里丁，1971 年），第 97 页。

⑱ 格兰特·艾伦:《塞尔波恩自然史》(伦敦,1900 年版)"介绍",第 xxxiii—xl 页。*

⑲ 埃姆登,特别是第 1 章。

⑳ H. J. 马辛汉姆:《吉尔伯特·怀特文集》(伦敦,1938 年),第一卷"介绍",第 viii—xxvi 页。查尔斯·雷文关于怀特作品的介绍中有一相似表述:"它再次体验了自然秩序的价值,连贯与完整;而这早已为 17 世纪的人们所揭示。"(《自然宗教与基督教神学》,第 161 页)

㉑ 路德维希·冯·贝塔朗菲:《现代发展理论》,第 190 页。

㉒ 巴里·康芒纳:《科学与生存》,特别是第 3 章;又见其近作《封闭圈:自然、人类和技术》。

㉓ 威廉·默多克和詹姆斯·康内尔:《有关生态学的一切》。

㉔ 保罗·西尔斯:《生态学——一门颠覆性学科》。又见保罗·谢泼德:《生态学与人类》,出自保罗·谢泼德和丹尼尔·麦金利编:《颠覆性学科》(波士顿,1969 年),第 9 页,和伯纳德·詹姆斯的《停滞不前》(纽约,1973 年),第 82—88 页。

㉕ 蕾切尔·卡森语引自保罗·布鲁克斯:《生机勃勃的房屋:工作中的蕾切尔·卡森》(波士顿,1972 年),第 319 页。卡森的主要著作有:《在海风中》(1941 年)、《我们周围的海洋》(1961 年修订版)、《海的边缘》(1955 年)和《寂静的春天》(1962 年)。

第二章

① 小林恩·怀特:《生态危机的历史根源》(1967 年),载伊恩·巴伯编:《西方人和环境伦理》;戴维和艾琳·斯普林编:《历史上的生态学和宗教》;约翰·布莱克:《人类的领地》;爱德华·威斯特马克:《基督教和道德》,第 19 章;乔治·威廉姆斯:《基督教思想中的荒野与天堂》;C. D. F. 莫尔:《新约全书时的人和自然》。

② 关于科学对 18 世纪诗歌的影响,见威廉·琼斯:《科学修辞学》(伦敦,

---

* 原文如此,疑有误。——译者

1966年）；尼古拉斯·伯尔迪耶夫：《历史的含义》（俄亥俄州，克利夫兰，1962年），第106页；约翰·迪伦伯格：《清教思想和自然科学》（纽约州，加登城，1960年）。

③弗朗西斯·培根：《伟大的修辞》，出自《弗朗西斯·培根文集》，第一卷，第39页；《新大西洲》，同上书，第398页；《新工具论》，同上书，第47—48页。

④林奈语引自西奥多·弗赖斯：《林奈》，第9页。又见威尔弗雷德·布伦特《林奈传》，海因茨·高尔克的《林奈》和纳特·哈格伯格的《卡尔·林奈》。

⑤林奈在《自然系统》第10版（1758年）中，将其体系扩展至动物。在此之前，在《植物哲学》（1751年）一书中，他以整个生物为基础，而不是只以生殖器官为基础，勾勒了一个"自然"系统的轮廓。后来，安托万·朱西厄和阿方斯·德·康多尔完成了这项工作。见亚伯拉罕·沃尔夫的《18世纪科学技术哲学史》，第426—459页和詹姆斯·拉尔森的《理性和经验：卡尔·冯·林奈作品中自然秩序的体现》。

⑥阿瑟·O.洛夫乔伊在《林奈在科学史上的地位》一文中对林奈做出的贡献评价相当苛刻。埃里克·诺登斯基厄尔德在《生物学史》第203—218页中做了较为肯定的评价。

⑦弗赖斯，第309页；威廉·贾丁爵士：《林奈回忆录》，出自《博物学家的图书馆》（爱丁堡，1843年），第14卷，第59页。关于林奈在英国的知名度，见W. P.琼斯的《1750—1770年英国自然史新论》和哈格伯格，第159—161页。哈格伯格认为："林奈式的对自然的恭顺在英国的追随者比在瑞典的更多。"

⑧林奈的《*Specimen academicum de Oeconomia nature*》（艾萨克·J.比伯格），由本杰明·史迪林弗利特译成英语，收于《自然史、农业和physick杂论》（1759年）。卡米尔·利姆格斯编《自然的平衡》系林奈生态学著作的最新编选本。

⑨迪格比在其《近来关于用同情心治愈创伤的……一篇论文》一文中使用了这一短语。"Economy"也指解剖学和生物生理学。例如，约翰·亨特的《动

物解剖学局部观测报告》（1786 年）和伊拉兹马斯·达尔文的《植物园：植物生理学》（1791 年）。牛津英语辞典给出了其他意义的词源。

⑩ 关于自然神学，参见查尔斯·雷文的《自然宗教和基督教神学》；理查德·韦斯特福尔的《17 世纪英国科学与宗教》（康涅狄格州，纽黑文，1958 年）；巴兹尔·韦利的《18 世纪背景》第 2 章和克拉伦斯·格拉肯的《罗得岛岸边的痕迹》（*Traces on the Rhodian Shore*），第 375—428 页。

⑪ 关于科学革命及其自然哲学，参见 R. G. 科林伍德：《自然思想》，第 2 部；赫伯特·巴特菲尔德：《现代科学起源》；艾尔弗雷德·诺思·怀特海：《科学与现代世界》（纽约，1925 年），第 2—4 章；卡尔·海姆：《科学界观念之转变》；E. A. 伯特：《现代科学的形而上学基础》；玛丽·博厄斯：《机械论的开创》。关于早期科学家与技术的关系，参见罗伯特·默顿：《17 世纪英国科技社会史》；哈考特·布朗：《笛卡尔时代的功利主义动机》和小沃尔特·霍顿：《贸易史：贸易与 17 世纪的思想》。

⑫ 斯蒂林弗利特：《杂论》，第 127—128 页；乔治·切恩：《自然宗教和天启宗教的哲学原则》第 4 版（伦敦，1734 年），第 146—147 页；赫伯特·德雷农：《牛顿学说的方法论、神学和形而上学》；F. E. L. 普里斯特利：《牛顿和自然的浪漫主义概念》；华斯利·斯蒂芬：《18 世纪英国思想史》，第 1 卷；亚历山大·考耶尔：《从封闭的世界到无限的宇宙》。

⑬《亨利·摩尔的哲学著作》，第 169，270 页；格拉肯：《罗得岛岸边的痕迹》，第 395 页。关于泛灵论的复兴，见海勒姆·C. 海登的《反文艺复兴》。

⑭ 约翰·雷：《上帝创造万物的智慧》，第 11—12，25—26 页。又见查尔斯·雷文：《博物学家约翰·雷》，特别是第 37，455，458 页。

⑮ 雷，第 35—36，76 页。

⑯ 威廉·德勒姆：《物理神学》，第 179 页。巴兹尔·韦利称此乐观看法为"宇宙保守主义"，即认为这个世界是所有可能产生的世界中最好的一个，认为正如亚历山大·波普所说："凡是存在的，即是合理的"（韦利，第 3 章）。

⑰《利维坦》（1651 年），载《托马斯·霍布斯著作集》（伦敦，1839 年），第 13—14 章。

⑱ 索姆·詹宁斯:《在宇宙的链条上》(*On the Chain of Universal Being*),载《几个学科的专题论文》(伦敦,1782年),第7—18页;《旁观者》,第404号(1712年6月13日)。理查德·普尔特尼:《林奈作品评论》,第318—319页。阿瑟·O.洛夫乔伊:《生命之链》,特别是第6—8章。

⑲ 威廉·斯梅利:《自然史哲学》,第345—358页。林奈语引自哈格伯格,第193页。威廉·柯尔比:《论上帝的力量、智慧和仁慈在创造动物过程中及在动物的来历、习性和本能中的体现》(伦敦,1835年),第2卷,第526页。

⑳ 约翰·布鲁克纳:《创造动物的哲学审视》,第1部,第1节;又见第34,50,76—77,133页。布鲁克纳(1726—1804)从比利时移居英国,成为诺里奇瓦隆人教会的牧师。

㉑ 同上书,第2部,第1、5节;又见第9,40,150页。

㉒ 同上书,第1部,第4节;又见第160页。

㉓ 同上书,第2部,第5节;又见第9—10,18—19,138页。

㉔ 同上书,第95,101—104,121,134—135页。

㉕ W. S. W. 鲁申伯格:《费城自然科学院历史、沿革和现状介绍》(费城,1852年),第12页;斯梅利,第353页;德勒姆,第224—225页。

㉖ 见乔治·刘易斯·布丰:《自然史:总论和分科》,第一部,第282页;第三部,第300—305页;第六部,第260页。又见约翰·B.伯里:《进化论》,利洛·卢森堡:《弗朗西斯·培根和丹尼斯·狄德罗》,J.弗利克斯·莫里森:《自然哲学:培根、波义耳、托兰和布丰》,丹尼尔·莫奈特:《18世纪法国有关自然的科学研究》。

㉗ 雷,第113—118,128—129页。

㉘ 尼古拉斯·科林牧师:《论自然哲学领域当前最有用的调查》,载《美国哲学学会学报》第3号(1793年),第xxiv页。关于18世纪的功利主义,见保罗·哈泽德:《18世纪的欧洲思想》,特别是第22—23页;丹尼尔·布尔斯廷:《托马斯·杰斐逊失去的世界》(波士顿,1958年)。

㉙ 格鲁的论文(可能写于1707年),E. A. J. 约翰逊在其《亚当·斯密的前辈们:英国经济思想的形成》(纽约,1937年)第7章中进行了探讨。亚当·斯

密（其《国富论》于 1776 年出版）也写过自然科学论文，其中有些可在《亚当·斯密早期作品》中找到。不幸的是，这些早期的经济学家没有对如何对待自然做过什么研究。农耕对早期生态研究影响的一个证明是弗兰克·埃杰顿的《理查德·布雷德利的生物生产力研究：18 世纪的生态观》，载《生物学史学刊》第 2 号（1969 年秋），第 391—411 页。

㉚ 托马斯·尤班克：《世界是个作坊》（又作《人类与地球的自然联系》），第 22—23，93，118—119，162，171—173 页。

㉛ 米尔西·伊利亚德：《神圣与世俗：宗教的本质》，第 116—117 页。

第二部分

第三章

① 《亨利·梭罗作品集》中《日记》，第 3 卷，第 7 章；第 4 卷，第 174 页。已多用此标准沃尔登版本作为参考书目。该文集前六卷是梭罗为出版准备的作品，后面的注释以 W. 1—6 表示，其余 14 卷是梭罗的日记，后面引用时以 J. 1—14 表示。1840—1841 年间的日记重印在儒里·米勒编《在康科德的感觉》（*Consciousness in Concord*）中。《沃尔登》和《缅因森林》两本书，我用了最新的学术版。

② J. 2，第 13—15 页；J. 9，第 156—158 页；J. 11，第 137 页。

③ 关于梭罗生平的详尽介绍，见沃尔特·哈丁的《亨利·梭罗的一生》；亨利·塞德尔·坎比的《梭罗》和亨利·S. 索尔特的《亨利·戴维·梭罗生平》。关于这一时期其思想的总体研究，我得益于约瑟夫·伍德·克鲁奇的《亨利·戴维·梭罗》和利奥·斯托勒的《梭罗经济人思想的转变》。

④ J. 5，第 46，65，83 页；J. 7，第 449 页；J. 12，第 156—157 页。《梭罗的常识笔记》，第 1 卷，第 18—28，107—108 页；第 2 卷，第 277—283 页。

⑤ 关于康科德的历史，见鲁思·惠勒的《康科德的自由思潮》和汤森·斯卡德的《康科德———一座美国小镇》。

⑥ J. 3，第 251—253，270—271，286—288，308—309，346—348 页。

⑦ J. 1，第 360 页；J. 12，第 96 页；J. 14 页，第 146—147 页。又见约翰·B. 威尔逊的《达尔文和超验论者》，载于《思想史学刊》第 26 号（1965 年 4—6 月），第 286—290 页。

⑧ J. 2，第 426 页；J. 8，第 109—110 页；J. 14，第 149 页。

⑨ J. 5，第 120 页；J. 9，第 18—21 页；J. 10，第 271—272，462—464 页；J. 11，第 59—62 页；J. 12，第 133，154—155 页。《亨利·戴维·梭罗书信集》（以下简称《梭罗书信集》），第 310 页。关于梭罗的科研活动，见下列作品：亚历克·卢卡斯：《实地博物学家梭罗》；亨利·韦勒：《鸟和人类》，第 7 章；利奥·斯托勒：《梭罗在物候学史上的地位》；雷金纳德·库克：《通向沃尔登》，第 173—204 页；雷蒙德·亚当斯：《梭罗的科学》。关于背景资料，见威廉·马丁·斯莫尔伍德的《自然史和美国思想》（纽约，1941 年）。

⑩ J. 13，第 150，220—222 页。

⑪ J. 12，第 132—137 页；蒂莫西·德怀特：《新英格兰和纽约游记》，第 1 卷，第 21 页；查尔斯·E. 卡罗尔：《新英格兰清教地区的伐木业》，第 2 章；贝蒂·汤姆森：《变化中的英格兰》，第 8、9 章；尼尔·乔根森：《新英格兰旅游指南》，第 3 部分：A. F. 霍斯：《新英格兰森林追记》；理查德·伊顿：《康科德植物志》。

⑫《前言广告》，载《纽约博物学会年刊》第 1 号（1824 年）。乔治·B. 爱默生的书于 1846 年在波士顿出版。关于调查中涉及的其他著作，见梭罗的《马萨诸塞州自然史》（1842 年），出自 W. 5《远足》。

⑬ G. B. 爱默生，第 1—22 页。

⑭ 同上书，第 23—36 页。

⑮ J. 8，第 335 页；J. 10，第 39—40 页；J. 14，第 166，200 页。

⑯《森林树木的演替》（1860 年），出自 W. 5，《远足》，第 184—204 页；J. 13，第 50—51 页；J. 14，第 2—4 章。又见凯瑟琳·惠特福德的《梭罗和康科德的造林地》和《梭罗：生态学和自然保护运动的先驱》。哈丁，第 435，440 页。梭罗：《播种》。

⑰ J. 14，第 133—135，141，150，162，243 页。

⑱ J. 14，第 152—161，213，224—230，243—247 页。

⑲ J. 2，第 461—462 页；J. 5，第 51 页；J. 14，第 161，306—307 页。

⑳ J. 5，第 293 页；J. 14，第 262—263，268 页。关于梭罗对荒野的态度，见罗德里克·纳什的《荒野与美国人的思想》第 5 章。

㉑ J. 12，第 387 页。梭罗：《越桔》，第 31—35 页。

㉒ J. 7，第 330 页。1852 年春，梭罗写道："正如亚伯拉罕·考利爱花园一样，我爱森林。"（J. 3，第 438 页）

第四章

① J. 4，第 410 页；J. 8，第 44 页。

②《梭罗书信集》，第 45，491 页；J. 4，第 472 页；J. 9，第 200 页。

③ J. 6，第 478—479 页；J. 10，第 262—263 页。

④ J. 1，第 237 页；J. 3，第 56—57 页；J. 8，第 384 页；J. 12，第 67，113—114 页。

⑤ J. 1，第 71 页；J. 3，第 165 页；J. 7，第 112—113 页；《沃尔登》，第 309 页。

⑥ J. 9，第 246—247，354 页；《缅因森林》，第 63—64，69—71 页。

⑦《乔治·伯克利作品集》，第 3 卷，第 257 页。

⑧ 关于这个运动中各种"单一思想"的过于机械的分析，见阿瑟·O. 洛夫乔伊的《浪漫主义的鉴别》。H. G. 申克的《欧洲浪漫主义思想》提供了更丰富的论述。

⑨ 牛顿·斯托克内克特：《奇异的思维——威廉·华兹华斯的天人哲学研究》，第 1、3 章，特别是第 91—92 页。埃里克·海勒：《歌德和科学真理的观念》，出自《剥夺了特权的思想》，第 6 页。Epirrhenia，出自《歌德的植物学著作》，第 214 页。又见约瑟夫·沃伦·比奇的《19 世纪诗歌中自然的概念》，特别是第 3 章。

⑩ E. D. 赫希：《华兹华斯和谢林：游泳主义类型学研究》，第 18 页。

⑪ J. 1，第 115，364 页；J. 4，第 492 页；J. 11，第 275 页；J. 12，第 44 页。

⑫ J. 1，第 89—90，339 页；J. 2，第 111 页；J. 8，第 139 页；J. 9，第 210 页；J. 11，第 450—451 页。又见亚历山大·戈德-冯·艾希的《德国浪漫主义中的自然科学》，第 13 页。

⑬ J. 1，第 462 页；J. 2，第 97 页；J. 3，第 381—382。J. 4，第 422，445—446 页。人文主义是认为人的权益比上帝或自然更为重要的哲学观念。它与培根哲学一样，注重对人权和公益的伦理学研究，同时，也注重对自我修养和创造力的审美关注。关于这个问题，又见威尔逊·科茨、海登·怀特和 J. 萨尔温·夏皮罗：《自由人文主义的产生》（纽约，1966 年），第 1 卷。

⑭ J. 1，第 375 页；J. 9，第 331 页；J. 11，第 324—328，338 页。《越桔》，第 23，26 页。《梭罗书信集》，第 52 页。

⑮ J. 9，第 45—46 页；J. 6，第 4 页；J. 10，第 473 页。《梭罗书信集》，第 257 页。W. 1，《在康科德和梅里麦克河上的一周》（1849 年），第 182 页。在这本书中，他也宣称，自己喜欢古希腊的潘神和其他神灵，而不喜欢新英格兰的上帝（第 66 页）。

⑯ J. 1，第 298 页；J. 4，第 84—85 页；J. 9，第 344 页。

⑰ 小爱德华·迪维：《梭罗〈沃尔登〉再探》。又见尼娜·贝姆：《梭罗的科学观》和查尔斯·梅茨格：《梭罗论科学》。关于歌德，下列著作很有价值：维克托·兰奇：《歌德：科学与诗歌》；鲁道夫·马格纳斯：《科学家歌德》，卡尔·维特尔：《思想家歌德》，第 11—54 页；海勒：《科学的真理》。

⑱ 海勒，第 30 页。又见西奥多·罗斯扎克：《荒野尽头》（纽约州，加登城，1973 年），第 302—317 页。

⑲ 查尔斯·吉利斯皮：《客观性的边缘》，第 156，351 页。

⑳ J. 6，第 236—238 页；J. 10，第 164—165 页；J. 13，第 169 页。

㉑ J. 11，第 359—360 页；J. 12，第 371—372 页。

㉒ J. 11，第 360 页；J. 12，第 23—24 页；J. 13，第 141，154—156 页；W. 1《一周》，第 388—389 页。

㉓ 《缅因森林》，第 181—182 页。

㉔ 同上书，第 121 页。J. 12，第 123—125，170—171 页。

㉕《梭罗书信集》，第 175—176 页。J. 6，第 310—311，452 页；J. 9，第 343 页。

㉖ J. 1，第 253 页；J.2，第 123—124 页；J. 4，第 136—137 页；J. 10，第 294—295，298 页；J.14，第 295 页。《马萨诸塞州自然史》，出自 W. 5，第 131 页。

㉗《梭罗书信集》，第 283 页。J. 2，406 页；J. 3，第 378 页；J. 4，第 239 页；J. 14，第 117 页。

第五章

① J. 5，第 45 页。他思想的矛盾性可以在詹姆斯·麦金托什的《浪漫主义博物学家梭罗对自然飘忽不定的立场》中清楚地看到。

② J. 2，第 46 页；J. 6，第 293 页；J. 9，第 150—151 页。

③ J. 11，第 282 页。梭罗的这一面是谢尔曼·保罗的《美国海岸》的主题。

④ J. 1，第 265 页；J. 2，第 30 页；J. 4，第 128 页。W. 5，第 40 页。《在康科德的感觉》，第 182 页。

⑤《沃尔登》，第 215—217 页。又见劳伦斯·威尔森：《梭罗和天然饮食》，载《南大西洋季刊》第 57 号（1958 年），第 86—103 页。艾丽丝·费尔特·泰勒的《自由的酵母》中讨论了"果园"实验。

⑥《沃尔登》，第 218—220 页。J. 9，第 116—117 页。

⑦《沃尔登》，第 220—221 页。

⑧《自然》，出自《拉尔夫·W. 爱默森选集》，第 21—56 页。又见谢尔曼·保罗：《爱默森的视角：美国历史上的人类和自然》；奥克塔维亚斯·弗罗辛厄母：《新英格兰的超验论》，特别是第 9 章；和斯蒂芬·惠彻尔：《自由和命运：拉尔夫·W. 爱默森的内心世界》。

⑨ 爱默森：《自然》，第 54，56 页。

⑩ 爱默森：《自然史的功用》（1833 年），出自《拉尔夫·W. 爱默森的早期讲义》，第 1 卷，第 11，23—24 页。《论人与地球的关系》（1834 年），同上书，

第 35，42，48 页。《自然》，第 38 页。关于培根对浪漫主义的贡献，以及这次运动中追求美满与至善论者的方面，见 M. H. 艾布拉姆的《自然的超自然主义：浪漫主义文学的传统与革命》（纽约，1971 年），特别是第 59—65 页。关于梭罗对权力欲的反应，见 J. 2，第 150 页。

⑪ J. 6，第 85 页；J. 9，第 121 页。乔尔·波特的《爱默森和梭罗：矛盾的超验论者》做了更为重要的区分，特别是在他们各自与自然的关系方面。

⑫ J. 1，第 384 页；J. 4，313 页；J. 9，第 37 页；J. 11，441 页。《沃尔登》，第 210 页。

⑬ J. 1，第 26 页；J. 2，第 201—205 页。在《一周》中，梭罗担心自己过的是一种"大地没有我的根 / 让我的枝丫常绿"的生活。W. 1，第 410 页。

⑭ J. 2，第 470 页；J. 5，第 446 页；J. 8，第 7—8，31 页；J. 10，第 131，146 页；J. 12，第 297 页。

⑮ J. 1，第 215，315 页。

第三部分

第六章

① 关于群岛的情况，见威廉·毕比的《加拉帕戈斯群岛——世界的尽头》（纽约，1924 年），艾雷内厄斯·艾布斯费尔特的《加拉帕戈群岛：太平洋上的诺亚方舟》（纽约州，加登城，1961 年），以及 N. J. 贝里尔和迈克尔·贝里尔的《海岛的生命》（纽约，1969 年），第 66—99 页。

② 查尔斯·达尔文：《贝格尔号的航行》（伦纳德·恩格尔编），第 375，379 页。这是达尔文《英国贝格尔号周游世界沿途国家博物学地质学研究日志》（1845 年）的重新命名的新版本。此书下面引用时作《贝格尔号日志》。该书首次出版（1845 年）时名字更长，是记述贝格尔号探险的详尽报道的第 3 卷。

③《贝格尔号日志》，第 379—382，398 页。又见戴维·拉克：《达尔文的雀科鸟类》（纽约 1974 年）和诺拉·巴洛：《查尔斯·达尔文和加拉帕戈斯群岛》，

载《自然》第 136 号（1935 年），第 391 页，和《查尔斯·达尔文和贝格尔号的航行》，第 246 页。

④《贝格尔号日志》，第 375 页。

⑤《魔鬼群岛》，出自 R.W. B. 刘易斯编：《赫尔曼·梅尔维尔》，第 126 页。又见查尔斯·安德森：《南方海上的梅尔维尔》，第 48—51, 326—327 页。

⑥《魔鬼群岛》，第 123, 130—134 页。

⑦ 同上书，第 127 页。

⑧ 为了对梅尔维尔的幻灭感有更好的了解，见哈利·莱文：《黑暗的力量》（纽约，1958 年），特别是第 6、7 章。《贝格尔号日志》，第 24, 27, 42—45, 101—104, 129 页。

⑨《贝格尔号日志》，第 32, 119—120, 487 页及第 488 页脚注。又见艾伦·穆尔海德的《达尔文和贝格尔号》（纽约，1969 年）和罗伯特·霍普金斯的《达尔文的南美洲》（纽约，1969 年）。

⑩《贝格尔号日志》，第 131—132, 173—177 页。

⑪ 同上书，第 2, 32, 172, 210, 303—314, 501—502 页。

⑫ 关于浪漫主义对恐怖的追求，见马乔里·尼科尔森的《山的忧愁和荣耀》（纽约州，伊萨卡，1959 年），马里奥·普拉茨的《浪漫的痛苦》（伦敦，1933 年）和肯尼思·克拉克的《浪漫的叛逆》（伦敦，1974 年）。

⑬ 弗朗西斯·帕克曼：《俄勒冈小道》，第 233 页。

⑭《贝格尔号日志》，第 413, 423—425, 430—431, 500, 502 页。

⑮《达尔文物种演变的笔记》，第 4 部分，第 113 页。

第七章

① 威廉·休厄尔：《归纳的科学原理》，第 1 卷，第 113 页。

②《查尔斯·达尔文生平与书信》（以下简称《生平与书信》），第 1 卷，第 30 页。关于达尔文的早年生活，见格特鲁德·希梅尔法伯的《达尔文与达尔文革命》，第 1、2 章；《自传》，斯坦利·埃德加·海曼编：《今日达尔文》，第 323—

404 页；鲁思·穆尔的《查尔斯·达尔文》和杰弗里·韦斯特的《查尔斯·达尔文传》。

③《自传》，第 354 页。

④ 同上书，第 361 页。

⑤ 为海尔穆特·德特拉的《洪堡》第 87 页所引（文中画线部分）。关于洪堡与歌德，又见第 74—75，270 页。欲了解更多传记资料，见下列作品：道格拉斯·博廷：《洪堡和宇宙》（纽约，1973 年）；爱德华·多兰：《绿色的宇宙：亚历山大·冯·洪堡传》（纽约，1945 年）；维托克·冯·哈根：《南美呼唤他们》（纽约，1945 年）；埃里克·诺登斯基厄尔德：《生物学史》（伦纳德·艾尔译，纽约，1982 年），第 314—316 页；卡尔·布鲁恩斯：《亚历山大·冯·洪堡传》。

⑥ 亚历山大·冯·洪堡：《植物地理学论文集》，第 v，13—14，30，32—35 页。

⑦ 为夏洛特·凯尔纳的《亚历山大·冯·洪堡传》所引，第 233 页。

⑧ 洪堡：《宇宙速写》，第 1 部，第 vii，24，42 页；第 3 部，第 24—25 页。

⑨ 洪堡：《1799—1804 年间新大陆赤道地区旅行记》，第 viii，35 页。海伦·威廉斯（译者兼编者）的《前言》，同上书，第 iv 页。欧文·阿克内克特：《乔治·福斯特、亚历山大·冯·洪堡和人种学》，第 92—93 页。又见路易斯·阿加西斯的《亚历山大·冯·洪堡百年诞辰纪念大会上的演讲》（波士顿博物学会 1869 年）。在那次盛会上演讲的还有拉尔夫·沃尔多·爱默生、诺亚·波特和约翰·格林利夫·惠蒂尔。除了慷慨激昂的演说外，还有稀稀拉拉的几位祈祷者在欣赏着赞美诗、巴赫的 F 调托卡塔乐曲和一锅炖牡蛎。

⑩《贝格尔号日志》，第 12，500 页；《生平与书信》，第 1 卷，第 66 页。《查尔斯·达尔文的英国贝格尔号旅行日记》，第 39 页。关于洪堡在其他方面的贡献，见弗兰克·埃杰顿的《洪堡、达尔文和种群问题》。

⑪ 洪堡：《多姿多彩的自然界》，第 40—42，211 页。

⑫ 关于地质学领域的变革，见伦纳德·威尔逊的《1841 年前的查尔斯·莱尔》，查尔斯·吉利斯皮的《〈创世记〉和地质学》和洛伦·艾斯利的《达尔文世纪》，第 3、4 章。

⑬ 约翰·C.格林:《亚当之死》，第3、4章。

⑭ 查尔斯·莱尔:《地质学原理》，第2册，第66—68，70—72，88页。

⑮ 同上书，第88页及之后几页，第134—144，445页。

⑯ 同上书，第121—122，146—154页。

⑰ 同上书，第84，145，156，207页。

⑱ 同上书，第130—132，140页。关于莱尔的不一致思想，类似的分析还可在弗兰克·埃杰顿的《从拉马克到达尔文的动物种群研究》第236—240页中找到。

⑲ 见《查尔斯·莱尔在物种问题上的科学笔记》。又见艾斯利，第108—115页。

⑳ 莱尔:《法则》，第2卷，第68，71，82页。奥古斯丁·德·康多尔:《地理植物学》。A.汉特·杜普瑞:《阿萨·格雷》，第235—236页。

第八章

① 亚当·塞奇威克致塞缪尔·巴特勒博士的信，引自希梅尔法伯的《达尔文和达尔文革命》，第79—80页。

② 查尔斯·达尔文致爱玛·达尔文的信，出自《百年家书（1792—1896）》，第1卷，第277页。加文·德比耶:《查尔斯·达尔文传》，第110页。

③《生平与书信》，第1卷，第243，245，253，260，288页。

④ 弗里德里希·恩格斯:《英国工人阶级状况》（纽约，1958年修订版），第30—32页。

⑤《自传》，出自《今日达尔文》，第388页。又见彼得·渥兹默的《达尔文、马尔萨斯和自然选择理论》，第527—542页。

⑥ 托马斯·马尔萨斯:《人口论》（1798年），第15—16，26，204，361页。又见希梅尔法伯的《达尔文和达尔文革命》，第132—138页；肯尼思·史密斯的《马尔萨斯论战》；乔治·麦克利里的《马尔萨斯的人口理论》；戴维·格拉斯的《马尔萨斯》和格罗夫纳·格里菲思的《马尔萨斯时代的人口问题》。

⑦ 马尔萨斯:《人口论》,第 181—182 页。

⑧ 同上书,第 361, 395 页。麦克利里,第 74 页。

⑨ 关于马尔萨斯和达尔文进一步的背景,参见罗伯特·杨的《马尔萨斯和新进化论者》。又见赫伯特·斯宾塞的《从动物多产的普遍规律中推导出的人口理论》,载《威斯敏斯特评论》第 n.s.1 号(1852 年),第 468—501 页。

⑩ 艾斯利,第 2、5 章。本特利·格拉斯等编《达尔文的先辈》。米尔顿·米尔豪斯:《达尔文之前:罗伯特·钱伯斯和遗迹》。A. S. 帕卡德:《拉马克——进化论的奠基人》。

⑪ 莫里斯·曼德尔鲍姆:《生物进化论的科学背景》;彼得·渥兹默:《达尔文生态学以及它对其理论之影响》;W. 弗兰克·布莱尔:《生态学和生物进化》;赫伯特·马什和珍·兰德海姆:《作为生态概念的自然选择》。

⑫《物种起源》,第 3—4, 60, 71—74, 80 页;W. L. 麦卡提:《从猫科动物到三叶草》。达尔文关于互相依赖的生命网思想在保罗·西尔斯的著作《查尔斯·达尔文:作为一种文化力量的博物学家》中得到相当好的阐述。

⑬《物种起源》,第 102 页;《达尔文笔记》,第 1 部分,第 2 章,第 2 节,第 25, 65 页;《贝格尔号日志》,第 176, 397 页;达尔文的“位置”概念在很大程度上应归功于林奈的影响。见罗伯特·斯托弗的《达尔文〈物种起源〉长手稿版中的生态学和林奈的〈自然的经济体系〉》。又见查尔斯·达尔文的《自然选择》。

⑭《物种起源》,第 75—76, 102, 172, 315 页。

⑮ 同上书,第 109—110 页;《达尔文笔记》,第 4 部分,第 162—163, 173 页。又见《1844 年论文》,第 103—105 页。

⑯ 达尔文:《1844 年论文》,第 84—85, 98—103 页。《物种起源》,第 73 页。

⑰《达尔文笔记》,第 1 部分,第 53 页。希梅尔法伯,第 149, 151 页。《物种起源》,第 81, 102—103, 108 页。关于与世隔绝和物种形成的较新记录,参见厄恩斯特·玛丽:《人口、物种和生物进化》(马萨诸塞州,坎布里奇,1970年),第 18 章。

⑱《自传》,出自《今日达尔文》,第 388 页。《达尔文笔记》,第 4 部分,

第 169—170 页。

⑲《生平和书信》，第 2 册，第 6—9 页。又见第 1 册，第 531 页。《查尔斯·达尔文书信续编》（以下简称《书信续编》），第 1 册，第 151 页。

⑳《达尔文笔记》，第 2 部分，第 2 章，第 3 节，第 99 页。

㉑《生平和书信》，第 1 册，第 481 页。

㉒ 达尔文致格雷厄姆的信，出自《生平和书信》，第 1 册，第 286 页；《达尔文笔记》，第 4 部分，第 166 页；《物种起源》第 62，472 页。

㉓ 关于华莱士的思想，著名的 1858 年林奈学会年会，以及达尔文对竞争的看法，见希梅尔法伯的《达尔文和达尔文革命》，第 242—250 页和巴巴拉·比德尔的《华莱士、达尔文和自然选择理论》。

㉔《书信续编》，第 1 册，第 40—41 页。关于达尔文挑战正统生物学家的背景，见托马斯·库恩的《科学革命的结构》和约翰·C. 格林的《库恩范式和达尔文革命》。

㉕《生平和书信》，第 2 册，第 26，76，87，101，103，109 页。

㉖ 迈克尔·基斯林的《达尔文方法的胜利》对这一观点作了相当精彩的论述，对希梅尔法伯和艾斯利等晚近的达尔文方法论的批评者进行了批驳。又见戴维·赫尔的《达尔文和他的论敌》，第 3—77 页。

第九章

①《贝格尔号日志》，第 205，213 页。

② 同上书，第 18 章。虽然罗伊·哈维·皮尔斯的《野蛮和文明：印第安人和美国思想》未直接涉及维多利亚时代晚期的人，但对了解这一情绪的历史渊源很有用。

③《作者介绍》（1900 年 9 月），出自詹姆斯·G. 弗雷泽的《金色的新树枝》，第 xxv 页。又见 J. W. 巴罗的《进化和社会：维多利亚时代社会理论研究》和约翰·B. 巴里的《进化》（伦敦，1924 年），第 330—349 页。

④ 乔治·珀金斯·马什：《自然研究》，第 36 页。又见约翰·韦斯利·鲍威

尔的《以美国为例论原始人群与环境的关系》和《从野蛮到文明》，第123页。

⑤ 理查德·霍夫施塔特：《美国的社会达尔文主义思想》，特别是第2章，关于赫伯特·斯宾塞的上诉。唐纳德·弗莱明：《社会达尔文主义》；詹姆斯·艾伦·罗杰斯：《达尔文主义和社会达尔文主义》。

⑥ 关于沃德，见霍夫施塔特，第4章。亨利·斯蒂尔·康马杰编：《莱斯特·沃德和一般福利国家》，"介绍"，第xi—xxxviii页。拉尔夫·亨利·加布里埃尔在《美国民主思想的历程》中称沃德为"新人文主义"或"人性宗教"的杰出代言人之一。

⑦ 莱斯特·沃德：《文明的精神因素》，第244—261页。

⑧ 同上书，第262页。

⑨ 托马斯·赫胥黎：《人在自然中的地位》，第129—130页。威廉·欧文的《粗人、天使和维多利亚人》对赫胥黎的事业和思想进行了最好的研究。

⑩ 托马斯和朱利安·赫胥黎：《进化论和伦理学(1893—1943)》，第79，81页。又见约翰·斯图尔特·米尔的《自然界》，该作品促成了赫胥黎大多数观点的产生。关于对赫胥黎观点的回应，见彼得·克鲁泡特金公爵的《互助》，该书认为在同一物种的成员之间，合作比自相残杀更"合乎本性"。

⑪ 威廉·詹姆斯：《战争在道德上的等同》（*A Moral Equivalent to War*）。

⑫ 托马斯·赫胥黎：《进化论和伦理学》，"绪论"（1894年），第38—44页。

⑬ 胡德语引自沃尔特·霍顿的《维多利亚时代的心情》，第196页。

⑭《达尔文笔记》，第1卷，第69页。在《生平和书信》（第1册，第368页）中，"all netted together"作"all melted together"。

⑮《生平和书信》，第1册，第310—312页；第2册，第166，354，377页。从另一角度看达尔文性格的这一面，见唐纳德·弗莱明的《查尔斯·达尔文：麻木的人》。又见《艾伯特·施韦策的动物世界》（波士顿，1950年）和威廉·里特的《查尔斯·达尔文和金科玉律》，第32，56，68—69，372—373页。

⑯《人类的由来》，第471—511页，特别是第492页，有关"人范围以外的同情"。关于达尔文与其他生物的"图腾联盟"。又见斯坦利·埃德加·海曼的《混乱的岸边》，第42，50页。

⑰ 塞奇威克致达尔文的信，出自《生平和书信》，第 2 册，第 45 页。又见塞奇威克对威廉·钱伯斯的《创造的遗迹》的评论，载《爱丁堡评论》第 82 号（1845 年），第 1—85 页；《人类的由来》，第 411—412 页；希梅尔法伯，第 153 页。《书信续编》，第 1 册，第 237 页。

⑱《书信续编》，第 1 册，第 31—36 页。德比耶，第 93，251 页。关于达尔文 18 世纪 50 年代在塞尔波恩的"朝拜"，见《生平和书信》，第 1 册，第 426 页。

⑲ 威廉·H. 赫德森：《鸟与人类》，第 253 页；约翰·缪尔：《千里走海湾》，第 139 页；E. P. 埃文斯：《人兽之间的伦理关系》，第 634 页；利伯蒂·海德·贝利：《神圣的地球》，第 30—31 页；托马斯·哈代语引自亨利·S. 索尔特的《在野蛮中的七十年》，第 203—204 页。又见 E. S. 特纳：《整个天国在发狂》（伦敦，1964 年），特别是第 229—237 页。

⑳ 亨利·S. 索尔特：《贪婪的血亲关系》和《在野蛮中的七十年》，第 74，122，131—132 页。又见伯特伦·劳埃德编《伟大的血亲关系》（伦敦，1921 年），约翰·霍华德·穆尔的《广泛的亲戚关系》（芝加哥，1906 年）和斯蒂芬·温斯顿的《索尔特及其思想体系》（伦敦，1951 年）。

第四部分

第十章

① 厄恩斯特·赫克尔：《生物形态学概论》，第 1 册，第 8 页，第 2 册，第 253—256，286—287 页；赫克尔：《生命的奇迹》，第 80 页。又见罗伯特·斯托弗的《赫克尔、达尔文和生态学》，第 138—144 页和伊曼纽尔·拉德尔的《生物学理论史》，第 122—146 页。

② 赫克尔：《动物生态学原理》（费城，1949 年），沃德·阿利等（AEPPS）译"前言"中引赫克尔语。查尔斯·贝西，《科学》第 15 号（1902 年 4 月 11 日），第 573—574 页。

③ 奥古斯特·格赖斯巴赫的主要作品《地球植物》概括了他的思想。S. 查

尔斯·肯迪:《有关北美动植物群落的各种思想的历史和评估》,第152—171页。R. H.惠特克:《自然群落的分类》,载《植物学评论》第28号(1962年),第1—239页。埃里克·诺登斯基厄尔德:《生物学史》(纽约,1928年),第558—561页。

④ C.哈特·梅里亚姆:《对圣弗朗西斯科山区和亚利桑那州小科罗拉多沙漠地带生物学调查报告》,出自《克林顿·哈特·梅里亚姆选集》。又见基尔·斯特林的《最后的植物学家——C.哈特·梅里亚姆》(纽约,1974年);肯迪,第160—161页和A.亨利·杜普瑞的《联邦政府的科学》(马萨诸塞州,坎布里奇,1957年),第238—239页。

⑤ 维克托·谢尔福德:《生物带、现代生态学和温度统计的失败》和《生物带和生物群落概念的相对价值》;罗杰·托利·彼得森:《生物带,生物群落,抑或生物组织?》;雷克斯福德·多布米尔:《梅里亚姆的北美生物带》。

⑥ 奥斯卡·德鲁德:《植物地理学手册》;安德烈亚斯·希姆珀:《生理学基础上的植物地理学》。又见理查德·布鲁尔的《生态学简史(第一部):19世纪前至1910年》;休·劳普:《地理植物学发展趋势》。

⑦ 尤金尼厄斯·沃明:《植物生态学》,第5,369—370,373页;弗雷德坦克·E.克莱门茨:《达尔文对植物地理学和生态学的影响》。

⑧ 沃明,第83,91,94,140,366页。

⑨ 沃明,第3,22—26章;安东·德巴瑞:《共生现象》。又见以下早期著作:皮埃尔·范贝内登的《寄生动物和桉树》(纽约,1876年);奥斯卡·赫特维希的《动物的共生或共栖》;罗斯科·庞德的《共生》;弗雷德里克·基布尔的《共生现象研究》(英国剑桥,1910年)。

⑩ 沃明,第94—95章。

⑪ 沃明,第94—95章,特别是第356页;布鲁尔:《生态学简史》,第2—3页;博登海姆,第134—135页;鲁珀特·弗尔诺:《喀拉喀托岛》。

⑫《科学》第15号(1902年3月28日),第511页;第15号(1902年4月11日),第573—574页,第15号(1902年5月9日),第747—749页。奥斯卡·德鲁德:《现代科学中生态学的地位》。又见本杰明·罗宾逊同一书中第

191—203 页。

　　⑬ 保罗·西尔斯：《评生态学家的生态学》，载《科学月刊》第 83 号（1956年 7 月），第 23 页；巴林顿·穆尔：《生态学的范围》；查尔斯·C.亚当斯：《生态学——新的自然史》和《动物生态学研究指南》，第 3 章。

　　⑭ 阿利等（AEPPS），第 1 章；W. F. 加农：《生态学基本原理》。爱德华·科芒迪编：《生态学读本》，"介绍"和第 1 部分。维克托·E.谢尔福德：《实验生态学和实地生态学》，第 2 页。又见其《美国温带地区的动物群落》，第 1，302—303 页。

第十一章

　　① 阿瑟·G.坦斯利：《英国现代植物生态学的初期历史》。又见查尔斯·C.亚当斯的《植物学家和人类生态学家帕特里克·格迪斯》和保罗·西尔斯的《生态学家的生态学》，第 26 页。关于法国瑞士学派的影响及其观点，见鲁迪·贝金的《植物学的苏黎世—蒙彼利埃学派》，载《植物学评论》第 23 号（1957 年 7月），第 411—488 页，和查尔斯·弗劳豪尔特的《1884 年以来植物地理学的进展》。

　　② 德鲁德：《生态学的地位》，第 179 页；坦斯利：《植物学概念与术语的用法与误用》，第 285 页；维克托·E.谢尔福德：《1914—1919 年美国生态学会的组织》；唐纳德·弗莱明：《美国科学和世界科学共同体》。

　　③ 亨利·C.考尔斯：《密歇根湖沙丘植被的生态学关系》和《芝加哥和周边地区的地形生态学研究》。又见康威·麦克米兰的更早著作：《伍兹湖岸边植分布观察》。

　　④ 威廉·库珀：《亨利·钱德勒·考尔斯》；坦斯利：《用法与误用》，第 284页；西尔斯：《生态学家的生态学》，第 24—25 页。

　　⑤ 安德鲁·丹尼·罗杰斯：《转型年代的美国植物学：1873—1892》；西尔斯：《生态学家的生态学》，第 24 页。

　　⑥ H. L. 香茨：《弗雷德里克·爱德华·克莱门茨（1874—1945）》；坦斯利：

《弗雷德里克·爱德华·克莱门茨》。约翰·菲利普斯:《致 F. E. 克莱门茨及其生态学概念的颂辞》；罗斯科·庞德:《我所知道的 F. E. 克莱门茨》。庞德和克莱门茨:《内布拉斯加植物地理学》。

⑦ 克莱门茨:《植被的发展和结构》，第 5—7，91—149 页;《植物的演替》，特别是第 1—6 页;《植物的演替和人类的麻烦》(1935 年);《植被动态学: F. E. 克莱门茨作品选》，第 8 页;《顶级群落的性质与结构》(1936 年)，同上书，第 119—160 页。

⑧ 克莱门茨:《生态学研究的方法》，第 5，199 页;《演替和人类的麻烦》，第 1—2 页;《植物中的社会渊源和进程》，出自卡尔·默奇森编《社会心理学手册》(马萨诸塞州，沃斯特，1935 年)，第 35 页;《植物的演替》，第 124—125 页。又见约翰·菲利普斯的《演替、发育、顶级群落和复合生物体的概念解析)。

⑨ 庞德:《我所知道的克莱门茨》，第 113 页。克莱门茨，约翰·韦弗和赫伯特·汉森:《植物的生存竞争》，第 314 页。菲利普斯:《演替》，第 1 部分，第 570 页。

⑩ 赫伯特·斯宾塞:《社会生物体》。C. 劳埃德·摩根:《斯宾塞的科学观》(牛津，1913 年)，第 6—7 页。

⑪ 关于斯宾塞的社会理论及其影响，见其《社会学原理》;J. W. 巴罗:《进化与社会》(剑桥，1966 年)，第 6 章;理查德·霍夫施塔特:《美国的社会达尔文主义》(波士顿，1959 年修订版)和辛西亚·拉西特:《美国社会思想中平衡的概念》(康涅狄格州，纽黑文，1966 年)，第 3 章。

⑫ 赫伯特·斯宾塞:《生物学原理》，第 2 卷，第 396—408，537 页。

⑬ 斯宾塞:《进化伦理学》;克莱门茨、韦弗和汉森:《植物的生存竞争》，特别是第 314—327 页。

⑭ 克莱门茨和谢尔福德:《生物生态学》，第 2—20 页。又见约翰·菲利普斯:《生物共同体》。

⑮ 克莱门茨和谢尔福德，第 8 章;约翰·韦弗的《北美草原》(内布拉斯加州，林肯，1954 年)和与 F. W. 艾伯特森合著的《大平原上的牧场》(内布拉斯加州，林肯，1956 年);戴维·科斯特洛:《草原世界》(纽约，1969 年);H. L. 香

茨:《大平原地区的天然植被》;弗兰克·盖茨:《堪萨斯的牧场》(堪萨斯州,托皮卡,1937 年)。

⑯ 克莱门茨:《顶级群落的性质和结构》,出自《顶级群落》,第 256 页;彼得·法伯:《生物世界》,第 99 页;德沃德·艾伦:《平原地区的生物》;戴维·戴里:《布法罗指南》(The Buffalo Book)(纽约,1974 年),第 28—29 页;沃尔多·韦德尔:《大平原上的史前人类》(俄克拉何马州,诺曼,1961 年)。

⑰ 沃尔特·P. 韦伯:《大平原》,第 2—3 章;阿瑟·维斯塔尔:《地面生物群落的内在联系》,载《美国博物学家》第 18 号(1914 年),第 413—445 页。

⑱ 例证见查尔斯·C.亚当斯的《动物生态学研究指南》,第 11,25—28 页和克莱门茨与拉尔夫·钱尼的《大平原的环境与生物》。

⑲ 亨利·纳什·史密斯;詹姆斯·费尼莫尔·库珀:《大草原》(纽约,1950 年版),"介绍",第 xii—xx 页,和《处女地——作为象征与神话的美国西部》,第 22 章;雷·比杰顿:《美国的拓疆传统》;乔治·R.皮尔森:《边疆与美国制度》,载《新英格兰季刊》第 15 号(1942 年),第 224—255 页。生态演替思想的一个分支是地理学家的顺序占位(Sequentoccupance)模式。见马尔文·米克塞尔的《顺序占位模式的兴衰》,第 149—169 页。

第十二章

① 万斯·约翰逊:《天堂里的高原》,第 153—160 页。又见弗雷德·弗洛伊德:《尘暴的历史》。

② 美国农业部土壤保护局:《大平原尘暴与风蚀的情况报告》;罗伯特·西尔弗伯格:《气候的挑战》,第 274—279 页。

③ 伊万·坦尼西尔:《干旱的成因和影响》,第 4、10 章;约翰·韦弗:《平原植物及其环境》(内布拉斯加州,林肯,1968 年),第 8—9 章;爱德华·西格比:《美国的绿洲》,第 128—130 页;斯坦利·维斯塔尔:《矮草之园》(纽约,1941 年),第 11 章。

④ 多萝茜娅·兰奇和保罗·泰勒:《迁徙》;凯利·麦克威廉斯:《不幸的土

地》，第 10 章。

⑤沃尔特·斯坦：《加利福尼亚和尘暴移民》，第 15 页；麦克威廉斯，第 191 页。

⑥公共事业振兴署"作家计划（Writers' Program）"：《俄克拉何马州指南》（俄克拉何马州，诺曼，1941 年）；卡尔·克伦泽：《巨变中的大平原》，第 137—164 页。埃德温·麦克雷诺兹：《俄克拉何马州史》，第 12 章；艾丽斯·马里奥特和卡罗尔·拉克林：《第四十六颗星——俄克拉何马州》，第 5—7 章。

⑦斯坦，第 1 章；麦克威廉斯，第 10、15 章。

⑧万斯·约翰逊：《天堂里的高原》，第 166—170 页；约翰·本内特等：《半湿润地区的问题》，出自美国农业部《土壤与人类》，第 68 页；兰奇和泰勒，第 82 页；土壤保护局：《尘风蚀》。

⑨阿奇博尔德·麦克利什：《草原》，第 59 页。又见韦弗和艾伯特森：《大草原上的牧场》，第 92，118—119 页；汤姆·戴尔和弗农·卡特：《表土与文明》，第 229—230 页；劳伦斯·斯沃比达：《尘土帝国》。

⑩韦伯：《大平原》，第 7—8 章；艾伦·博格：《从平原到玉米带》，第 1 章；马丁·博登：《美国大沙漠和美国边疆》；亨利·纳什·史密斯：《对 1844—1880 年间的大平原雨量增大的看法》和《处女地》，第 16 章；戴维·埃蒙斯：《牧场花园》；万斯·约翰逊，第 56—57 页。

⑪吉尔伯特·菲特：《空想与疆梦：19 世纪末的新辟农地》；戴维·香农：《农场主的最后边疆》；W. D. 约翰逊：《高平原及其利用》；亨利·纳什·史密斯：《处女地》，第 19 章；华莱士·斯特格纳：《跨越 100 度经线》（*Beyond the Hundredth Meridian*），第 3 章。

⑫万斯·约翰逊，第 11、12 章；拉塞尔·麦基：《最后的西部：北美大平原的历史》，第 261—273 页；玛丽·哈格里夫斯：《1900—1925 年间大平原北部的旱地耕作法》；韦伯：《大平原》，第 366—374 页；《旱地耕作法——西部的希望》，载《世纪杂志》第 72 号（1906 年）；詹姆斯·本内特：《大平原的绿洲文明》。

⑬万斯·约翰逊，第 146，153 页；莱斯利·休斯：《垦植边疆的适例》；大

平原委员会：《大平原的未来》，第4—5，42页。

⑭ 土壤保护局：《尘暴和风蚀》；麦克利什：《牧场》，第3部分：《与尘暴做斗争的人们》；小阿瑟·施莱辛格：《新政的到来》，第5、20章；斯图尔特·尤德尔：《悄然来临的危机》，第10章。托马斯·韦塞尔：《罗斯福和大平原防风林带》，载《大平原学刊》第8号（1969年），第57—74页。

⑮《大平原的未来》，第2—5页。

⑯ 同上书，第63—67页。奥尔多·利奥波德的《自然保护伦理学》一文对该委员会的认识施加了重要影响。

⑰ 例见《大平原的未来》，第11页。戴维·利连撒尔：《田纳西流域管理局——前进中的民主》（纽约，1953年），第6章；小阿瑟·埃克奇：《美国的天人关系》（纽约，1963年），第9章；安娜·卢·里施：《富兰克林·D.罗斯福治下的自然保护》（华盛顿大学1952年博士毕业论文）。关于更早的自然保护思想，塞缪尔·海斯的《自然保护与效率主义》（马萨诸塞州，坎布里奇，1959年）做了权威的论述。

⑱ 罗杰·C.史密斯：《关于堪萨斯和大平原自然平衡的破坏》；保罗·西尔斯：《沙漠在推进》，特别是第13、17章。又见西尔斯：《洪水和尘暴》；爱德华·格雷厄姆：《作为生态进化的土壤流失》。

⑲ 约翰·韦弗和埃文·弗洛里：《顶极草原的稳定和开荒引起的环境变化》，载《生态学》第15号（1934年10月），第333—347页；韦弗：《北美大草原》，第271，325页。

⑳ 克莱门茨和钱尼：《大平原的环境和生物》，第37—51页。又见克莱门茨的《演替和人类的麻烦》（1935年），《顶级群落、演替和自然保护》（1937—1939年）和《公用事业生态学》（1935年），以上文章皆重印于《植被动态学》。

㉑ 克莱门茨：《大平原的气候周期与人口》（1938年），载《植物动态学》。克莱门茨和钱尼，第3页。

㉒ 克莱门茨和钱尼，第49页。《公用事业生态学》，第249—254页。

㉓ 麦克利什：《牧场》，第186—188页。

㉔ 赫伯特·格利森：《植物群落的结构和发育》，《植物群落的个体主义概

念》,《演替概念的深入思考》。

㉕ 坦斯利:《用法和误用》。

㉖ 詹姆斯·马林:《北美草原史绪论》,主要见第1—7章运用的生态科学思想。关于对韦伯的评价,见同书第15章和马林的《北美的草原:占用和持续再评估的挑战》。

㉗ 总统特别委员会:《大平原和西南地区旱情报告》;H. H. 芬纳尔《1954年的尘暴》;马林:《草原绪论》,第136—137页和《草原的占用》(Grass: Occupance),第365页。

㉘ 马林:《草原土壤、动物和植物关系的历史反思》,第210,219页。又见《人类、原始状态和顶级群落》(1950年);《草原绪论》,第24章和第119,130—131,406,426页。

㉙ 马林:《尘暴》;《草原绪论》,第137,405页;《草原土壤、动物和植物关系的历史反思》,第211—213页。

㉚ 马林:《草原绪论》,第426—427页,《草原的占用》,第353—355页;卡尔·索尔:《草原顶级群落、火和人类》和《农业的起源和传播》,第15—18页。菲利普·韦尔斯:《大草原地区陡坡木本群落、草原土壤流失和草原气候的概念》,载《科学》第148号(1965年4月9日),第246—249页;奥默·斯图尔特:《为什么大草原不长树?》,载《科罗拉多季刊》第2号(1955年),第40—50页。维克托·谢尔福德:《落叶林、人类和草原动物》;老埃德温·科马雷克:《火生态学——草原和人类》;关于火和森林顶级群落的关系,见这套丛书的其他年度卷;亦可见艾希礼·希夫的《冰与火:森林部门的科学异端》。

㉛ 马林:《草原的占用》,第358—359页;韦伯:《大平原》,第205—207,226—228页。关于对韦伯"宿命论"的其他批评,见戴维·香农的《评沃尔特·普里斯科特·韦伯的〈大平原〉》(纽约,1940年)。

㉜ 马林:《草原土壤、动物和植物关系的历史反思》,第207,220页,《草原的占用》,第360—362页;《草原绪论》,第21章。

㉝ 马林:《草原绪论》,第154—155页。

㉞ 休·劳普:《生态学理论的一些问题及其与自然保护的关系》。又见弗兰克·埃格勒的《评美国植物生态学》，载《生态学》第32号（1951年），第677—695页;《作为研究对象的植被》，载《科学哲学》第9号（1942年），第245—260页；拉蒙·马格勒夫:《生态学理论透视》，第32页。

㉟ R. H. 惠塔克:《顶级群落理论的思考》，载《生态学专题》第23号（1953年），第41—78页。又见斯坦利·凯恩的《顶级群落及其复杂性》。

㊱ H. L. 香茨:《土地管理的生态学探讨》。关于顶级群落生态学对自然保护的影响的进一步例证，见E. J. 科托克的《自然保护计划的生态学探讨》，沃尔特·科塔姆的《生态学在保护可更新资源中起的作用》，爱德华·格雷厄姆、西摩·哈里斯和爱德华·埃克曼:《土地利用的生态学途径》。

㊲ 例证见下列著作：霍华德·奥德姆和哈里·莫尔斯的《美国的地方主义》，第14章，特别是第326—327页；乔治·卡特的《美国西南部植物地理学和文化史》（纽约，1945年）和罗伯特·迪金森的《区域生态学》（纽约，1970年）。

㊳ 赫伯特·汉森:《农业生态学》。

第五部分

第十三章

① 乔治·雷考克:《哀狼的旅行和劳苦》；乔·范·沃默:《郊狼的世界》。杰克·奥尔森好论战，但其《屠杀生灵，毁灭地球》（纽约，1971年）却很有说服力。关于郊狼，见L. 戴维·梅克的《狼》，保罗·埃林顿的《荒野和狼群》和道格拉斯·皮姆洛特的《北美的狼群与人类》。

② J. 弗兰克·多比:《郊狼的嗥叫》，第x页；西奥多·罗斯福:《大峡谷猎豹记》，载《展望》第105号（1913年5月），第260页。又见小弗兰克·格雷厄姆:《人类的领地：美国自然保护运动》，第272—278页。

③ 塞缪尔·海斯的《自然保护与效率主义》仍是进步党自然保护运动的权

威解释。又见 J. 伦纳德·贝茨的《完善美国的民主：1907—1921 年的自然保护运动》。

④詹克斯·卡梅伦：《生物调查局》，第 1 章；维克托·谢尔福德《啮齿类和食肉动物的生物学控制》，第 331—332 页；罗伯特·康纳里：《野生动物保护的政府问题》；食肉动物控制咨询委员会（斯坦利·A. 凯恩为主席）：《1971 年食肉动物控制报告》（向环境质量理事会和内政部报告），第 1—2 页。这一著名的凯恩报告促成了 1972 年公用土地上农药使用量的削减。

⑤西格德·奥尔森：《食肉动物，特别是狼的关系的研究》；卡梅伦，第 51—52 页；W. C. 亨德森：《效狼的控制》。

⑥野生动物管理咨询委员会（A. 斯塔克·利奥波德任主席）在 1964 年利奥波德的报告《美国食肉动物和啮齿动物的控制》中仍关注着政府的野生动物计划对牧羊业的持续影响。

⑦卡梅伦：《生物调查局》，第 40 页；弗农·贝利：《狼群的灭绝：1970 年得到的结果》。然而，正如生物调查局第 61 号文件（1907 年）和 A. K. 弗希尔的小册子《对肉食鸟抱成见的原因》所说，官方对肉食禽的态度要积极得多。

⑧吉福德·平肖：《开疆拓土》，第 120，342—343 页。又见纳尔逊·麦基里的《吉福德·平肖——林务员政治家》（新泽西州，普林斯顿，1960 年）和埃尔莫·理查森的《自然保护政治：1897—1913 年间的改革与争议》。

⑨平肖，第 31 页。

⑩约翰·洛兰：《和谐共存于种植业中的自然与理性》，特别是第 24—27 页。又见克拉伦斯·格拉肯：《罗得岛岸边的痕迹》（加州，伯克利，1967 年），第 693—698 页。乔治·珀金斯·马什：《人与自然》（或《人类活动施加影响的自然地理学》），第 91—92 页。又见戴维·洛温撒尔：《多才多艺的佛蒙特人乔治·珀金斯·马什》（纽约，1958 年）。关于平肖对马什的回应，见平肖，第 xvi—xvii 页。

⑪关于猎物保护的进展，见詹姆斯·特雷费森的《为野生动物而斗争》（宾夕法尼亚州，哈里斯堡，1961 年）和《野生动物的管理和保护》（波士顿，1964 年）。

⑫ 爱默森·霍夫：《总统的森林》；约翰·拉索：《卡伊巴布森林北部鹿群的历史、问题和管理》；D. 欧文·拉斯马森：《亚利桑那州卡伊巴布高原的生物群落》。

⑬ 拉斯马森，第236—238页。又见沃尔特·P. 泰勒编：《北美的鹿》（宾夕法尼亚州，哈里斯堡，1956年）。

⑭ 奥尔多·利奥波德：《猎物管理》第21页。唯一全方位研究利奥波德生平的书是苏珊·弗莱德的《像山那样思考》，较短的记述有罗德里克·纳什的《荒野与美国人的思想》第11章和唐纳德·弗莱明的《新保护运动的根源》。

⑮ 利奥波德：《猎物管理》，第viii，3，20，396页。

⑯ 弗莱德，第59—61，93—94页。

⑰ 约翰·缪尔这位西部荒野保护的最杰出的倡导者，显然对食肉动物不大感兴趣。其他自然保护主义分子，包括全国奥杜邦协会的创始人，实际上支持减少食肉动物。在野生动物中，他们偏爱鸟类和小型哺乳类，想为这些动物建立"庇护所"以保护它们不受食肉类和人类垦荒者的侵袭。奥杜邦协会这一官方立场在30年代受到罗莎丽·艾奇的猛烈攻击。她的论文可以在科罗拉多丹佛公共图书馆的自然保护中心见到。

⑱ 查尔斯·C. 亚当斯：《食肉类哺乳动物的保护》。《专题论文集》（Symposium）；黄石决议重刊于《生命的荒野》（1950年夏），第29页。

⑲ 李·戴斯：《食肉哺乳动物的科学价值》；亚当斯：《食肉哺乳动物的保护》，第90，94页，和《食肉动物的合理控制》，载《哺乳动物学刊》第11号（1930年8月），第357页。

⑳ 斯坦利·扬致阿瑟·卡哈特的信（1930年11月24日），收于斯坦利·P. 扬的文稿。又见扬的论文《食肉动物控制的故事》，收于上述卷宗。又见他与E. A. 古德曼合著的《北美的狼群》。

㉑ 这一实用主义立场的必然结果就是反对减少食肉动物的计划，因为他们经常附带着杀死一些非目标动物，特别是一些珍贵的毛皮动物，如水貂、獾和貂等。关于这一观点的例子，见约瑟夫·迪克森：《误入为食肉动物而设的陷阱的毛皮动物》，载《哺乳动物学刊》第11号（1930年8月），第373—376页。

㉒奥劳斯·穆里:《致雷丁顿的便笺》,打字副本收于奥劳斯·穆里文稿之中;亨德森:《郊狼的控制》,第347页。

㉓保罗·埃林顿对此课题做了最细致的研究,见其《捕食的意义是什么?》、《价值辩》和《捕食与生物》,特别是第204—205页。德沃德·艾伦的《我们的野生动物遗产》第14、15章也很有用。

㉔E. A. 戈德曼:《食肉哺乳类问题和自然平衡》和《郊狼——食肉类之首》,载于《新墨西哥自然保护主义者》(1930年4月),第14—15页。

㉕沃尔特·霍华德:《改善有害脊椎动物控制现状的途径》;戈德曼:《食肉哺乳类问题》,第31页;艾拉·加布里埃尔森:《野生动物保护》,第208页。

㉖奥劳斯·穆里的经历及其在自然方面的见解在他和妻子的回忆录《瓦皮提荒野》中最全面地反映出来。此处的概括也是建立在广泛阅览他的书信和其他论文基础上的。

㉗《致雷丁顿的便笺》,第4页。奥劳斯·穆里1930年10月11日致雷丁顿的信;致A. 布雷热·豪厄尔的信;1950年8月28日致希尔德布兰德的信;1949年12月7日致科塔姆的信。又见奥劳斯·穆里1947年12月31日致雷丁顿和1952年12月7日致克里福德·普赖斯纳尔的信,其中谈到渔业和野生动物管理局追求经济效益而忽视了生态效益。上述皆收于奥劳斯·穆里的文稿中。

㉘利奥波德:《猎物管理》,第422—423页。

㉙利奥波德:《保护主义伦理学》。

㉚弗莱德:《像山那样思考》,第28—30页。

㉛利奥波德:《沙乡年鉴》,第xix,124—127,162—163,190,202—210页。

㉜同上书,第xviii,237—264页。

㉝同上书,第189—190,247页。

㉞同上书,第190,210,251页。

第十四章

①赫尔曼·莱因海默:《合作进化——生物经济学研究》,第ix—x,19,

41，46，194 页。

②罗伯特·尤辛格：《江河的生命》，第 110 页以下。

③约翰·梅纳德·凯恩斯：《就业、利息与货币通论》（伦敦，1936 年），第 383 页。

④ H. G. 韦尔斯、朱利安·赫胥黎和 G. P. 韦尔斯：《生命科学》，第 961 页。

⑤查尔斯·埃尔顿：《动物生态学》，第 vii—viii，xiv。埃尔顿的其他著作有《动物生态学与进化论》（1930 年）、《田鼠、耗子和旅鼠》（1942 年）和《动植物灾害生态学》（1958 年）等。

⑥见《动物生态学》，第 5 章。这些观点受到了斯蒂芬·福布斯的《湖中小天地》和《论生物体的相互作用》的启发。福布斯是伊利诺伊州立实验室的首任主任。该实验室在经济生物学领域进行了理论性和实用性研究。后来，福布斯成为伊利诺伊大学的动物学教授。

⑦ A. 蒂内曼：《湖沼学》。又见其《生物学的生产概念》和《普通生态学的基础》。

⑧埃尔顿的数量金字塔和生态量概念也不是完全首创，德国维尔茨堡大学教授卡尔·塞姆珀在其《受自然条件影响的动物生活》（纽约，1881 年）第 52 页表达了十分相似的观点。亨利·E. 霍华德的《地盘性和鸟类》是关于地盘性的主要著作。

⑨关于小生境，见约瑟夫·格林尼尔的《加利福尼亚鸦的小生境关系》，载《Auk》第 34 号（1917 年），第 427—433 页。

⑩ G.F. 高斯：《求生》；O. 吉尔伯特、T. B. 雷诺森和 J. 霍巴特：《高斯假说的思考》。加勒特·哈丁：《自然和人类的命运》，第 80—85 页。杰·M. 萨维奇：《小生境概念》。米克洛斯·尤德瓦迪：《自然环境、群落生境和小生境概念》。A.C. 克伦比：《种间竞争》。

⑪查尔斯·埃尔顿：《动物群落类型》，第 382—383 页。

⑫阿瑟·G. 坦斯利：《植被的概念和术语的用法和误用》；赫伯特·格利森：《植物群落的个体主义概念》，载《托利植物学俱乐部会刊》第 53 号（1926 年 1 月），第 7—26 页。C. H. 穆勒：《群落的科学与哲学》;J. 罗杰·布雷：《生态

理论笔记》。

⑬坦斯利，第299—303页；戴维·盖茨：《生态系统研究》，第4—6页。关于系统模型在生物学上的非机械应用，见路德维希·冯·贝塔朗菲的《系统论纲要》，《物理学和生物学的开放系统理论》和《现代生物学思想评论》。

⑭关于生物学和热力学，见尤金·奥德姆的《生态系统的能量流动》。A. J. 洛特卡：《物理生物学大纲》；哈罗德·布卢姆：《时间之箭与进化》；辛西娅·拉塞特：《美国思潮中的平衡观念》，第2章；L. 布里鲁因：《生物热力学与控制论》。

⑮埃德加·特兰索：《植物的能量积累》。

⑯钱西·朱迪：《一个内陆湖每年的能量支出》。"支出"概念显然来源于朱迪的长期合作者E. A. 伯奇，见其著作《欧美湖泊的热量支出》。

⑰雷蒙德·林德曼：《生态学营养动力方面的问题》。G. 伊夫林·哈金森，同书，第417—418页。"生物群落"一词已在生态学领域广泛使用了半个多世纪。它出自卡尔·默比乌斯的重要著作《牡蛎和牡蛎文化》。默比乌斯是基尔的一位动物学教授，也是欧洲生态学的显赫人物。林德曼不仅受了他和文中提到的其他人的影响，也受到耶鲁大学的哈金森教授和爱德华·迪维教授的几部湖沼学著作的影响。

⑱劳伦斯·斯洛博金：《动物生态学的能量问题》；曼弗雷德·恩格曼：《动物学、动物地盘领域研究和动物生产力》；D. G. 科兹洛夫斯基：《营养的概念评估》第1部分：《生态效率》；W. 欧勒：《生物活动、生产和湖泊的能量利用》；A. 麦克费登：《生物系统中生产力的意义》。

⑲D. F. 韦斯特雷克：《植物生产力比较》。C. R. 戈德曼编《水中环境的初级生产力》；爱德华·科芒迪：《生态学概念》，第18—21页；拉蒙特·科尔：《生态圈》；乔治·伍德韦乐：《生物圈的能量循环》，载《科学美国人》第223号（1970年9月），第67—74页。

⑳新生态学的三部主要著作是尤金·奥德姆的《生态学基础》，约翰·菲利普森的《生态动能学》和戴维·盖茨的《生物圈的能量交换》。又见尤金·奥德姆等人著的《新生态学》。

㉑理查德·伊利：《自然保护和经济理论》，第6页。

㉒ N.P. 诺莫夫：《动物生态学》第 558 页；斯蒂芬·斯珀尔：《自然资源生态系统》第 3 页。肯尼思·瓦特：《生态学和资源管理的量化研究》，第 4 章，特别是第 54—56 页。

㉓ 韦尔斯、赫胥黎和韦尔斯：《生命科学》，第 1029 页。管理的社会意识的一个新例是厄尔·默菲的《统治自然》（芝加哥，1967 年）。默菲预言（第 13 页）："自然界的生物群落正开始处在与现代城市资产阶级类似的境遇中。……这种环境是人为的，但它物质极其丰富。在自然界中，如能建立同样的人工环境，同样的物质丰富也能产生。"

第十五章

① 艾尔弗雷德·诺思·怀特海；《科学与现代社会》，第 58—59 页。

② 同上书，第 39，71，76，138 页。又见其《永恒》，收入《艾尔弗德·诺思·怀特海哲学观》。在此他指出（第 678 页）："认识如何实体，只有先认识它与宇宙万物相互联系的方式才行。"又见其著作《自然界的概念》。

③ B. J. 布林-斯托伊勒：《机械论的终结与实验物理学的兴起》。又见爱德华·麦登的《格式塔理论中的科学观》；爱德华·林德曼：《生态学——统一科学与哲学的工具》；J. H. 伍杰：《生物学原理》（伦敦，1929 年）。关于这一强调情绪和有机统一观点的批评，见下列著作：D. C. 菲利普斯：《19 世纪末 20 世纪初的生物》，载《思想史学刊》第 31 号（1970 年 7—9 月），第 413—432 页；莫顿·贝克纳：《生物学思维》（加州，伯克利，1968 年），第 3—12 页。厄恩斯特·内格尔：《科学的结构》（纽约，1961 年），第 398—446 页。

④ 怀特海：《科学与现代社会》，第 55，74 页。

⑤ 同上书，第 79—80，86—90 页。

⑥ 同上书，第 157，173 页。

⑦ 同上书，第 184—185 页。

⑧ 关于刘易斯·芒福德的机体说，见其《技术与文明》，第 368—373 页。他的"有机意识形态"明显来源于生态学的"相关性与统一性"概念。罗伯

特·帕克:《人类社会：城市和人类生态学》；查尔斯·C.亚当斯:《普通生态学和人类生态学的关系》；《关心社会的生态学家和地理学家》；《帕特里克·格迪斯:植物学家和人类生态学家》，载《生态学》第 26 号（1945 年 1 月），第 103—104 页，和《生态学与人类幸福》；沃尔特·P.泰勒:《生物群落的生态学意义》和《什么是生态学，它有何用？》。

⑨ 威廉·莫顿·惠勒:《蚁群》，重印于《昆虫和人类的弱点》；玛丽·艾丽斯和霍华德·恩塞因·埃文斯的《生物学家 W. M. 惠勒》（马萨诸塞州，坎布里奇，1970 年）详尽记载了他的思想和生平。他的生物体思想主要见第 263—265 页。

⑩ C. 劳埃德·摩根:《突生进化》；阿瑟·O. 洛夫乔伊:《羽化的含义和类型》；斯蒂芬·佩珀:《羽化》；乔治·康格:《层次学说》；休厄尔·莱特:《新奇的兴起》，载《遗传学刊》第 26 号（1935 年），第 369—373 页；亚历克斯·诺韦科夫:《整合层次概念与生物学》；J. S. 罗:《整合层次概念与生态学》；保罗·西尔斯:《群落层次的整合》。

⑪ 简·斯马茨:《整体论和进化论》，第 99 页。又见弗兰克·埃格勒的《评美国植物生态学》，载《生态学》第 32 号（1951 年 10 月），第 673—695 页。

⑫ 威廉·莫顿·惠勒:《群居动物的突生进化》。又见《突生进化与社会发展》（1928 年）重印于他的《科学生物学论文集》。

⑬ 怀特海:《科学与现代社会》，第 171—172 页。

⑭ 惠勒:《蚁群》和《生物科学的希望》，收于《科学生物学论文集》。

⑮ 惠勒语引自埃文斯的《生物学家 W. M. 惠勒》，第 308—309 页。

⑯ 卡尔·施密特:《沃德·克莱德·阿利》；阿利等（AEPPS）:《动物生态学原理》，第 436 页。艾尔弗雷德·爱默森:《社会合作的生物学基础》，第 15 页。

⑰ 阿利:《动物的合作》和《动物的群聚：普通社会学研究》，第 9—16 章和 355—357 页。

⑱ 罗伯特·雷德菲尔德编:《生物系统和社会系统整合的层次》"介绍"，第 4 页。艾尔弗雷德·爱默森:《生态学、进化与社会》，第 118 页。该文系爱默森就任美国生态学会主席时的就职演讲稿。该组织欠赫伯特·斯宾塞债务一事在拉

尔夫·W. 杰拉德和艾尔弗雷德·爱默森的《从生物学推到社会学》（载《科学》
1945 年 6 月 8 日第 n.s.101 号，第 582—585 页）中得到了证实。

　　⑲ 拉尔夫·W. 杰拉德：《整合的更高层次》，引自雷德菲尔德《层次》，第
83，85 页。

　　⑳ 爱默森：《社会合作的生物学基础》，第 17 页。杰拉德：《伦理学的生物
学基础》，第 115 页。对第二次世界大战的另一明确反应是阿利的《天使不敢涉
足的地方：普通社会学对人类伦理学的贡献。该文再次呼吁世界和平与合作。

　　㉑ 惠勒：《研究的组织》（1920 年）和《The termitodoxa，或生物学与社会》
（1919 年），收入《昆虫与人类的弱点》；《群居动物的突生进化》，第 42—45 页。

　　㉒ 爱默森：《社会合作的生物学基础》，第 16—17 页。杰拉德：《整合的更
高层次》，第 82 页。

　　㉓ 约瑟夫·伍德·克鲁奇：《现代特征》，特别是第 2 章："人文主义的悖
论"；《十二个季节》，第 13 页；《如果你不介意我这么说》，第 357 页。《保护还
不够》，出自《沙漠的呼声》，第 194—195 页；《生命之链》，第 161—162 页。
又见克鲁奇的自传《更多的生命》，特别是第 290—334 页涉及他的"思想转变"。

第六部分

第十六章

　　① 罗伯特·琼克：《比一千个太阳还亮》，第 196—202 页。艾丽斯·金
布尔·史密斯：《危险与希望：1945—1947 年美国的科学家运动》（芝加哥，
1965 年）。

　　② 尼尔·海因斯：《比基尼报告》，载《科学月刊》第 72 号（1951 年 2 月），
第 102—113 页。理查德·米勒：《蘑菇云下——核试验五十年》（纽约，1986
年），第 75—79 页。第一颗原子弹被称为 Able，是 7 月 1 日发射的；第二颗名
为 Baker，7 月 25 日发射。

　　③ 菲利普·L. 弗拉德金：《放射性尘埃》，第 6—7 章。

④《科学》，第 123 号（1956 年 6 月 22 日），第 110—111 页。对此做了大量报道的主要有《新闻周刊》，第 47 号（1956 年 6 月 25 日），第 70 页；《时代周刊》，第 67 号（1956 年 6 月 25 日），第 64—65 页。

⑤据唐纳德·弗莱明说，康芒纳卷入政治的催化因素是，1956 年总统候选人艾德莱·史蒂文森向他咨询大气层核试验产生的放射性尘埃事宜——"科学问题第一次进入了总统竞选"。见弗莱明的《新保护主义运动的历史根源》，第 42 页。

⑥蕾切尔·卡森：《我们周围的海洋》，第 xi 页。

⑦蕾切尔·卡森：《寂静的春天》，第 8，297 页。

⑧维拉·诺伍德的《美国妇女与自然》（北卡罗来纳州，查珀尔希尔，1993年）第 143—171 页和 H. 帕特里夏·海因斯的《又一个寂静的春天》（纽约，1898 年）第 180—215 页对女权主义者卡森进行了精彩的探讨。关于卡森的生平与工作，见保罗·布鲁克斯的《工作中的蕾切尔·卡森》（波士顿，1972 年）。

⑨1967 年，一群美国科学家建立了"环境保护基金会"。在卡森倡导下，该基金会在 1972 年以危害人类生活和自然生态系统为由，成功地使 DDT 遭禁。见托马斯·R. 邓拉普的《科学家、公民和公共政策》（新泽西州，普林斯顿，1981年）和约翰·珀金斯的《昆虫、专家和杀虫剂危机：呼唤新的害虫防治战略》（纽约，1982 年），第 86—87 页。

⑩《环境论》，出自《社会科学百科全书》，第 5 卷（纽约，1931 年），第 561 页。

⑪塞缪尔·海斯（《美丽、健康和永恒》，第 55 页）认为，1965 年以后美国的环境政治开始了一个新阶段，因为除了旧有的保护主义问题之外，环境污染又登上了历史舞台。

⑫俄罗斯科学家弗拉基米尔·弗纳德斯基主攻生物体与地球化学循环之间的关系。他第一个从科学角度发展了生物圈概念。他将其定义为"大气层中和地表有生命存在的那一部分"。肯德尔·贝勒斯：《变革时代的科学与俄罗斯文化：V. L. 弗纳德斯基及其学派》（印第安纳州，布鲁明顿，1990 年），第 123—124 页。

⑬贝蒂·J. 梅格斯：《环境对文化发展的制约》，载《美国人类学家》第 56 号（1954 年 10 月），第 801—824 页。朱利安·H. 斯图尔德：《文化转变理论》

（伊利诺伊州，厄巴纳，1955年）。卡尔·奥特温·索尔（约翰·莱利编）：《土地与生命》（加州，伯克利，1963年）。费尔菲尔德·奥斯本：《我们被劫夺的星球》（波士顿，1948年）。威廉·沃格特：《生命之路》（纽约，1948年）。普林斯顿研讨会的会议记录发表在小威廉·L.托马斯编《人在改变地貌中的作用》中。

⑭ 保罗·B.西尔斯：《人类改变环境的过程》，收入托马斯编《人在改变地貌中的作用》，第471页。

⑮ 弗兰克·弗雷泽·达林：《荒野和富裕》，第54页。

⑯ 保罗·R.埃利希：《人口爆炸》。唐奈拉·H.梅多斯、丹尼斯·L.梅多斯、约甘·兰德斯和威廉·W.贝斯第三：《增长的极限》（纽约，1972年）。爱德华·戈德史密斯：《生存的蓝图》。E.F.舒马赫：《小的是美好的》（伦敦，1973年）。

⑰ 巴里·康芒纳：《封闭圈》，第94，200，268页。康芒纳提出生态学的四条基本规律，后来被公认为生态学的要旨：（1）一切事物都互相关联；（2）一切事物都在运动中；（3）自然的选择是最佳方案；（4）世上没有免费的午餐。

⑱ 美国治理环境污染的公共支出从1969年的约8亿美元升至1975年的约420亿美元。《环境季刊》：环境质量理事会第六次年度报告（华盛顿，1975年），第527页。英国也提高了其治理污染的费用，效果十分显著：烟雾排放量从1953年的200多万吨减至1976年的50万吨，未污染河流的里程从1958年的14603英里上升到1972年的17279英里，增长18%。见埃里克·阿什比：《调和人与环境的关系》（加州，斯坦福，1978年），第6—7页。

⑲ 迈克尔·迈克洛斯基：《生态策略》（Ecotactics）（约翰·米切尔和康斯坦斯·斯托林斯编），第11页。威廉·奥弗尔斯：《生态学和稀缺政治学再探》，第3页。

⑳ 《新闻周刊》第75号（1970年5月4日），第26—28页。关于其他报道，见《时代周刊》第94号（1970年4月27日），第46页。

㉑ 阿恩·内斯：《程度不同的生态学运动》。比尔·德沃尔和乔治·塞欣斯：《深刻的生态学》，第65—76页。

㉒ 保罗·西尔斯：《沙漠在推进》，第162页。

㉓ 同上书，第177页。

㉔ 同上书，第 142 页。

㉕ 康芒纳的一幅画像出现在 1970 年 2 月 2 日的《时代周刊》（第 95 卷）的封面上，背景泾渭分明：一是工业污染的黯淡画面，一是乡村的恬适清朗的景色。在这一期上，发行人亨利·卢斯把康芒纳描绘成"一小群一度默默无闻的科学家的领袖，这些人突然名声大振，有时听起来像耶利米＊再世。"又见正文《向人类开战，拯救地球》，第 56—63 页。

㉖ 拉蒙特·科尔：《呼之欲出的生态学思想》，第 30 页。G. 克利福德·埃文斯：《一袋未切割的钻石》，第 37 页。H. N. 萨瑟恩：《十字路口的生态学》，第 1 页。

㉗ 罗伯特·L. 伯吉斯：《美国》，收入《世界生态学当代发展手册》（爱德华·J. 科芒迪和 J. 弗兰克·麦克考米克编），第 69—70 页。

㉘ 尤金·P. 奥德姆为《生态系统理论及应用》（尼古拉斯·波留宁编）所作的介绍性文章通篇坚持整体论、互相论和大自然中的共同益处的真实性（第 1—11 页）。

㉙ 谢尔福德想通过协会取得和保护未开发的自然群落，但受敌对的东部成员阻挠，被迫离开协会，建立了生态学家联盟，即后来的"自然管理委员会"。该组织是以取得土地为目的的私人组织，后来取得了非凡的成就。有趣的是，它和英国的"自然管理委员会"重名。安德鲁·杜夫和菲利普·洛认为（《英国》，出自科芒迪和麦克考米克编《手册》，第 145 页），1947 年由英国劳工部设立的这个政府机构是"英国生态学的最重要的里程碑"。在英国，保护未开发区域成了政府的责任；而在美国，却成了一个由生态学家和慈善家支持的私人活动。

㉚ 尤金·P. 奥德姆：《作为一门新综合学科的生态学的产生》，第 1290 页。

㉛ 关于奥德姆夫妇与原子弹研究的关系，见乔尔·B. 哈根的《受困的银行》（*An Entangled Bank*），第 6 章。

㉜ 尤金·P. 奥德姆：《生态学基础》，第 8 页。

㉝ 例证见对现代生态学历史性预言式的作品——斯蒂芬·福布斯的《湖中小天地》。该文发表在《皮奥里亚（伊利诺伊）科学联合会会刊》（1887 年）上。

＊　希伯来大预言家。——译者

㉞ 尤金·P. 奥德姆:《生态系统的发展战略》, 第 266 页。

㉟ "体内平衡"一词出自沃尔特·加农的《身体的智慧》修订版(纽约, 1939 年)。这一词汇"不是指一成不变的东西, 而是指一种既变化又相对恒定的条件"(第 24 页)。奥德姆采用此语显示出他把生态系统看作一种与人体类似的超生物。

㊱ "K-选择物种"和"r-选择物种"出自罗伯特·麦克阿瑟和爱德华·O. 威尔逊的《岛屿生物地理学》。

㊲ 奥德姆:《生态学基础》, 第 271—272 页。

㊳ 奥德姆:《生态系统的发展战略》, 第 266 页。

㊴ 尤金·P. 奥德姆:《〈生态学与受威胁的生命维持系统〉序》。

㊵ 彼得·J. 泰勒:《专家治园乐观主义、H. T. 奥德姆和二战后生态学隐喻的部分转化》。

㊶ 霍华德·T. 奥德姆:《环境、权力和社会》, 第 274—284 页。

㊷ W. 弗兰克·布莱尔:《大生态学》, 第 163 页。关于英国的参与, 见 E. 巴顿·沃辛顿的《生态学世纪》, 第 160—177 页。又见罗伯特·P. 麦金托什的《生态学背景》, 第 213—221 页。

㊸ 沙伦·E. 金斯兰德的《仿效自然》详尽记述了麦克阿瑟的工作及其影响。金斯兰德认为, 麦克阿瑟摒弃了达尔文以来传统生物学着眼于单个个体与事件进化的思维方式。"将数学(或任何模型)引入自然研究这一行为往往意味着抛弃历史, 赞同使用和谐统一的概念。"(第 8 页)

㊹ 麦克阿瑟写道:"生态学家和物理学家倾向于以机械为中心, 而古生物学家和大多数生物地理学家倾向于以历史为中心。"(《地理生态学》, 第 1 页)

㊺ 麦克阿瑟和威尔逊:《岛屿生物地理学理论》, 第 181 页。

㊻ 爱德华·O. 威尔逊和丹尼尔·S. 西姆伯洛夫:《岛屿实验动物地理学》。

㊼ 斯蒂芬·D. 弗雷特弗尔:《罗伯特·麦克阿瑟对生态学的影响》, 第 9—10 页。

㊽ 伊尔约·海拉:《生态学理论的符号学空间》, 第 378, 382—383 页。又见戴维·艾布拉姆的《科学领域中隐喻的效力》, 收入斯蒂芬·H. 施奈德和佩内

洛普·J. 博斯顿编《科学家论盖亚》，第66—74页。

㊾ 劳伦斯·J. 亨德森：《物质属性的生物学意义研究》（纽约，1913年）。

㊿ 林恩·马古利斯和詹姆斯·洛夫洛克：《地球和地球构造学》，收于米切乐·B. 兰伯勒、林恩·马古利斯和雷内·费斯特编《全球生态学》，第6页。奥德姆：《生态学和受威胁的生命维持系统》，第59—64页。关于洛夫洛克思想的研讨会于1988年在加州圣迭戈举行，并出版了《科学家论盖亚》一书。最富敌意的论文是加州大学伯克利分校地质学地球物理学系的詹姆斯·W. 基尔赫纳提交的。他认为，假说在其弱的方面没有新意，在其强的方面则不可验证。他主要反对盖亚是一个有意义实体的结论（第38—46页）。

○51 詹姆斯·拉夫洛克：《盖亚时代》，第94—96页。拉夫洛克认为氧气的出现是地球史上第一次也是最大的一次生态灾难，因为它毁灭了厌氧微生物。

○52 同上书，第203—223页。

○53 同上书，第174—175页。詹姆斯·拉夫洛克：《盖亚》，第107—122页。

○54 詹姆斯·拉夫洛克：《治愈地球的良药》，第18页。

第十七章

① J. M. 彻雷特：《我会成员意见调查结果》，收于彻雷特的《生态学概念》，第1—16页。

② 见迈克尔·贝根、约翰·L. 哈珀和科林·R. 汤森的《生态学》，第591—592页。R.J. 普特南和S.D. 拉顿：《生态学原理》，第43页。彼得·斯泰林：《生态学初步》，第358—396页。罗伯特·E. 里克莱弗斯：《生态学》，特别是第2章。又见罗伯特·利奥·史密斯的《生态学基础》第2版（纽约，1986年）。作者承认已差不多从"生态系统观点"转向"进化观点"（第xiii页）。

③ 关于两种演替的探讨可在保罗·埃利希的《自然的机制》第268—271页找到。

④ 威廉·H. 德鲁里和伊安·C. T. 尼斯比特：《演替》，载《阿诺德植物园学刊》第54号（1973年7月），第360页。

⑤ 亨利·A. 格利森：《植物群落的个体主义概念》。

⑥ 约瑟夫·H. 康纳尔和拉夫·O. 斯莱蒂尔：《自然群落的演替机能和它们对群落稳定性和组织结构的作用》，第 1140 页。

⑦ 奥里·L. 劳克斯、玛丽·L. 普拉姆-门蒂斯和黛博拉·罗杰斯：*Gap processes and Largescale Disturbances in Sand Prairies*，第 72—85 页。詹姆斯·R. 卡尔和凯瑟琳·E. 弗里马克：《失调与脊椎动物综合透视》，收于 S. T. A. 皮克特和 P.S. 怀特的《自然失调生态学》，第 154—155 页。

⑧ 玛格丽特·B. 戴维斯：《孢粉学和第四纪环境史》。

⑨ 玛格丽特·B. 戴维斯：《气候异常、时间滞差和群落失衡》，第 269 页。

⑩ 这一观点由马克·威廉姆森的《群落始终稳定吗？》提出。该文收入 A.J. 格雷、M.J. 克劳利和 P.J. 爱德华兹编：《移植、演替和稳定》（牛津，1987 年），第 353—370 页。

⑪ F. 赫伯特·博尔曼和吉恩·E. 莱肯斯：《灾难性失调和北部阔叶林的稳定状态》。

⑫ 丹尼尔·博特金：《不和谐的和谐》，第 10、62 页。

⑬ 约翰·A. 威恩斯：《一个非平衡世界——群落的类型与突起的神话与现实》，收于唐纳德·R. 斯特朗、小丹尼尔·西姆伯洛夫、劳伦斯·G. 艾贝尔和安·B. 西斯尔：《生态群落》，第 440 页。考埃尔语引自罗杰·卢因的《食肉类和飓风改变生态学》，第 738 页。

⑭ 丹尼尔·西姆伯洛夫：《生态学的一系列范式》，第 13—22 页。

⑮ 同上书，第 25—26 页。

⑯ 同上书，第 11 页。

⑰ 这一观点系伊里亚·普里高津和伊莎贝尔·斯坦杰斯在其《混沌中的有序》一书中提出的。普里高津在 1977 年因其在非平衡系统热力学方面的贡献而获得了诺贝尔奖。

⑱ 詹姆斯·格莱克的《混沌——新科学的诞生》精彩地记述了这一思想转变。格莱克没有探究科学领域的混沌理论和文学与哲学领域的后现代话语之间惊人的巧合。后现代主义思潮抛弃了对自然界统一和秩序的历史探索，玩世不恭地

看待存在，批判所有的信仰。托德·吉特林认为："后现代主义反映了这样一个事实：一个新的道德体系还未建立起来，而我们的文化还未找到一种语言来表达我们正试图达成的新的默契。后现代主义以不认真逃避的名义反对所有的原则，所有的义务，所有的改革。"从积极的方面说，这种新思潮引起了对民主共存的重新重视："一种新的道德生态学——保全他人才能保全自己的生态学。"见吉特林：《后现代主义论》，载《新观察季刊》第 6 号（1989 年春），第 57，59 页。又见 N. 凯瑟琳·海勒斯的《当代文学与科学领域中有序的混乱》（纽约州，伊萨卡，1990 年），特别是第 7 章。

⑲ 罗 伯 特·M. 梅: Biological Populations with Nonoverlapping Generations: Stable Points Stable Cycles and Chaos.

⑳ 罗伯特·M. 梅：《生态学中的非线性现象》，第 242—243 页。

㉑ 威廉·M. 沙弗：《生态学和流行病学领域的混沌》，第 233 页。

㉒ 伊安·斯图尔特：《上帝掷骰子吗？》。

㉓ 布赖恩·阿瑟语引自 M. 米切尔·沃德罗普：《复合系统》，第 320 页。

㉔ 普里高津和斯坦杰斯：《混沌中的有序》，第 312—313 页。

㉕ 托马斯·瑟德奎斯特：《生态学家》，第 281 页。

㉖ 保罗·科林沃克斯：《为什么大型猛兽稀少》，第 117，135 页。

㉗ 博特金：《不和谐的和谐》，第 6 页。

㉘ 同上书，第 190 页。

㉙ 又见阿瑟·F. 麦克沃伊：《加州渔业中的生态学和法律》（纽约，1986 年）：第 6—7，10，150—151 页。

㉚ 爱德华·O. 威尔逊: Biophilia，第 138—139 页。

㉛ 迈克尔·索尔：《保护主义生物学家和"真实的世界"》，第 3—5 页。

㉜ 威尔逊: Biophilia，第 121 页。

㉝ 拉尔夫·巴顿·佩里：《威廉·詹姆斯的思想与性格》（纽约，1948 年），第 175 页。

㉞ 斯蒂芬·图尔明和琼·古德菲尔德：《时间的发现》，第 17 页。

㉟ 同上书，第 232 页。

㊱沃纳·斯塔克的《认知社会学》(伦敦，1958年)表达了关于科学与历史主义的相反观点。关于这一课题的其他文章还有卡尔·曼海姆的《意识形态和乌托邦》(伦敦，1936年)，罗伯特·默顿的《认知社会学》，收入《社会理论和社会结构》(伊利诺伊州，格伦科，1949年)，和彼得·L.伯格和托马斯·拉克曼的《现实的社会构筑》(纽约州，加登城，1966年)，特别是第1—18页。

㊲阿瑟·O.洛夫乔伊：《思想史反思》，第17页。

㊳克劳德·列维-施特劳斯：《野人的思想》(芝加哥，1966年)，第263页。

㊴卡尔·马克思和弗里德里希·恩格斯：《共产党宣言》，收入刘易斯·S.福伊尔编：《政治和哲学基础读物》(纽约州，加登城，1959年)，第10页。

㊵近年来兴起一种新的"绿色"社会主义。它试图重新找到卡尔·马克思和恩格斯被忽略的对人与自然关系的洞察力，找到保护地球与平等分配资源这两个目标的结合点。美国人詹姆斯·奥康纳编辑的学术刊物《资本主义和自然社会主义》是了解这一运动的最佳工具。

㊶见弗雷德里克·詹姆森的《后现代主义：资本主义末期的文化逻辑》(北卡罗来纳州，达勒姆，1991年)，第1—54页。詹姆森用"资本主义末期"一词，指一种形式上跨国，财富来源上后工业化，运行上依赖现代通讯和人工智能的资本主义。关于对后现代主义及其与资本的关系的另一种看法，见戴维·哈维的《后现代主义的起源》(牛津，1989年)。哈维认为，我们正在解放自身，不仅从资本的逻辑中解放出来，而且从长期统治我们的意识的客观科学的权威中解放出来。

㊷爱德华·戈德史密斯：《方式》，第63—69页。戈德史密斯认为，因为科学具有主观性，文化束缚，所以我们能够自主地抛弃它，复原一个更具宗教色彩的对自然的解释，但为什么那种复原比科学更有效或更具说服力就不得而知了。

㊸约翰·缪尔：《我在山上的第一个夏天》(1911年出版，1944年波士顿重印版)，第157页。

专 业 术 语

万物有灵论（Animism）：一个主要出现在异端多神论文化中的概念；意思是在自然中的每一种东西——动物、植物甚至石头——都具有一种内在的精神或意识。这种精神是区别于和超越于物质的；它是一种使科学研究感到困惑的有机力量。而且，和个体的存在一样，自然也是作为一个整体由一种生命原则，一个 *Anima Mundi*（生灵世界），一个神秘的使宇宙富有生气的力量所控制的。万物有灵论一直是为犹太—基督教所不接受的，甚至是异端邪说的概念。一种与其类似的思想，生机论（*vitalism*），在亚里士多德的著作中，也赋予自然一种非物质的固有的力量，而且也有着异端的根源。

阿卡狄亚主义（Arcadianism）：或译为田园主义，是一种与自然亲密相处的简朴的乡村生活理想。这个词出自一个在古希腊被称作是阿卡狄（Arcady）的山区，人们认为那里的居民生活在一种与地球及生物和平相处的，像在伊甸园一样的纯洁状态里。作为近代的一种环境幻想，阿卡狄亚主义经常沉溺于一种天真的怀旧情感之中，但它仍然有助于形成一种合作的而不是支配的、和谐的而不是个人逞强的、人是自然的一部分而不是优越于自然的生态道德。

生态学（Ecology）：生物学中一个研究内在关系的分支。这个名称是 1866 年由厄恩斯特·赫克尔为了他所研究的生物与其环境间的关系模式而发明出来的。而生态学的研究要比这个名称早得多，它的渊源来自早期对"自然的经济体系"的研究。贯穿于这门学科的历史中的主题和构成其思想的是生物的内在依赖性。对这一特质更富有哲学性而非纯科学性的领悟，就是人们通常所说的"生态学观点"。因此，究竟生态学主要是一种科学，还是一种有关内在联系的哲学，便成为一个持续已久的身份问题；而相互依赖性的实质就变成这样一个相应的问题：它是一个经济组织系统，还是一个相互容忍和支持的道德共同体？

生态系统（Ecosystem）：一个在1935年由阿瑟·坦斯利为取代那个比较神人同一化的"群落"而发明的术语。它自始就成为生态学上的一个极为重要的有条理的思想。作为在自然中内在联系的一个模式，呈现了环境作为一个整体上的两个方面：生物学的和非生物学的；这一概念特别重视一个系统——无论是一个池塘，一片森林，或是作为一个整体的地球中的营养循环和能量流动的测定。

层创进化（Emergent evolution）：一种在20世纪初为摆脱生机论和机械论的论争而从科学和哲学角度提出的理论。C.劳埃德·摩根和另外一些人声称，通过进化，新的统一体可能"突生"，并呈现出一种从它们先前的角度不可能分析到的不可预料的特质，因此需要一种新的研究模式。生命从无理性的物质中的突生就是一例。生态学家威廉·莫顿·惠勒和沃德阿利后来从社会的角度给新的"突生"下了定义，即：自然界中的社会协作模式发展到高层次上的一种自发现象。"突生"思想有助于形成相互依赖性的伦理学观点，或者"生态学观点"，它也与科学上的有机论和整体论的方法论有着密切联系。

帝国式论点（Imperialism）：一种认为人在地球上的适当角色就

是尽量扩大控制自然的权力的观点。其涵义类似于一个国家要建立对其边界以外的其他国家的统治——类似于建立政治帝国。在这中间，是弗朗西斯·培根最早提出借助于以科学为基础的技术，人类将能够获得一种直接的对自然界的统治权的观点。认为科学被当作一种支持帝国论的力量来使用的观点一直是在近代重复出现的论题。事实上，这是一种经常用来评价，甚至指导知识追求的一种道德观。

机械论（Mechanism）：一种在近代科学发展中有着高度影响的自然哲学。在它最早和最简单的阶段，这个理论使自然完全类似于一台机器——甚至基本上就是一部像齿轮或滑轮一样的装置。尽管这一点从某种意义上说确实鼓励了人们把世界当作一个有着内在联系的整体来看待，但却被证明不适于用以说明活着的有机物及其关系。机械论的一个较为复杂和持久的形式是，它把整个自然都解释成一个在运动中的，完全受制于物理学和化学规律的客观存在的体系。很多生态学家和哲学家认为，这种推理是过分"简化"了，尽管那些被省去的部分经常也难以说得清楚。

新柏拉图主义（Neoplatonism）：一种以柏拉图的某种理想——尤其是一种高于和超越那个瞬息万变的低劣的自然界的，不变的完美的"太一"（One）概念为基础的哲学流派。"太一"代表着一种理性不能认识的，但又在这个多样化的不调和的物质世界之上发挥着强有力统一作用的非物质规律。这个流派的创立者是柏罗丁（A.D.205—270）；在它的后期代表人物中有17世纪的剑桥柏拉图主义者和许多19世纪的浪漫派。就其所有的表达形式而言，新柏拉图主义者采取的是一种整体的自然观——是多样化的统一体，一个同情和相互依赖的世界，并一直对生态思想有着重要影响。

新生态学（New Ecology）：是这个学科的历史上的一个最近阶段。新生态学发端于 20 世纪 30 年代，到 60 年代获得了广泛认可，它尤其注重自然中的能量流动和"生态效率"的定量研究，同时使用生态系统的观点。另外一些专门术语，如"生产者"和"消费者"，赋予了新生态学一种明显的经济学特色。在这个模式发展过程中的主要人物包括雷蒙德·林德曼、G. 伊夫林·哈钦森、尤金·奥德姆和戴维·盖茨。

有机论（Organicism）：一种把活的有机物当作整个自然的模式和比喻的哲学。它认为，有机物拥有物化分析所难以理解的性质，而这些性质是因这个整体的统一作用造成的；换言之，这个整体大于其部分的总和。把这个原则应用到生态学上，自然的序列便被看成了一个"复杂的生物"，与人体不无相似之处。这样，每一个自然的组成物——每一种植物或动物——都只能被看作是参与并依赖于这个整体。在这里，内在的依赖性是最重要的，而且它可能还是一个抽象的道德憧憬而不仅仅是一种科学观点。从伦理学角度看，这种哲学往往包含着一种对个体主义的否定，而青睐于共同体和协作。它是"生态学观点"中的一个重要概念。

超验论（Transcendentalism）：19 世纪美国浪漫派中的一个理想主义和新柏拉图主义哲学的主要流派。它的主要代表人物是拉尔夫·沃尔多·爱默森，他教导他的追随者们把自然当作一个神圣的"太一"（One）或"超灵"（over-soul）来歌颂，但同时又认为它是一个不完美的，甚至是堕落的，应该被"超越"的领域——是人在寻求完美秩序的过程中应予控制和遗弃的部分。这种双重态度得到了亨利·戴维·梭罗的赞同，尽管比起其他的超验论者来，他更强烈地希望使这两种看法一致起来。

参 考 书 目

第一部分

1. "Back to Nature". *Outlook* 74（June 6,1903）:305-307.

2. Bacon, Francis, *The Works of Francis Bacon*. E.dited by James Spedding et al. 2 vols. New York, 1872-1878.

3. Barbour, Ian, ed. *Westerm Man and Environmental Ethics*. Reading,Mass. ,1973.

4. Bertalanffy, Ludwig von. *Modem Theories of Development*. Translated by J. H. Woodger. Oxford, 1933.

5. Black, John. *The Dominion of Man*. Edinburgh, 1970.

6. Blunt, Wilfred, *The Compleat Naturalist : A Life of Linnaeus*. New York, 1971.

7. Boas, Marie. "The Establishment of the Mechanical Philosophy". *Osiris* 10（1952）: 412-541.

8. Brown, Harcourt. "The Utilitarian Motive in the Age of Descartes". *Annals of Science* 1（1936）: 189-192.

9. Bruckner, John. *A Philosophical Survey of the Animal Creation*. London, 1768.

10. Buffon, George Louis Leclerc, Comte de. *Natural History, General and Particular*. Translated by William Smellie. 10 vols. London, 1785.

11. Burroughs, John. *The Writings of John Burroughs*. Riverby ed. 17 vols. Boston, 1904-13.

12. Burtt, E. A. *The Metaphysical Foundations of Modern Scicence*（1925）. Rev. ed.

Garden City, N. Y. , 1932.

13. Bury, John B. *The Idea of Progress*. London, 1924.

14. Butterfield, Herbert. *The Origins of Modern Science* (1949). Rev. ed. New York, 1951.

15. Collingwood, R. G. *The Idea of Nature*. Oxford, 1945.

16. Commoner, Barry. *The Closing Circle: Nature, Man and Technology*. New York, 1971. *Science and Survival*. New York, 1966.

17. Derham, William. *Physico-Theology* (1713). Edinburgh, 1773.

18. Drennon, Herbert. "Newtonianism: Its Methods, Theology, and Meraphysics" . *Englische Studien* 68 (1933−34): 397−409.

19. Eliade, Mircea. *The Sacred and the Profane: The Nature of Religion*. New York, 1959.

20. Emden, Cecil S. *Gilbert White in His Village*. London, 1956.

21. Ewbank, Thomas. *The World a Workshop: Or, The Physical Relationship of Man to the Earth* . New York, 1855.

22. Fowler, W. W. "Gilbert White of Selborne" . *Macmillan's* 68 (July 1893): 182−189.

23. Fries, Theodor. *Linnaeus*. Translated by Benjamin Jackson. London, 1923.

24. Glacken, Clarence. *Traces on the Rhodian Shore: Nature and Culture in Western Thought from Ancient Times to the End of the Eighteenth Century*. Berkeley Calif. , 1967.

25. Goerke, Heinz. *Linnaeus*. Translated by Denver Lindley. New York, 1973.

26. Hagberg, Knut. *Carl Linnaeus* . Translated by Alan Blair. London, 1952.

27. Hamilton, Robert. *W. H. Hudson: The Vision of the Earth*. London, 1946.

28. Haymaker, Richard. *From Pampas to Hedgerows and Downs: A Study of W. H. Hudson*. New York, 1954.

29. Hazard, Paul. *European Thought in the Eighteenth Century*. Translated by J. L.

May. New Haven, Conn., 1954.

30. Heim, Karl. *The Transformation of the Scientific World View*. New York, 1953.

31. Hicks, Philip. *The Development of the Natural History Essay in American Literature*. Philadelphia. 1924.

32. Hobbes, Thomas. *The English Works of Thomas Hobbes*. Edited by W. Molesworth. 11 vols. London, 1839—45.

33. Hobsbawm, E. J. *The Age of Revolution*: 1789—1848. London, 1962.

34. Houghton, Walter, Jr. "The History of Trades: Its Relation to Seventeenth-Century Thought". *Journal of the History of Ideas* 2（1941）: 33—60.

35. Jones ,W. P. "*The Vogue of Natural History in England,*1750—1770". *Annals of Science* 2（1937 ）: 348—352.

36. Koyre, Alexander. *From the Closed World to the Infinite Universe*. Baltimore, 1957.

37. Larson, James. *Reason and Experience: The Representation of Natural Order in the Works of Carl von Linné.*, Berkeley, Calif. ,1971.

38. Limoges, Camille, ed. *L'Equilibre de la nature*. Paris, 1972.

39. Linnaeus, Carolus. "Specimen academicum de Oeconomia Naturae". *Amoenitates Academicae* Ⅱ（1751）: 1—58.

40. Lockley, R. M. *Gilbert White*. London, 1954.

41. Lovejoy, Arthur O. *The Great Chain of Being*. Cambridge, Mass. ,1936. "The Place of Linnaeus in the History of Science". *Popular Science Monthly* 71（*December* 1907 ）: 498—508.

42. Luxembourg, Lilo. *Francis Bacon and Denis Diderot*. Copenhagen, 1967.

43. Mantoux, Paul. *The Industrial Revolution in the Eighteenth Century*. Translated by Marjorie Vernon. Rev. ed. London, 1928.

44. Merton, Robert. *Science, Technology, and Society in Seventeenth-Century England*. New York, 1938.

45. More, Henry. *The Philosophical Writings of Henry More*. Edited by Flora MacKin-

non. New York, 1925.

46. Mornet, Daniel. *Les Sciences de la nature en France au XVIIIe siècle*. Paris, 1911.

47. Moule, C. D. F. *Man and Nature in the New Testament*. Philadelphia, 1967.

48. Mourisson, J. Felix. *Philosophies de la nature: Bacon, Boyle, Toland, Buffon*. Paris, 1887.

49. Mullett, Charles F. " *Multum in Parvo*: Gilbert White of Selborne" . *Journal of the History of Biology* 2 (Fall 1969): 363–390.

50. Murdoch, William, and James Connell. "All About Ecology" . In *Economic Growth vs. the Environment* ,edited by Warren Johnson and John Hard-esty. Belmont, Calif., 1971.

51. Nordenskiöld, Erik. *The History of Biology*. Translated by Leonard Eyre. New York, 1928.

52. Priestley, F. E. L. "Newton and the Romantic Concept of Nature" . *University of Toronto Quarterly* 17 (1948): 323–336.

53. Pulteney, Richard, *A General View of the Writings of Linnaeus*. London, 1781.

54. Raven, Charles. *John Ray, Naturalist*. Cambridge, England, 1942. *Natural Religion and Christian Theology*. Cambridge. England, 1953.

55. Ray, John. *The Wisdom of God Manifested in the Works of Creation*. London, 1691.

56. Schmitt, Peter J. *Back to Nature: The Arcadian Myth in Urban America* . New York, 1969.

57. Sears, Paul. "Ecology-A Subversive Subject" . *BioScience* 14 (*July* 1964): 11–13.

58. Smellie, William. *The Philosophy of Natural History*. Philadelphia, 1791.

59. Smith, Adam. *The Early Writings of Adam Smith*. Edited by J. Ralph Lindgren. New York, 1967.

60. Snell, Bruno. "Arcadia: The Discovery of a Spiritual Landscape" . In *The Discovery of the Mind: The Greek Origins of European Thought*. Translated by T. G. Rose-meyer. Cambridge, Mass. , 1953.

61. Spring, David and Eileen Spring, eds. *Ecology and Religion in History*. New York, 1974.

62. Stephen, Leslie. *History of English Thought in the Eighteenth Century*. 2 vols. New York, 1876.

63. Stillingfleet, Benjamin, ed. *Miscellaneous Tracts Relating to Natural History, Husbandry, and Physick*（1759）. London, 1762.

64. Teale,Edwin Way. "The Selborne Nightingale". *Audubon* 72（September 1970）: 58−67.

65. Trevelyan, George. *History of England*. London, 1945.

66. Westermarck, Edvard. *Christianity and Morals*. New York, 1939.

67. White, Gilbert. *Gilbert White's Journals*. Edited by Walter Johnson. New York, 1970. *The Life and Letters of Gilbert White*. Edited by Rashleigh Holt-White. 2 vols. London, 1901. *The Natural History of Selborne*（1788）. New York, 1899.

68. White, Lynn, Jr. "The Historical Roots of Our Ecologic Crisis". In *Machina ex Deo: Essays in the Dynamism of Western Culture*. Cambridge, Mass., 1968.

69. Willey, Basil. *The Eighteenth-Century Background*. London, 1940.

70. Williams,George. *Wilderness and Paradise in Christian Thought*. New York, 1962.

71. Wolf, Abraham. *A History of Science. Technology, and Philosophy in the Eighteenth Century*. New York, 1939.

72. Young, Arthur. *Rural Oeconomy: Or ,Essays on the Practical Parts of Husbandry*. London, 1770.

第二部分

1. Adams, Raymond. "Thoreau's Science". *Scientific Monthly* 60（May 1945）: 379−382.

2. Baym, Nina. "Thoreau's View of Science". *Journal of the History of Ideas* 26

(April-June 1965): 221-234.

3. Beach, Joseph Warren. *The Concept of Nature in Nineteenth-Century Poetry*. New York, 1936.

4. Berkeley, George. *The Works of George Berkeley*. Edited by Alexander Fraser. Oxford, 1891.

5. Canby, Henry Seidel. *Thoreau*. Boston, 1939.

6. Carell, Stanley. *The Senses of Walden* . New York, 1972.

7. Carroll,Charles E. *The Timber Economy of Puritan New England*. Providence, R. I. , 1973.

8. Cook, Reginald. *Passage to Walden*. Bostom, 1949.

9. Deevey, Edward, Jr. "A Re-Examination of Thoreau's *Walden*".*Quarterly Review of Biology* 17 (March 1942): 1-10.

10. Dwight, Timothy. *Travels in New England and New York* . Edited by Barbara Solomon. Cambridge, Mass. , 1969.

11. Eaton, Richard. *A Flora of Concord*. Cambridge, Mass. , 1974.

12. Emerson, George B. *A Report on the Trees and Shrubs Growing Naturally in the Forests of Massachusetts*. Boston, 1846.

13. Emerson, Ralph Waldo. *The Early Lectures of Ralph Waldo Emerson* . Edited by Stephen Whicher and Robert Spiller. Cambridge, Mass. , 1959. *Selections from Ralph Waldo Emerson*. Edited by Stephen Whicher. Boston, 1957.

14. Frothingham, Octavius. *Transcendentalism in New England* (1876). Edited by Sydney Ahlstrom. Philadelphia, 1959.

15. Gillispie, Charles. *The Edge of Objectivity*. Princeton, N. J. , 1960.

16. Harding, Walter. *The Days of Henry Thoreau*. New York, 1966.

17. Hawes, A. F. "The New England Forest in Retrospect" . *Journal of Forestry* 21 (1923): 209-224.

18. Heller, Eric. *The Disinherited Mind*. New York, 1957.

19. Hirsch, E. E. *Wordsworth and Schelling: A Typological Study of Romanticism.* New Haven, Conn. , 1960.

20. Jorgensen, Neil. *A Guide to New England Landscape.* Barre, Vt. , 1971.

21. Krutch, Joseph Wood. *Henry David Thoreau.* New York, 1948.

22. Lange, Victor. "Goethe: Science and Poetry" . *Yale Review, n. s.* 38 (Summer 1949): 623-639.

23. Lovejoy,Arthur O. "On the Discrimination of Romanticisms" . *Chapter 12 in Essays in the History of Ideas.* Baltimore, 1948.

24. Lucas,Alec. "Thoreau, Field Naturalist" . *University of Toronto Quarterly* 23 (April 1954): 227-232.

25. Magnus, Rudolf. *Goethe as a Scientist.* Translated by Heinz Norden. New York, 1949.

26. McIntosh, James. *Thoreau as Romantic Naturalist: His Shifting Stance Toward Nature.* Ithaca, N. Y. , 1974.

27. Metzger, Charles. "Thoreau on Science" . *Annals of Science* 12 (*September* 1956): 206-211.

28. Nash, Roderick. *Wilderness and the American Mind.* Rev. ed. New Haven, Conn. , 1973.

29. Paul, Sherman. *Emerson's Angle of Vision: Man and Nature in American Experience.* Cambridge, Mass., 1952. *The Shores of America: Thoreau's Inward Exploration* . Urbana, Ⅲ, 1958.

30. Porte, Joel. *Emerson and Thoreau: Transcendentalists in Conflict.* Middletown, Conn. , 1966.

31. Salt, Henry S. *The Life of Henry David Thoreau.* London, 1890.

32. Schenk, H. G. *The Mind of the European Romantics.* London, 1966.

33. Scudder, Townsend. *Concord, American Town.* Boston, 1947.

34. Stallknecht, Newton. *Strange Seas of Thought: Studies in William Wordsworth's Philosophy of Man and Nature.* Bloomington, Ind., 1958.

35. Stoller, Leo. *After Walden: Thoreau's Changing Views on Economic Man* . Stanford, Calif. , 1957. "A Note on Thoreau' s Place in the History of Phenology" . *Isis* 47 (*June* 1956): 172−181.

36. Thomson , Betty. *The Changing Face of New England.* New York, 1958.

37. Thoreau, Henry David. *Consciousness in Concord.* Edited by Perry Miller. Boston, 1958. *The Correspondence of Henry David Thoreau.* Edited by Walter Harding and Carl Bode. New York, 1958. "The Dispersion of Seed" . Ms. , Berg Collection, New York Public Library. *Huckleberries.* Edited by Leo Stoller. Iowa City, Iowa, 1970. *The Maine Woods.* Edited by Joseph J. Moldenhauer. Princeton, N. J. , 1972. *Thoreau's Fact Book. Edited by Kenneth Cameron. 2 vols. Hartford, Conn.* , 1966. *Walden* (1854). Edited by J. Lyndon Shanley. Princeton, N. J. ,1971. *The Works of Henry Thoreau* . Walden edition. 20 vols. Boston, 1906.

38. Vietor, Karl. *Goethe the Thinker.* Translated by Bayard Morgan. Cambridge, Mass. , 1950.

39. Weller, Henry. *Birds and Men.* Cambridge, Mass., 1955.

40. Wheeler, Ruth. *Concord: Climate for Freedom.* Concord, Mass. , 1967.

41. Whicher, Stephen. *Freedom and Fate: An Inner Life of Ralph Waldo Emerson.* Philadelphia, 1953.

42. Whitford, Kathryn. "Thoreau and the Woodlots of Concord" . *New England Quarterly* 23 (September 1950): 291−306. "Thoreau: Pioneer Ecologist and Conservationist" . *Scientific Monthly* 73 (1951): 291−296.

43. Wilson, John B. "Darwin and the Transcendentalists" . *Journal of the History of Ideas* 26 (April-June 1965): 286−290.

第三部分

1. Ackerkneckt, Erwin. "George Forster, Alexander von Humboldt, and Ethnology" . *Isis*

46 (June 1955): 83-95.

2. Anderson, Charles. *Melville in the South Seas*. New York, 1939.

3. Bailey,Liberty Hyde. *The Holy Earth*. New York, 1915.

4. Barlow, Nora. *Charles Darwin and the Voyage of the "Beagle"* . New York,1945.

5.Beddall, Barbara. "Wallace, Darwin, and the Theory of Natural Selection" *Journal of the History of Biology* 1 (Fall 1968): 261-321.

6. Blair, W. Frank. "Ecology and Evolution" *Antioch Review* 19 (1959): 47-55.

7. Bruhns,Karl.*Life of Alexander von Humboldt* .Translated by J. and C. Lassell. 3 vols. London, 1873.

8. Burrow, J. W. *Evolution and Society: A Study in Victorian Social Theory*. Cambridge, England, 1966.

9. Candolle, Augustin de. "Géographie botanique" . *Dictionnaire des Sciences Naturelles*, vol. 18, P. 384. Paris, 1820.

10. Cannon, Walter. " The Basis of Darwin's Achievement" . *Victorian Studies* 5 (December 1961): 107-134.

11. Darwin, Charles. *A Century of Family Letters*, 1792-1896. Edited by Henrietta Litchfield. 2 vols. London, 1915. *Charles Darwin's Diary of the Voyage of H. M. S. "Beagle"* . Edited by Nora Barlow. Cambridge, England, 1933. *Charles Darwin's Natural Selection: Being the Second Part to His Big Species Book Written from 1856 to 1858*. Edited by Robert Stauffer. Cambridge, England, 1975. *Darwin for Today*. Edited by Stanley Edgar Hyman. New York, 1963. "Darwin's Notebooks on the Transmutation of Species" . Edited by Gavin De Beer. *Bulletin of British Museum (Natural History)*, Historical series, 2: 3-5 (1960). *The Life and Letters of Charles Darwin* . Edited by Francis Darwin. 2 vols. New York, 1898. *More Letters of Charles Darwin* . Edited by Francis Darwin and A. C. Seward. 2 vols. London, 1903. *On the Origin of Species* (1859). Facsimile edition. Cambridge, Mass. , 1964.

The Origin of Species (1859) and *The Descent of Man* (1871). Modern Library edition. New York, n.d. *The Voyage of the Beagle* (1839). Edited by Leonard Engel. Garden City, N. Y. , 1962.

12. De Beer, Gavin. *Charles Darwin: A Scientific Biography*. Garden City, N. Y. , 1963.

13. De Terra, Helmut. *Humboldt*. New York, 1955.

14. Dupree, A. Hunter. *Asa Gray*. New York, 1968.

15. Egerton, Frank. "Humboldt, Darwin, and Population". *Journal of the History of Biology* 3 (Fall 1970): 326–360. "Studies of Animal Population from Lamarck to Darwin". *Journal of the History of Biology* 1 (Fall 1968): 225–259.

16. Eiseley, Loren. *Darwin's Century: Evolution and the Men Who Discovered It*. Garden City, N. Y., 1958.

17. Ellegard, Alvar. "The Darwinian Revolution and Nineteenth-Century Philosophies of Science", *Journal of the History of Ideas* 18 (June 1957): 362–393.

18. Evans, E. P. "Ethical Relations Between Man and Beast". *Popular Science Monthly* (September 1894): 634–646.

19. Fleming, Donald. "Charles Darwin: The Anaesthetic Man". *Victorian Studies* 4 (1961): 219–236. "Social Darwinism". In *Paths of American Thought*,edited by Arthur Schlesinger, Jr. , and Morton White. Boston, 1963.

20. Frazer, James G. *The New Golden Bough* (1900). Edited by Theodor Gaster. New York, 1959.

21. Ghiselin, Michael. *The Triumph of the Darwinian Method*. Berkeley, Calif. 1969.

22. Gillispie, Charles. *Genesis and Geology*. Cambridge, Mass. , 1951.

23. Glass, Bentley, et al. , eds. *Forerunners of Darwin*,1745–1859. Baltimore, 1959.

24. Glass, David. *Introduction to Malthus*. New York, 1953.

25. Greene, John C. *The Death of Adam*. Ames, Iowa, 1959. "The Kuhnian Paradigm and the Darwinian Revolution". *In Perspectives in the History of Sicence and Technology*,edited by Duane Roller. Norman, Okla. , 1971.

26. Griffith, Grosvenor. *Population Problems in the Age of Malthus*. Gambridge, England, 1926.

27. Himmelfarb, Gertrude. *Darwin and the Darwinian Revolution*. New York, 1962.

28. Hofstadter, Richard. *Social Darwinism in American Thought*. Rev. ed. Boston, 1955.

29. Houghton, Walter. *The Victorian Frame of Mind*. New Haven, Conn., 1957.

30. Hudson, William H. *Birds and Man* . New York, 1923.

31. Hull, David. *Darwin and His Critics: The Reception of Darwin's Theory of Evolution by the Scientific Community*. Cambridge, Mass. , 1973.

32. Humboldt, Alexander von. *Aspects of Nature*. Translated by Mrs. Sabine. Philadelphia, 1850. *Cosmos: A Sketch of a Physical Description of the Universe*. Translated by E. C. Otté. 3 vols. New York, 1860. *Essai sur la Géographie des Plantes* (1805). Mexico City, 1955. *Personal Narrative of Travels to the Equinoctial & Regions of the New Continent, during the Years* 1799-1804. Translated and abridged by Helen Williams. Philadelphia, 1815.

33. Huxley, Thomas. *Evolution and Ethics* , 1893-1943. with Julian Huxley. London, 1947. *Man's Place in Nature* (1863). Ann Arbor, Mich., 1959. "The Struggle for Existence: A Programme" . *The Nineteenth Century* 23 (February 1888): 161-180.

34. James,Willam. "A Moral Equivalent to War" . Association for International Conciliation, Leaflet no. 27 (1910).

35. Kellner, Charlotte. *Alexander von Humboldt*. London, 1963.

36. Kuhn, Thomas. *The Structure of Scientific Revolutions* (1962). Rev. ed. Chicago, 1970.

37. Lyell, Charles. *The Principles of Geology* . 3 vols. London, 1830-33. *Sir Charles Lyell's Scientific Journals on the Species Question*. Edited by Leonard Wilson. New Haven, Conn. ,1970.

38. Malthus, Thomas. *Essay on Population*, 1798. Edited by James Bonar. London, 1926.

39. Mandelbaum, Maurice. "The Scientific Background of Evolutionary Theory in Biology". *Journal of the History of Biology* 18 (June 1957): 342−361.

40. Marsh, George Perkings. "The Study of Nature". *Christian Examiner* (January 1860): 33−61.

41. Marsh, Herbert and Jean Langenheim. "Natural Selection as an Ecological Concept". *Ecology.* 42 (January 1961): 158−165.

42. McAtee, W. L. "The Cats to Clover Chain". *Scientific Monthly* 65 (1947): 241−242.

43. McCleary, George. *The Malthusian Population Theory*. London, 1953.

44. McKinney, Henry Lewis. *Wallace and Natural Selection*. New Haven, Conn.,1972.

45. Melville, Herman. *Herman Melville*. Edited by R. W. B. Lewis. New York, 1962.

46. Mill, John Stuart. "Nature". In *Three Essays on Religion*. New York, 1874.

47. Millhauser, Milton. *Just Before Darwin: Robert Chambers and the Vestiges*. Middletown, Conn., 1959.

48. Moore, Ruth. *Charles Darwin* . New York, 1955.

49. Muir, John. *A Thousand-Mile Walk to the Gulf*. Edited by William Badé. Boston, 1916.

50. Packard, A. S. *Lamarck: The Founder of Evolution*. London, 1901.

51. Parkman, Francis. *The Oregon Trail* (1849). Garden City, N. Y., 1945.

52. Powell, John Wesley. "From Barbarism to Civilization". *American Anthropologist* 1 (April 1888): 97−123. "Relation of Primitive Peoples to Environment, Illustrated by American Examples". In *Annual Report, Smithsonian Institution*, 1895. Washington, 1896.

53. Ritter, William. *Charles Darwin and the Golden Rule*. Edited by Edna Bailey. Washington, 1954.

54. Rogers, James Allen. "Darwinism and Social Darwinism". *Journal of the History of Idea* 33 (April-June 1972): 265−280.

55. Salt, Henry S. *The Creed of Kinship*. London, 1935. *Seventy Years Among Savages* .

London, 1921.

56. Sears, Paul. *Charles Darwin: The Naturalist as a Cultural Force*. New York, 1950.

57. Smith, Kenneth. *The Malthusian Controversy*. London, 1951.

58. Stanley, Oma. "T. H. Huxley's Treatment of 'Nature' ". *Journal of the History of Ideas* 18 (January 1957): 120－127.

59. Stauffer, Robert. "Ecology in the Long Manuscript Version of Darwin's *Origin of Species* and Linnaeus' *Oeconomy of Nature*". *Proceedings of American Philosophical Society* 104 (1960): 235－241.

60. Thomson, J. Arthur. *Concerning Evolution*. New York, Conn., 1925. *The Science of Life*. London, 1910.

61. Vorzimmer, Peter. *Charles Darwin: The Years of Controversy: The Origin of Species and Its Critics*,1859－1882. Philadephia, 1970. "Darwin, Malthus,and the Theory of Natural Selection". *Journal of the History of Ideas* 30 (October-December 1969): 527－542. " Darwin's Ecology and Its In fluence Upon His Theory ". Tsis 56 (1965): 148－155.

62. Ward, Lester. *Lester Ward and the General Welfare State*. Edited by Henry Steele Commager. Indianapolis, 1967. *The Psychic Factors of Civilization* . Boston, 1893.

63. West, Geoffrey. *Charles Darwin: A Portrait*. New Haven, Conn., 1938.

64. Whewell, William. *The Philosophy of the Inductive Sciences* . 2 vols. London,1840.

65. Wilson, Leonard. *Charles Lyell: The Years to* 1841. New Haven, Conn., 1972.

66. Young, Robert. "Malthus and the New Evolutionists: The Common Context of Biological and Social Theory". *Past and Present* 43 (May 1969): 109－145.

第四部分

1. Adams, Charles C. *Guide to the Study of Animal Eco-logy*. New York, 1913. "The

New Natural History—Ecology". *American Museum Journal* 17（April 27, 1917）: 491-494. " Patrick Geddes, Botanist and Human Ecologist". *Ecology* 26（January 1945）: 103-104.

2. Allen, Durward. *The Life of Prairies and Plains.* New York, 1967.

3. Bary, Anton de. *Die Erscheinung der Symbiose.* Strasbourg, 1879.

4. Bennett, James. "Oasis Civilization in the Great Plains ". *Great Plains Journal* 7（1967）: 26-32.

5. Billington, Ray. *America's Frontier Heritage.* New York, 1966.

6. Bogue, Allan. *From Prairie to Cornbelt.* Chicago, 1963.

7. Bowden, Martyn. "The Great American Desert and the American Frontier, 1880-1882: Popular Images of the Plains". In *Anonymous Americans*, edited by Tamara Hareven. Englewood Cliffs, N. J., 1971.

8. Brewer, Richard. *A Brief History of Ecology . Part I: Pre-Nineteenth Century to 1910.* Occasional Paper no. 1,C. C. Adams Center for Ecological Studies. Kalamazoo, Mich., 1960.

9. Cain, Stanley. "The Climax and Its Complexities". *American Midland Naturalist* 21（1939）: 146-181.

10. Cittadino, Eugene. *Nature as the Laboratory: Darwinian Plant Ecology in the German Empire, 1880-1900.* Cambridge, 1900.

11. Clements, Frederic E. "Darwin' s Influence upon Plant Geography and Ecology". *American Naturalist* 42（1909）: 143-151. *The Development and Structure of Vegetation . Lincoln, Nebr. , 1904. The Dynamics of Vegetation: Selections from the Writings of F. E. Clements.* Edited by B. W. Allred and E. S. Clements. New York, 1949. *Plant Succession.* Washington, 1916. *Research Methods in Ecology.* Lincoln, Nebr., 1905. "Social Origins and Processes Among Plants". In *A Handbook of Social Psychology*, edited by Carl Murchison. Worcester, Mass., 1935. *Bio-Ecology*, with

Victor Shelford. New York, 1939. *Environment and Life in the Great Plains*,with Ralph Chaney. Washington, 1937. *Plant Competition*, with John Weaver and Herbert Hanson. Washington, 1929.

12. Coleman, William. "Evolution into Ecology? The Strategy of Warming's Ecological Plant Geography" . *Journal of the History of Biology* 19 (Summer 1986): 181- 196.

13. Cooper, William. "Henry Chandler Cowles" . *Ecology* 16(July 1935): 281-283.

14. Cottam, Walter. "The Role of Ecology in the Conservation of Renewable Resources" . In *Proceedings,* InterAmerican Conference on Conservation of Renewable Natural Resources. Washington, 1948.

15. Cowles, Henry C. "The Ecological Relations of the Vegetation on the Sand Dunes of Lake Michigan" . *Botanical Gazette* 27 (1899): 95. "The Physiographic Ecology of Chicago and Vicinity" . *Botanical Gazette* 31 (1901): 73-108.

16. Dale, Tom, and Vernon Carter. *Topsoil and Civilization* . Norman, Okla.,1955.

17. Daubenmire, Rexford. "Merriam's Life Zones of North America" . *Quarterly Review of Biology* 13 (1938): 327-332.

18. Drude, Oscar. *Manuel de géographie botanique*. Paris, 1897. "The Position of Ecology in Modern Science" . In *International Congress of Arts and Science, St. Louis*,1904, vol. 5. Boston, 1906.

19. Emmons, David. *Garden in the Grasslands*. Lincoln, Nebr. ,1971.

20. Farb, Peter. *The Living Earth* . New York, 1959.

21. Finnell, H. H. "The Dust Storms of 1954" . *Scientific American* 19 (July 1954): 25-29.

22. Fite, Gilbert. "Daydreams and Nightmares: The Late Nineteenth-Century Agricultural Frontier" . *Agricultural History* 40 (1966): 285-293.

23. Flauhault, Charles. "The Progrès de la géographie botanique depuis 1884" . *Progressus rei botanical* 1 (1907): 243-317.

24. Floyd, Fred. "A History of the Dust Bowl" .Ph. D. thesis, University of Oklahoma, 1950.

25. Furneaux, Rupert. *Krakatoa*. Englewood Cliffs, N. J. ,1964.

26. Ganong, W. F. "The Cardinal Principles of Ecology" . *Science* 19 (March 25,1904): 493–498.

27. Gleason, Henry A. "Further Views on the Succession Concept" . *Ecology* 8 (1927): 299–326. "The Individualistic Concept of the Plant Association" . *Bulletin of the Torrey Botanical Club* 53 (1926): 7–26. "The Structure and Development of the Plant Association" . *Bulletin of Torrey Botanical Club* 44 (1917): 463–481.

28. Graham, Edward. "Soil Erosion as an Ecological Process" . *Scientific Monthly* 55 (July 1942): 42–51. "A Symposium—The Ecological Approach to Land Use," with Seymour Harris and Edward Ackerman. *Journal of Soil and Water Conservation* 1 (October 1946): 55.

29. Great Plains Committee. "The Future of the Great Plains" . Washington, 1936.

30. Grisebach, August. *Der Vegetation der Erde*. Leipzig,Germany, 1872.

31. Haeckel, Ernst. *Generelle Morphologie der Organismen*. 2 vols. Berlin, 1866. *The Wonders of Life*. London, 1904.

32. Hanson, Herbert. "Ecology in Agriculture" . *Ecology* 20 (April 1939): 111–117.

33. Higbee, Edward. *The American Oasis*. New York, 1957.

34. Johnson, Vance. *Heaven's Tableland: The Dust Bowl Story*. New York, 1947.

35. Johnson, W. D. "The High Plains and Their Utilization. Part I " . In United States Geological Survey, *Twenty-first Annual Report*. "Part II " . In *Twenty-second Annual Report*. Washington, 1901 and 1902.

36. Keeble, Frederick. *Plant-Animals: A Study in Symbiosis*. Cambridge, England, 1910.

37. Kendeigh, S. Charles. "History and Evaluation of Various Concepts of Plant and Animal Communities in North America" . *Ecology* 35 (April 1954): 152–171.

38. Komarek, Edwin, Sr. "Fire Ecology-Grasslands and Man" . In *Proceedings*, Fourth

Annual Tall Timbers Fire Ecology Conference, March 18-19,1965.

39. Kormody, Edward, ed. *Readings in Ecology*. Englewood Cliffs, N. J., 1965.

40. Kotok, E. J. "The Ecological Approach to Conservation Programs". In *Proceedings,* Inter American Conference on Conservation of Renewable Natural Resource es. Washington, 1948.

41. Kraenzel, Carl. *The Great Plains in Transition*. Norman, Okla. ,1955.

42. Lange, Dorothea, and Paul Taylor. *An American Exodus* (1939). New Haven, Conn., 1969.

43. MacLeish, Archibald. "The Grasslands". *Fortune* 12 (November 1935): 59.

44. Macmillan, Conway. "Observations on the Distribution of Plants Along the Shore at Lake of the Woods". *Minnesota Botanical Studies* 1 (1897): 949-1023.

45. Malin, James. "Dust Storms". *Kansas Historical Quarterly* 14 (May, August, November 1946). "The Grassland of North America: Its Occupance and the Challenge of Continuous Reappraisals". In *Man's Role in Changing the Face of the Earth*, edited by William Thomas. Chicago, 1956. *The Grassland of North America: Prolegomena to Its History with Addenda* . Lawrence Kans., 1956. "Soil, Animal, and Plant Relations of the Grassland, Historically Reconsidered". *Scientific Monthly* 76 April 1953: 207-220.

46. Margalef, Ramon. *Perspectives on Ecological Theory*. Chicago, 1968.

47. Marriott, Alice and Carol Rachlin. *Oklahoma: The Forty-sixth Star*. Garden City,N. Y. ,1973.

48. McKee, Russell. *The Last West: A History of the Great Plains in North America*. New York, 1974.

49. McReynolds, Edwin. *Oklahoma: A History of the Sooner State*. Norman, Okla., 1954.

50. McWilliams, Carey. *Ill Fares the Land*. New York, 1942.

51. Merriam, C. Hart. "Results of a Biological Survey of the San Francisco Mountain

Region and the Desert of the Little Colorado, Arizona". *North American Fauna,* no. 3. Washington, 1890. *Selected Works of Clinton Hart Merriam* . Edited by Keir Sterling. New York, 1974.

52. Mikesell, Marvin. "The Rise and Decline of 'Sequent Occupance' : A Chapter in the History of American Geography". In *Geographies of the Mind*, edited by David Lowenthal and Martyn Bowden. New York, 1976.

53. Moore, Barrington. "The Scope of Ecology". *Ecology* 1 (January 1920): 3−5.

54. Peterson, Roger Tory. "Life Zones, Biomes, or Life Forms?" *Audubon* 44 (1942): 21−30.

55. Phillips, John. "The Biotic Community". *Journal of Ecology* 19 (1931): 1−24. "Succession, Development, the Climax, and the Complex Organism: An Analysis of Concepts". *Journal of Ecology* 22 (1934): 554−571; 23 (1935): 210−246,488− 508. "A Tribute to Frederic E. Clements and His Concepts in Ecology". *Ecology* 35 (April 1954): 114−115.

56. Pound, Roscoe. " Frederic E. Clements As I Knew Him". *Ecology* 35 (April 1954): 112−113. "Symbiosis and Mutualism". *American Naturalist* 27 (1892): 509−520. *The Phytogeography of Nebraska*, with Frederic E. Clements. Lincoln, Nebr., 1898.

57. Rádl, Emanuel. *History of Biological Theories*. Oxford, 1930.

58. Raup, Hugh. "Some Problems in Ecological Theory and Their Relation to Conservation". *Journal of Ecology* 52, suppl. (1964): 19−28. "Trends in the Development of Geographic Botany". *Annals of Association of American Geographers* 32 (1942): 319−354.

59. Rodgers, Andrew Denny. *American Botany*,1873−1892: *Decades of Transition* . Princeton, N. J. ,1944.

60. Sauer, Carl. *Agricultural Origins and Dispersals*. 2nd ed. Cambridge, Mass, 1969. "Grassland Climax, Fire and Man". *Journal of Range Management* 3 (January

1950): 16-21.

61. Schimper, A. F. W. *Plant Geography upon a Physiological Basis* (1898). Revised and edited by Percy Groom and Isaac Balfour. Ox-ford, 1903.

62. Schlesinger, Arthur, Jr. *The Coming of the New Deal*. Boston, 1958.

63. Sears, Paul "Black Blizzards" . In *America in Crisis*, edited by Daniel Aaron. New York, 1952. "Botanists and the Conservation of Natural Resources" . In *Fifty Years of Botany*, edited by William C. Steere. New York, 1958. *Deserts on the March*, Norman, Okla. , 1935. "Floods and Dust Storms" . *Science* 83 (March 27,1936) suppl. 9. "O, Bury Me Not: Or, The Bison Avenged" . *New Republic* 91 (May 12,1937): 7-10.

64. Shannon, David. *The Farmer's Last Frontier*. New York, 1945.

65. Shantz, H. L. "The Ecological Approach to Land Management" . *Journal of Forestry* 48 (October 1950): 673-675. " Frederic Edward Clements (1874-1945)" . *Ecology* 26 (October 1945): 317-319. "The Natural Vegetation of the Great Plains Region" .*Annals of Association of American Geographers* 13 (1923): 81-107.

66. Shelford, Victor E. *Animal Communities in Temperate America* . Chicago, 1913. "Deciduous Forest, Man, and the Grassland Fauna" . *Science* 100 (1944): 135- 140. *Laboratory and Field Ecology*. Baltimore, 1929. "Life Zones, Mondern Ecology, and the Failure of Temperature Summing" . *Wilson Bulletin* rr (1932): 144-1957. "The Organization of the Ecological Society of America, 1914-1919" . *Ecology* 19 (1938): 164-166. "The Relative Merits of the Life Zone and Biome Concepts" . *Wilson Bulletin* 57 (1945): 248-252.

67. Silverberg, Robert. *The Challenge of Climate*. New York, 1969.

68. Smith, Henry Nash. "Rain Follows the Plow: The Notion of Increased Rainfall for the Great Plains, 1944-1980" . *Huntington Library Quarterly* 10 (1947): 169- 193. *Virgin Land: The American West as Symbol and Myth*. Cambridge, Mass. , 1950.

69. Smith, Roger C. "Upsetting the Balance of Nature, with Special Reference to Kansas and the Great Plains". *Science* 75 (June 24,1932): 649−654.

70. Soil Conservation Service, United States Department of Agriculture. "Some Information about Dust Storms and Wind Erosion on the Great Plains". March 30,1953.

71. Special Presidential Committee. "A Report on Drought in the Greet Plains and Southwest". October 1958.

72. Spencer, Herbert. "Evolutionary Ethics". In *Various fragments*. New York, 1899. *The Principles of Biology* (1864−1867) Rev. ed. 2 vols. London, 1899. *The Principles of Sociology*, 3 vols, London, 1876−1896. "The Social Organism". Westminster Review 73 (January 1860): 90−121.

73. Stauffer, Robert. " Haeckel, Darwin, and Ecology". *Quarterly Review of Biology* 32 (June 1957): 138−144.

74. Stegner, Wallace. *Beyond the Hundredth Meridian* . Boston, 1954.

75. Stein, Walter. *California and the Dust Bowl Migration*. Westport, Conn., 1973.

76. Steinbeck, John. *The Grapes of Wrath* . New York, 1939.

77. Svobida, Lawrence. *An Empire of Dust.* Caldwell, Idaho, 1940.

78. Tannehill, Ivan. *Drought: Its Causes and Effects* .Princeton, N.J., 1947.

79. Tansley , Arthur G. "The Early History of Modern Plant Ecology in Britain". *Journal of Ecology* 35 (1947): 130−137. "Frederic Edward Clements". *Journal of Ecology* 34 (1946): 194−196. " The Use and Abuse of Vegetational Concepts and Terms ". *Ecology* 16 (July 1935): 292.

80. Tobey, Ronald C. *Saving the Prairies: The Life Cycle of the Founding School of American Plant Ecology*, 1895−1955. Berkeley, Calif ., 1981.

81. Udall, Stewart. *The Quiet Crisis.* New York, 1936.

82. United States Department of Agriculture. *Soils and Men* . Washington, 1938.

83. Warming, Eugenius.*The Oecology of Plants* (1895). Rev. ed. Oxford, 1909.

84. Webb, Walter P. *The Great Plains*. Boston, 1931.

第五部分

1. Adams, Charles C. "The Conservation of Predatory Mammals". *Journal of Mammalogy* 6 (May 1925): 83–96. "A Note for Social-Minded Ecologists and Geographers". *Ecology* 19 (July 1938): 500–502. "The Relation of General Ecology to Human Ecology". *Ecology* 16 (July 1935): 316–325.

2. Advisory Board in Wildlife Management for the Secretary of Interior (A. Starker Leopold chairman). "Predator and Rodent Control in the United States". *Transactions of North American Wildlife Conference* 29 (March 1964): 27–49.

3. Advisory Committee on Predator Control (Stanley A. Cain, chairman). "Predator Control–1971". Report to Council on Environmental Quality and Department of Interior. January, 1972.

4. Allee, Warder C. *Animal Aggregations: A Study in General Sociology*. Chicago, 1931. "Cooperation Among Animals". *American Journal of Sociology* 37 (November 1931): 386–398. "Where Angels Fear to Tread: A Contribution from General Sociology to Human. Ethics". *Science,n.s.* 97 (June 11 , 1943): 517–525. *Principles of Animal Ecology*. with Alfred Emerson, Thomas Park, Orlando Park, and Karl Schmidt. Philadelphia, 1949.

5. Allen, Durward. *Our Wildlife Legacy.* New York, 1954.

6. Bailey, Vernon. "Destruction of Wolves and Coyotes: Results Obtained during 1907". United States Department of Agriculture, Bureau of Biological Survey, Circular no. 63,1908.

7. Bates, J. Leonard. "Fulfilling American Democracy: The Conservation Movement, 1907 to 1921". *Mississippi Vallev Historical Review* 44 (June 1957): 29–57.

8. Bates, Marston. *The Forest and the Sea* . New York, 1960.

9. Bertalanffy, Ludwig von. "An Outline of General System Theory". *British Journal for the Philosophy of Science* 1 (1950): 134–165. *Problems of Life: An Evaluation*

of Modern Biological Thought. New York, 1952. "The Theory of Open Systems in Physics and Biology" . *Science* 11（1950）: 23−29.

10. Birge, E. A. "The Heat Budget of American and European Lakes" . *Transactions of the Wisconsin Academy of Science. Arts, and Letters* 18（1915）: 166−213.

11. Blin-Stoyle, B. J. "The End of Mechanistic Philosophy and the Rise of Field Physics" . In *The Turning Point in Physics*. Amsterdam, 1959.

12. Blum, Harold. *Time's Arrow and Evolution*（1951）. Rev. ed. New York, 1962.

13. Bray, J. Roger. "Notes Toward an Ecologic Theory" . *Ecology* 39（*October* 1958）: 770−776.

14. Brillouin, L. "Life, Termodynamics and Cybernetics" . *American Scientist* 37（1949）: 554−568.

15. Cameron, Jenks. *The Bureau of the Biological Survey*. Washington, 1929.

16. Chisholm, Anne. *Philosophers of the Earth: Conversations with Ecologists*. New York, 1972.

17. Cole, Lamont. "The Ecosphere" . *Scientific American* 198（April 1958）: 83−92.

18. Conger, George. "The Doctrine of Levels" . *Journal of Philosophy* 22（1925）: 309−321.

19. Connery, Robert. *Governmental Problems in Wild Life Conservation*. New York, 1935.

20. Crombie, A. C. "Interspecific Competition" . *Journal of Animal Ecology* 16（1947）: 47−73.

21. Dice, Lee. "The Scientific Value of Predatory Mammals" . *Journal of Mammalogy* 6（February 1925）: 25−27.

22. Dobie, J. Frank. *The Voice of the Coyote*（1949）. Lincoln, Ner., 1961.

23. Elton, Charles. *Animal Ecology*（1927）. Rev. ed. New York, 1966. *Animal Ecology and Evolution* . London, 1930. *The Ecology of Invasions by Animals and Plants*. London, 1958. *The Pattern of Animal Communitie*s. London, 1966. *Voles, Mice and Lemmings*. Oxford, 1942.

24. Ely, Richard. "Conservation and Economic Theory". In *The Foundations of National Prosperity*. New York, 1917.

25. Emerson, Alfred. "The Biological Basis of Social Cooperation".*Transactions of the Illinois State Academy of Science* 39 (May 1946): 9–18. "Ecology, Evolution, and Society". *American Naturalist* 77 (March-April 1943): 97–118.

26. Engelmann, Manfred. "Energetics. Terrestrial Field Studies, and Animal Productivity". *Advances in Ecological Research* 3 (1966): 73–116.

27. Errington, Paul.*Of Predation and Life*.Ames, Iowa, 1967. "Of Wilderness and Wolves". *Journal of Wildlife Management* 33 (Autumn 1969): 3–7. "A Question of Values". *Journal of Wildlife Management* 11 (July 1947): 267–272. "What Is the Meaning of Predation?" *Annual Report of the Smithsonian Institution*,1936 . Washington, 1937.

28. Flader, Susan. *Thinking Like a Mountain: Aldo Leopold and the Evolution of an Ecological Attitude Toward Deer. Wolves, and Forests*. Columbia, Mo. ,1974.

29. Forbes, Stephen. "The Lake as a Microcosm". *Bulletin of the Scientific Association of Peoria*, Illinois (1887): 77–87. "On Some Interactions of Organisms". *Bulletin of the Illinois State Laboratory of Natural History* 1 (1903): 3–18.

30. Gabrielson, Ira. *Wildlife Conservation* . New York, 1948.

31. Gates, David. *Energy Exchange in the Biosphere*. New York, 1962. "Toward Understanding Ecosystems". *Advances in Ecological Research* 5 (1968): 1–35.

32. Gause, G.F. *The Struggle for Existence*. Baltimore, 1934.

33. Gerard, Ralph W. "Biological Basis for Ethics". *Philosophy of Science* 9 (*January* 1942): 92–120.

34. Gilbert, O., with T. B. Reynoldson and J. Hobart. "Gause's Hypothesis: An Examination". *Journal of Animal Ecology* 21 (1952): 310–312.

35. Goldman, C. R., ed. *Primary Productivity in Aquatic Environments*. Berkeley, Calif., 1966.

36. Goldman, E,A. "The Coyote-Archpredator". *Journal of Mammalogy* 11 (August

1930 ）: 331-331. "The Predatory Mammal Problem and the Balance of Nature" . *Journal of Mammalogy* 6 (February 1925): 28-33.

37. Graham, Frank, Jr. *Man's Dominion: The Story of Conservation in America* . New York, 1971.

38. Hardin, Garrett. *Nature and Man's Fate*. New York, 1959.

39. Hays, Samuel. *Conservation and the Gospel of Efficiency: The Progressive conservation Movement* ,1890-1920. Cambridge, Mass. 1959.

40. Henderson, W.C. "The Control of the Coyote" . *Journal of Mammalogy* 11 (August 1930): 336-350.

41. Hough Emerson. "The President's Forest" . *Saturday Evening Post* 194 (January 14, 1922): 6-7; (January 21, 1922): 23.

42. Howard, Walter. "Means of Improving the Status of Vertebrate Pest Control" . *Transactions of the 27th North American Wildlife and natural Resource Conference*. Washington, 1962.

43. Juday, C. "The Annual Energy Budget in an Inland Lake" . *Ecology* 21 (1940): 438-450.

44. Jungk, Robert. *Brighter Than a Thousand Suns*. New York, 1958.

45. Kormondy, Edward. *Concepts of Ecology*. Englewood Cliffs, N.J.,1969.

46. Kozlovsky, D. G. "A Critical Evaluation of the Trophic Level Concept: I. Ecological Efficiencies" . *Ecology* 49 (1968): 48-60.

47. Krutch, Joseph Wood. *The Great Chain of Life*. Boston, 1956. *If You Don't Mind My Saying So*. New York, 1964. *The Modern Temper*. New York, 1949. *More Lives Than One* . New York, 1962. *The Twelve Seasons*. New York, 1949. *The Voice of the Desert*. New York, 1955.

48. Laycock, George. "Travels and Travails of the Song-Dog" . *Audubon* 76 (September 1974): 16-31.

49. Leopold, Aldo. "The Conservation Ethic" . *Journal of Forestry* 31 (October 1933): 634-643. *Game Management*. New York, 1933. *A Sand County Almanac, with Es-*

says on Conservation from Round River. New York, 1970.

50. Lindeman,Eduard. "Ecology: An Instrument for the Integration of Science and Philosophy". *Ecological Monographs* 10 (July 1940): 367–372.

51. Lindeman, Raymond. "The Trophic-Dynamic Aspect of Ecology". *Ecology* 23 (October 1942): 399–417.

52. Lorain, John. *Nature and Reason Harmonized in the Practice of Husbandry.* Philadelphia, 1825.

53. Lotka, A. J. *Elements of Physical Biology.* New York, 1925.

54. Lovejoy, Arthur O. "The Meaning of 'Emergence' and Its Modes". *Proceedings of the Sixth International Congress of Philosophy*, 1926. New York,1927.

55. MacFayden, A. "The Meaning of Productivity in Biological Systems". *Journal of Animal Ecology* 17 (1948): 75–80.

56. Madden, Edward. "The Philosophy of Science in Gestalt Theory" .In *Readings in the Philosophy of Science*, edited by Herbert Feigl and May Brodbeck.New York, 1953.

57. Marsh, George Perkins. *Man and Nature: Or, Physical Geography as Modified by Human Action* (1864). Cambridge, Mass. ,1965.

58. Mech, L.David. *The Wolf.* Garden city, N.Y.,1970.

59. Mitchell, John G., and Constance Stallings, eds. *Ecotactics: The Sierra Club Handbook for Environmental Activists*. New York, 1970.

60. Mitman, Gregg. "From the Population to Society: The Cooperative Metaphors of W.C. Allee and A. E. Emerson". *Journal of the History of Biology* 21 (Summer 1988): 173–194, *The State of Nature: Ecology, Community , and American Social Thought*,1900–1950. Chicago, 1992.

61. Möbius, Karl. "The Oyster and Oyster-Culture (1877)" . Translated by H. J. Rice. *Report of U.S. Commission of Fish and Fisheries*, 1880. Washington, 1883.

62. Morgan, C. Lloyd. *Emergent Evolution* . London, 1923.

63. Muller, C. H. "Science and Philosophy of the Community" .*American Scientist* 46

(1958): 294−308.

64. Mumford, Lewis. *Technics and Civilization* . New York, 1934.

65. Murie, Adolf. *The Wolves of Mount McKinley*. Fauna of National Parks of U. S., Department of Interior. Fauna Series no. 5, 1944.

66. Murie, Olaus. The Papers of Olaus Murie. Denver, Colo., Public Library, Conservation Center. *Wapiti Wilderness*, with Margaret Murie. New York, 1966.

67. Nash, Roderick. *Wilderness and the American Mind*. Rev. ed. New Haven, Conn., 1973.

68. Naumov, N. P. *The Ecology of Animals*. Translated by Frederick Plous, Jr. Urbana, Ⅲ., 1972.

69. Novikoff, Alex. "The Concept of Integrative Levels and Biology" . *Science*, n.s. 101 (March 2,1945): 209−215.

70. Odum, Eugene, et al. "The New Ecology" .*Bioscience* 14 (July 1964): 7−41.

71. Ohle, W. "Bioactivity, Production, and Energy Utilization of Lakes" . *Limnology and Oceanography* 1 (1956): 139−149.

72. Olson, Sigurd. "A Study in Predatory Relationships with Particular Reference to the Wolf" . *Scientific Monthly* 46 (April l938): 323−336.

73. Park, Robert. *Human Communities: The City and Human Ecology* .Glencoe, Ⅲ. , 1952.

74. Pepper,Stephen. "Emergence" . *Journal of Philosophy* 23 (1926): 241−245.

75. Phillipson, John. *Ecological Energetics*. London, 1966.

76. Pimlott, Douglas. "Wolves and Men in North America" . *Defenders of Wildlife News* 42 (Spring 1967): 36.

77. Pinchot, Gifford. *Breaking New Ground*. New York, 1947.

78. Rasmussen, D. Irwin. "Biotic Communities of Kaibab Plateau, Arizona" . *Ecological Monographs* 11 (July 1941): 229−275.

79. Redfield, Robert, ed. "Levels of Integration in Biological and Social Systems" . *Biological Symposia*, vol. 8. Lancaster, Pa. ,1942.

80. Reinheimer, Hermann. *Evolution and Cooperation; A Study in Bio Economics*. New York, 1913.

81. Richardson, Elmo. *The Politics of Conservation: Crusades and Controversies*, 1897–1913. Berkeley, Calif. ,1962.

82. Rowe, J. S. "The Levels of Integration Concept and Ecology" . *Ecology* 42（April 1961）: 420–427.

83. Russett, Cynthia. *The Concept of Equilibrium in American Social Thought*. New Haven, Conn., 1966.

84. Russo, John. "The Kaiba North Deer Herd—Its History, Problems and Management" . State of Arizona Fish and Game Department, *Wildlife Bulletin* 7（July 1964）.

85. Savage, Jay M. "The Concept of Ecologic Niche, with Reference to the Theory of Natural Coexistence" . *Evolution* 12（1958）: 111–112.

86. Schmidt, Karl. "Warder Clyde Allee" . *Biographical Memoirs*. vol. 30. New York,1957.

87. Sears, Paul B. "Integration at the Community Level" . *American Scientist* 37（April 1949）: 235–242.

88. Semper, Karl. *Animal Life as Affected by the Natural Conditions of Existence*. New York, 1881.

89. Shelford, Victor E. "Biological Control of Rodents and Predators" . *Scientific Monthly* 55（October 1942）: 331–341.

90. Slobodkin, Lawrence. "Energy in Animal Ecology" . *Advances in Ecological Research* 1（1962）: 69–102.

91. Smuts, Jan. *Holism and Evolution* . New York, 1926.

92. Spurr, Stephen. "The Natural Resource Ecosystem" . In *The Ecosystem Concept in Natural Resource Management*, edited by George Van Dyne. New York, 1969.

93. " Symposium" . *Journal of Mammalogy* 11（August 1930）: 325–389.

94. Tansley, Arthur G. "The Use and Abuse of Vegetational Concepts and Terms" .

Ecology 16 (July 1935): 284–307.

95. Taylor, Walter P. " Significance of the Biotic Community in Ecological Studies". *Quarterly Review of Biology* 10 (September 1935): 296. "What Is Ecology and What Good Is It?" *Ecology* 17 (July 1936): 335–336.

96. Thienemann. A. "Grundzüge einen allgemeinen Oekologie". *Archivfür Hydrobiologie* 35 (1939): 267–285. *Limnologie*. Breslau, 1926 . " Der Produktionsbegriff in der Biologie". *Archiv für Hydrobiologie*, suppl. 22 (1931): 616–622.

97. Transeau, Edgar. "The Accumulation of Energy by Plants". *Ohio Journal of Science* 26 (1926): 1–10.

98. Udvardy, Miklos. "Notes on the Ecological Concepts of Habitat, Biotope, and Niche". *Ecology* 40 (1959): 725–728.

99. Usinger, Robert. *The Life of Rivers and Streams* . New York, 1967.

100. Van Wormer, Joe. *The World of the Coyote*. Philadelphia, 1964.

101. Watt, Kenneth. *Ecology and Resource Management: A Quantitative Approach*. New York, 1968.

102. Wells, H. G., with Julian Huxley and G. P. Wells. *The Science of Life*. New York, 1939.

103. Westlake, D. F. "Comparisons of Plant Productivity". *Biological Reviews* 38 (1963): 385–425.

104. Wheeler, William Morton. "Emergent Evolution of the Social". *Proceedings of the Sixth International Congress of Philosophy*,1926, New York, 1927. *Essays in Philosophical Biology*. Cambridge, Mass., 1939. *Foibles of Insects and Men*. New York, 1928.

105. Whitehead, Alfred North. *The Concept of Nature*. Cambridge, England, 1920. *The Philosophy of Alfred North Whitehead*. Edited by Paul Schilpp. Evanston, Ⅲ., 1941. *Science and the Modern World* . New York, 1925.

106. Young, Stanley P. *The Papers of Stanley P. Young. Denver, Colo.,* Public Library, Conservation Center. *The Wolves of North America, with* E.A. Goldman. Washington, 1944.

第六部分

1. Acot, Pascal. *Histoire de l'écologie*. Paris, 1988.

2. Allen, T.F.H.,and Thomas B. Starr. *Hierarchy: Perspetives for Ecological Complexity*. Chicago, 1982.

3. Barash, David P. "The Ecologist as Zen Master". *American Midland Naturalist* 89 (January 1973): 214-217.

4. Beatty, John. "Ecology and Evolutionary Biology in the War and PostwarYears: Questions and Comments". *Journal of the History of Biology* 21 (Summer 1988): 245-263.

5. Begon,Michael, John L. Harper, and Colin R. Townsend. *Ecology: Individuals, Populations,and Communities* .Sunderland, Mass., 1986.

6. Blair, W. Frank. *Big Biology: The US/IBP*. Stroudsburg, Pa., 1977.

7. Bormann, F. Herbert, and Gene E. Likens. "Catastrophic Disturbance and the Steady State in Northern Hardwood Forests". *American Scientist* 67 (November-December 1979): 660-669. *Pattern and Process in a Forested Ecosystem: Disturbance, Development and the Steady State Based on the Hubbard Brook Ecosystem Study*. New York, 1979.

8. Botkin, Daniel B. "A Grandfather Clock down the Staircase: Stability and Disturbance in Natural Ecosystems". In *Forests: Fresh Perspectives from Ecosystem Analysis*, edited by Richard H. Waring. Corvallis, Ore., 1980. *Discordant Harmonies: A New Ecology for the Twenty-First Century*. New York, 1990.

9. Bramwell, Anna. *Ecology in the 20th Century: A History*. New Haven, Conn.,1989.

10. Carson, Rachel. *The Sea Around Us*. New York, 1961;reprint ed., 1989. *Silent Spring*. Boston, 1962.

11. Cherrett, J. M., ed. *Ecological Concepts: The Contribution of Ecology to an Understanding of the Natural World*. Oxford, 1989.

12. Cole, Lamont C. "The Impending Emergence of Ecological Thought". *Bioscience* 14 (July 1964): 30-32.

13. Colinvaux, Paul A. *Introduction to Ecology.* New York, 1973. *Why Big Fierce Animals Are Rare: An Ecologist's Perspective.* Princeton, N, J., 1978.

14. Collins, James P. "*Evolutionary Ecology* and the Use of Natural Selection in Ecological Theory". *Journal of the History of Biology* 19 (Summer 1986): 257-288.

15. Commoner, Barry. *The Closing Circle: Nature, Man, and Technology.* New York, 1971. *Science and Survival.* New York, 1966.

16. Connell ,Joseph H., and Ralph O. Slatyer. "Mechanisms of Succession in Natural Communities and Their Role in Community Stability and Organization" .*The American Naturalist* Ⅲ (November-December 1977): 1119-1144.

17. Cotgrove, Stephen. *Catastrophe or Cornucopia: The Environment, Politics and the Future.* New York, 1982.

18. Cowell, Robert A. "The Evolution of Ecology". *American Zoologist* 25 (1985): 771-777.

19. Darling, Frank Fraser. *Wilderness and Plenty.* Boston, 1970.

20. Davis, Margaret B. "Climatic Instability, Time Lags, and Community Disequilibrium" . In *Community Ecology*, edited by Jared Diamond and Ted J. Case. New York, 1986. "Palynology and Environmental History During the Quaternary Period". *American Scientist* 57 (Autumn 1969): 317-332. "Quaternary History and the Stability of Forest Communities". In *Forest Succession: Concepts and Applications*, edited by Darrel C. West, Herman H. Shugart, and Daniel B. Botkin. New York, 1981.

21. Deléage, Jean-Paul. *Histoire de l'écologie: Une science de l'homme et de la nature.* Paris, 1992.

22. Devall, Bill, and George Sessions. *Deep Ecology: Living as if Nature Mattered.* Salt Lake City, Utah, 1985.

23. Drouin, Jean-Marc. *Réinventer la nature: L'écologie et son histoire.* Paris, 1991.

24. Drury, William H., and Ian C. T. Nisbet. "Succession". *Journal of the Arnold Arboretum* 54 (July 1973): 331–368.

25. Dupré, John. *The Disorder of Things: Metaphysical Foundations of the Disunity of Science*. Cambridge, Mass. , 1993.

26. Ehrlich, Paul R. *The Machinery of Natur*e. New York, 1986. *The Population Bomb*. New York, 1968.

27. Ehrlich, Paul R., and Jonathan Roughgarden. *The Science of Ecology* . New York, 1987.

28. Evans, G. Clifford. "A Sack of Uncut Diamonds: The Study of Ecosystems and the Future Resources of Mankind" . *Journal of Ecology* 64 (March 1976): 1–38.

29. Finegan, Bryan. "Forest Succession" . *Nature* 312 (November 8,1984): 109–114.

30. Fleming, Donald. "Roots of the New Conservation Movement" . *Perspectives in American History* 6 (1972): 7–91.

31. Fradkin,Philip L. *Fallout: An American Tragedy*. Tucson, Ariz., 1989.

32. Fretwell, Stephen D. "The Impact of Robert Macarthur on Ecology" . *Annual Review of Ecology and Systematics* 6 (1975): 1–13.

33. Futuyama, Douglas J. "Reflections on Reflections: Ecology and Evolutionary Biology" . *Journal of the History of Biology* 19 (Summer 1986): 303–312.

34. Gleason, Henry A. "The Individualistic Concept of the Plant Association". *Bulletin of the Torrey Botanical Club* 53 (January 1926): 7–26. "The Individualistic Concept of the Plant Association" . *American Midland Naturalist* 21 (January 1939): 92–110.

35. Gleick, James. *Chaos: The Making of a New Science*. New York, 1987.

36. Goldsmith, Edward. *The Way: An Ecological World-View*. Boston, 1993 . *Blueprint for survival*. London, 1972.

37. Goodman, Daniel. "The Theory of Diversity-Stability Relationships in Ecology" . *Quarterly Review of Biology* 50 (September 1975): 237–266.

38. Hargen, Joel B. "Ecologists and Taxonomists: Divergent Traditions in Twentieth-Century Plant Geography" . *Journal of the History of Biology* 19 (Summer 1986): 197–

214. *An Entangled Bank: The Origins of Ecosystem Ecology*. New Brunswick, N. J., 1992.

39. Haila, Yrjö. "Ecology Finding Evolution Finding Ecology". *Biology and Philosophy* 4 (April 1989): 235–244. "On the Semiotic Dimension of Ecological Theory: The Case of Island Biogeography, " *Biology and Philosophy* 1 (1986): 377–387.

40. Haila, Yrjö, and Richard Levins. *Humanity and Nature: Ecology, Science, and Society* . London, 1992.

41. Hairston, Nelson G., Frederick E. Smith, and Lawrence B. Slobodkin. "Community Structure, Population Cotrol, and Competition". *American Naturalist* 94 (November-December 1960): 421–425.

42. Harper, J. L. "A Darwinian Approach to Plant Ecology". Journal of Ecology 55 (July 1967): 247–270.

43. Hays, Samuel P. *Beauty. Health, and Permanence: Environmental Politics in the United States*, 1955–1985, New York, 1987.

44. Hutchinson, G. Evelyn. *The Ecological Theater and the Evolutionary Play*. New Haven, Conn., 1965. *An Introduction to Population Biology*. New Haven, Conn., 1978.

45. Jordan, Carl F. "Do Ecosystems Exist?" *American Naturalist* 118 (August 1981): 284–287.

46. Joseph, Lawrence E. *Gaia: The Growth of an Idea* . New York, 1990.

47. Jungk, Robert. *Brighter Than a Thousand Suns: A Personal History of the Atomic Scientists* . New York, 1958.

48. Keller, Evelyn Fox. "Demarcating Public from Private Values in Evolutionary Discourse". *Journal of the History of Biology* 21 (Summer 1988): 195–211.

49. Kimmler, William C. "Advantage, Adaptiveness, and Evolutionary Ecology" . *Journal of the History of Biology* 19 (Summer 1986): 215–233.

50. Kingsland, Sharon E. "Mathematical Figments, Biological Facts: Population Ecology in the Thirties". *Journal of the History of Biology* 19 (Summer 1986): 235–256.

Modeling Nature: Episodes in the History of Population Ecology. Chicago, 1985.

51. Kormondy, Edward J., and J . Frank McCormick , eds. *Handbook of Contemporary Developments in World Ecology*. Westport, Conn., 1981.

52. Levins, Richard, and Richard Lewontin. *The Dialectical Biologist*. Cambridge, Mass. , 1985.

53. Lewin, Roger. *Complexity: Life at the Edge of Chaos*. New York, 1992. " Predators and Hurricanes Change Ecology" . Science (August 12, 1983): 737—740. "Santa Rosalia Was a Goat" . *Scienc*e 221 (August 12, 1983): 636-639.

54. Lovejoy, Arthur O. "Reflections on the History of Ideas" . *Journal of the History of Ideas I* (January 1940): 3-23.

55. Lovelock, James. *The Ages of Gaia: A Biography of Our Living Earth* . Oxford, 1988. *Gaia: A New Look at Life on Earth*. Oxford, 1979; reprint 1987. *Healing Gaia: Practical Medicine for the Planet*. New York,1991.

56. MacArthur, Robert H. *Geographical Ecology*. New York, 1972.

57. Macarthur, Robert H., and Edward O. Wilson, *The Theory of Island Biogeography*. Princeton, N. J., 1967.

58. McIntosh, Robert P. *The Background of Ecology: Concept and Theory*. Cambridge, 1985.

59. May, Robert M. "Biological Populations with Nonoverlapping Generations: Stable Points, Stable Cycles, and Chaos" . *Science*186 (November 15, 1974): 645-647. "Simple Mathematical Models with Very Complicated Dynamics" , *Nature* 261 (June 10,1976): 459-467. *Stability and Complexity in Model Ecosystems* . Princeton, N. J., 1973. "Stability in Ecosystems: Some Comments" . In *Unifying Concepts in Ecology*, edited by W. H. van Dobben and R. H. Loew-McConnell. The Hague, 1975. "When Two and Two Do Not Make Four: Nonlinear Phenomena in Ecology" . *Proceedings of the Royal Society of London, Series B* (August 22, 1986): 241-266.

60. Michod, Richard E. "On Fitness and Adaptedness and Their Role in Evolutionary

Explanation". *Journal of the History of Biology* 19 (Summer 1986): 289–302.

61. Mitchell, John, and Constance Stallings, eds. *Ecotactics: The Sierra Club Handbook for Environmental Activists.* New York, 1970.

62. Naess,Ame. "The Shallow and the Deep, Long-Range Ecology Movements: A Summary". *Inquiry* 16 (Spring 1973): 95–100.

63. Nicholson, Max. *The Environmental Revolution: A Guide for the New Masters of the World.* London, 1970.

64. Oates, David. *Earth Rising: Ecological belief in an Age of Science.* Corvallis, Ord., 1989.

65. Odum, Eugene P. *Ecology and Our Endangered Life-Support System*s. Sunderland, Mass., 1989. "The Emergence of Ecology as a New Integrative Discipline", *Science* 195 (March 25, 1977): 1289–1293. "Energy Flow in Ecosystems: A Historical Review". *American Zoologist* 8 (February 1968): 11–18. *Fundamentals of Ecology.* 3rd ed. Philadelphia, 1971. "The Strategy of Ecosystem Development". *Science* 164 (April 18, 1969): 262–270. "Trends Expected in Stressed Ecosystems". *Bioscience* 35 (July–August 1985): 419–422.

66. Odum, Howard T. *Environment, Power, and Society.* New York, 1971.

67. Ophuls, William . *Ecology and the Politics of Scarcity Revisited: The Unravelling of the American Dream .* New York, 1977,1992.

68. Pepper, David. *The Roots of Modem Environmentalism .* London, 1984 .

69. Peters, Robert Henry. *A Critique for Ecology.* Cambridge, 1991.

70. Pickett, S. T. A. "Succession: An Evolutionary Interpretation". *American Naturalist* 110 (January–February 1976): 107–119.

71. Pickett, S. T. a., and P. S. White, eds. *The Ecology of Natural Disturbance and Patch Dynamics.* Orlando, Fla., 1985.

72. Pimm, Stuart L. *The Balance of Nature? Ecological Issues in the Conservation of Species and Communities.* Chicago, 1991.

73. Polunin, Nicholas, ed. *Ecosystem Theory and Application.* Chichester,1986.

74. Pomeroy, L.R., and J.J. Alberts, eds. *Concepts of Ecosystem Ecology: A Comparative View*. New York, 1988.

75. Prigogine, Ilya, and Isabelle Stengers. *Order Out of Chaos : Man's New Dialogue with Nature*. Boulder, Colo., 1984.

76. Putnam, R.J.,and S.D. Wratten. *Principles of Ecology*. London, 1984.

77. Rambler, Mitchell B., Lynn Margulis, and Rene Fester, eds. *Global Ecology: Towards a Science of the Biosphere*. San Diego, Calif. , 1989.

78. Richardson, Jonathan L. "The Organismic Community: Resilience of an Embattled Ecological concept" .*Bioscience* 30（July 1980）: 456-471.

79. Ricklefs, Robert E. *Ecology.* 3rd ed. New York, 1990.

80. Schaffer, William M. "Chaos in Ecology and Epidemiology" . In *Chaos in biological Systems*, edited by H. Degan, A. V. Holden, and L. F. Olsen. New York, 1987. "Order and Chaos in Ecological Systems" . *Ecology* 66（February 1985）: 93-106.

81. Schneider. Stephen H. ,and Penelope J. Boston, eds. *Scientists on Gaia*. Cambridge, Mass.,1991 .

82. Sears, Paul. *Deserts on the March* . 3rd ed. Norman, Okla. 1959.

83. Simberloff, Daniel. "A Succession of Paradigms in Ecology: Essentialism to Materialism and Probabilism" . *Synthese* 43（1980）: 3-39.

84. Söderqvist，Thomas.*The Ecologists: From Merry Naturalists to Saviours of the Nation. A Sociologically Informed Narrative Survey of the Ecologization of Sweden*, 1895-1975. Stockholm, 1986.

85. Soulé, Michael E. "Conservation Biology and the 'Real World' " . In *Conservation Biology: The Science of Scarcity and Diversity*, edited by Michael Soulé. Sunderland, Mass. ,1986.

86. Southern, H. N. " Ecology at the Crossroads" . *Journal of Ecology* 58（March 1970）: 1-11.

87. Stewart，Ian. *Does God Play Dice? The Mathematics of Chaos*. Oxford, 1989.

88. Stiling, Peter. *Introductory Ecology*. Englewood Cliffs, N.J.,1992.

89. Strong, Donald R., Jr., Daniel Simberloff, Lawrence G. Abele, and Anne B. Thistle, eds. *Ecological communities: Conceptual Issues and the Evidence* .Princeton, N. J., 1984.

90. Taylor, Peter J. "Technocratic Optimism, H. T. Odum, and the Partial Transformation of Ecological Metaphor after World War Ⅱ" . *Journal of the History of Biology* 21（Summer 1988 ）: 213–244,

91. Thomas, William L., Jr. , ed. *Man's Role in Changing the Face of the Earth*. Chicago, 1956.

92. Toulmin, Stephen, and June Goodfield. *The Discovery of Time*. Chicago, 1977.

93. Waldrop, M. Mitchell. *Complexity: The Emerging Science at the Edge of Order and Chaos*. New York, 1992.

94. Williamson, Mark. "Are Communities Ever Stable?" In *Colonization, Succéssion, and Stability,* edited by A. J. Gray, M.J. Crawley, and P.J. Edwards. Oxford, 1987.

95. Wilson, David Sloan. "Evolution on the Level of Communities" . *Science* 192（June 25, 1976 ）: 1358–1360. "The Group Selection Controversy: History and Current Status" . *Annual Review of Ecology and Systematics* 14（1983 ）: 159–187. "Holism and Reductionism in Evolutionary Ecology" . *Oikos* 53（September 1988 ）: 269–273.

96. Wilson, Edward O., ed. *Biodiversity.* Washington, D. C., 1988. "Biodiversity, Prosperity, and Value" . In *Ecology, Economics,Ethics: The Broken Circle* , edited by F. Herbert Bormann and Stephen R. Kellert. *Biophilia*. Cambridge, Mass., 1984. *The Diversity of Life. Cambridge, Mass*., 1992.

97. Wilson, Edward O., and Daniel S. Simberloff. "Experimental Zoogeography of Islands: Defaunation and Monitoring Techniques" and "Experimental Zoogeography of Islands: The Colonization of Empty Islands" . *Ecology* 50（Early Spring 1969 ）: 267–289.

98. Worthington, E. Barton. *The Ecological Century: A Personal Appraisal*. Oxford, 1983.

索　引

（页码为原书页码，请参照正文中边码使用）

译 后 记

记得在 1987 年，我还在兰州大学任教，一位我在美国偶然认识的朋友，林恩·戴（Lynn Day）和她的丈夫来中国旅游。为了能见到我，她特意在从北京去南方的途中，绕道来到地处西北的兰州。当时正是10 月，尚在深秋，不料一股来自西伯利亚的冷空气使黄土高原上的这座古城披上了银装。就在我那个简陋的三居室单元房里，我和家人接待了林恩和她的丈夫以及与他们同行的另一对夫妇。透过玻璃窗，可以看到窗外飘舞的雪花，屋内却荡漾着春意样的真情。我确实为林恩的友情所感动，但是，当她拿出了千里迢迢从美国带来的沉甸甸的礼物时，却又只能是惊叹了——那是 8 本新书，全是有关美国环境史方面的专业书，是我从 1985 年回国后一直渴望得到却在国内根本见不到的书。此举对于一个正试图踏入国内尚鲜为人知的美国环境史这片处女地的中国学者来说，无疑是雪中送炭。这般深情是我永远难忘的。

在这些书中，有一本就是现在呈现在读者面前的《自然的经济体系》（*Nature's Economy: A History of Ecological Ideas*）。也就是在那时，我有了把它译为中文的想法。1989 年 4 月，美国环境史学会年会在华盛顿州奥林匹亚市的埃沃格林学院召开。我有幸参加了会议，并在那里见到了唐纳德·沃斯特，和他做了简短的谈话，也提到了准备翻译他的书的打算。此后，我们之间并无联系。直到 1992 年，得知我正在翻译的《自然的经济体系》已被列入商务印书馆的选题计划之后，我才通过一位朋友给他写了信，目的是联系版权。回信很快就来了。他不仅爽快地授予了版权，而且还热情地提到了1989年春天那次会见。看来，那次会面给我们双方的印象都是比较深刻的。

但是，书的翻译并不顺利。先是1991年工作调动，举家迁往青岛，耽搁了不少时间；紧跟着，原有的眼疾突然严重起来，以致一年未能动笔；待到1993年春天眼睛的情况稍为稳定时，老伴的心脏又出了问题；到1993年秋天，我以洛克菲勒学者的身份赴美时，全书仅翻译了一半。这时，在堪萨斯大学，我又一次见到了作者；不过，这次不再是一次简单的会面，而是在他的领导下共同致力于赫尔人文中心的"自然、技术和文化"的项目研究。其后不久，我又得知，《自然的经济体系》正在修订之中，而且篇幅将增加近1/4左右。我只能停下来等待新书的出版。1994年冬天，在我回国后收到了新书，但不巧的是，我的左眼已到了非动手术不可的地步了。等我再开始工作时，已然是1995年的夏天。

讲述这个过程，仿佛是在为自己做事的迟缓寻找托词，但内心却只是想借本书出版的机会表达一种已过了天命之年后的无奈——所谓"心有余而力不足"。大约也只是到了这时，才能对此真正有些体会。

现在，译稿终于要付印了。兴奋之余，自然也有一种如释重负之感，极欲与那些在这多事的十年中为我分忧解愁的亲友分享这份心情，因此写后记以志。

侯文蕙

1998年11月于青岛浮山松庐

再版译后记

1999年12月,《自然的经济体系》由商务印书馆出版。该书一出,随即引起了广大读者尤其是专业人士的热情关注。初版很快脱销,其间曾加印过一次,也迅速售罄。自那时起,已经过去近20年了,读者对它的兴趣似乎有增无减,不时会听到重印的呼声。现在,商务印书馆决定再版,可谓顺势而发。原著的作者唐纳德·沃斯特(Danald Worster)闻讯亦喜,并特为再版写了新序。

自1998年首次访问中国之后,唐纳德·沃斯特教授已成为中国的常客和老朋友,除在各地高校讲学外,还游览了不少地方,远至西部边陲的新疆和北部内蒙古的大草原。2012年,他被中国教育部聘为高层次文教专家,并任中国人民大学生态研究中心的名誉主任。沃斯特教授不辞劳苦,以70多岁的高龄,每年两次来北京履职,每次两个半月,毫不含糊,至今不断。

继《自然的经济体系》,沃斯特的另外一些著作也陆续被翻译过来:《尘暴——1930年代美国南部大平原》(*Dust Bowl*,侯文蕙译,生活·读书·新知三联书店,2003年)、《在西部的天空下——美国西部的自然与历史》(*Under Western Skies*,青山译,商务印书馆,2014年)、《帝国之河:水、旱与美国西部的成长》(*Rivers of Empire*,侯深译,译林出版社,2018年)。正在翻译中的《萎缩的地球》(*Shrinking the Earth*，2016 年，牛津出版社），已被列入了商务印书馆的出版计划，不日即可问世（侯深译）。

如果说，20 年前，生态学在中国还是一个"圈内"的学科和术语，今日则必须要刮目相看了。如今，"生态"二字被广泛运用于其他领域，几乎成了一个具有前卫意义的形容词——似乎只要是被看做美好绿色的事物，都可用它来描述。"生态"名词的普及，不仅表明了人们对当前人类与自然关系的关切，亦证实了人们对目前生存环境的担忧。它们可以有多种表现形式，或愤怒，或叹息，抑或揭露和控诉，却往往缺乏更深层的探究和认识，从而亦难有恰当而正确的解决问题的态度。难以回避的事实是，我们缺乏的是觉悟，严格地说，是缺乏一种真正的生态学意识。"美丽中国"不是空喊口号就能实现的，它需要我们脚踏实地的工作，更需要一种科学的实事求是的态度。《自然的经济体系》告诉我们："通过对不断变化的过去的认识，及对一个人类和自然总是相互联系为一个整体的历史的认识，我们在并不完全十全十美的人类理性的帮助下，发现我们珍惜和正在保卫的一切。"我想，这正是我们需要再读这本书的意义。

借再版之机，我请侯沉对全书进行了一次完整详细的校阅。侯沉现任美国密苏立科技大学生物系副教授，近年来在《科学》、《美国国家科学院院刊》、《英国皇家科学院院刊》和《美国博物学家》等顶级杂志上发表了一系列论文，在圈内外都很有影响。尽管如此，校阅后的译文仍不免会有纰漏和错误，敬请读者赐教。

在此，要特别感谢我的家人和亲友（尤其是我曾经的学生）。无论何时，你们都是我精神上的支柱和困境中的援手。

　　最后，感谢编辑宋伟。在此书的再版过程中，宋伟的认真负责和
真诚合作的态度给我留下了深刻的印象。

侯文蕙

2018 年 3 月 18 日

图书在版编目(CIP)数据

自然的经济体系:生态思想史/(美)唐纳德·沃斯特
著;侯文蕙译.—北京:商务印书馆,2024
(经济学名著译丛)
ISBN 978-7-100-20969-4

Ⅰ.①自… Ⅱ.①唐… ②侯… Ⅲ.①生态学—
思想史 Ⅳ.①Q14-09

中国版本图书馆 CIP 数据核字(2022)第 070262 号

经济学名著译丛

自然的经济体系:生态思想史

〔美〕唐纳德·沃斯特 著

侯文蕙 译

侯 沉 校

商 务 印 书 馆 出 版
(北京王府井大街 36 号 邮政编码 100710)
商 务 印 书 馆 发 行
北京艺辉伊航图文有限公司印刷
ISBN 978-7-100-20969-4

2024 年 1 月第 1 版　　　　开本 850×1168 1/32
2024 年 1 月北京第 1 次印刷　　印张 19½
定价:128.00 元